U0239560

普通高等教育智能建筑规划教材

楼宇自动化技术与应用

第 2 版

主　编　陈　虹
参　编　薛毓强　董航飞
主　审　程大章

机 械 工 业 出 版 社

本书内容包括：楼宇自动化技术概述，集散型控制系统与现场总线控制系统，工业以太网与网络控制系统，智能建筑供配电系统的自动化技术，智能照明控制系统，中央空调系统的监测与控制，火灾自动报警与控制，楼宇安全防范技术。本书理论联系实际，具有先进、系统和实用的特点，并着重介绍了近年来自动化技术的发展以及各种新技术在智能建筑中的应用。修订后更加注重工程应用。

该书读者对象为高等院校建筑电气与智能化、电气工程及其自动化、自动化专业师生、有关工程技术人员和管理人员，也可作为"智能建筑"专题的培训教材。

本书配有免费电子课件，欢迎选用本书作教材的老师登录www.cmpedu.com注册下载。

图书在版编目（CIP）数据

楼宇自动化技术与应用/陈虹主编. —2版. —北京：机械工业出版社，2012.8（2024.6重印）
普通高等教育智能建筑规划教材
ISBN 978-7-111-39153-1

Ⅰ.①楼…　Ⅱ.①陈…　Ⅲ.①智能化建筑-自动化系统-高等学校-教材　Ⅳ.①TU855

中国版本图书馆CIP数据核字（2012）第159758号

机械工业出版社（北京市百万庄大街22号　邮政编码100037）
策划编辑：贡克勤　责任编辑：贡克勤　王小东
版式设计：霍永明　责任校对：常天培
封面设计：张　静　责任印制：邰　敏
北京富资园科技发展有限公司印刷
2024年6月第2版·第8次印刷
184mm×260mm·20.25印张·499千字
标准书号：ISBN 978-7-111-39153-1
定价：55.00元

电话服务　　　　　　　　网络服务
客服电话：010-88361066　机 工 官 网：www.cmpbook.com
　　　　　010-88379833　机 工 官 博：weibo.com/cmp1952
　　　　　010-68326294　金 书 网：www.golden-book.com
封底无防伪标均为盗版　机工教育服务网：www.cmpedu.com

序

20 世纪，电子技术、计算机网络技术、自动控制技术和系统工程技术获得了空前的高速发展，并渗透到各个领域，深刻地影响着人类的生产方式和生活方式，给人类带来了前所未有的方便和利益。建筑领域也未能例外，智能化建筑便是在这一背景下走进人们的生活。智能化建筑充分应用各种电子技术、计算机网络技术、自动控制技术和系统工程技术，并加以研发和整合成智能装备，为人们提供安全、便捷、舒适的工作条件和生活环境，并日益成为主导现代建筑的主流。近年来，人们不难发现，凡是按现代化、信息化运作的机构与行业，如政府、金融、商业、医疗、文教、体育、交通枢纽、法院、工厂等，他们所建造的新建筑物，都已具有不同程度的智能化。

智能化建筑市场的拓展为建筑电气工程的发展提供了宽广的天地。特别是建筑电气工程中的弱电系统，更是借助电子技术、计算机网络技术、自动控制技术和系统工程技术在智能建筑中的综合利用，使其获得了日新月异的发展。智能化建筑也为其设备制造、工程设计、工程施工、物业管理等行业创造了巨大的市场，促进了社会对智能建筑技术专业人才需求的急速增加。令人高兴的是众多院校顺应时代发展的要求，调整教学计划、更新课程内容，致力于培养建筑电气与智能建筑应用方向的人才，以适应国民经济高速发展需要。这正是这套建筑电气与智能建筑系列教材的出版背景。

我欣喜地发现，参加这套建筑电气与智能建筑系列教材编撰工作的有近 20 个姐妹学校，不论是主编者或是主审者，均是这个领域有突出成就的专家。因此，我深信这套系列教材将会反映各姐妹学校在为国民经济服务方面的最新研究成果。系列教材的出版还说明一个问题，时代需要协作精神，时代需要集体智慧。我借此机会感谢所有作者，是你们的辛劳为读者提供了一套好的教材。

吴启迪

写于同济园

2002 年 9 月 28 日

前　言

2011年教育部新颁发的专业目录中将建筑电气与智能化列为新专业，同时许多高校在电气工程及其自动化专业中开设建筑电气方向，这样就使得电气类专业口径更宽、应用面更广，同时说明建筑自动化发展迅速。2010年江苏省颁布的《公共建筑节能设计标准》要求建筑设备管理系统应具有对建筑机电设备和可再生能源利用装置的测量、监视和控制功能，这表明智能建筑的自动控制势在必行。

考虑到目前全国各高校等院校在有关专业方向的设置、教改和人才需求等情况，编写一套建筑电气、智能建筑类的系列教材是非常需要的，故编写了这套智能建筑规划教材，本书是该套教材中的一本。

全书共分八章。第一章为楼宇自动化技术概述；第二、三章为集散型控制系统与现场总线控制系统和工业以内网与网络控制系统；第四章为智能建筑供配电系统的自动化技术；第五章为智能照明控制系统；第六章为中央空调系统的监测与控制；第七、八章为火灾自动报警与控制和楼宇安全防范技术。本书的目的是让读者通过阅读和学习能全面了解计算机控制系统在建筑自动化中的应用，对如何实现楼宇设备自动化和系统集成提供思路和方法，同时掌握计算机控制系统的最新动态，为今后学生毕业从事该类工作的设计、工程施工奠定了理论基础。

福州大学薛毓强编写第七章，南通航院董航飞编写第八章，其他章节由扬州大学陈虹编写。

本书由同济大学程大章教授主审，他提出了许多宝贵的意见和建议。在本书的编写过程中，得到了扬州大学出版资金的资助，以及浙江大学褚建教授和三星电梯有限公司董事长施凤鸣先生的关心和支持。在全书编写过程中朱菲菲、严法高、梁文彬、李宗宝和刘琳的精美制图为本书增色不少，李喆老师、朱健、黄迪和顾瑞婷的精心校对，使得书中减少了许多错误，对此均表示衷心的谢意。本书引用了大量的文献，在此也对这些书刊资料的作者表示谢意。

智能建筑技术方兴未艾，计算机控制系统层出不穷，自动控制、信息技术、计算机技术和图像显示技术随着社会的进步在发展，因此，希望本书能起到抛砖引玉的作用。限于作者水平有限，书中不妥之处或错误在所难免，恳请读者和同行给予批评指正。

编　者

目　　录

第一章 楼宇自动化技术概述

高层建筑以其雄伟的钢筋混凝土结构，华丽的装潢外表给予世人一个美丽的形象，而楼内的机电设备才能使建筑物充满生命力，但是如果实现了智能化，由综合布线系统构成的计算机网络在楼内无处不在，形成了楼宇内的"神经网络"，可以实现信息在楼内的迅速"流动"，信息的共享使得楼内的机电设备、计算机设备和通信设备成为相互关联统一协调的整体，满足了用户安全、舒适和便捷的需要，实现了控制、管理一体化，提高了管理者服务水平，节约了大量的资金。

第一节 智能建筑与楼宇自动化技术

智能建筑是多学科、高新技术的巧妙集成，也是综合经济实力的表现，大量高新技术竞相在此应用，使得高层建筑不再是一个城市"孤岛"，而成为一个充满活力的、具有高工作效率的、有利于激发人创造性的环境。智能建筑将楼宇自动化系统（Building Automation System，BAS）、通信自动化系统（Communication Automation System，CAS）和办公自动化系统（Office Automation System，OAS）通过综合布线系统（Generic Cabling System，GCS）有机地结合在一起，并利用系统软件构成智能建筑的软件平台，使实时信息、管理信息、决策信息、视频信息、语音信息以及各种其他信息在网络中流动，实现信息共享。从而实现在安全、舒适和便捷的工作环境下，提高工作效率并达到节约能源和管理费用的目的。同时克服重复投资、控制系统分离、服务缺乏保证、管理功能不全的缺点，实现可持续发展的目标。因此，智能建筑代表了21世纪高层建筑、公共建筑和建筑群的走向，具有强大的生命力。

2006年12月中华人民共和国建设部审定通过的《智能建筑设计标准》将智能建筑（Intelligent Building，IB）定义为：智能建筑以建筑物为平台，兼备信息设施系统、信息化应用系统、建筑设备管理系统、公共安全系统等，集结构、系统、服务、管理及其优化组合为一体，向人们提供安全、高效、便捷、节能、环保、健康的建筑环境。

智能化集成系统（Intelligence Integration System，IIS）是将不同功能的建筑智能化系统，通过统一的信息平台实现集成，以形成具有信息汇集、资源共享及优化管理等综合功能的系统。

信息设施系统（Information Technology System Infrastructure，ITSI）是确保建筑物与外部信息通信网的互联及信息畅通，对语音、数据、图像和多媒体等各类信息予以接收、交换、传输、存储、检索和显示等进行综合处理的多种类信息设备系统加以组合，提供实现建筑物业务及管理等应用功能的信息通信基础设施。

信息化应用系统（Information Technology Application System，ITAS）是以建筑物信息设施系统和建筑设备管理系统等为基础，为满足建筑物各类业务和管理功能的多种类信息设备与应用软件而组合的系统。

建筑设备管理系统（Building Management System，BMS）是对设备监控和公共安全系统等实施综合管理的系统。

公共安全系统（Public Security System，PSS）是为维护公共安全，综合运用现代科学技术，以应对危害社会安全的各类突发事件而构建的技术防范系统或保障体系。

机房工程（Engineering of Electronic Equipment Plant，EEEP）是提供智能化系统的设备和装置等安装条件，以确保各系统安全、稳定和可靠地运行与维护的建筑环境而实施的综合工程。

所谓现代计算机技术是在 1985 年以后，随着计算机应用的普及，计算机从科学计算、数据处理和实时控制的三大功能中大量的转向图像、自然语言、声音等非数值信息的处理，因而出现了智能型仿真人类的思维活动，并且有识别、学习、探索（求解）、推理（逻辑）等功能的计算机。因此说，当代最先进的计算机技术应该首推并行处理、分布式计算机系统。该系统是计算机多机系统联网的一种新形式，也是计算机技术发展的一个主导方向。该技术的特点是采用统一的分布式操作系统，把多个数据处理系统的通用部件合并为一个具有整体功能的系统，各软、硬件资源管理没有明显的主从关系。强调分布式计算和并行处理，在实现网络中硬件、软件资源共享的基础上，实现任务和负载的共享。对于多机合作以及系统动态重构、冗余性和容错能力都有很大的改善和提高。

现代控制技术是指使用了目前国际上流行的计算机控制方案——集散型监控系统即分布式控制系统。它是在集中式控制系统的基础上发展、演变而来的，主要应用在过程控制中，实现就地分散控制，集中显示、处理，分级管理，分而治之。近几年该技术被移植到智能建筑机电设备的自动控制之中。该技术适应了现代化生产的控制与管理需求，采用多层分级的结构形式，从下而上分为现场控制级、控制管理级和决策管理级，使其安全、可靠、通用、灵活。集散型控制系统采用具有微内核技术的实时多任务、多用户、分布式操作系统，系统的配置具有通用性强，开放性好，系统组态灵活，控制功能完善，数据处理方便，显示操作集中，人机界面友好，以及系统安装、维修方便的特点，并且可以进行 $1:n$ 的冗余，确保系统安全、可靠。

现代通信技术实质上是通信技术与计算机网络技术相结合的产物。目前主要体现在 ISDN（综合业务数字网）功能的通信交互系统中。该系统具有多种通信接口，除模拟用户接口 B + D、2B + D 数字用户接口和模拟中继接口外，还有用于公共网和专用网的各种信令接口，可以实现在一个通信网上同时实现语音、计算机数据及图像通信。异步传输模式（Asynchronous Transfer Mode，ATM）是计算机网络中使用最为广泛的数据传输模式，它采用交换方式为无限的用户提供专用的高速节点，各个节点并行工作，使得 ATM 交换机同时支持多路传送，从而消除了共享介质网络中通常遇到的带宽、限制和数据瓶颈问题。ATM 网络还适用于图像、视频和音频等信息的传输。

现代图像显示技术是一种新兴的技术门类，有着极其广阔的发展前途。目前主要体现在计算机的操作和信息显示的图形化，即窗口技术（Windows）和多媒体技术的完美结合。通过窗口技术可以实现简单方便的屏幕操作，即可完成对开关量或模拟量的控制；信息的状态和参数变化，甚至信息所处的地理位置都可以通过动态图形和图形符号来加以显示，达到对信息的采集和监视的目的。

多媒体是近年来在计算机技术应用领域发展最为迅速的一个方面，它实现了在语音和影像方面的一体化。另外，"三网合一"计算机网络、通信网络、有线电视网络和"三电合一",完成电话、电视和计算机的三位一体,构成虚拟现实技术（Virtual Reality,VR）,并应用于工业控制之中。

智能建筑使用4C技术构成了智能化集成系统、信息设施系统、信息化应用系统、建筑设备管理系统、公共安全系统和机房工程,解决了高层建筑物、公共建筑和建筑群机电设备的安全运行、合理使用和设备保养,从而保证在这些建筑中生活、工作必备的垂直交通、照明、用电、温湿度、用水、通风以及安全管理,提供了快捷、便利、高效的办公条件,通过有线、无线通信甚至通信卫星解决了音频、视频图像等信息的传输。智能建筑的基本结构如图1-1所示。通过这些功能解决了用户的生活、工作的方便问题,提供快捷的优质服务和解决安全问题。

从图1-1中可以看出智能建筑基本结构中包含最多的部分就是一个广义的建筑设备自动化系统。图中各个子系统的功能分别为

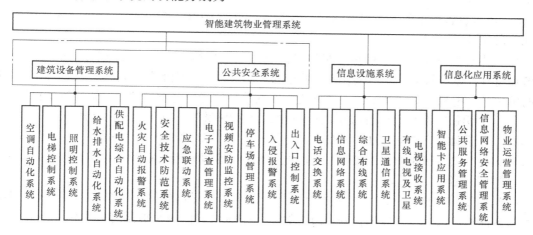

图1-1 智能建筑的基本结构

（1）供配电综合自动化系统 可以对智能建筑的供电状况进行实时监视和控制,包括对各级电力开关设备,配电柜高压和低压侧状态,主要回路的电流、电压及功率因数,变压器及电缆的温度,发电机运行状态等监测与控制,对故障进行报警等;另外,通过对用电情况的计量和统计,实施科学的管理方法,合理均衡负荷,以保障安全、可靠地供电。

（2）空调自动化系统 该控制系统内容较多宜根据建筑设备的情况选择配置下列相关的各项管理功能:

1）压缩式制冷机系统和吸收式制冷系统的运行状态监测、监视、故障报警、起停程序配置、机组台数或群控控制、机组运行均衡控制及能耗累计。

2）蓄冰制冷系统的起停控制、运行状态显示、故障报警、制冰与溶冰控制、冰库蓄冰量监测及能耗累计。

3）热力系统的运行状态监视、台数控制、燃气锅炉房可燃气体浓度监测与报警、热交换器温度控制、热交换器与热循环泵联锁控制及能耗累计。

4）冷冻水供、回水温度、压力与回水流量、压力监测、冷冻泵起停控制（由制冷机组自备控制器控制时除外）和状态显示、冷冻泵过载报警、冷冻水进出口温度、压力监测、冷却水进出口温度监测、冷却水最低回水温度控制、冷却水泵起停控制（由制冷机组自带

控制器时除外）和状态显示、冷却水泵故障报警、冷却塔风机起停控制（由制冷机组自带控制器时除外）和状态显示、冷却塔风机故障报警。

5）空调机组起停控制及运行状态显示；过载报警监测；送、回风温度监测；室内外温、湿度监测；过滤器状态显示及报警；风机故障报警；冷热水流量调节；加湿器控制；风门调节；风机、风阀、调节阀连锁控制；室内 CO：浓度或空气品质监测；寒冷地区防冻控制；送回风机组与消防系统联动控制。

6）变风量 VAV 系统的总风量调节；送风压力监测；风机变频控制；最小风量控制；最小新风量控制；加热控制；变风量末端 VAVBOX 自带控制器时应与建筑设备监控系统联网，以确保控制效果。

7）送排风系统的风机起停控制和运行状态显示；风机故障报警；风机与消防系统联动控制。

8）风机盘管机组的室内温度测量与控制；冷热水阀开关控制；风机起停及调速控制；能耗分段累计。

（3）电梯控制系统　电梯是建筑物内交通的重要枢纽。对带有完备装置的电梯，利用此节点将其控制装置与楼宇自动化系统相连接，以实现相互间的数据通信，使管理中心能够随时掌握各个电梯的工作状况，并在火灾、安保等特殊场合对电梯的运行进行直接控制。

（4）照明控制系统　对各楼层的配电盘、办公室照明、门厅照明、走廊照明、庭院或停车场等处照明、广告霓虹灯、节日装饰彩灯、航空障碍照明灯等设备自动进行起停控制，并自动实现对照明回路的分组控制、对用电过大时的自动切断，以及对厅堂和办公室等地的"无人熄灯"控制。

（5）给水排水自动化系统　对各给水泵、排水泵、污水或饮用水泵的运行状态、各水箱及污水池水位进行实时监测，并通过对给水系统压力的监测及根据这些水位、压力状态，起停相应的水泵，以保证给排水系统正常运行。

（6）火灾自动报警系统　对建筑物内的主要场所宜选择智能型火灾探测器；在单一型火灾探测器不能有效探测火灾的场所，可采用复合型火灾探测器；在一些特殊部位及高大空间场所宜选用具有预警功能的线形光纤感温探测器或空气采样烟雾探测器等。主要任务是与传统的温度、湿度传感器、控制继电器等传感和控制设备接口，如采集温度、湿度、流速、空气质量、报警状态等。输出被用于控制风扇、泵、照明电路、继电器等消防系统是智能建筑自动化中的重要组成部分，它实施对建筑物内消防系统中的消火栓、喷淋水、消防水泵、稳压水泵、火灾烟感、温感探测报警器、防火排烟阀、消防电梯、消防广播、消防电话等消防设备联网监视与自动控制，一旦出现火警立即通过楼宇自动化系统，向供配电、给排水、空调、电梯等相关系统发出进入消防模式的命令，由这些设备自身的控制系统来协调和实现消防动作。

（7）安全技术防范系统　包括安全防范综合管理系统、入侵报警系统、视频安防监控系统、出入口控制系统、电子巡查管理系统、访客对讲系统、停车场管理系统及各类建筑物业务功能所需的其他相关安全技术防范系统，并且通过对闭路电视监视、出入口控制、防盗报警、保安巡更等基本手段辨别出运行物体、火焰、烟及其他异常状态，并进行报警及自动录像，对有关通道进行出入对象控制，最大限度地保证安全。

（8）应急联动系统　要求对大型建筑物或其群体，应以火灾自动报警系统、安全技术防范系统为基础，构建应急联动系统。

1）应急联动系统应具有下列功能：对火灾、非法入侵等事件进行准确探测和本地实时报警；采取多种通信手段，对自然灾害、重大安全事故、公共卫生事件和社会安全事件实现本地报警和异地报警；指挥调度；紧急疏散与逃生导引；事故现场紧急处置。

2）应急联动系统宜具有下列功能：接收上级的各类指令信息；采集事故现场信息；收集各子系统上传的各类信息，接收上级指令和应急系统指令下达至各相关子系统；多媒体信息的大屏幕显示；建立各类安全事故的应急处理预案。

3）应急联动系统应配置有线/无线通信、指挥、调度系统、多路报警系统110、119、122、120，水、电等城市基础设施抢险部门；消防-建筑设备联动系统、消防-安防联动系统、应急广播-信息发布-疏散导引联动系统，有条件的话宜配置大屏幕显示系统、基于地理信息系统的分析决策支持系统、视频会议系统、信息发布系统和应急联动系统。

智能建筑自动化的各个子系统之间是相互协调的，具有互操作特性，因此，还需要有一个能实现集中管理与协调的系统，以便各个子系统能有机地集成在一起，共同构成建筑物的自动控制网络。

第二节　自动化技术在智能建筑中的应用

自动化技术由来已久，可追溯到瓦特发明蒸汽机时代，但真正成为一门应用理论和应用科学还是在第二次世界大战期间，为了实现火炮定位和雷达跟踪，科学家认真研究了自动控制的规律，发明了自动控制理论。战后，自动控制得到了广泛的应用，主要用于工业控制。

所谓自动控制，是指在没有人直接参与的情况下，利用外加设备或装置控制器，使机器、设备或生产过程（统称被控对象）某个工作状态或参数（即被控量）自动地按照预定的规律运行。自动控制系统框图如图1-2所示。

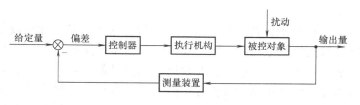

图1-2　自动控制系统框图

一个连续控制系统，需要离散化，即将连续信号变成脉冲信号，再将这类离散信号处理成最小位二进制的整数倍，成为数字信号后就可以用计算机构成数字控制器实现计算机的实时监控。

计算机控制系统是将计算机技术应用于自动控制系统以实现对被控对象的控制，其基本框图如图1-3所示。它利用计算机强大的计算能力、逻辑判断能力以及存储容量大、可靠性高、通用性强、体积小等特点，可以解决常规控制技术解决不了的难题，实现常规控制技术无法达到的优异性能。

在计算机控制系统的控制过程中，被控对象的有关参数（如电压、电流、温度、压力、状态等）由传感器、变换器进行采样并转换成统一的标准信号，再经由模拟量输入通道或数字量输入通道输入计算机，计算机根据这些信息，按照预先设定的控制规律进行运算和处

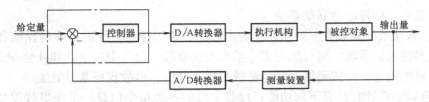

图1-3　计算机控制系统基本框图

理，并经由输出通道把运算结果以数字量或模拟量的形式输出到执行机构，实现对被控对象的控制。

不同用途的计算机控制系统，它们的功能、结构、规模虽有一定的差别，但都是由硬件和软件两个基本部分组成。硬件由计算机主机、接口电路以及各种外围设备组成，是完成控制任务的设备基础。软件指管理计算机的程序和控制过程中的各种应用程序。计算机系统中的所有动作都是在软件的指挥协调下进行的，软件质量的好坏不仅影响硬件功能的充分发挥，而且也影响到整个控制系统的控制品质和管理水平。计算机控制系统的构成如图 1-4 所示。

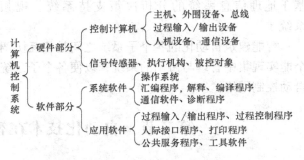

图1-4　计算机控制系统的构成

图 1-4 中各主要部分的作用分述如下：

（1）主机　由中央处理器（CPU）和内存储器（RAM、ROM）组成，是整个计算机控制系统的核心。它根据过程输入通道送来的实时信息，按照预先植入计算机中的程序和控制数据，自动进行信息处理和运算，及时选择相应的控制策略，通过过程输出通道发出控制命令。

（2）外围设备　简称外设，一般为输入设备、输出设备和外存储器。输入设备如键盘、鼠标和扫描仪等，用来输入程序、数据和操作命令等。输出设备有显示器、打印机等，用来显示、打印数据和信息，及时反映控制过程。外存储器有软/硬盘存储器、磁带机、光盘存储器等，用来存储和备份程序或数据，兼有输入和输出功能。

（3）过程输入/输出设备　在计算机和生产过程之间设置的用以信息传递与交换的连接通道，包括模拟量通道和开关量通道两大类。

（4）人机设备　包括 CRT 显示器、键盘、专用的操作显示面板或操作显示台等，用于显示生产过程状况，供操作人员操作和显示操作结果。操作员与计算机之间通过人机联系设备交换信息。

（5）系统软件　用于管理计算机的硬件设备，使计算机更加充分地发挥效能。

（6）应用软件　控制计算机完成某种特定控制功能所必需的软件，通常由用户自行编制或根据具体情况在商品化软件的基础上进行开发。

一、计算机控制系统的类型

计算机控制系统的构成与它所控制的生产过程的复杂程度密切相关，控制对象不同，计算机控制系统采用的控制方案也不一样。下面介绍几种典型的形式。

1. 数据采集和操作指导控制系统　系统中计算机并不直接对生产过程进行控制，而只是对过程参数进行巡回检测、收集，经加工处理后进行显示、打印或报警，操作人员据此进行相应操作，实现对生产过程的调控。其结构框图如图1-5所示，此系统是一种开环系统，它结构简单、安全可靠，但由于仍要引入人工操作，因而速度不快，被控对象的数量也受到限制。

2. 直接数字控制系统　直接数字控制系统（Direct Digital Control，DDC）的结构框图如图1-6所示。计算机对生产过程的若干参数进行巡回检测，再根据一定的控制规律进行运算，然后通过输出通道直接对生产过程进行控制。

DDC系统中，计算机可代替模拟调节器，实现多回路控制。另一方面，由于系统的调控参数已设定好并输入了计算机，控制系统不能根据现场实际进行相应调整，故此系统无法实现最优控制。

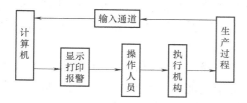

图1-5　数据采集和操作指导控制
系统的结构框图

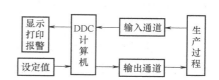

图1-6　直接数字控制系统的结构框图

3. 监督控制系统　监督控制系统（Supervisory Computer Control，SCC）中，计算机根据工艺信息和相关参数，按照描述生产过程的数字模型或其他方法，自动地调整模拟调节器或改变以直接数字控制方式工作的计算机中的设定值，从而使生产过程始终处于最优工况。监督控制系统有两种结构形式：

（1）SCC+模拟调节器的控制系统　在此系统中，计算机对生产过程的有关参数进行巡回检测，并按一定的数字模型进行分析、计算，然后将运算结果作为给定值输出到模拟调节器，由模拟调节器完成调控操作。其结构图如图1-7所示。

（2）监督控制加直接数字控制的分级控制系统　这是一个二级控制系统。SCC计算机进行相关的分析、计算后得出最优参数并将它作为设定值送给DDC级，执行过程控制。如果DDC级计算机无法正常工作，SCC计算机可完成DDC的控制功能，使控制系统的可靠性得到提高。SCC+DDC分级控制系统的结构框图如图1-8所示。

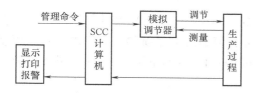

图1-7　SCC+模拟调节器控制系统的结构框图

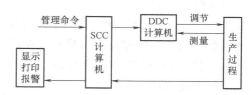

图1-8　SCC+DDC分级控制系统的结构框图

4. 集散型控制系统　集散型控制系统（Distributed Control System，DCS）又称分布或分散控制系统，是按照总体协调、分散控制的方针，采用自上而下的管理、操作模式和网络化的控制结构，实现对生产过程的控制。DCS 由基本控制器、高速数据通道、CRT 操作站和监督计算机组成，它将各个分散的装置有机地联系起来，具有较高的灵活性和可靠性。

5. 现场总线控制系统　现场总线控制系统（Fieldbus Control System，FCS）是在集散控制系统的基础上发展起来的，现场总线优越性主要表现在以下几个方面：

（1）提高系统的开放性　现场总线产品可以很方便地适配各种计算机和总线系统，因而可以方便地构成过程测控系统，并将实时系统纳入生产管理信息系统，实现管控一体化。

（2）系统结构更为分散，可靠性增强　现场总线产品的应用彻底改变了 I/O 模件集中布置的测控站结构模式，采用现场智能仪表取代过程 I/O 装置，大大减轻了主机负荷，并可避免多 I/O 共地可能引起的地线回流干扰，任何故障和危险都被限制在局部范围内，从而使得各个系统的可靠性大为增强。

（3）节省电缆，经济效益显著　信号与控制电缆占集中测控系统总投资的比例很大，可达 30% 以上。在采用现场总线产品之后，现场智能仪表和执行机构可就近处理信号与控制，然后经现场通信总线与主控系统连接，可以大大节省信号和控制电缆，具有明显的经济效益。

（4）提高系统的抗干扰能力和测控精度　现场总线产品可以就近处理信号并采用数字通信方式与主控系统交换信息，不仅具有较强的抗干扰能力，而且处理精度也得到很大提高，同时数字通信的检错功能，可以检测出数字信号在传输中出现的误码。

（5）智能化程度高　现场总线产品具有较高的运算处理能力，它不仅可以在正常工作时对被控生产过程发挥出更强的智能测控功能（如一些智能变送器本身已带有 PID 运算功能），还可以作为信号检测元件，直接构成调节控制回路，实现单参数调节（如作为基地式调节器使用）。它们都具有自检、自诊断及报警处理等功能，因此，还具有智能维护与管理能力。

（6）组态简单　由于所有现场仪表都使用功能模块，组态变得非常相似和简单，不需要因为现场仪表种类不同或组态方法不同而进行培训或学习编程语言。

（7）简化设计和安装　在现场总线的一根双绞线上，可以连接许多现场仪表，与 DCS 系统相比，节省了大量电缆和 I/O 组件，使布线设计和接线图大大简化。

（8）维护检修方便　现场总线的数字双向通信功能保证了主控系统对现场仪表的管理和维护能力。

（9）"傻瓜"性好　由于现场总线产品具有模块化、智能化、装置化的特点，且具有量程比大、适应性强、可靠性高、重复性好等特点，因而为用户选型、使用和备品备件储备等方面带来极大的好处。

6. 网络控制系统　网络控制系统（Network Control System，NCS）是计算机网络技术在工业控制领域的延伸和应用（俗称工业以太网），是计算机控制系统的更高发展，是以控制"事物对象"为特征的计算机网络系统，简称为 Infranet Infrastructure Network。网络控制系统具有如下特点：

（1）结构网络化　网络控制系统最显著的特点体现在网络化体系结构上，它支持如总线形、星形、树形等拓扑结构，与分层控制系统的递阶结构相比显得更加扁平和稳定。控制网络结构具有高度分散性、高实时性与良好的时间确定性的要求；传送信息多为短帧信息，且交换频繁；容错能力强；控制网路协议简单实用，工作效率高。

（2）节点智能化　带有 CPU 的智能化节点之间通过网络实现信息传输和功能协调，每个节点都是组成网络控制系统的一个细胞，且具有各自相对独立的功能。控制设备的智能化与控制功能的自治性，与信息网络之间有高效率的通信，易于实现与信息网络的集成。

（3）控制现场化和功能分散化　网络化结构使原先由中央控制器实现的任务下放到智能化现场设备上执行，这使危险因素得到分散，从而提高了系统的可靠性和安全性。

（4）系统开放化和产品集成化　网络控制系统的开发是遵循一定标准进行的，是一个开放性的系统，只要不同厂商根据统一标准来开发自己的产品，这些产品之间便能实现互操作。

二、楼宇自动化控制系统的类型

楼宇自动化控制系统实质上是一套中央监控系统，为了实现对电气控制系统、环境控制管理系统、交通运输监控系统、广播系统、消防系统、保安系统等多机子系统的集成，一般组成计算机网络。楼宇自动化是整个智能建筑的重要组成部分之一（子网络），网络原则上采用带服务器的微机局域网（LAN）。局域网常见类型有以太网（Ethernet）、令牌网（Token Ring）、光纤分布数据网（FDDI）及异步传输模式（ATM）等。楼宇自动化控制系统网络结构示意图如图 1-9 所示。

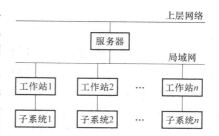

图 1-9　楼宇自动化控制系统网络结构示意图

楼宇自动化控制系统一般可分为：基本型楼宇自动化控制系统、综合型楼宇自动化控制系统、开放型楼宇自动化控制系统。

1. 基本型楼宇自动化控制系统　在局域网中将各类楼宇自动化控制子系统配置成文本显示中央工作站或配置成全功能化的图形终端，形成独特的"即插即用"的网络系统。其特点有：工作环境简单，可以是简单的 PC/386～PC/586，支持高速控制器总线，支持 Microsoft Windows/Windows NT；规模结构大小可调，从单台 PC 直至整个局域网；由于采用"即插即用"的模块式运行方式，能使系统在线快速投入工作，从而减少安装工时，节省系统启动费用。

系统应用了高科技技术，如采用开放的系统结构，支持 Open Link、DDE 接口及支持各种网络通信协议；适应主流计算机结构及主流网络工作环境；方便用户与控制总线、局域网、广域网及其他方式连接。使其具有极大的灵活性，能提供被测点的显示和命令，系统具有图形、报表打印及历史数据采集等功能，其软件便于安装、学习、使用和维护。

2. 综合型楼宇自动化控制系统　在基本型楼宇自动化控制系统的功能平台基础上加以拓展，使各"分立"子系统"模块"互相关联，综合一体。它可以监控来自系统的数据，包括同层总线，或其他子系统总线设备等，可以将多个工作站连接至局域网，以提供与其他分支维护管理连接的接口。

3. 开放型楼宇自动化控制系统　将各子系统设备以分布式结构（集散系统）采用分站（单元控制器）实时控制调节，将控制器接成网络，由中央站进行监控管理，或采用无中心结构的完全分布式控制模式，利用微型智能节点，实现对子系统点对点的直接通信，并可以把其他公司的系统综合在同一网络系统中，它采用符合工业标准的操作系统、LAN 通信、相关数据库系统和图形系统。它在设计使用方面已充分考虑到与未来楼宇自控技术发展的接轨。

三、楼宇自动化系统结构

智能建筑自动化系统是建立在计算机技术基础上的采用网络通信技术的分布式集散控制系统，它允许实时地对各子系统设备的运行进行自动的监控和管理。

网络结构可分为3层：最上层为信息域的干线，可采用 Internet 网络结构，执行的协议是 TCP/IP，以实现网络资源的共享以及各工作站之间的通信；第二层为控制域的干线，即完成集散控制的分站总线，它的作用是以不小于 10Mbit/s 的通信速度把各分站连接起来，在分站总线上还必须设有与其他厂商设备连接的接口，以便实现与其他设备的联网；第三层为现场总线，它是由分散的微型控制器相互连接使用，现场总线通网关与分站局域网连接。

BAS 系统结构由如下 4 部分组成：中央控制站；区域控制器；现场设备；通信网络。其结构如图 1-10 所示，下面对上述 4 部分详细说明。

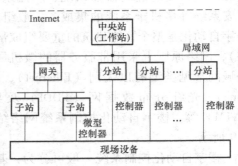

图 1-10　BAS 系统结构图

1. 中央控制站　中央控制站直接接入计算机局域网，它是楼宇自动化系统的"主管"，是监视、远方控制、数据处理和中央管理的中心。此外，中央控制站对来自各分站的数据和报警信息进行实时监测，同时，向各分站发出各种各样的控制指令，并进行数据处理，打印各种报表，通过图形控制设备的运行或确定报警信息等。

2. 区域控制器（DDC 分站）　区域控制器必须具有能独立地完成对现场机电设备的数据采集和控制监控的设备直接连接，向上与中央控制站通过网络介质相连，进行数据的传输。区域控制器通常设置在所控制设备的附近，因而其运行条件必须适合于较高的环境温度（50℃）和相对湿度（95%）。

软件功能要求：

1）具有在线编程功能。

2）具有节能控制软件，包括最佳起停程序、节能运行程序、最大需要程序、循环控制程序、自动上电程序、焓值控制程序、DDC 事故诊断程序、PID 算法程序等。

3）各子系统的时间控制程序、假日控制程序和条件处理程序等。

3. 现场设备　现场设备包括：

1）传感器：如温度、湿度、压力、差压、液位、流量等传感器。

2）执行器：如风门执行器、电动阀门执行器等。

3）触点开关：如继电器、接触器、断路器等。

上述现场设备应具备安全可靠能满足实际要求的精度。

现场设备直接与分站相连，它的运行状态和物理模拟量信号将直接送到分站，反过来分站输出的控制信号也直接引用于现场设备。

4. 通信网络　中央控制站与分站通过屏蔽或非屏蔽双绞线连接在一起，组成区域网分站总线，以数字的形式进行传输。通信协议应尽量采用标准形式，如 RS485 或 LonWorks 现场总线。

对于 BAS 的各子系统如保安、消防和楼宇机电设备监控等子系统可考虑采用以太网将各子系统的工作站连接起来，构成局域网，从而实现网络资源，如硬盘、打印机等的共享以及各工作站之间的信息传输，通信协议采用 TCP/IP。

除了以上介绍的 4 部分外，通常，当需要的时候可以增加操作站，其主要功能用于企业管理和工程计算，它直接接在局域网的干线上，例如网络的一个工作站，它的硬件、软件平台根据具体要求进行选择，这里不作详细介绍。

四、综合布线系统支持

建筑物综合布线系统（Generic Cabling System）是实现智能建筑的最基本又最重要的组成部分，是智能建筑的神经系统。综合布线系统采用双绞线和光缆以及其他部件在建筑物或建筑群内构成一个高速信息网络，共享话音、数据、图像、大厦监控、消防报警以及能源管理信息，它涉及建筑、计算机与通信三大领域。AT&T、IBM、Seimon 等公司提供的结构化布线系统都支持智能建筑内的几乎所有的弱电系统，包括支持采暖通风、空调自控、保安、电气设备等。

采用结构化布线，由于传输介质的统一，不仅节省楼内竖井空间，而且无需进行复杂的不同布线系统的协调工作。

由于结构化布线的灵活性，在符合中国各种国家规范的允许范围内，根据不同情况，可以将不同的楼宇自动化子系统考虑纳入综合布线系统中去。

作为智能建筑的核心支柱，楼宇自动化技术的进步将成为智能建筑发展的基本保证。中国正朝着"四个现代化"的世界强国迈进，城市的建设把大楼智能化工作放在重要地位，智能建筑与中国的金字工程同步发展，与国际信息高速公路连通，在商贸业务领域、金融保险领域、房地产业及信息领域与国际习惯和先进技术完全接轨，在楼宇管理领域达到节省能源、高效服务与高度自动化、建成社会安定、环境高雅、计算机文化氛围浓厚的现代化城区。

思考题与习题

1. 简述智能建筑的发展历史。
2. 楼宇自动化技术有什么特点？
3. 楼宇自动化系统包括哪些内容？
4. "4C"技术包括哪些内容？

第二章　集散型控制系统与现场总线控制系统

第一节　集散型控制系统的基本结构与特点

集散型控制系统（Distributed Control System，DCS），是以多台微处理器为基础的集中分散型控制系统。它是目前在过程控制中，尤其是大中型生产装置控制中应用最多、可靠性最高的控制系统。在传统的过程控制系统中引入计算机技术，利用软件组成各种功能模块，代替过去常规仪表功能，实现生产过程压力、温度、液位、流量、成分、机械量等参数的控制，并用 CRT 屏幕显示，应用通信联网技术组成系统。DCS 的特点是现场由控制站进行分散控制，实时数据通过电缆传输送至控制室的操作站，实现集中监控管理，分散控制，将控制功能、负荷和危险分散化。

集散控制系统的"集"是对信息管理而言，"散"是对控制功能而言，DCS 系统既可实现分散控制又可实现集中监视、管理。在系统功能方面，DCS 和集中式控制系统的区别不大，但在系统功能的实现方法上却完全不同。集中式控制系统只需要一台计算机以及有关的 I/O 设备和 CRT、键盘、打印机等外围设备即可完成系统功能，而 DCS 则一般要由 4 个基本部分组成：即系统网络、现场 I/O 控制站、操作员站和工程师站。在 DCS 中，现场 I/O 控制站、操作员站和工程师站都由独立的计算机构成，分别完成数据采集、控制；监视、报警、记录；系统组态、系统管理等功能。完成这些特定功能的计算机都被称为"节点"，而所有这些节点又都通过系统网络连接在一起，成为一个完整统一的系统，以此来实现分散控制和集中监视、集中操作的目标。

DCS 系统的层次加上管理级共 4 级，如图 2-1 所示。

1）直接控制级（过程控制级）：过程控制级是 DCS 系统的基础，主要功能包括：过程数据采集、直接数字的过程控制、设备监测、系统的测试诊断和实现可靠安全运行。在这一级上，过程控制计算机被称为现场控制站，直接与现场各类装置相连（如检测仪表、执行机构等）。对控制对象实施监测、连续控制和批量控制。同时它向上与第二层的计算机相连，接收上层的控制和管理信息，并向上传递控制装置的特性信息和采集到的实时数据。

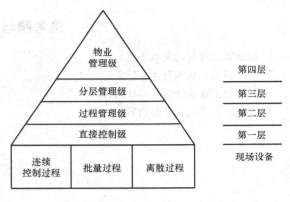

图 2-1　集散型控制系统 4 层结构模式

2）过程管理级：在这一级上的过程管理计算机能实现综合监视设备运行过程主要信息、模拟画面集中显示、控制回路组态和参数修改、对所有楼宇机电设备运行过程优化处理、运行报告、趋势图显示等。还能实现单元内的整体优化，并对下层产生命令。在这一层，主要的功能有优化过程控制、自适应回路控制、实时数据进行模拟画面集中监视。

3）分层管理级：根据楼宇自动化控制系统的特点、协调智能建筑各机电设备的参数设定，是总体协调员。它能根据用户的使用情况、能源情况来规划各单元中控制系统运行方式的系统结构和规模。这一点是楼宇自动化系统高层所需要的。

4）物业管理级：楼宇物业管理级居于楼宇自动化系统的最高一层，它管理的范围很广，把这些功能都集成到软件系统中，通过综合计划，在各种变化条件下，结合多种多样的条件和能量调配，以达到最优解决这些问题。在这一层中，需要实现整个智能楼宇建筑设备自动化和公共安全自动化系统的集成问题。

1. 集散型控制系统的基本结构与功能

（1）DCS 的骨架——系统网络　它是 DCS 的基础和核心。由于网络对 DCS 整个系统的实时性、可靠性和扩充性起着决定性的作用，因此各厂家都在这方面进行了精心的设计。对于 DCS 的系统网络来说，它必须满足实时性的要求，即在确定的时间限度内完成信息的传送。这里所说的"确定"的时间限度，是指无论在何种情况下，信息传送都能在这个时间限度内完成，而这个时间限度则是根据被控制过程的实时性要求确定的。因此，衡量系统网络性能的指标并不是网络的速率，即通常所说的每秒比特数（bit/s），而是系统网络的实时性，即能在多长的时间内确保所需信息的传输完成。系统网络还必须非常可靠，无论在任何情况下，网络通信都不能中断，因此多数厂家的 DCS 均采用双总线型、环形或双重星形网络拓扑结构。为了满足系统扩充性的要求，系统网络上可接入的最大节点数量应比实际使用的节点数量大若干倍。这样，一方面可以随时增加新的节点，另一方面也可以使系统网络运行于较轻的通信负荷状态，以确保系统的实时性和可靠性。在系统实际运行过程中，各个节点的上网和下网是随时可能发生的，特别是操作员站。网络的重构会经常进行，而这种操作绝对不能影响系统的正常运行，因此，系统网络应该具有很强的在线网络重构功能。

（2）DCS 的现场 I/O 控制站　这是一种完成对过程现场 I/O 处理并实现直接数字控制（DDC）功能的网络节点。其主要功能有三个：

1）将各种现场发生的过程量（流量、压力、液位、温度、电流、电压、功率以及各种状态等）进行数字化，并将这些数字化后的过程量存在存储器中，形成一个与现场过程量一致、能一一对应，并按实际运行情况实时地改变和更新的现场过程量的实时映像。

2）将本站采集到的实时数据通过系统网络送到操作员站、工程师站及其他现场 I/O 控制站，以便实现全系统范围内的监督和控制，同时现场 I/O 控制站还可接收由操作员站、工程师站下发的信息，以实现对现场的人工控制或对本站的参数设定。

3）在本站实现局部自动控制、回路的计算及闭环控制、顺序控制等，这些算法一般是一些经典的算法，也可通过工程师站下装非标准算法和复杂算法。

一般一套 DCS 中要设置多个现场 I/O 控制站，用以分担整个系统的 I/O 和控制功能。这样既可以避免由于一个站点失效造成整个系统的失效，提高系统可靠性，也可以使各站点分担数据采集和控制功能，有利于提高整个系统的性能。

（3）DCS 的操作员站　它是处理一切与运行操作有关的人机界面（Human Machine Interface，HMI 或 Operator Interface，OI）功能的网络节点。其主要功能是为系统的运行操作人员提供人机界面，使操作员可以通过操作员站及时全面地了解现场运行状态、各种运行参数的当前值、是否有异常情况发生等。并可通过操作员站的输入设备对工艺过程进行控制和调节，以保证生产过程的安全、可靠、高效、高质。操作员站除了可以监视生产过程的运行状态，还可以监视控制系统本身各个设备的运行状态，如测量和控制设备是否正常和完好，因此，操作员站又可以提供系统管理的功能。典型的 DCS 体系结构如图 2-2 所示。

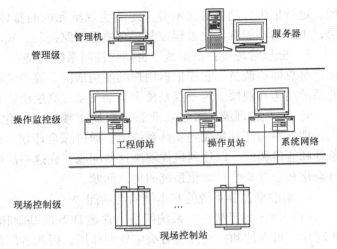

图 2-2　典型的 DCS 体系结构

（4）DCS 的工程师站　它是对 DCS 进行离线的配置、组态工作和在线的系统监督、控制、维护的网络节点。其主要功能是提供对 DCS 进行组态，配置工作的工具软件（即组态软件），并在 DCS 在线运行时实时地监视 DCS 网络上各个节点的运行情况，系统工程师可以通过工程师站及时调整系统配置及一些系统参数的设定，使 DCS 随时处在最佳的工作状态之下。

2. 集散型控制系统的特点　DCS 在各行各业之所以受到普遍欢迎，主要是具有以下一些特点：

（1）功能全　可完成从简单的回路控制到复杂的多变量模型优化控制；可进行串级、前馈—反馈等各种复合调节；以及间断的顺序控制、批量控制、逻辑控制、自适应控制等各种控制，实现显示、监控、打印、输出、报警、数据储存等操作要求。

（2）采用网络通信技术　DCS 的通信网络通常采用双绞线、同轴电缆、光纤等构成，传输距离从几十米至十几千米不等。有星形、环形和总线型等多种结构，通信协议向标准化方向发展。DCS 的通信网络不同于一般的计算机网络，它更强调实时性、可靠性与广泛的通用性。

（3）实现了人—机对话技术　操作员可在任何时刻进行集中监控管理。

（4）系统扩展灵活　可根据需要配置成大、中、小系统。

（5）可靠性高　硬件上采用冗余配置，引入容错技术，使系统可靠性大大提高，即使产生故障，修复时也不影响系统的操作使用。

（6）管理能力强　很容易实现管理自动化、设备自动化、办公自动化的全自动化管理目标。

（7）使用方便　在系统调试完毕后，只需按键盘操作即可。

20 世纪 90 年代以后，DCS 在其传统的基础上又有所改进和发展，体现出一些新特点：

1）完备的开放系统：DCS 系统具有标准化的网络和数据库保证高层互联，并采用通用的设备和成熟的软件，与智能仪表和 PLC 相连。

2）采用先进的计算机技术：高性能的微处理器已经大量应用到 DCS 系统中。

3）DCS 系统具有综合性和专业性：过去的 DCS 系统最多为用户提供一个控制系统平

台，用户可以通过组态实现过程控制功能。当今的 DCS 系统几乎都增加了综合管理，大多都采用了 Windows NT 操作平台以实现全智能楼宇综合自动化为目的。目前在火电厂广泛应用的几大 DCS，如 INFI-90、MAX3000 以及最近西屋公司推出的 OVTION 系统等电力部推荐的八大 DCS 都已经采用了 NT 操作平台。

第二节　集散型控制系统的现场控制站与操作站

集散型控制系统一般分为三级：

1）管理级：作为信息中心，楼宇综合自动化系统和管理中心，可采用服务器及小型计算机来完成。

2）操作监控级：作为人机接口的操作站（OPS）可以设置在总控制仪表室。显示各个现场站及不同的楼宇设备子系统的过程实时数据，同时对各现场站发出改变设定值、改变回路状态及控制指令。

3）现场控制级：现场控制站作为系统的控制级，主要完成各种现场楼宇机电设备运行过程信号的采集、处理及控制。

一、现场控制站的功能与结构

DCS 的一个突出优点是系统的硬件和软件都具有灵活的组态和配置能力。其硬件是通过网络将现场控制站与其他站连接起来。现场控制站的功能是对各种现场检测仪表（如各种传感器、变送器等）送来的过程信号进行实时的数据采集、滤波、非线性校正及各种补偿运算、上下限报警及累积量计算等。所有测量值和报警值经通信网络传送到操作员站数据库，供实时显示、优化计算、报警打印等。在现场控制站还可完成各种闭环反馈控制、批量控制与顺序控制等功能，并可接受操作站发来的各种手动操作命令进行手动控制，从而提供了对生产过程的直接调节控制功能。现场控制站的组成如图 2-3 所示。

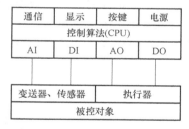

图 2-3　现场控制站的组成

在集散控制系统中，显示与操作功能集中于操作员站，在现场控制站一般不设置 CRT 显示器和操作键盘，但有的系统备有袖珍型现场操作器，在开停工或检修时可直接连接现场控制站进行操作，有的系统在前面板上装有小型按钮与数字显示器的智能模件，可进行一些简单操作。

1. 控制站机柜　机柜采用标准结构，机柜上部为电源箱，电源箱以下可以设置 1~6 只 I/O 机笼，如图 2-4 所示。现场控制站的机柜内部均装有多层机架，以供安装电源及各种模块之用。为给予机柜内部的电子设备提供完善的电磁屏蔽，其外壳均采用金属材料（如钢板或铝材），并且活动部分（如柜门与机柜主体）之间要保证有良好的电气连接。同时，机柜还要求可靠接地，接地电阻应小于 4Ω。

为保证柜内电子设备的散热降温，一般柜内均装有风扇，提供强制风冷。同时为防止灰尘侵入，与柜外进行空气交换时，要采用正压送风，将柜外低温空气经过滤网过滤后压入柜内，在灰尘多、潮湿或有腐蚀性气体的场合（例如安装在室外使用时），一些厂家还提供有

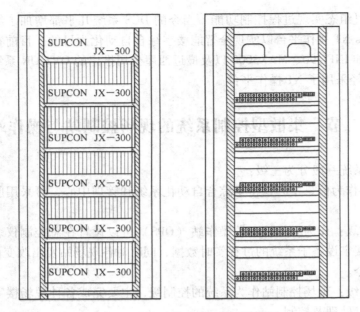

图 2-4　机柜对的正面、背面结构图

密封式机柜，冷却空气仅在机柜内循环，通过机柜外壳的散热叶片与外界交换热量。为保证在特别冷或热的室外环境下正常工作，还为这种密封式机柜设计了专门的空调装置，以保证柜内温度维持在正常值。另外，现场控制站机柜内大多设有温度自动检测装置，当机柜内温度超过正常范围时，产生报警信号。

机笼用于固定主控卡、数据转发卡和各种 I/O 卡，机笼背面有独立的现场接线端子和直流输入接口以及机笼扩展接口，如图 2-5 所示。

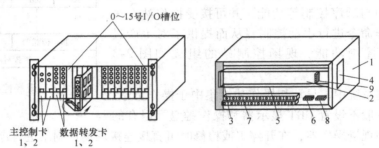

图 2-5　机笼的正、背面结构图

1—机笼　2—走线槽　3—左进线孔　4—右进线孔　5—走线槽挡板
6—机笼扩展接口　7—端子排　8—交流输入接口　9—直流输入接口

2. FCS 的硬件配置　现场控制站（FCS）实现数据采集与控制的核心是控制计算机，而控制计算机是由 CPU、存储器和 I/O 通道中使用的大规模集成电路芯片组成。

（1）现场主控单元　DCS 是现场控制站的核心，它接收过程信号的输入/输出信号的传递，实现由微处理机的控制计算和存储器的信息存储等，完成整个控制运算处理。现场主控单元完成的反馈控制功能由卡中的内部仪表来实现。所谓的内部仪表就是具有和常规模拟仪表功能相似、固化在 ROM 中的子程序段，因此是一种软仪表，俗称为"模块"或"槽"

（SLOT）。

集散控制系统内部仪表共 18 类。按规定一个现场控制单元最多可使用 80 个内部仪表，对某一种型号的内部仪表的使用数量没有限制。其现场控制单元的反馈控制功能具备以下的功能：

1）扫描功能：可以确定扫描的打开和关闭，以满足不同组态方式的需要；也可以选择扫描周期的长短，来满足控制精度的要求。

2）输入信号的处理功能：包括输入信号读入、输出信号转换、补偿运算功能、数字滤波、积算和校正等功能。

3）报警检查功能：包括输入开路报警检查、上上限和下下限报警检查、上下限报警检查、变化率报警检查、偏差报警检查、报警输出旁路和报警优先顺序确定等功能。

4）输出信号处理功能：包括输出报警检查功能、输出限幅、输出变化率限幅、预置输出、输出限位指针和输出信号设定等功能。

（2）现场输入与输出单元　一般集散系统有 10 余种不同的 I/O 卡，主要使用的有电流信号输入卡、热电阻信号输入卡、数字信号处理卡、脉冲量输入卡等。为了 I/O 卡的通用性，同一机笼中不同 I/O 卡不是通过不同的地址编码来区分的，而是在系统组态时就对机笼中的各个 I/O 卡的种类及相关参数都做了定义。

1）模拟量输入通道（AI）：生产过程中各种连续物理量（如温度、压力、应力、位移以及电流、电压等），由在线检测仪表将其转变为相应的电信号后，送入模拟量输入通道进行处理。一般输入信号有以下几种：毫伏级电压信号，如热电偶、热电阻及应变式传感器的输出；电流信号，如各种温度、压力、位移或各种电量变送器的输出，一般采用 4～20mA 标准。信号传送距离短、损耗小的场合也有采用 0～5V 或 0～10V 电压信号传输的。

模拟量输入通道一般由端子板、信号调理器、A/D 模板及柜内连接电缆等构成。

柜内连接电缆：用于端子板、信号调理器与 A/D 模板之间的信号连接。多采用双绞多芯屏蔽电缆防止干扰。

信号调理器：用于将各种范围的模拟量输入信号统一转换为 0～5V 或 0～10V 的电压信号送入 A/D 模板。为了提高抗干扰能力，均采用了差动放大器，并且每一路都串接多级有源和无源滤波器。在环境噪声较强，且各测点间可能存在有较大共模电压的情况下，采用具有隔离放大器的信号调理器，将现场信号线与 DCS 系统及各路信号线之间产生良好绝缘，一般耐压在 500V 以上。各厂家生产的信号调理器共模抑制比（CMRR）一般为 100～130dB，对 50Hz 工频信号的串模抑制比（NMRR）一般为 30～60dB，非线性为 0.01% 左右。对于专用于热电偶的信号调理器，有的还设有冷端补偿与开路检测电路。新型的信号调理器采用了带有微处理器的专用集成电路，可现场改变测量范围和非线性补偿方式（如进行开平方运算），可适应测量条件的紧急变更，减少备品的种类与数量。

A/D 模板：用于将信号调理器输入的模拟信号变换为数字量。在 DCS 系统中使用的大多是 12 位的 A/D 转换器，转换时间一般在 100μs 左右。每块 A/D 模板可输入 2～8 路模拟信号，由多路切换开关选择某一路接入。A/D 模板的隔离方式有两种：其一为采用隔离输入放大器；其二为采用光电耦合器，在 A/D 模板与机架总线之间数字量传输通道上进行电气隔离。采用第二种方式时，A/D 模板的模拟电路电源应是浮置的，采用板内 DC-DC 变换器供电，以保证板内电路对大地的绝缘。有的产品还将 A/D 转换电路置于一金属屏蔽罩中，以进一步提高它与大地之间的绝缘阻抗和防止外界的电磁干扰。

2）模拟量输出通道（AO）：模拟量输出通道输出 4～20mA 电流信号，用来控制各种直行程或角行程电动执行机构的行程，或通过调速装置（如各种交流变频调速器）控制各种电动机的转速，也可通过电—气转换器或电—液转换器来控制各种气动或液动执行机构，例如控制气动阀门的开度等。根据执行机构的需要亦有输出 0～10mA 与 1～5V 电压的 AO 模件。模拟量输出通道一般由 D/A 模板、输出端子板与柜内电缆等构成。

D/A 模板中每路模拟输出都由一片 D/A 转换器和 V/I（V/F）变换器构成。输出值不随时间衰减，输出负载一般要求不小于 50Ω。改变板内开关或跳线的设置可形成 1～5V 电压输出。与现场连接的电路和主机在电气上是隔离的。各厂家的 D/A 模板一般可提供 2～8 路模拟输出。

3）开关量输入通道（DI）：可以接收有源或无源信号，输入的信号一般是限位开关、继电器或电磁阀门连动触点的开、关状态。输入信号可以是交流电压信号或直流电压信号。开关量输入通道由端子板、DI 模板及柜内电缆组成。

开关量输入信号在 DI 板内经电平转换、光电隔离并去除接点抖动噪声后，存入板内数字寄存器中。CPU 可周期性地读取各板内寄存器的状态来获取系统中各个输入开关的值。有的 DI 板上设有中断，当外部开关状态变化时，用中断方式提请 CPU 及时处理。DI 板的位数一般为 8 的倍数，8～64 路不等。

4）开关量输出通道（DO）：用于控制电磁阀门、继电器、指示灯、声光报警器等开关设备，开关量输出通道由端子板、DO 板及机柜内电缆构成。

DO 板用于锁存输出数据，每一位对应一个开关设备，经光电隔离后通过 OC 门去控制直流设备，也可通过双向晶闸管（或固态继电器）控制交流设备。当然更可用小型继电器控制交、直流设备。DO 板上一般装有输出值回检电路，以检查开关量输出状态正确与否。

5）脉冲量输入通道（PI）：现场仪表中转速计、涡轮流量计及一些机械计数装置等输出的测量信号为脉冲信号，脉冲量输入通道就是为输入这一类信号而设置的。

I/O 通道的发展趋势是进一步智能化，通过在 I/O 模板上安装单片机，使其成为一个可独立运行的智能化数据采集与处理单元，自动地对各路输入信号巡回检测、非线性校正及补偿运算等。而装有 AI 与 AO 通道的模件，其功能就相当于一个多回路的数字调节器。这样一来，主 CPU 承担的工作进一步减少，系统的工作速度进一步提高。

（3）电源　电源（交流电源和直流电源）稳定、可靠才能保证现场控制站正常工作。一般采取以下几种措施来保证交流供电系统的可靠性。

1）每一现场控制站均采用双相交流电源供电，两相互为冗余。

2）如果附近有经常开关的大功率用电设备，则应采用超级隔离变压器，将其一次、二次绕组间的屏蔽层可靠接地，能很好地隔离共模干扰。

3）若电网电压波动很严重，则应采用交流电子调压器，快速稳定输入电压。

4）在控制连续性要求特别高的场合，应配有不间断电源（UPS），以保证供电的连续性。现场控制站内各功能模块所需直流电源一般为 ±5V、±15V（或 ±12V）以及 +24V。

如使用直流电源系统，一般采取以下几条措施：

① 为减少相互间的干扰，对主机和现场设备供电的电源要在电气上隔离。

② 采用冗余的双电源方式给各功能模块供电。

③ 由统一的主电源单元将交流电整流为 24V 直流电，供给柜内的直流母线，然后通过 DC-DC 转换将 24V 直流电源变换为子电源所需的电压，一般主电源采用 1:1 冗余配置，子电源采用 $N:1$ 冗余配置。

（4）端子板　在模拟仪表控制系统中，二次仪表、现场仪表和执行机构的连接经过端子排实现。在 DCS 的现场控制站中，通常使用端子板进行连接。端子板安装在机柜内，通过柜内电缆与各种卡件相连接。

PI 板一般设有多个可编程定时计数器及标准时钟电路。输入的脉冲信号经幅度变换、整形、隔离后输入计数器，可计算累积值、脉冲间隔时间及脉冲频率等。每块 PI 板一般可接入 4~8 路脉冲信号。

1）模拟量输入端子板用于连接现场信号电线或电缆，对每一路信号线提供，两线制接线端子（如"+、-"极）和三线制接线端子（如"+、-"极屏蔽的接线端子），经柜内电缆送入 AI 模板。有的 DCS 输入端子板上设有保护及滤波电路，有的将端子板与信号调理器做在一起。

2）模拟量输出端子板是通过柜内电缆与 AO 模板相连，提供 AO 通道与现场控制电缆之间的连接。

3）数字量输入端子板与 DI 板通过柜内电缆相连接，一般还设有过压、过流等保护电路。

4）数字量输出端子板用于连接现场控制电缆，一般也设有过电压、过电流等保护电路，与 DO 板通过柜内电缆相连。

5）脉冲量输入、输出端子板与数字量输入、输出端子板相似。

二、操作站的基本组成

DCS 操作站一般分为操作员站和工程师站两种。其中工程师站主要是提供技术人员生成控制系统的人机接口，或者对应用系统进行监视。工程师站上配有一套组态软件，为用户提供一个灵活的、功能齐全的工作平台，通过它来实现用户所要求的各种控制策略。为节省投资，有很多系统的工程师站可以用一个操作员站代替。

DCS 操作站的主要功能为过程显示和控制、系统生成与诊断、现场数据的采集和恢复显示等。要实现这些功能，操作站必须配置以下设备：

① 操作台；② 工业控制计算机；③ 外围存储设备；④ 图形显示设备（CRT）；⑤ 操作站键盘；⑥ 打印输出设备。

1. 操作与显示功能　具有设备运转所需的操作、监视用的操作画面体系，如图 2-6

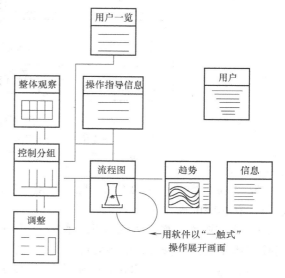

图 2-6　操作画面体系

所示。这些画面不仅可以用画面调出键、软键、功能键等各种各样方法"一触式"地调出，而且可以用画面展开键来进行画面展开的操作。从而实现最佳而又简单的操作和监视。

2. 软键的功能 软键是设置在邻接于画面显示（CRT）的 8 个按钮，其功能分别显示在各个画面的软键显示部上（见图2-7）。因而，软键的功能与显示的画面一一相对应。可将各个画面上使用最频繁的操作（如向相关画面的展开，或本画面的固有操作等）定义到软键，再用"一触式"操作调出。

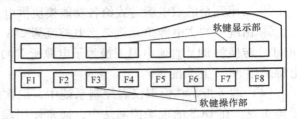

图 2-7 软键的功能图

3. 功能键的功能 功能键是设置在操作键盘上部的 32 个带有指示灯的键（见图2-8）。因此，在批量过程等的控制中，将品种设定程序、运转用流程图画面、批量报表打印程序等定义到功能键上，可以实现"一触式"的操作。功能键可利用组态或系统应用功能在线进行定义。将功能键的用途写在其标签（20mm×8mm）上。

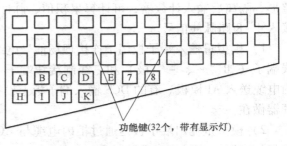

图 2-8 功能键的功能

4. 输入区 输入区是数据输入时使用的显示操作部分，用于向控制功能输入数据。输入区部显示如图2-9 所示。

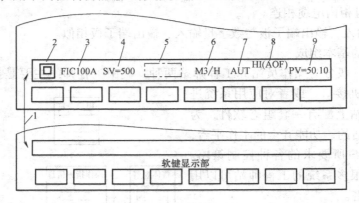

图 2-9 数据输入区

1—输入区 2—工位标志 3—工位号 4—指定数据类型 5—输入数据
6—工业单位 7—回路状态 8—报警状态 9—测量值

5. 工位号操作 在操作站，除了软键、功能键的"一触式"操作以外，用工位号也能进行控制功能的操作。

6. 操作画面 操作画面有几个种类。其中整体观察画面、控制分组画面及调整画面是对控制单元的内部仪表、顺序元件、开关仪表、报警器等加以显示及基本操作的画面。

（1）总体画面 总体画面可显示 28 个显示块的报警状态。可以将内部仪表、顺序元件和各种操作画面分别指定和定义在各个显示块内。特别是在分配和定义了控制分组面画的情况下，在显示块上能显示出 8 个工位的报警状态。根据报警状态的不同，显示颜色也会变化，所以可用很直观的视觉模型掌握过程状态。

（2）控制分组画面　一个画面可以显示 8 个诸如内部仪表、顺序元件、报警器、开关仪表、趋势仪表等的仪表图（见图 2-10）。仪表图是为用视觉就可以监视而设计的图形，备有 30 多个种类。

（3）调节画面　调节画面能显示 1 个工位的工位标记、工位号、工位说明和仪表图、全部参数及趋势记录。

7. 趋势记录功能　操作站具有 4 种趋势记录功能，记录点多少由基本型或扩展型决定。根据控制对象的特性与控制目的，可选择最佳规格的趋势记录功能和过程监视器。趋势记录功能一览如表 2-1所示。

（1）调节趋势　即在调节画面上显示趋势记录的功能。

（2）实时趋势　在过程的特性分析中，是指取样时间短（10s）、记录时间长达数小时的记录形式，数据被存储在操作站的固定磁盘中，经过数小时以后数据将逐个消去。其特点是通过趋势画面在运转中可以改变记录点。对需要监视的工位，需要进行特性分析、数据相关分析的工位，可以在线登录或变更。

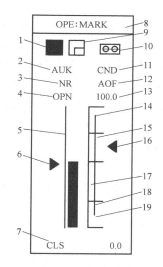

图 2-10　仪表图例

1—工位标记　2—回路状态　3—报警状态
4—指针　5—操作输出限制值　6—操作输出值
7—仪表图说明　8—操作标记　9—CMP 标记
10—CAS 标记　11—分系统状态　12—分报警状态
13—仪表图刻度　14—上上限报警设定值（红）
15—上限报警设定值（绿）　16—设定值
17—测量值　18—下限报警设定值（绿）
19—下下限报警设定值（红）

表 2-1　趋势记录功能一览表

种类	点数		记录规格		备注
	基本型	扩展型	记录时间	收集时间	
调节趋势	3	3	4min	1s	1 个回路的 PV、SV、MV
			8min	2s	
			16min	4s	
			32min	8s	
实时趋势	128	128	4h10min	10 s	运转中可以变更
历史趋势	256	512	25h	1min	每 128 点指定记录规格（在组态时登记）
			50h	2min	
			125h	5min	
			250h	10min	
批量趋势	128	256	25h*	1min	每 128 点指定记录规格（在组态时登记）* 表示带有参照模式时，记录时间将分别减半
			50h*	2min	
			125h*	5min	

（3）历史趋势　　这是指适用于长时间数据监视的趋势记录功能，可以在趋势画面上显示。数据被存储在操作站的固定磁盘中，超过记录时间后，数据将逐个消去。

（4）批量趋势　　最适用于批量过程数据记录的记录功能。根据由控制单元来的批量趋势信息等外部指令，开始只进行一定时间的趋势记录，然后将数据保存在固定磁盘中。

8. 报警功能　　由控制单元及操作站发生的报警信息进行报警。报警画面分成三种：

（1）系统报警画面　　对操作站、打印机等进行诊断，发生异常时，显示在画面上（指示灯也同时闪光）。

（2）报警一览画面　　显示由控制单元来的过程报警。

（3）信息显示画面　　这是指显示8个过程报警、8个操作指导信息、3个操作信息的信息专用画面。

9. 操作指导信息功能　　操作指导信息功能是根据顺序控制功能或程序指令来显示信息的功能。

10. 流程图功能　　流程图功能是由用户自由地将图形、颜色和显示数据等进行组合，并将控制对象过程图案化，构成最佳操作画面的功能。用这个功能可以充分发挥CRT操作的能力。因为采用了用户可以自由指定所希望的图形位置、形状的全图显示，又具有各种各样构成流程图的画素，所以可做成漂亮精美的画面。ISA标准符号（53种图形）可作为画素使用，也可以用作数值、棒图和输入过程数据信息显示。另外，还具有图形、文字的颜色变化和边缘显示机能。在流程图画面上，对于每一页的各个软键，可以进行有关画面展开、启动程序、调出指定工位或显示指定工位仪表图等的定义。

三、数据通信

主控卡与操作员站之间的通信，由于主控卡与现场各单元的通信方式不同，主控卡和操作员站之间的通信与主控卡和现场各单元的通信方式不同，因此系统中各单元间的通信是通过两个网来实现，主控卡与现场各单元通信主要由通信卡完成把现场数据通过各单元发送到主机，通信是一对一的方式。同时，主控卡还负责把操作员站或工程师站的命令传送到相应的控制单元，通信也是一对一的方式。而主控卡与操作员站之间的通信，一方面是主控卡把从各现场控制站收集到的数据发送到操作员站，因为发送到各操作员站的数据是相同的，主控卡和操作员站的通信采用广播方式，可以提高通信效率，因而通信是一对多的方式，另一方面各操作员站对现场控制站的操作命令也要首先发送到主控卡，因而通信是一对一的方式。

从功能上说，工程师站与主控卡之间的通信所用的网与前两个网是相关的。但是，它们间的通信量仅在系统投入运行前，下装组态数据时才比较大，正常运行时使用的很少（对数据库进行在线修改时用）或者不使用，因而主控卡与操作员站之间的通信共用一个物理网络，但在逻辑上是独立的。

采用TCP/IP设计网络通信程序，TCP/IP分层模型如图2-11所示。

应用层向用户提供一组常用的应用程序，比如文件传输访问，远程登录等。严格地说，TCP/IP只包含下三层（不含硬件），应用层不算TCP/IP的一部分。

传输层（TCP）提供应用程序间的通信。其功能包括：①格式化信

图2-11　TCP/IP
分层模型

息流；②提供可靠传输。

网际协议（IP）负责相邻计算机之间的通信。其功能包括：①处理来自传输层的分组发送请求；②处理输入数据；③处理 ICMP 报文、处理路径、流控、拥塞等问题。

网络接口层是 TCP/IP 软件的底层，负责接收 IP 数据报并通过网络发送出去，或者从网络接收物理帧，抽出 IP 数据报，交给 IP 层。

传输层有两个并列的协议，分别为 TCP 和 UDP。TCP（Transport Control Protocol，传输控制协议）是面向连接的，它提供高可靠性服务；UDP（User Datagram Protocol，用户数据协议）是无连接的，它提供高效率的服务。在传输层上提供通用的编程接口，为 socket 编程界面，利用这些函数，可以开发网络通信程序。根据系统的功能要求，主控卡应定时地把现场数据送到操作员站。因为发送到所有操作员站的数据都是相同的，所以主控卡到各操作员站的通信采用广播方式来减少占用通信信道的时间和主控卡轮流发送的时间。而所有操作员站只需要与主控卡通信，因而操作员站不需要广播方式。根据上述的要求，主控卡与操作员站之间的通信程序的通信采用 UDP，因为这种协议支持广播通信方式。而 TCP 不支持广播通信方式。

工程师站与主控卡和现场各单元与主控卡之间的通信，都是一对一的方式，因而不需要广播通信方式，故采用 TCP。这种方式，可以保证传输的可靠性。而 UDP 不能保证传输的正确性，这可以通过应用程序来保证。

操作员站与现场控制站中的数据流向可由图 2-12 说明。

操作员站接收现场控制站通过网络发送来的数据，保存在实时数据库中。通信程序从实时数据库中取数据，放入发送缓冲器中，再调用发送函数，以广播方式发送到各操作员站。根据系统设计指标要求，在一个发送周期要发送 1500 个模拟量和 12000 个数字量的数据，这些数据量，需

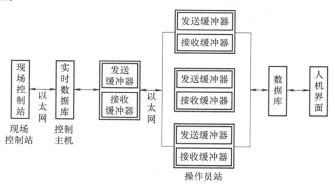

图 2-12　操作员站与现场控制站的数据流向示意图

要分几个数据包发送出去，因此在发送时对每个包加适当的标号，以便操作员站接收到数据时重组数据。

主控卡在向操作员站发送数据的同时，还必须随时准备接收从操作员站发送来的数据。操作员站发送来数据是对现场的操作命令，数据量很小，时间上是完全随机的。

第三节　集散型控制系统组态

集散控制系统的组态包括硬件组态和软件组态，其中硬件组态包括操作员站的选择及硬件配置、现场控制站的选择等，这一般是在系统安装调试时完成的。软件组态包括基本配置组态和应用软件的组态，基本配置组态是给系统一个配置信息，如系统现场控制站的个数、它们的索引标志等。软件的组态包括实时数据库的生成、历史数据库的生成和控制算法的

生成。

DCS 组态工作的内容主要包括：DCS 的系统组态；DCS 的控制组态；DCS 的画面组态；DCS 的维护组态。DCS 的组态一般是在工程师站上进行，对要下载到控制级的组态软件也可以在分散控制装置上进行。组态工作既可以是在线也可以是离线，一般情况下大多采用离线方式组态。

一、组态软件的功能

系统组态软件功能如图 2-13 所示。

工程师站是一台 486 以上的微机，主要完成软件组态的功能，包括基本配置组态和数据库组态、控制算法组态等。在系统正式投入工作以前，工程师站的组态数据通过网络传送到主机。主机在保留组态数据的同时，在内存中形成实时数据库，同时把组态数据装载到各现场控制站。工程师站上的组态数据也通过网络装载到各操作员站。因此，工程师站软件系统中集成服务平台起着重要作用。它隐蔽了下层包括与现场控制站通信、实时数据库采集处理等在内的所有操作，并将这些操作为周期性定时任务由平台内部完成，无需用户了解，而用户只

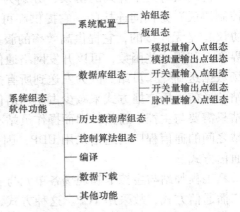

图 2-13　系统组态软件功能

需与平台提供的上层服务打交道。软件总体结构如图 2-14 所示。组态软件结构示意图如图 2-15 所示。

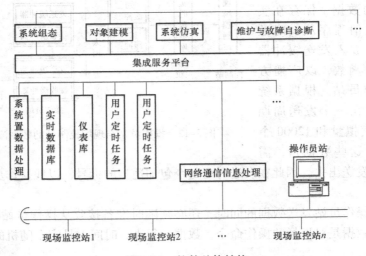

图 2-14　软件总体结构

由图 2-15 可知，工程师站分为四层。顶层和第二层是以菜单形式向工程技术人员提供了包括系统组态、建模、仿真、控制器设计、系统维护、故障诊断在内的多项功能，每个功能都是各自独立的模块。

第三层集成服务平台是整个软件结构的核心，上层与下层通过它建立相互的联系。此平台定时将现场控制站的上传数据进行分析处理，放入实时数据库和仪表库，并进行系统配置

数据管理等操作。这些操作在工程师站软件运行的整个时期一直存在，它由平台内部定时处理，对上层模块保持透明。此外，集成服务平台还按用户要求对用户定时任务（例如建模中按用户定时要求采集输入输出数据）进行管理，定时将实时库或仪表库中的数据传给上层功能模块，供它们取用，并将上层模块的执行结果传给实时库或仪表库。

第四层是集成服务平台管理的下层任务，其中系统配置数据

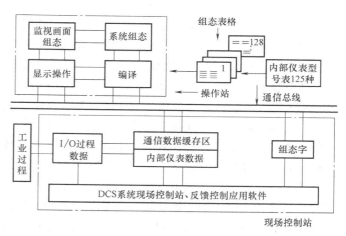

图2-15 组态软件结构示意图

管理、实时库和仪表库的存取刷新是按照平台内部的时钟定时处理的，而用户定时任务则按用户的定时时间进行定时处理。

二、集散型控制系统组态

1. DCS的系统组态 根据工程需求确定 DCS 的系统配置。DCS 的系统组态工作是为组成系统的各个装置、接插件和部件分配地址，建立相互的联系和设置标志符号，它包括硬件组态和软件组态两部分工作。

硬件组态包括两种方法：

1）利用 DCS 中固定各个接插槽的地址，接插部件不另设地址。

2）将接插部件用跨接或开关设置地址，接插槽不另设地址。

软件组态是对各个部件的特性、标志、符号以及所安装的有关软件系统进行描述，建立它的数据连接关系。

2. DCS 的控制组态 DCS 的控制组态应用软件一般由制造厂商提供。DCS 控制组态是应用组态软件实施工程的控制方案。事实上，组态应用软件是一系列控制算法，它一般以功能模块的形式供用户选用。对控制方案的实施，由于组态人员的设想不同，所用的控制模块也不相同，因而控制效果也有较大区别，特别是控制方案比较复杂，例如，控制系统中的反馈控制和逻辑控制，模块的选择、参数整定和配置的使用程度等都会使控制质量有明显的变化。因此，为实现最佳控制，对控制组态应特别重视。

控制组态工作中功能模块的选用和控制方案的选用应遵循下列原则：

1）便于控制功能的扩充和修改。

2）便于功能模块功能的发挥。

3）尽量选用功能强的模块。

4）控制方案的选择是在满足工艺需求的前提下，选择最简单的控制方案。

控制组态包括功能模块的使用、控制方案的配置和功能模块中参数的整定。功能模块中参数的整定包括系统本身的参数、功能参数和控制参数等。

在 DCS 控制组态时应设置参数的切换或在设置端加滤波器，同时考虑切换条件或滤波器参数设置。

3. DCS 的画面组态 DCS 的画面组态主要包括过程流程图，过程控制图画面的设计、绘制、动态数据更新及动态调用。画面组态设计应尽量便于操作，即设计时应充分考虑操作的方便，减少失误，使用户在经过尽可能少的培训后，就能掌握图形绘制的方法，特别是在采用了窗口技术的 DCS 中。由此可知，画面设计的重点是画面的构思、颜色的选择、数据显示方法等的设计，其好坏直接影响工作人员的操作质量。

过程流程图画面的设计与工艺流程有关，因为工艺流程图一般较大，所以过程流程图的设计是根据工艺流程图进行分散的，用若干个画面来代替整个工艺流程图，这一点对用户来说，较容易根据操作流程、分工等完成分割制作。例如，我们可以将楼宇整个空调控制工艺分散成若干个画面，如新风子系统画面、冷冻水子系统画面、回风子系统等，甚至可以根据需要将子画面分散得更细，如可细分为温度子系统画面、冷凝室画面、被控区域画面等，同时为提高画面质量，还可以分别用红、黄、绿、白 4 种颜色提高画面的动态效果。

4. DCS 的维护组态 为方便掌握 DCS 的运行状况，及时发现和处理故障，必须对 DCS 进行维护组态。维护组态工作包括 DCS 运行状态显示，系统各组件或接插件的运行状态显示和系统网络运行显示等的画面设计。例如，可以根据现场实际，对供配电控制系统中各设备的运行状态、组件投运情况等进行维护组态。但有的 DCS 已提供了维护画面，用户只需调用有关画面，而不需组态。

随着计算机技术的发展，DCS 的接插件以及有关设备大部分设有自诊断功能（包括软件和硬件的自诊断）。它们可以通过各种方式进行显示，因而使得维护和检修变得十分方便。

5. 数据库组态 在完成站和 I/O 通道板的配置以后，就可以进行点组态。点组态包括模拟量输入和输出点、数字量输入和输出点、脉冲量输入点的组态、点的组态包括定义点号和点的各种属性和参数。每一种量都有十几个到三十几个参数。

6. 历史库数据组态 模拟量、数字量和脉冲量都要根据组态的规定按不同的时间间隔保存起来，数据按存储间隔的不同，分为长时间历史数据、中长时间历史数据和短时间历史数据。例如，短时间历史数据的存储间隔为 2、5、10、15、…、60s，按时间的不同可分为不同的组，每一组都有一个相应的组号。这一工作就是由历史库数据组态功能完成的。在点组态时其中有一个参数就是历史数据组号，该组号就规定了此数据的存储间隔。

7. 控制算法组态 在完成点的组态以后，可进行控制回路的组态。包括生成控制算法、设置算法的参数、选择与此回路相联系的数据点等。由于采用图形组态方式，使得用户在进行控制算法的组态时非常容易。用户在选择某一算法的菜单后，相应的图形就显示在屏幕上，利用鼠标可以在屏幕上移动图形，在图形之间进行连接，还可以进行模块参数的设置等。

8. 编译 编译的作用有两个：其一是检查组态数据的错误，虽然在上述的各项组态过程中都具有查错的功能，但有些错误是整体性的，在局部组态中无法查出，因此需要靠编译时检查；其二是按照系统设计的通信规约，把组态数据文件转化为下装数据文件，需要转化的数据文件主要是控制算法组态文件。

9. 数据下装 数据下装就是网络通信程序把组态数据装载到控制主机和各操作员站。

第四节　现场总线控制系统

自20世纪80年代末以来，有几种类型的现场总线技术已经发展成熟并且广泛应用于特定的领域。这些现场总线技术各具特点，有的已经逐渐形成自己的产品系列，占有相当大的市场份额。几种比较典型的现场总线有 CAN 总线、LonWorks 总线、PROFIBUS 总线等。现场总线代表着21世纪测量和控制领域技术发展方向。

一、现场总线的技术特点

1. 系统的开放性　开放系统是指通信协议公开，各不同厂家设备之间可进行互连并实现信息交换。现场总线开发者就是要致力于建立基于统一底层网络的开放系统，它可以与任何遵守相同标准的其他设备或系统相连。开放系统把系统集成的权利交给了用户，用户可按自己的需要和考虑，把来自不同供应商的产品组成大小随意的系统。

2. 互可操作性与互用性　互可操作性是指实现互连设备间、系统间的信息传送与沟通，实行点对点、一点对多点的数字通信。而互用性则意味着对不同生产厂家的性能类似的设备可进行互换而实现互用。

3. 现场设备的智能化与功能自治性　它将传感测量、补偿计算、工程量处理与控制等功能分散到现场设备中完成，仅靠现场设备即可完成自动控制的基本功能，并可随时诊断设备的运行状态。

4. 系统结构的高度分散性　由于现场设备本身可完成自动控制的基本功能，导致现场总线已构成一种新的全分布式控制系统的体系结构。从根本上改变了现有 DCS 集中与分散相结合的系统体系，简化了系统结构，提高了可靠性。

5. 对现场环境的适应性　工作在现场设备前端，作为控制底层网络的现场总线，是专为现场环境工作而设计的，它可支持双绞线、同轴电缆、光缆、射频、红外线、电力线等，具有较强的抗干扰能力，能采用两线制实现送电与通信，并可满足本质安全防爆要求等。

现场总线系统的体系结构如图 2-16 所示。

由以上可以看出，现场总线不是简单的替代 4 ~ 20mA 信号传递，现场总线协议使得用户只要进行物理连接，就可用最优的方案将各种智能仪表和控制装置组成所需要的数字控制系统，而不必再为不同厂家的产品互连制作专用的网关或桥路，给用户带来很多方便。

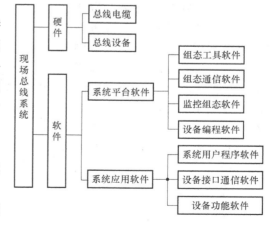

图 2-16　现场总线系统的体系结构

二、现场总线的基本内容

1. 现场总线的含义　现场总线的含义表现在以下 5 个方面：

（1）通信网络　传统 DCS 的通信网络截止于控制站或输入输出单元，现场仪表仍然是一对一模拟信号传输，现场总线是用于自动化控制的现场设备或现场仪表互连的现场通信网络，把通信线一直延伸到现场或设备，现场设备或现场仪表是指传感器、变送器和执行器等，这些设备通过一对传输线互连，传输线可以使用双绞线、同轴电缆和光缆等。

（2）互操作性　互操作性的含义是来自不同制造厂的现场设备，不仅可以相互通信，而且可以统一组态，构成所需的控制回路，共同实现控制策略。也就是说，用户选用各种品牌的现场设备集成在一起，实现"即接即用"。现场设备互连是基本要求，只有实现互操作性，用户才能自由地集成 FCS。

（3）分散功能块　FCS 废弃了 DCS 的输入/输出单元和控制站，把 DCS 控制站的功能块分配给现场仪表，从而构成虚拟控制站。例如，流量变送器不仅具有流量信号变换、补偿和累加输入功能块，而且有 PID 控制和运算功能块；调节阀除了具有信号驱动和执行功能外，还内含输出特性补偿功能块、PID 控制和运算功能块，甚至有阀门特性自校验和自诊断功能。由于功能块分散在多台现场仪表中，并可以统一组态，因此，用户可以灵活选用各种功能块，构成所需控制系统，实现彻底的分散控制，如图 2-17 所示。其中差压变送器含有模拟量输入功能块（AI110），调节阀含有 PID 控制功能块（PID110）及模拟量输出功能块（AO110），这三个功能块构成流量控制回路。

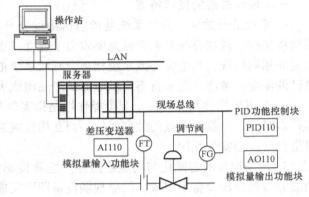

图 2-17　FCS 的分散功能块控制方案

（4）通信线供电　现场总线常用的传输线是双绞线，通信线供电方式允许现场仪表直接从通信线上摄取能量，这种低功耗现场仪表可以用于本质安全环境，与其配套的还有安全栅。有的企业生产现场有可燃性物质，所有现场设备必须严格遵循安全防爆标准，现场总线设备也不例外。

（5）开放式互联网络　现场总线为开放式互联网络，既可与同类网络互联，也可与不同类网络互联。开放式互联网络还体现在网络数据库共享上，通过网络对现场设备和功能块统一组态，天衣无缝地把不同厂商的网络及设备融为一体，构成统一的 FCS，如图 2-18 所示。

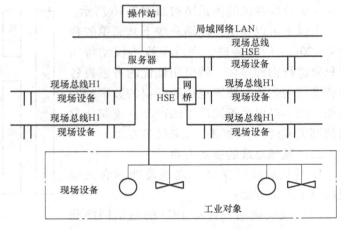

图 2-18　新一代 FCS 控制器

2. 现场总线的网络结构　计算机与通信的结合，产生了计算机网络。计算机网络与控制设备的结合孕育了现场总线控制系统。网络技术是现场总线控制系统的重要基础，网络化是自动化系统结构发展的方向。

（1）现场总线的网络拓扑结构　现场总线的网络拓扑结构有环形、总线型、树形以及几种类型的混合。

环形拓扑结构中令牌环形网最为典型，其优点是延时性较好，缺点是成本较高。

总线型拓扑结构的优点是站点接入方便，可扩性较好，成本较低，在轻负载的网络基本上没有时延，但在站点多、通信任务重时，延时明显加大；缺点是时延的不确定性，对某些实时应用不利。

树形拓扑结构是总线型拓扑结构的一种变型，其优点是可扩性好，有较宽的频带；缺点是站点间通信不方便。总线型拓扑结构不适于实时处理某些突发事件，令牌环形网中的令牌绕环一周的时间虽然有一个上限，但在轻负载时性能不太好，可靠性比总线网差一些。综合这两种网的优点，在现场总线中采用了令牌总线网，即在物理上是一个总线网，在逻辑上是一个令牌网。令牌总线网具有总线网接入方便、可靠性较好的优点，也具有令牌环形网"无冲突"和时延性好的优点。

（2）现场总线的数据操作方式　从现场总线的数据存取、传送、操作方法来分，有三种工作模式：对等（Peer to Peer）、主从（Client/Server，C/S）及网络计算机结构（Network Computing Archnitecture，NCA）。

在 Client/Server 工作模式中，由 Client 发出一个请求，按请求进程的要求，做出响应，执行服务。C/S 工作模式的优点是 Client/Server 可处在同一个网络节点中，一个 Server 可以同时又是另一个 Server 的 Client，并向它请求服务；Client 承担应用方面的专门任务，Server 主要用于数据处理，C/S 模式提供一个较理想的分布环境，消除了不必要的网络传输负担，有利于全面发挥各自计算能力，提高工作效率。

NCA 是基于网络计算机一种体系结构，即网络计算结构。NCA 的核心是有效的，可集成多种相互竞争的世界标准所形成的应用，如站点可采用任意编程语言而不必担心集成问题；NCA 引入构件概念，插入一个构件，就可扩展一种功能，NCA 中有类似硬件总线的软件总线，把构件插接在应用系统中，就可完成应用功能的集成；NCA 全面引入面向对象技术，可以把已有的、不同部分独立开发的、遵循不同标准的对象组装在一起，从而实现整体应用。

（3）网络扩展与网络互联　网络互联既是扩展现场总线地域、规模、功能的需要，也是不同结构、不同操作系统结构网互联的需要。网络扩展与网络互联需要一个中间设备（或中间系统），ISO 的术语称为中继（Relay）系统。根据中继系统所在的不同网络层次，有 4 种中继系统：物理层中继系统，即中继器（Repeater）；数据链路层中继系统，即网桥或桥接器（Bridge）；网络层中继系统，即路由器（Router）；网络层以上中继系统，即网关（Gateway）。高层的中继系统比低层中继系统复杂，网关连接两个不同的异构网，不但要连接网络间数据传送的通道，而且还需要进行协议的转换，是最复杂的一种中继设备。

1）网络扩展：物理层的中继系统中继器和数据链路层的网桥常用于网络扩展，中继器一般仅用作物理信号放大，而网桥可使用不同的物理层，可连不同类型的网段，使网段间故障不会互相影响，还可减少网段间通信量，减轻了网络的负荷。中继器和网桥在现场总线中获得广泛的应用。

2）网络互联：实现异构网络互联是在更高层次实现的开放系统。网络互联要解决物理互连和逻辑互联（即互联软件）两个问题。网关和路由器是网络互联的重要部件，它起着网间数据传送的通路和终止每个网络内部协议的作用。同时还必须完成不同的通信协议间的协议转换，做到有一个被互联双方所识别的统一的寻址方式，有一致的信息帧长度等。网络子网要高度自治，以减少网络信息交换量，同时可简化网关结构和降低互连协议的复杂性。

3）开放系统互联模型和通信协议：1978 年，ISO 建立了一个新的"开放系统互联"分技术委员会，起草了"开放系统互联基本参考模型"，1983 年成为 ISO7498 正式国际标准，到 1986 年又对该标准进行了补充完善，形成了为异种计算机互连所提供的一个共同的标准规范。这就是 ISO/OSI 国际标准组织的开放系统互联模型。网络协议是为了保证现场总线中各站点通过网络互相通信的一套规则和约定。网络协议具有层次结构，其优点是各层次独立、灵活、易于实现和维护、易于标准化。

开放系统互联模型是现场总线技术的基础，OSI 及其几种现场总线开放互联参考模型如图 2-19 所示。OSI 按通信功能分为 7 个层次，从连接物理媒介的底层开始，分别赋予 1 ~ 7 的顺序编号，其 1 ~ 3 层完成通信传送功能，4 ~ 7 层完成通信处理功能。

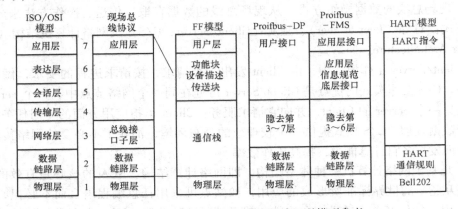

图 2-19　OSI 及其几种现场总线开放互联模型参考

物理层为用户提供建立、保持和断开物理连接的功能，即提供同步和双向传输流在物理媒体上的传输手段，但它并不包括物理媒体本身。数据链路层用于保证信息的可靠传递，对互联开放系统的通路实行差错控制、数据成帧、同步控制等。网络层规定了网络连接的建立、维护与拆除协议，利用链路传输功能，以及端口选择和串联功能，实现两个网络系统之间的连接。传输层可完成开放互联系统端点之间的数据传送控制、数据接收确认以及传输差错恢复。会话层的功能是按正确的顺序收发数据，进行各种对话。表达层用于应用层信息内容的形式变换，把应用层提供的信息变为能够共同理解的形式。应用层作为 OSI 模型的最高层，用于用户的应用服务提供信息交换，为应用接口提供操作标准。

现场总线网络互联模型既参照 ISO/OSI 模型，又具有自己的特点。

根据国际标准化组织 ISO 制订的开放系统互连 ISO 参数模型，现场总线涉及物理层、数据链路层、应用层和用户层。其中，物理层（PL）规定信号与连接方式、传输媒介（铜线、无线电、光缆）、传输速率（低速 H1 为 31.25Kbit/s、高速 HSE 为 1Mbit/s）、每条线路可接仪表的数量（速率 31.25Kbit/s 时，无电源和本质安全（简称本安）要求时为 2 ~ 32 台，有电源的本安要求时为 2 ~ 6 台）、最大传输距离（低速 H1 为 1900m，最多设 4 个中继器；高速 HSE 为 1Mbit/s 时为 750m）、电源（31.25Kbit/s 时电源电压为 9 ~ 32V，输入阻抗为 3kΩ，仪表与总线必须隔离）等。

数据链路层（DLL）规定物理层与应用层之间的接口，信息传输的差错检验，信息流的控制方法，决定谁可以访问、何时访问。网络存取控制方式有令牌传送、立即响应和申请令牌三种方式。应用层（AL）将数据规格化为特定的数据结构、定义现场总线设备内部信息的存取及将这一信息传送到网络内同一节点或不同节点上其他设备中去的方式，为现场总线进行过程控制提供一个类似于 DCS 的应用环境。用户层定义功能块集，并实现功能块的兼容性和互换性。

由此可见，现场总线协议是分层的，但层次之间的调用关系不一定像 OSI 那样严格，层次也可简化，以提高协议的工作效率；既要遵循 OSI 模型体系结构原则，又充分体现 FCS 的特点和特殊要求。现场总线通信模型的分层结构如图 2-20 所示。通过图示模型完成现场总线控制系统的通信、控制和管理功能。其中物理层、数据链路层采用 IEC/ISA 标准。接口子层与应用层的任务是完成应用程序到应用进程的描述，实现应用进程之间的通信，提供应用接口的标准操作，实现应用层的开放性。应用层有两个子层：现场总线访问子层 FAS 和现场总线报文规范子层 FMS。FAS 的基本功能是确定数据访问的关系模型和规范。根据不同要求，采用不同的数据访问工作模式。现场总线报文子层 FMS 的基本功能是面向应用服务，根据进程目标 APO，生成规范的应用协议数据单元 APDU。在应用层中有两个问题值得研究：①在复杂的 FCS 中，现场总线访问子层中网络计算结构 NCA 是一种颇有应用前景的数据访问工作模式；②在应用层与数据链路层之间有必要增加一个网络互联子层，以满足网络互联的要求。

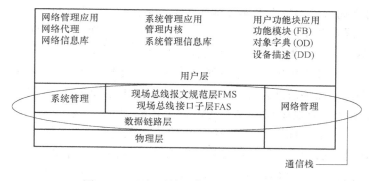

图 2-20　现场总线通信模型的分层结构

图 2-20 中表明，用户层规定标准的功能模型（FB）、对象字典（OD）和设备描述（DD）供用户组成系统。在网络管理中，为了提供一个集成网络各层通信协议的机制，实现设备操作状态的监控与管理，设置一个网络管理代理（NMA）和一个网络管理信息库，提供组态管理、性能管理和差错管理的功能。在系统管理中，设置系统管理内核、系统管理内核协议和系统管理信息库，实现设备管理、功能管理、时钟管理等功能。

3. FCS 体系结构　现场总线控制系统不单单是一种通信技术，也不仅仅是用数字仪表代替模拟仪表，关键是用一种全数字、串行、双向通信网络连接现场的智能仪表与执行机构（现场设备如变送器、控制阀和控制器），利用现场总线协议完成一个控制系统的功能。因此说现场总线控制系统 FCS 是代替传统的集散控制系统 DCS，实现现场通信网络与控制系统的集成。

目前 FCS 的体系结构常由三层网络组成。最下一层为低速现场总线 Fieldbus H1 连成的控制网络 CNET，中间一层为高速现场总线 Fieldbus HSE 连成的系统网络 SNET，最上一层为普通商用管理网络 MNET。底层的 H1 现场总线连接着各类现场智能仪表，包括压力变送器、温度变送器、流量测量仪表及调节阀等。低速现场总线 Fieldbus H1 通过耦合器连到高速现场总线 Fieldbus HSE 上，作为 HSE 总线的一个节点。对 FCS 进行管理和运行控制的工程师站和操作员站作为 HSE 总线的节点，也连接到 FCS 的 HSE 总线上。

H1 现场总线物理层协议遵循国际标准 IEC1158-2，其数据传输速率为 31.25Kbit/s，一条 H1 总线在不加中继器时总长可达 1900m。H1 总线可为现场仪表提供电源，通过限制总线上流过的电流值可使现场智能仪表工作在本安区域。一条 H1 现场总线在不加中继器时可连接 2~32 台非总线供电的非本安现场仪表，或连接 2~12 台总线供电的非本安现场仪表，或连接 2~6 台总线供电的本安现场仪表。如果希望连接更多的智能仪表或连接距离更远的现场仪表，可在总线上加中继器。一条 H1 现场总线上最多可加 4 个中继器，加上 4 个中继器后 H1 总线全长可达 7.2km，一条 H1 总线上连接的现场智能仪表最多可达 126 台。

图 2-18 中的网桥就是用来连接低速侧总线 H1 和高速侧总线 HSE 的。由于现场仪表有需要总线供电的，也有不需要总线供电的；有工作于本安区域的，也有工作于非本安区域的，所以用网桥 H1 连接侧具有三种接口单元。第一种是连接由总线供电工作于本安区域的现场仪表；第二种是连接由总线供电工作于非本安区域的现场仪表；第三种是连接不需总线供电工作于非本安区域的现场仪表。

图 2-18 中对现场仪表的供电及本安隔离都是由耦合器来实现的，这就要求耦合器针对不同的现场应用情况配备不同的接口单元。与上述设计思想稍有不同的另一种解决方案是：耦合器中的接口单元只有一类，若现场智能仪表具有本质安全要求或需要总线供电，可在进入现场一侧的安全区域加设供电电源或隔离式安全栅。这种方案增加了系统的复杂性，但当仅有少数几台现场仪表需要总线供电或具有本安要求时可增加总线挂接智能仪表的数量。

H1 总线通过耦合器把现场智能仪表的数据上传到 HSE 总线上，由 HSE 总线上的操作员站对现场数据进行读取和保存。每个 HSE 总线上可以连接多个 HSE/H1 耦合器。HSE 总线遵循 Profibus-DP 协议，数据传输采用 RS485 方式，最高传输速率可达 12Mbit/s。现在很多 PLC 都支持 DP 接口，至于 DCS 可针对不同的网络协议开发相应的接口单元。

FCS 的组态工作在工程师站上完成，工程师站运行在 Windows NT 环境下。Windows NT 基于 32 位虚拟存储模式和抢占式多任务处理，系统的硬件资源得到了充分利用，同时实时性也能得到很好满足。

通过工程师站可以在线对 FCS 的各项配置进行组态和修改，通过在线下装可以把修改后的数据传到各现场智能仪表。另外，通过上装功能可以把现场智能仪表的有关参数设置回读到工程师站上。操作员站主要完成对 FCS 各个部分的监视、控制和管理，各操作员站的功能相同，且均运行在 Windows NT 环境下。

FCS 通过网关与上位机相连，把现场的各种参数、数据传送到上级管理网络，为管理层决策提供第一手资料，从而实现管控一体化。

4. **现场总线智能仪表** 智能仪表技术是导致控制系统体系结构发生根本性变化的关键因素。下面以 1151 智能压力变送器为例，介绍 FCS 中智能仪表的功能及其实现方法。

1151 电容式压力变送器的测压原理为：被测介质的两种压力通入高、低两个压力室，二者的差值使得测量膜片产生位移。该测量膜片与另外两个固定电极组成两个电容器，当高、低压力室的压力不等时两个电容器的电容值不相等。压力差与测量膜片的位移成正比，测量膜片的位移与电容误差也成正比。于是，通过测量两个电容器的电容差值即可得到高低两个压力的压力差。

1151 智能压力变送器原理图如图 2-21 所示。图中 A/D 转换器对仪表差压的模拟信号进行模/数转换，然后把转换后的数字信号送入 CPU 进行各项处理。经处理后的数字信号既可送往液晶显示单元在仪表本地显示，也可通过通信接口单元转换为串行数字信号送往现场总线。其他控制单元对智能仪表的控制信号通过现场总线传给仪表。同时，智能仪表还从现场总线上获取电源，并把信号线上提供的 24V 电源转

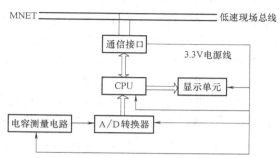

图 2-21　1151 智能压力变送器原理图

化为 3.3V 或 5V 的电源输出，为智能仪表内的所有芯片提供电源。1151 智能压力仪表具有如下功能：

（1）采集差压信号　差压信号由电容传感器获取，在解调器中变成电信号，模拟电压信号通过 A/D 转换器转换为数字量后进入 CPU，在其中进行后续处理。对应于仪表设定的量程及零点，由测得的电信号可以反算出任一被测对象的差压值。

（2）采集温度信号　温度传感器（如热电阻）感知被测对象的温度，温度信号在仪表中经过处理变成电信号，电信号再进入 A/D 转换器变为数字量，然后送入 CPU 中进行后续处理。通过仪表存储器中预置不同测温元件的热电特性，可由测得的电信号直接得到被测介质温度。

（3）压力信号单位转换　在不特殊声明时，压力信号一般采用国际标准单位。如果要采用其他单位，可启动不同单位之间的转换算法，以实现一块仪表显示多种单位制的功能。

（4）测压膜片非线性补偿　测量膜片位移与被测介质压力差在理想情况下应呈线性比例关系，但实际上膜片位移与压力差呈下凹的高次曲线关系。不同材料制成的膜片其曲线的形状会有所差异，这些曲线可以通过实验测到。把这些实验测量点直接置入仪表内的存储器中，膜片特性曲线就可以用多段折线函数近似。当测得某一对象的压力信号时，找到其对应的膜片特性曲线，可直接以膜片的非线性特性进行修正。

（5）压力信号温度补偿　在 1151 压力变送器中，传递压力的硅油其体积随温度升高而增大。在仪表制造过程中，高、低压力室两边所充硅油不可能完全相等，因此，在某一温度下，已调好零点的压力变送器在温度变化时，其零点会产生漂移。因此，仪表出厂检验时，在不同温度下测量零点，把其值置入仪表中，仪表根据零点随温度变化的关系在实际测量过程中自动修正温度的影响。

（6）流速和流量计算　由测到的动压及温度信号计算被测介质的流速，再考虑流通截面积得到流体流量。根据国家有关规定，当流量低于满量程的 20% 时，仪表对流量不再按开方处理，而是按线性化处理。当流量低于满量程的 5% 时认为该信号不可信，自动切除该流量信号。

（7）测量数据越限报警　根据被测物理对象工作压力的正常范围设定压力的报警限，当实测数据越过报警限时，仪表自动给出故障信息，并把该信息远传给上位机。上位机中不仅显示故障类型，还显示故障原因和故障处理意见等详细信息。

（8）自标定　通过在 A/D 转换器输入端加零电压及满量程电压，对仪表的零点和满量程自动进行标定。自标定的方法是当施加某一电压时，在仪表输出端应给出对应于该电压的输出压力值。若输入电压和该电压对应的压力输出值不吻合，就要自动调整仪表的有关参数。这种标定主要是针对仪表电子电路部分的，用以减小系统误差，提高测量精度。

（9）零点和满度设定　在仪表输入端施加一定数值的标准压力，此时仪表输出应为上述给定值的标准压力。若此时仪表输出与上述给定值不相同，则仪表可自动对其输出值进行修正。利用这种方法，不仅可以对零点和满度进行校正，还可对零点和满度进行迁移。

（10）掉电保护　智能仪表用非易失性存储器 EEPROM 作为设定参数和有关测量数据的存储空间，数据不会因为瞬间掉电而丢失。一旦重新上电，仪表可从存储器读出保存数据，保证仪表正常工作。

（11）数据通信　智能压力变送器按照 IEC1158-2、Profibus-DP 及 Profibus-PA 的有关规约向总线上发送测量及诊断数据，同时接收总线传给智能仪表的数据和控制命令。

（12）回路控制　智能仪表具有回路控制功能，其实现方法可参考 FF 的功能块和设备描述语言。根据不同智能仪表的应用情况，可以在仪表内预置相应的控制算法模块。当需要构成控制运算时，只需从现场总线上传递有关物理参数，就可在仪表内自动完成控制调节。现场智能仪表的控制输入既可来自仪表本身的物理参数，也可通过总线取自其他仪表或由自带函数制定。控制输出既可送给仪表的输出单元，也可通过现场总线送给其他智能仪表。一般情况下，带有控制功能的仪表都与其他相关仪表相连，如流量测量仪表往往与调节阀相配套。

5. FCS 上位机管理软件功能　FCS 中各现场仪表由控制系统中的上位机来管理。FCS 的上位机运行于 Windows NT 环境下，系统管理软件集离线组态和在线监控等功能为一体，为一套实时多任务应用软件。管理软件中的任务分成不同的层次，各项任务被赋予不同的优先级，使重要的任务能够得到及时响应。上位机实现的功能描述如下：

（1）系统组态　用来配置 FCS 中现场仪表的数量及分配每个仪表的逻辑地址，这种配置过程是动态进行的。若某一仪表加入到 FCS 中，则系统立即为该仪表分配一个逻辑地址，并可对其进行有关操作。相反，若某一仪表从总线上撤离，则 FCS 把分配给该仪表的逻辑地址收回，不能再对该仪表进行任何操作。

（2）数据库组态　用来定义加入到 FCS 中智能仪表的各项特性，如仪表类型、仪表代号、仪表编号、被测物理量编号、生产厂家、量程范围、报警上下限、被测物理量单位及仪表衰减时间常数等。生成的数据库经编译后下装到各现场智能仪表中。

（3）历史库组态　FCS 运行过程中，智能仪表获取的数据除实时显示外，有一部分还需保存在计算机存储器中形成历史库，作为历史数据以备后用。历史数据分组定义，同一组内数据点的数据类型和数据存储周期都相同。

（4）图形组态　利用系统的绘图工具，生成反映被控对象工艺流程的显示画面。同时，把反映各现场仪表有关物理数据的动态点加到画面中，使系统运行时各画面中的物理参数随现场仪表上传的数据一起进行更新，从而监视系统运行状态，控制系统运行。系统的图形系统支持矢量图形设计，各种图形可以放大或缩小。

（5）控制算法组态　现场智能仪表不仅能完成数据采集功能，还能实施控制调节，这些功能都是由功能块完成的。各现场智能仪表已预置了部分功能模块，在上位机只要按控制要求用功能块图形进行连接，然后把各功能块的参数从现场总线上传给智能仪表，就可由现场仪表完成相应的控制功能。

（6）数据报表组态　系统提供报表组态环境，用于生成工业过程中所需要的各种报表。在 Excel 表格的基础上，把各类现场仪表的实时数据点插入其中。报表不仅具有测量数据的列表功能，还具有对测量数据进行运算和统计的功能。

（7）实时数据显示　现场智能仪表的各种数据，如测量数据、诊断数据等均通过现场总线传给上位机。在上位机中被测对象的数值不仅能在流程画面上显示，也可以用其他图形方式显示，如棒图、开度指示表等。

（8）历史数据显示　在 FCS 运行过程中，可以从历史库中调出任一组历史数据，以趋势变化的形式进行显示。通过历史趋势显示，可以了解某些物理量在一段时间内的变化趋势。

（9）图形显示　根据系统运行的需要，可随时从上位机中调出反映被控制设备运行过程的各种流程画面，从而以直观的图形方式把握系统的运行状况。

（10）参数列表　现场仪表获得的各项数据功能以数据列表的形式在上位机中显示，数据列表中不仅包括现场智能仪表的测量值等测量信息，还包括各台仪表的状态值等诊断信息。

（11）数据打印输出　对现场智能仪表上传的数据，可以从打印机上输出。

（12）数据输入及参数修改　FCS 在线运行时，运行人员可在上位机上输入控制信息，这些信息通过现场总线传输到现场智能仪表中，控制现场仪表的运行。另外，若要改变 FCS 的系统参数或某一现场仪表的特性参数，也可通过上位机来完成。

（13）控制运算调节　当 FCS 运行时，控制运算大部分分散在现场智能仪表，只有少数复杂的控制运算需要在上位机中完成。但是，对各种控制运算的调节却都是在上位机中实现的。例如，现场仪表的某一个 PID 控制运算运行于现场仪表本地，但其控制参数如比例带、积分时间常数和微分时间常数均在上位机中设定和修改。若要对某一控制运算进行调节，只需调出该控制运算的图形界面，改变有关参数，再通过现场总线传送至现场仪表，即可改变现场仪表的运行方式和运行状态。

（14）报警处理　当现场智能仪表的测量值偏离正常值时，现场仪表就向上位机传送报警信息。上位机接到这些报警信息后自动在计算机屏幕上给出报警提示，并更新报警列表。

（15）故障处理　当现场智能仪表发生故障时，现场仪表就向上位机传送故障信息。上位机接到故障信息后，自动在计算机屏幕上弹出故障画面，指出产生故障的仪表名称、仪表逻辑地址、故障原因以及故障处理意见。另外，当某一台仪表接近故障状态时，系统给出预测性故障信息，通知技术人员进行仪表检修，以提高系统运行的经济性和安全性。

（16）通信接口　通信接口负责与现场智能仪表交换信息。这种信息交换包括两个方面：一是接收现场总线上的数据并对其进行解释；二是把系统发出的命令和数据转换为现场总线的数据格式送往现场仪表。同时，通信接口还负责 FCS 与其他管理网络的通信。

（17）人机接口 一般情况下，对现场智能仪表的管理均在控制室中的上位机上完成。操作人员通过键盘、鼠标、轨迹球和触摸屏等发出控制命令，完成对 FCS 的控制和调节。同时，通过显示屏获取现场仪表的测量数据和状态信息。

第五节 几种常见的现场总线

一、现场总线基金会

1. Fieldbus Foundation 组织 现场总线基金会（FF）由 WorldFIP（World Factory Instrumentation Protocol）的北美部分和 ISP（Interoperable System Protocol）合并而成。基金会的成员是约 120 个世界最重要的过程控制和生产自动化供应商和最终用户。

FF 现场总线是一种全数字、串行、双向通信网络，用于现场设备如变送器、控制阀和控制器等互连，实现网内过程控制的分散化。作为一种低带宽的通信网络，由具备通信能力，同时能完成控制、测量等功能的现场自控设备作为网络节点，通过现场总线把它们互联为网络。由于它所采用的是串行数据通信，仅由两根导线组成的网段上可挂接多个现场仪表，从根本上改变了原有模拟仪表的一对一接线方式，在节约费用的同时，还给设计、安装、维护带来许多方便。它通过网络节点间操作参数与数据的调用，实现信息共享与系统的各项自动化功能。作为网络接点的智能仪表具备通信接收、发送与通信控制能力。它们的各项自动化功能是通过网络节点间的信息传输、连接，各分布节点的功能集成而共同完成的。从这个意义上讲，可以把它们称为网络集成自动化系统。网络集成自动化系统的目的是实现人与人、机器与机器、人与机器、生产现场的运行控制信息与办公室的管理指挥信息的沟通，借助网络的信息传输与数据共享，组成多种复杂的测量、控制、计算功能，更有效、方便地实现生产过程的安全、稳定、经济运行，并进一步实现管控一体化。

2. FF 现场总线主要技术内容

（1）基金会现场总线的通信技术 包括基金会现场总线的通信模型、通信协议、通信控制器芯片、通信网络与系统管理等内容。它涉及一系列与网络相关的硬软件，如通信栈软件，被称为圆卡的仪表内置通信接口卡，FF 总线与计算机的接口卡，各种网关、网桥、中继器等，它是现场总线的核心技术之一。

基金会现场总线技术包括三个部分：物理层、通信栈、用户层，如图 2-22 所示。基金会现场总线的参考模型只具备 ISO/OSI 参考模型 7 层中的 3 层，即物理层、数据链路层和应用层。并按照现场总线的实际要求把应用层划分为两个子层：总线访问子层与总线报文规范子层。省去了中间的 3~6 层，即不具备网络层、传输层、会话层与表达层。不过它又在原有 ISO/OSI 参考模型的第 7 层应用层之上增加了新的一层——用户层。其中，物理层规定了信号如何发送，物理层从通信栈接收报文，并将其转换成现场总线通信介质上传输的物理信号，反之亦然。传输速率：H1 为 31.25Kbit/s；HSE 为 10Mbit/s，传输介质可用屏蔽双绞线、光纤、同轴电缆和无线等。现场总线信号采用熟知的曼彻斯特双相技术进行编码，其网络拓扑结构如图 2-23 所示。数据链路层规定如何在设备间共享网络和调度通信；应用层规定了在设备间交换数据、命令、事件信息以及请求应答中的信息格式；用户层用于组成用户所需要的应用程序，例如，规定标准的功能块、设备描述、实现网络管理、系统管理等。

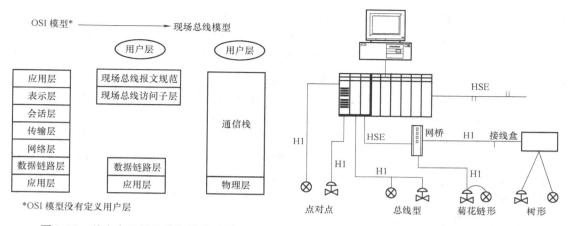

图 2-22　基金会现场总线协议模型图　　　　图 2-23　基金会现场总线网络拓扑结构

图 2-24 从物理设备构成的角度表明了通信模型的主要组成部分及其相互关系，在分层模型的基础上更详细地表明了设备的主要组成部分。从图 2-23 中可以看到，在通信参考模型所对应的 4 个分层，即物理层、数据链路层、应用层、用户层的基础上，按各部分在物理设备中要完成的功能，可分为三大部分：通信实体、系统管理内核、功能块应用进程。各部分之间通过虚拟通信关系（Virtual Communication Relationship，VCR）来沟通信息。VCR 表明了两个或多个应用进程之间的关联，或者说，虚拟通信关系是各应用之间的逻辑通信通道，它是总线访问子层所提供的服务。

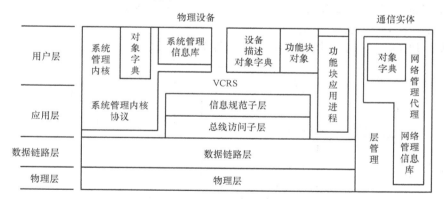

图 2-24　通信模型的主要组成部分及其相互关系

数据链路层（DLL）控制报文在现场总线上的传输，DLL 通过一个叫做链路活动调度器上的确定的集中式总线调度程序，管理对现场总线的访问。

系统管理内核（System Management Kernel，SMK）在模型分层结构中只占有应用层和用户层的位置。系统管理内核主要负责与网络系统相关的管理任务，例如，确立本设备在网段中的位置，协调与网络上其他设备的动作和功能块执行时间。用来将系统管理操作的信息组织成对象，存储在系统管理信息库（System Management Information Base，SMIB）中。系统管理内核包含现场总线系统的关键结构和参数，它的任务是在设备运行之前应将其基本信息置入 SMIB，然后，分配给该设备一个永久的数据链接地址，并在不影响网络上其他设备运行的前提下，把该设备带入到运行状态。系统管理内核（SMK）采用系统管理内核协议（SMKP）与远程 SMK 通信。当设备加入到网络之后，可以按需要设置远程设备的功能块，由 SMK 提供对象字典服务，例如，在网络上对所有设备广播对象名，等待包含这一对象的设备的响应，而后获取网络中关于该对象的信息等。为协调与网络上其他设备的动作，执行功能块同步，系统管理还为应用时钟同步提供一个通用的应用时钟参考，使每个设备能共享公共的时间，并可通过调度对象，控制功能块的执行时间。

（2）标准化功能块　它提供一个通用结构，把实现控制系统所需的各种功能划分为功能模块，使其公共特征标准化，并把它们组成为可在某个现场设备中执行的应用进程，便于实现不同制造商产品的混合组态与调用。功能块的通用结构是实现开放系统架构的基础，也是实现各种网络功能与自动化功能的基础。

功能块的内部结构与功能块连接：规定它们各自的输入、输出、算法、事件、参数与功能块控制，把按时间反复执行的函数模块化为算法，把输入参数按功能块算法转换成输出参数。反复执行意味着功能块或是按周期，或是按事件发生重复作用的，如图 2-25 所示。

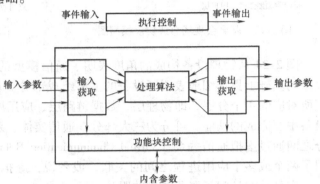

图 2-25　功能块的内部结构示意图

组态时一个功能的输入参数只能与另一个功能块的输出参数连接，输出参数只能与另一个功能块的输入参数连接。PID 控制的功能块连接示意图如图 2-26 所示。

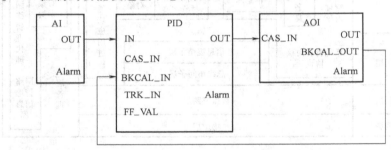

图 2-26　PID 控制的功能块连接示意图

（3）设备描述与设备描述语言　设备描述为控制系统理解来自现场设备的数据意义提供必需的信息，因而也可以看作控制系统或主机对某个设备的驱动程序，即设备描述是设备驱动的基础。设备描述语言是一种用以进行设备描述的标准编程语言。采用设备描述编译器，把 DDL 编写的设备描述的源程序转化为机器可读的输出文件。控制系统正是凭借这些机器可读的输出文件来理解各制造商附加 DD 写成 CD-ROM，提供给用户。

（4）现场总线通信控制器与智能仪表或工业控制计算机之间的接口技术　在现场总线的产品开发中，常采用 OEM 集成方法构成新产品。已有多家供应商向市场提供 FF 集成通信控制芯片、通信栈软件、圆卡等。把这些部件与其他供应商开发的或自行开发完成测量控制功能的部件集成起来，组成现场智能设备的新产品。

（5）系统集成技术　包括通信系统与控制系统的集成。如网络通信系统组态、网络拓扑、配线、网络系统管理、控制系统组态、人机接口、系统管理维护等。这是一项集控制、通信计算机、网络等多方面的知识，集软硬件于一体的综合性技术。

（6）系统测试技术　包括通信系统的一致性与互可操作性测试技术，总线监听分析技术，系统的功能、性能测试技术。一致性与互可操作性测试是为保证系统的开放性而采取的重要措施。一般要经过授权的第三方认证机构做专门测试，验证符合统一的技术规范后，将测试结果交基金会登记注册，授予 FF 标志。

3. 基金会现场总线的网络形式　　FF 现场总线包括低速现场总线 H1 和高速现场总线 HSE。

低速现场总线 H1 支持点对点连接、总线型、菊花链形、树形拓扑结构等。而高速现场总线 HSE 只支持总线型拓扑结构。图 2-23 示出低速现场总线 H1 的拓扑结构示意图。低速现场总线 H1，对于支持本质安全的总线供电系统，每个网段的设备数不超过 6 个；在不支持本质安全的总线供电系统中，每个网段的设备数不超过 12 个；不支持本质安全的非总线供电系统中，每个网段的设备数不超过 32 个。

HSE 高速现场总线上，对于支持本质安全的总线交流供电系统、支持本质安全的非总线供电系统和不支持本质安全的非总线供电系统，每个网段的设备数均不超过 32 个。从图 2-23 中可以看出 FF 基金会现场总线有几种网络拓扑结构，如点对点拓扑结构由只有两台设备的网段组成，该网段可以完全在现场。总线型拓扑结构的接法是现场总线设备通过一段称为支线的电缆连接到总线上。支线的长度可以从 1m 到 120m。菊花链形拓扑结构做到在一个网段中，每个现场设备的端子上，通过某种特定的连接方法将设备一台台地连接起来，即使设备接线断了，也不会影响整个网段的工作。树形拓扑结构就是在该网段上的每一台现场设备都是以独立的双绞线连接到公共的接线盒、端子、仪表板或 I/O 卡上。

4. FF 现场总线控制系统的通信方式　　现场总线系统由实现不同功能的设备组成。从设备通信能力的角度来划分，现场总线链路上的设备可分为链路主设备（Link Masters）、基本设备（Basic Devices）和网桥（Bridges）三种类型。其中，链路主设备就是指那些有能力成为链路活动调度器（LAS）的设备，链路主设备对本链路上的通信进行控制，阻止多个设备同时在网络上通信。每个链路上可以有多个链路主设备，有且只有一个链路活动调度器（LAS）。LAS 作为一个链路总线仲裁器运行在数据链路层，且在链路上分配数据链路时间和链路调度时间、在受调度的发送之间按优先级为设备分配令牌、在调度发送时查询设备缓冲区的数据以及在链路上探测新的节点等。而链路上不具备能成为 LAS 能力的设备称为基本设备，基本设备只能接收令牌做出响应，这是最基本的通信功能。网桥设备可将不同速度、不同媒体类型的链路连接在一起，形成多链路网络或桥接网络。在所有基金会桥接网络中，任何两台设备之间只有一条数据传送路径。

（1）数据链路层（DLL）　FF 的链路活动调度是为控制通信介质上的各种数据传输活动而设置的。通信中的链路活动调度，数据的接收与发送，活动状态的探测、响应，总线上各设备间的链路时间同步等都是通过通信参考模型中的数据链路层实现的。每个总线段上有一个媒体访问控制中心，称为链路活动调度器。LAS 具备链路活动调度能力，能形成链路活动调度表，并按照调度表的内容形成各种协议数据。链路活动调度是数据链路层的重要任务。

对没有链路活动调度能力的设备来说，其数据链路层要对来自总线的链接数据做出响应，控制本设备对总线的活动。此外，数据链路层还要对所传输的报文实行帧校验，如图 2-27 所示。

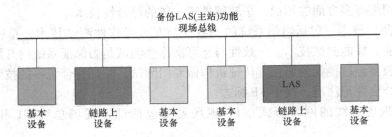

图 2-27　备份 LAS（主站）功能

链路活动调度器中有一张传输时刻表，这张时刻表对所有需要周期性传输的设备中的所有数据缓冲器起作用。

当设备发送缓冲区数据的时刻到时，LAS 向该设备发出一个强制性数据（CD）。一旦收到 CD，该设备广播或"发布"该缓冲区数据到现场总线上的所有设备，所有被组态为接收该数据的设备被称为"接收"。

在 LAS 向发送方发送强制数据时，数据缓冲寄存器中的报文，向现场总线上所有设备广播，接收方收听报文广播。

链路活动调度器 LAS 拥有总线上所有设备的清单，由它来掌管总线段上各设备对总线的操作。任何时刻每个总线段上都只有一个 LAS 处于工作状态，总线段上的设备只有得到链路活动调度器 LAS 的许可，才能向总线上传输数据，因此 LAS 是总线的通信活动中心。

基金会现场总线的通信活动被归纳为两类：预定的周期性通信与非预定通信。由链路活动调度器按预定调度时间表周期性依次发起的通信活动，称为预定的周期性通信。链路活动调度器内有一个预定调度时间表，它面对所有需周期性活动的设备中的数据缓冲器一旦到了某个设备要发送的时间，链路活动调度器就发送一个强制数据给这个设备。基本设备收到了这个强制数据，就可以向总线发送它的报文。现场总线系统中这种预定的周期性通信一般用于控制回路内部的设备之间周期性的传送控制数据。例如，在现场变送器与执行器之间传送测量值或控制器输出。

调度数据传输常用于现场总线各设备间，将控制回路的数据进行有规律的、准确的传输，如图 2-28 所示。

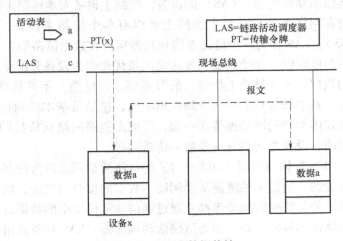

图 2-28　调度数据传输

LAS 通过发布一个传输令牌（PT）给一设备，允许该设备使用现场总线。当该设备接收到 PT 时，它就被允许发送报文，直到它发送完毕或"最大令牌持有时间"到为止，无论哪一种时间都较短，如图 2-29 所示。

链路活动调度器应具有以下 5 种基本功能：

1）向设备发送强制数据 CD。按照链路活动调度器内保留的调度表，向网络上的设备发送 CD。基金会现场总线规定，

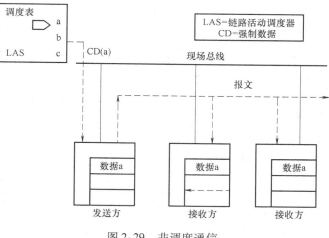

图 2-29　非调度通信

调度表内只保存要发送 CDDLPDU 的请求，其余功能函数都分散在各通信实体内部。

2）向设备发送传递令牌 PT，使设备得到发送非周期数据的权力，为它们提供发送非周期数据的机会。

3）为新入网的设备探测未被采用过的地址。当为新设备找好地址后，把它们加入到活动表中。

4）定期对总线段发布数据链路时间和调度时间。

5）监视设备对传递令牌 PT 的响应，当这些设备既不能随着 PT 顺序进入使用，也不能将令牌返还，就从活动表中去掉这些设备。

有可能对传递令牌做出响应的所有设备均被列入链路活动调度表中。链路活动调度器周期性地对那些不在活动表内的地址发出节点探测信息 PN，如果这个地址有设备存在，它就会马上返回一个探测响应信息。链路活动调度器就把这个设备列入活动表，并且发给这个设备一个节点活动信息，以确认把它增加到了活动表中。链路活动调度器在对列入活动表的所有设备都完成了一次令牌发送之后，会对至少一个地址发出节点探测报文 PN。

一个设备只要能响应链路活动调度器发出的传递令牌，它就会一直保持在活动表内。如果一个设备既不使用令牌，也不把令牌返还给链路活动调度器，经过 3 次试验，链路活动调度器就把它从活动表中去掉。

每当一个设备被增加到活动表，或从活动表中去掉的时候，链路活动调度器就对活动表中的所有设备广播这一变化。这样每个设备都能够保持一个正确的活动表的备份。

（2）现场总线访问子层　FAS 使用数据链路层的调度和非调度特点，为现场总线报文规范（FMS）提供服务。FAS 服务类型由虚拟通信关系（VCR）来描述。

在组态后，仅需 VCR 号码就可与其他现场总线设备进行通信。现场总线报文规范的三种通信形式如图 2-30 所示。

现场总线服务规范（FMS）为用户应用服务，它以标志的报文格式集，在现场总线上相互发送报文。FMS 描述通信服务、报文格式和用户应用建立报文所必需的协议行为。

通过现场总线通信的数据，以一个"对象描述"来描述，对象描述集合在一个叫做"对象字典"（OD）的结构中。

对象描述在 OD 中以它的“索引号”来标志。索引 0 称为对象字典头，提供字典本身的描述，且定义了用户应用对象描述的第一个索引，用户应用对象可以从索引号 255 以上的任一索引开始。

现场总线报文规范(FMS)
客户/服务器
VCR类型
用于操作员报文
的发送
设定点改变
模式改变
整定改变
上载/下载
警报管理
访问显示观察
远程诊断
报告分发
VCR类型
用于事件通知
或趋势报告
向操作员控制台发送
报警通告
向历史数据采集台发
送趋势报告
发送方/接收方
VCR类型
用于发送数据
向PID功能块和操作
员控制台发送变换器
PV
数据链路层服务

图 2-30　现场总线报文规范的三种通信形式

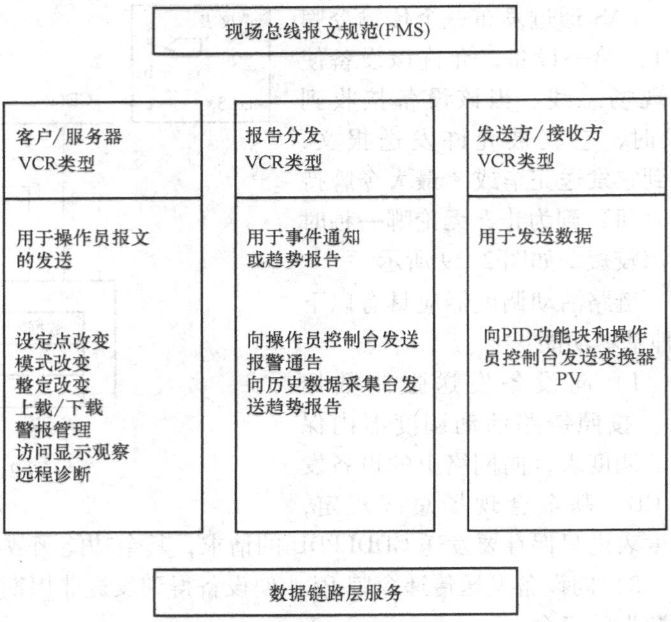

二、过程现场总线

1. 概述　Profibus 是一种不依赖于厂家设备的开放式现场总线标准，它符合 EN50170 欧洲标准，世界各主要的自动化技术生产厂家均为其生产的设备提供 Profibus 接口，它的应用领域包括加工制造、过程和建筑自动化等行业，应用范围包括从设备级的自动控制到系统级的自动化。PROFIBUS 始于 1987 年，1989 年立项为德国标准 DIN 19245，从 1991 ~ 1995 年先后批准实施 part1 ~ 4，1996 年 3 月被批准为欧洲标准 EN 50 170 V. 2，和其他得到广泛应用的现场总线技术一样，能够覆盖大多数工业领域，可用于有严格时间要求、高速数据传输的场合，也可用于大范围复杂通信场合。

Profibus 现场总线包括三种类型的总线形式：通用自动化 Profibus- FMS 总线、工业自动化 Profibus- DP 总线和过程自动化 Profibus- PA 总线，以适应于高速和时间苛求的数据传输或大范围的复杂通信场合。Profibus 现场总线结构如图 2-31 所示。

工业PC
PLC
Profibus–FMS
工业PC
PLC
网桥
耦合器
Profibus–DP
传感器
执行器
传感器
执行器

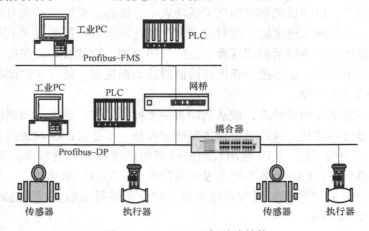

图 2-31　Profibus 现场总线结构

（1）协议模型　Profibus 是一种用于工厂自动化车间级监控和现场设备层数据通信与控制的现场总线技术。Profibus 协议结构是根据 ISO7498 国际标准，以 SIO 开放式互联网络作为参考模型的，如图 2-32 所示。

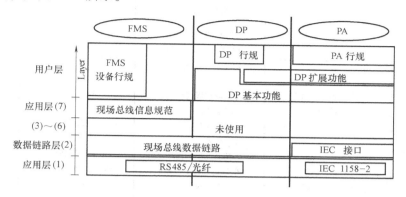

图 2-32 Profibus 协议模型

Profibus 现场总线包括三种类型的总线形式：通用自动化 Profibus-FMS 总线；工业自动化 Profibus-DP 总线；过程自动化 Profibus-PA 总线。

1）物理层。Profibus 提供了三种类型传输技术。

2）Profibus 的总线存取协议。Profibus 现场总线设备分为主站和从站，主站决定总线的数据通信，从站仅对收到主站的信息给以确认。Profibus 总线是多主多从结构，在数据链路层采用混合介质存取方式，即主站之间的令牌传递方式和主从之间的点与点或多点通信方式。

3）Profibus 的最大电文长度为 255 个字节，电文由标志符、源及目的地址、数据长度、数据、命令字和循环校验码（CSRD）等构成，有效数据最长 246 个字节，总线循环时间与数据传输的波特率、电文长度及站的个数有关。

（2）Profibus 三种协议的应用场合

1）Profibus-DP：用于设备级自动控制系统与分散的外围设备之间的通信连接。DP 为 Decentralized Periphery 的缩写，意即"分散化外围设备"。它对应德国标准为 DIN19245 part3，1993。这是一种经过优化的高速和廉价的通信连接，是专门为自动控制系统与分散的 I/O 设备之间进行通信而设计的，使用 Profibus-DP 可取代 24V 或 4～20mA 的并行信号传输，适用于对时间要求苛刻的场合，在自动控制系统和外围设备之间通信。

2）Profibus-PA：专为过程自动化设计，可以用在本征安全领域，并通过总线向现场设备供电。PA 为 Process Automation 的缩写，意即"过程自动化"。它对应德国标准 DIN 19245 part4，1995。它可使传感器和执行器接在 1 根共用的总线上，用双绞线进行供电和数据通信，可用在本征安全领域。按照 ISP（Interoperable System Project）项目的结果制订，设备行规定义了设备各自的功能、设备描述语言（DDL）及功能块允许对设备进行完全的内部操作。

3）Profibus-FMS：用于系统级监控网络及大范围复杂的通信系统。FMS 为 Fieldbus Message Specification 的缩写，意即"现场总线报文规范"。它对应德国标准 DIN 19245 part1～2，1991。FMS 服务提供了广泛的应用范围和更大的灵活性。在工业现场通信当中，这是最通用的模块。FMS 提供大量的通信服务，用以完成以中等传输速度进行的循环和非循环的通信任务，如图 2-33 所示。

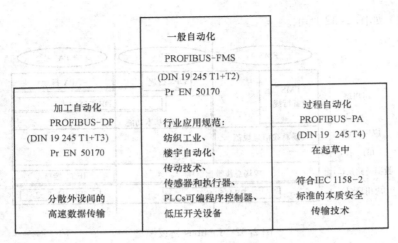

图 2-33 Profibus 的应用场合

（3）三种有效的传输技术 Profibus 使用两端有终端的总线拓扑，如图 2-34 所示。在运行期间，接入和断开一个或几个站不会影响其他站的工作，即使在本质安全区也如此。它提供三种不同的物理层选择：①RS485：用于 DP 和 FMS；②IEC1158-2：用于 PA；③光纤：用于 DP 和 FMS。

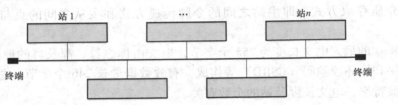

图 2-34 Profibus 的总线连接方式

1）用于 DP/FMS 的 RS485 传输技术：由于 DP 与 FMS 系统使用了同样的传输技术和统一的总线访问协议，因而，这两套系统可在同一根电缆上同时操作。RS485 传输是 PROFI-BUS 最常用的一种传输技术。这种技术通常称为 H2。采用的电缆是屏蔽双绞铜线。

① RS485 传输技术基本特征。网络拓扑：线性总线，两端有源的总线终端电阻。传输速率：9.6Kbit/s ~ 12Mbit/s。介质：屏蔽双绞电缆，也可取消屏蔽，这取决于环境条件（EMC）。站点数：每分段 32 个站（不带中继），可多到 127 个站（带中继）。插头连接：最好使用 9 针 D 形插头。

② RS485 传输设备安装要点。全部设备均与总线连接。每个分段上最多可接 32 个站（主站或从站）。每段的头和尾各有一个总线终端电阻，确保操作运行不发生误差。两个总线终端电阻必须永远有电源当分段站超过 32 个时，必须使用中继器用以连接各总线段。串联的中继器一般不超过 3 个。

2）用于 PA 的 IEC1158-2 传输技术

① 数据 IEC1158-2 的传输技术用于 Profibus-PA，能满足化工和石油化工业的要求。它可保持其本征安全性，并通过总线对现场设备供电。IEC1158-2 是一种位同步协议，通常称为 H1。IEC1158-2 技术用于 Profibus-PA，其传输以下列原理为依据：每段只有一个电源作

为供电装置。当站收发信息时，不向总线供电。每站现场设备所消耗的为常量稳态基本电流。现场设备其作用如同无源的电流吸收装置。主总线两端起无源终端线作用。允许使用线性、树形和星形网络。为提高可靠性，设计时可采用冗余的总线段。为了调制的目的，假设每个总线站至少需用 10mA 基本电流才能使设备起动。通信信号的发生是通过发送设备的调制，在 ±9 mA 到基本电流之间。

② IEC1158-2 传输技术特性。数据传输：数字式、位同步、曼彻斯特编码。传输速率：31.25Kbit/s，电压式。数据可靠性：前同步信号，采用起始和终止限定符避免误差。电缆：双绞线，屏蔽式或非屏蔽式。远程电源供电：可选附件，通过数据线。防爆型：能进行本征及非本征安全操作。拓扑：线形或树形，或两者相结合。站数：每段最多 32 个，总数最多为 126 个。中继器：最多可扩展至 4 台。

（4）Profibus 总线存取协议

1）三种 Profibus（DP、FMS、PA）均使用一致的总线存取协议。该协议是通过 OSI 参考模型第二层（数据链路层）来实现的。它包括了保证数据可靠性技术及传输协议和报文处理。

2）在 Profibus 中，第二层称为现场总线数据链路层（Fieldbus Data Link，FDL）。介质存取控制（Medium Access Control，MAC）具体控制数据传输的程序，MAC 必须确保在任何一个时刻只有一个站点发送数据。

3）Profibus 协议的设计要满足介质存取控制的两个基本要求：

① 在复杂的自动化系统（主站）间的通信，必须保证在确切限定的时间间隔中，任何一个站点要有足够的时间来完成通信任务。

② 在复杂的程序控制器和简单的 I/O 设备（从站）间通信，应尽可能快速又简单地完成数据的实时传输。因此，Profibus 总线存取协议，主站之间采用令牌传送方式，主站与从站之间采用主从方式。

4）令牌传递程序保证每个主站在一个确切规定的时间内得到总线存取权（令牌）。在 Profibus 中，令牌传递仅在各主站之间进行。

5）主站得到总线存取令牌时可与从站通信。每个主站均可向从站发送或读取信息。因此，可能有以下三种系统配置：①纯主—从系统；②纯主—主系统；③混合系统。

6）图 2-35 是一个由 3 个主站、7 个从站构成的 Profibus 系统。3 个主站之间构成令牌逻辑环。当某主站得到令牌报文后，该主站可在一定时间内执行主站工作。在这段时间内，它可依照主—从通信关系表与所有从站通信，也可依照主—主通信关系表与所有主站通信。

7）在总线系统初建时，主站介质存取控制 MAC 的任务是制订总线上的站点分配并建立逻辑环。在总线运行期间，断电或损坏的主站必须从环中排除，新上电的主站必须加入逻辑环。

8）第二层的另一重要工作任务是保证数据的可靠性。Profibus 第二层的数据结构格式可保证数据的高度完整性。

9）Profibus 第二层按照非连接的模式操作，除提供点对点逻辑数据传输外，还提供多点通信，其中包括广播及有选择广播功能。

2. Profibus-DP Profibus-DP 系统可以由以下三种类型的设备组成：

1）类主站：控制器，它在预定的信息周期中与分散的从站交换信息。

2）类主站：编程器、组态设备或操作面板等，完成组态、监控等操作。

3）从站：传感器、执行部件、信息采集和发送设备等。

Profibus-DP 系统可以是单主站系统，也可以是多主站系统。图 2-35 表示的是一个多主站系统，它由 3 个主站和 6 个从站组成。图 2-35 示出了所有的站（主站和从站）通过一条线形总线电缆实现物理上互联及各站（使用短截线当总线传输速率较高时不使用短截线）与总线的连接。事实上它可以有总线型、星形、环形和光纤双环冗余多种网络结构。

图 2-35 主站与从站之间双向箭头的虚直线表示各主站与它们相应的从站之间的逻辑连接，它们构成独立的子系统。图 2-35 中主站之间单向箭头的虚线连接表示各主站之间的逻辑连接，这是一个令牌环网。虚线表示逻辑上的连接，物理上的连接是通过实线表示的线形总线电缆实现的。这被称为混合总线访问协议。实现了主站间的逻辑令牌环，主从站间的主从协议。主

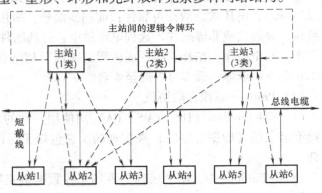

图 2-35 多主站系统 Profibus 系统

站：主动站在一个限定时间内（Token Hold Time）对总线有控制权。从站：从站只是响应一个主站的请求，它们对总线没有控制权。主站轮流取得（通过令牌传递）总线控制权，周期性地与其他主站交换信息和向它对应的从站发送信息以及读取它对应的从站输出信息，此外还提供非周期性通信，用以组态、诊断和故障处理。

3. Profibus-FMS 技术特性　面向对象的委托人——服务人模式；功能强大的 FMS 服务（MMS——功能的现场总线特殊优化）；逻辑联接的建立和释放（环境管理）；变量的读写（变量存取）存储器区域的读写（域管理）；程序的联接、开始及停止（程序管理）；事件信息以高或低预先权的传送（事件管理）；状态请求和设备认证（VFD 支持）；对象字典的管理服务（OD 管理）；通信关系的现场总线有关类型；主—主连接；非循环/循环数据传送的主—从连接；从主动非循环/循环数据传送的主—从连接；无连接通信关系；连接属性（定义，打开，初始化）；一对一或群播/广播通信；可变时间片的自动连接监视；本地或远方网络管理功能；环境管理；错误管理；组态管理；主和从设备，单主或多主系统组态；对每个服务最大 240 个字节数据单位（帧头和帧尾除外）；总线结构允许任意加入或退出而不影响其他站。

三、控制局域网络

1. CAN 概述　CAN 是控制局域网络（Control Area Network）的简称，属于现场总线的范畴。它是一种具有很高保密性、有效支持分布式控制系统或实时控制的串行通信网络，具有突出的可靠性、实时性和灵活性。CAN 总线是 20 世纪 80 年代初德国 Bosch 公司为解决现代汽车中众多的控制与测试仪器之间的数据交换而开发的一种串行数据通信协议，它是一种多总线，通信介质可以是双绞线、同轴电缆或光导纤维。它的应用范围遍及从高速网到低成本的多线路网络。应用在自动化领域的汽车发动机控制部件、传感器、抗滑系统等，CAN 总线的通信速率可达 1Mbit/s。同时，它也可以廉价地应用到交通运输工具的电气系统中，

例如，灯光聚束、电气窗口等，以替代所需要的硬件连接。

CAN 总线最初是由德国 Bosch 公司为汽车电子监控系统设计的，后来广泛应用到测控领域，以至成为一种国际标准（ISO11898），其版本发展情况如表 2-2 所示。CAN 总线具有以下特征：多主站依据优先权进行总线访问；无破坏性的基于优先权的仲裁；借助接收滤波的多地址帧传送；远程数据请求；配置灵活性；全系统数据相容性；错误检测和出错信令；发送期间若丢失仲裁或由于出错而遭破坏的帧可自动重新发送；错误和永久性故障节点的判别以及故障节点的自动脱离。基于 CAN 的应用层协议应用较通用的有两种：DeviceNet（适合于工厂底层自动化）和 CANopen（适合于机械控制的嵌入式应用）。使得基于 CAN 总线构建的系统具有许多优秀特性，而且系统具有良好的故障隔离能力。

表 2-2　CAN 协议版本发展情况

版本	发布时间	内容变化
1.0	1985 年	
1.1	1987 年	位定时要求重新定义
1.2	1990 年	振荡器容错能力提高
2.0	1991 年	Part A，与 1.2 版相同 Part B，引入数据帧和远程帧的扩展帧结构

CAN 总线收发接口电路由器件 82C250 实现，82C250 是通过它的两个输出端（CANH 和 CANL）与物理总线进行连接的。按照 CAN2.0A 规范，在任意时刻，CANH 端的电平只能是高电平和悬浮状态，而 CANL 端的电平则只能是低电平和悬浮状态。CAN 的这种电平特性，使得当多个节点同时向总线发送数据，也不会使总线呈现像 RS485 总线那样的短路状态，因而也就不会把单个节点的故障"传染"给总线上其他节点。另外，CAN 总线的节点在错误严重时能够自动关闭，以保证总线上其他节点的操作不受影响。

CAN 网络具备良好的可靠性设计。CAN 的通信控制器工作于多主方式，网络中的任意节点在任意时刻均可向总线发送数据而不分主从，这就保证了基于 CAN 总线可以构成多主结构或冗余结构的系统，从而可使系统具有良好的可靠性。CAN 网络的实时响应性能好，CAN 对于传送的信息帧可以设定不同的优先级，并通过总线仲裁机制使高优先级的信息能够被优先及时地传送，这就保证了某些需要实时得到处理的信息能够及时地被处理。

CAN 具有良好的传输防错设计。CAN 采用短帧结构，使得数据被传输的时间短，受干扰的概率低，而且 CAN 的每帧信息都有 CRC 校验及其他检错措施，保证了数据传输的出错率极低。通信及调度软件的开发难度大大降低。CAN 完善可靠的通信协议主要是由 CAN 接口器件实现的，通信联络方式灵活，这就大大降低了系统通信及调度软件的开发难度和工作量，缩短了开发周期。

CAN 总线的通信距离远，通信速率高。通信距离最远可达 10km（5Kbit/s 以下），通信速率最高可达 1Mbit/s（此时通信距离在 40m 以下），这一特点对构建大型系统极为有利。

2. CAN 总线系统　CAN 总线系统由 CAN 网络节点、转发器节点和上位机构成。CAN 网络由多达 100 个网络节点和 6 个转发器构成，可以主动也可以根据上位机系统的数据请求命令进行数据采集。网络节点负责对电缆接线盒温度进行检测。CAN 网络的拓扑结构采用两级总线式结构。两级总线之间采用转发器进行连接。高压电缆接线盒的温度由网络节点进行现场的采集和检测并经二级总线发送至转发器节点，再由转发器节点经一级总线送至主机节点。这种结构比环形结构信息吞吐率低，并且无源抽头连接，系统可靠性高。信息的传输采用 CAN 通信协议，通信介质采用双绞线。系统的总体结构如图 2-36 所示。

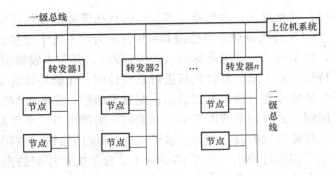

图 2-36　系统的总体结构

（1）CAN 网络节点　CAN 网络节点的结构图如图 2-37 所示。节点的核心器件是 CAN 控制器和 CAN 驱动器。CAN 控制器采用的是 Philips 公司生产的带有在片 CAN 控制器的微控制器 P80C592。它在 80C51 标准特性基础上增加了一些对于应用有重要作用的硬件功能，是适用于自动化应用的 8 位高性能微控制器。

（2）转发器节点　系统的网络节点中某些节点的电信号需要传输的距离较远，某些节点的分布过于集中。这种情况下，系统采用了转发器来进行电信号的放大和节点间的电气隔离。转发器是一级总线与二级总线的连接部分。其结构图如图 2-38 所示。

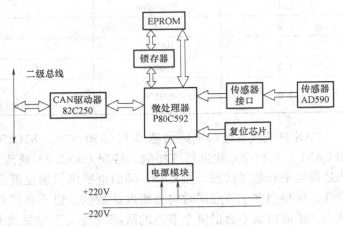

图 2-37　CAN 网络节点的结构图

3. CAN 总线通信协议　CAN 遵从 OSI 模型，按照 OSI 基准模型，CAN 结构划分为两层：数据链路层和物理层，如表 2-3 所示。

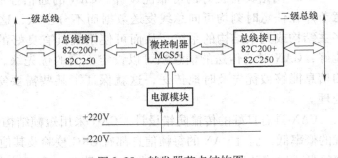

图 2-38　转发器节点结构图

表 2-3　CAN 总线通信协议

7	应用层	最高层。用户、软件、网络终端等之间用来进行信息交换，如：DeviceNet
6	表示层	将两个应用不同数据格式的系统信息转化为能共同理解的格式
5	会话层	依靠低层的通信功能来进行数据的有效传递
4	传输层	两通信节点之间数据传输控制。操作如：数据重发，数据错误修复

（续）

3	网络层	规定了网络连接的建立、维持和拆除的协议。如：路由和寻址
2	物理链路层	规定了再介质上传输的数据位的排列和组织。如：数据校验和帧结构
1	物理层	规定通信介质的物理特性。如电气特性和信号交换的理解

设计一个 CAN 系统时，物理层具有很大的选择余地，但必须保证 CAN 协议中媒体访问层非破坏性位仲裁的要求，即出现总线竞争时，具有较高优先权的报文获取总线竞争的原则，所以要求物理层必须支持 CAN 总线中隐性位和显性位的状态特征。在没有发送显性位时，总线处于隐性状态，空闲时，总线处于隐性状态；当有一个或多个节点发送显性位，显性位覆盖隐性位，使总线处于显性状态。

在此基础上，物理层主要取决于传输速度的要求。从物理结构上看，CAN 节点的构成如图 2-39 所示。在 CAN 中，物理层从结构上可分为三层：分别是物理层信令（Physical Layer Signaling，PLS）、物理介质附件（Physical MediaAttachment，PMA）层和介质从属接口（Media Dependent：Interface，MDI）层。其中 PLS 连同数据链路层功能由 CAN 控制器完成，PMA 层功能由 CAN 收发器完成，MDI 层定义了电缆和连接器的特性。目前也有支持 CAN 的微处理器内部集成了 CAN 控制器和收发器电路，如 MC68HC908GZl6。PMA 和 MDI 两层有很多不同的国际或国家或行业标准，也可自行定义，比较流行的是 ISOll898 定义的高速 CAN 发送/接收器标准。

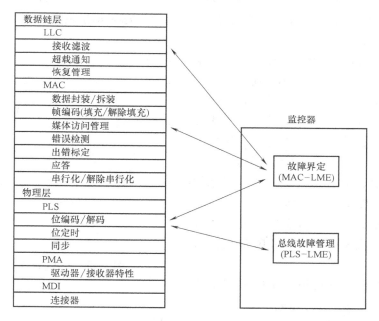

图 2-39　CAN 节点的构成

对 CAN 协议的媒体访问控制子层的一些概念和特征如下：

1）报文：总线上的报文以不同报文格式发送，但长度受到限制。当总线空闲时，任何一个网络上的节点都可以发送报文。

2）信息路由：在 CAN 中，节点不使用任何关于系统配置的报文，比如，站地址由接收节点根据报文本身特征判断是否接收这帧信息。因此，系统扩展时，不用对应用层以及任何节点的软件和硬件做改变，可以直接在 CAN 中增加节点。

3）标志符：要传送的报文有特征标志符（是数据帧和远程帧的一个域），它给出的不是目标节点地址，而是这个报文本身的特征。信息以广播方式在网络上发送，所有节点都可以接收到。节点通过标志符判定是否接收这帧信息。

4）数据一致性应确保报文在 CAN 里同时被所有节点接收或同时不接收，这是配合错误处理和再同步功能实现的。

5）位传输速率不同的 CAN 系统速度不同，但在一个给定的系统里，位传输速率是唯一的，并且是固定的。

6）优先权：由发送数据的报文中的标志符决定报文占用总线的优先权。标志符越小，优先权越高。

7）远程数据请求：通过发送远程帧，需要数据的节点请求另一节点发送相应的数据。回应节点传送的数据帧与请求数据的远程帧由相同的标志符命名。

8）仲裁：只要总线空闲，任何节点都可以向总线发送报文。如果有两个或两个以上的节点同时发送报文，就会引起总线访问碰撞。通过使用标志符的逐位仲裁可以解决这个碰撞。仲裁的机制确保了报文和时间均不损失。当具有相同标志符的数据帧和远程帧同时发送时，数据帧优先于远程帧。在仲裁期间，每一个发送器都对发送位的电平与被监控的总线电平进行比较。如果电平相同，则这个单元可以继续发送，如果发送的是"隐性"电平而监视到的是"显性"电平，那么这个单元就失去了仲裁，必须退出发送状态。

9）总线状态：总线有"显性"和"隐性"两个状态，"显性"对应逻辑"0"，"隐性"对应逻辑"1"。"显性"状态和"隐性"状态与为"显性"状态，所以两个节点同时分别发送"0"和"1"时，总线上呈现"0"。CAN 总线采用二进制不归零（NRZ）编码方式，所以总线上不是"0"，就是"1"。但是 CAN 协议并没有具体定义这两种状态的具体实现方式，如图 2-40 所示。

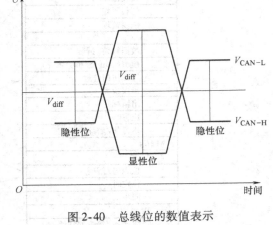

图 2-40　总线位的数值表示

10）故障界定：CAN 节点能区分瞬时扰动引起的故障和永久性故障。故障节点会被关闭。

11）应答接收节点对正确接收的报文给出应答，对不一致报文进行标记。

12）CAN 通信距离最大是 10km（设速率为 5Kbit/s），或最大通信速率为 1Mbit/s（设通信距离为 40m）。

13）CAN 总线上的节点数可达 110 个。通信介质可在双绞线、同轴电缆、光纤中选择。

14）报文是短帧结构，短的传送时间使其受干扰概率低，CAN 有很好的效验机制，这些都保证了 CAN 通信的可靠性。

（1）报文类型　在 CAN2.0B 的版本协议中有两种不同的帧格式，不同之处为标志符域的长度不同，含有 11 位标志符的帧称为标准帧，而含有 29 位标志符的帧称为扩展帧。如 CAN1.2 版本协议所描述，两个版本的标准数据帧格式和远程帧格式分别是等效的，而扩展格式是 CAN2.0B 协议新增加的特性。为使控制器设计相对简单，并不要求执行完全的扩展格式，对于新型控制器而言，必须不加任何限制的支持标准格式。

（2）帧类型　CAN 总线使用的帧类型共有 4 种。以下分别描述 LLC 数据帧和远程帧的结构。

1）数据帧（Data）：数据帧将数据从发送器传输到接收器。LLC 数据帧由三个位场，即标志符场、数据长度码（Data Length Code，DLC）场和 LLC 数据场组成，如图 2-41 所示。

标志符场	DLC场	LLC数据场

图 2-41　数据帧格式

数据帧或远程帧与前一个帧之间都会有一个隔离域，即帧间间隔。数据帧和远程帧可以使用标准帧及扩展帧两种格式。

MAC 数据帧结构

一个 MAC 数据帧由 7 个不同位场构成，如图 2-42 所示，它们是：帧起始、仲裁场、控制场（两位保留位 + DLC 场）、数据场、CRC 场、ACK 场和帧尾。

	帧起始	仲裁场	控制场	数据场	CRC场	ACK场	帧尾	

图 2-42　MAC 数据帧格式

2）远程帧（Remote）：总线单元发出远程帧，请求发送具有同一标志符的数据帧。

LLC 远程帧由两个位场（标志符和 DLC 场）组成，如图 2-43 所示。LLC 远程帧标志符格式与 LLC 数据帧标志符格式相同，只是不存在数据场。DLC 的数值是独立的，此数据为对应数据帧的数据长度。

标志符场	DLC场

图 2-43　远程帧格式

激活为数据接收器的节点可以通过发送一个远程帧启动源节点发送各自的数据。一个远程帧由 6 个不同位场构成：帧起始（SOF）、仲裁场、控制场（两位保留位 + DLC 场）、CRC 场、ACK 场和帧结束（EOF），如图 2-44 所示。其中，仲裁场由来自 LLC 子层的标志符场和 RTR 位构成。MAC 数据帧中，RTR 位数值为"1"。帧起始（SOF）、控制场、CRC 场、ACK 场和帧结束（EOF）等位场均与 MAC 数据帧的相应位场相同。

	帧起始	仲裁场	控制场	数据场	CRC场	ACK场	帧结束	

图 2-44　MAC 远程帧格式

3）错误帧（Error）：任何单元检测到总线错误就发出错误帧，如图 2-45 所示。

4）过载帧（Overload）：过载帧用在相邻数据帧或远程帧之间提供附加的延时，如图 2-46 所示。

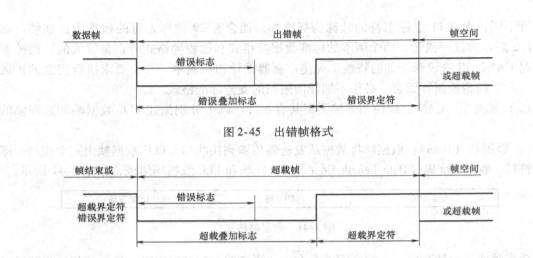

图 2-45　出错帧格式

图 2-46　远程帧格式

4. CAN 控制器　SJA1000 为 CAN 控制器，符合 CAN2.0B 协议，其硬件和软件与符合 CAN2.0A 协议的 82C200 完全兼容，同时增加了一些新功能，如支持 29 位标志符、增强错误处理功能等。SJA1000 主要由实现 CAN 总线协议部分和与微处理器接口部分电路组成，具有完成高性能通信协议所要求的全部必要特性，可完成 CAN 总线协议的物理层和数据链路层的所有功能。

目前应用较广泛、特点较突出的是 Philips 公司的 SJA1000 控制器，SJA1000 有基本 CAN（BasicCAN）和增强 CAN（PeliCAN）两种工作模式，支持具有新功能的 CAN2.0B 协议规范。与其相配套的驱动器 82C250，可以提供总线的差动发送能力和接收能力，高速可达 1Mbit/s，有较强的抗干扰能力，最多节点数可达 110 个节点。

网络拓扑结构采用总线型（见图 2-47）。虽然该结构信息吞吐量低，但结构简单、成本低、可靠性高，选用 CAN 总线连接各个节点，形成多主控制器的局域网。

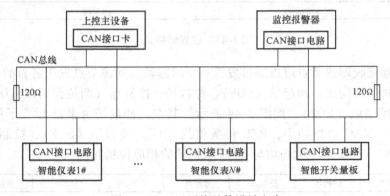

图 2-47　CAN 网络总体设计方案

当总线通信距离较长，或总线负载较重时，需在适当的地方加接中继器以扩展总线的通信距离，保证通信的可靠性，总线的每个末端均需接有抑制信号反射的终端电阻，其阻值应与总线介质的特性阻抗相匹配，使用双绞线时，终端电阻一般取 100～120Ω。

通常每一个 CAN 模块都是由不同的功能单元构成，CAN 控制器与物理总线间需要一个接口——CAN 接收发送器。CAN 接收发送器将来自 CAN 控制器的逻辑电平信号转换为总线上的物理电平，反过来，再把总线上的物理电平转换为 CAN 控制器能接收的逻辑电平信号。

CAN 接收发送器的上一层是 CAN 控制器，CAN 控制器执行完整的 CAN 协议，包括信息缓冲和接收滤波。所有的 CAN 功能都是由模块控制器来控制的，模块控制器履行着应用层的功能，如控制执行机构、灵敏元件、处理人机接口（MMI），如图 2-48 所示。

5. CAN 网络的组网方式 CAN 网络的组网连接方式共有 4 种，即点对点连接、树形连接、支脉型连接和菊花链形连接，图 2-49 给出了这 4 种连接方式的原理示意图。在实际构建 CAN 网络时，应根据现场的测点分布情况和设备可安装条件来具体选择合适的连接方式。

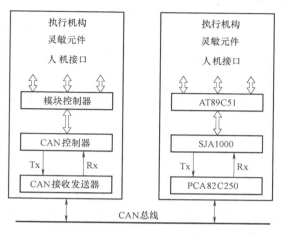

图 2-48　CAN 总线模块结构

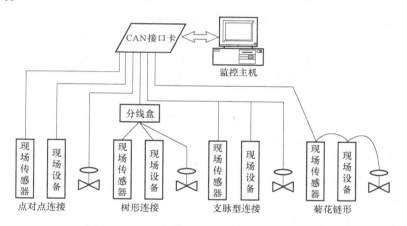

图 2-49　CAN 网络组网连接方式原理示意图

基于 CAN 总线的分布式工业测控网络是按照串行总线型网络原理构建的，其拓扑原理图如图 2-50 所示。

网络通信介质采用双芯屏蔽双绞线。总线是由配置在监控主机中的 CAN 接口板引出并驱动的，挂

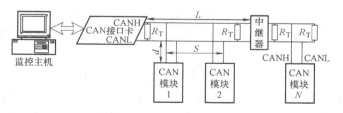

图 2-50　CAN 总线分布工业测控网络拓扑原理图

接在总线上的 CAN 模块表示具有 CAN 接口功能的现场智能仪表。当总线通信距离较长，或总线负载较重时，需在适当的地方加接中继器以扩展总线的通信距离，保证通信的可靠。总

线的每个末端均需接有抑制信号反射的用 R_T 表示的终端电阻，其阻值应与总线介质的特性阻抗相匹配，使用双绞线时一般取 $R_\mathrm{T}=100\sim120\Omega$。在实际组网时，应根据实际情况确定图中标注的 3 个参数，d 指节点分支长度，应小于 0.3ms，S 指相邻节点的距离，L 则表示不加中继时的总线的可靠通信距离，S 和 L 的允许值取决于总线的通信速率、速率越高，则其允许值越小，按照 CAN 的国际标准 ISO11898 的建议，在总线位速率为 1Mbit/s 时，S 和 L 的允许值均应小于 40m；但当位速率在 5Kbit/s 以下时，L 的允许值可到 10km。

第六节 楼宇自动化的现场总线——局部操作网络

LonWorks 现场总线是美国 Echelon 公司 1991 年推出的局部操作网络，它提供了一个开放性很强的、无专利权的低层通信网络——局部操作网络（LON），它目前已广泛应用在工业、楼宇等自动化领域，已成为当前最流行的现场总线。LonWorks 网络技术（LNS）是一个控制网络的平台技术，它提供了一个平坦的、对等式的控制网络架构，打破了传统的"控制器"的概念。LonWorks 是一具有强劲实力的全新现场总线技术，它采用了 ISO/OSI 模型的全部 7 层通信协议，采用了面向对象的设计方法，通过网络变量把网络通信设计简化为参数设置。其通信速率从 300bit/s 到 1.5Mbit/s 不等，直接通信距离可达 2700m（78Kbit/s，双绞线），支持双绞线、同轴电缆、光纤等多种通信介质。

LonWorks 提供了一个开放性强的局部操作网络（LON），所用的协议为 LonTalk，它是 OSI 参考模型面向现场对象应用的一个子集。它支持多介质、大网络，为自动化的测、控、管一体化提供了全局性的解决方案。但它又不同于一般的现场总线，它是针对控制对象研制的新型网络。其特点是与通信介质无关，适于实时控制通信，以数据交换率和响应时间来衡量网络性能。

LonWorks 现场总线主要具有以下技术特点：①LonTalk 是 LonWorks 现场总线的通信协议，其最大特点是支持 OSI7 层网络协议，提供一个固化在神经元芯片内部或固化在外部程序存储器的网络操作系统；②Neuron 芯片是 LonWorks 技术的核心元件，它内部带有三个 8 位的微处理器，分别用于链路层的控制、网络层的控制和用户应用程序的执行。该芯片还包含 11 个完整的 I/O 口和完整的 LonTalk 通信协议，神经元芯片具备通信和控制功能；③支持多种通信介质，如双绞线、电力线、电源线、光纤、无线、红外线等，而且在同一网络中可以有多种通信介质；④提供给使用者一个完整的开发平台，包含现场调试工具 LonBuider，协议分析、网络开发语言 Neuron C 等；⑤网络通信采用面向对象的设计方法，采用网络变量将网络通信的设计简化成参数设置，从而很容易实现网络的互操作性。此外，LonTalk 通信协议是开放的，对任何用户平等；LonWorks 网络结构可以是主从式、对等式或客户/服务器式结构；网络拓扑有星形、总线型、环形以及自由拓扑型；每个数据包的有效字节数为 0~228 字节；当通信速率为 1.25Mbit/s 时，有效传输距离为 130m，当通信速率为 78.125Kbit/s 时，有效传输距离可达 2700m；在单个测控网络上的节点数可达 32000 个；提供 LonBuider、NodeBuide 及 LonManage 等强有力的开发工具平台；改善了 CSMA，采用可预测 P 坚持 CSMA，这样，在网络负载很重的情况下，也不会导致网络瘫痪。

一、LonWorks 的技术核心——神经元芯片

LontWorks 技术的核心是神经元芯片。该芯片内部装有三个 CPU：一个用于完成 OSI 模型中第 1 和第 2 层的功能，称为媒体访问控制 MAC 处理器，实现介质访问的控制和处理，包括驱动通信端口的硬件和执行 MAC 算法，介质访问 CPU 和网络 CPU 共享网络缓存区进行通信，正确地对网上报文进行编码和解码；第二个用于完成第 3～6 层的功能，称为网络处理器，进行包括处理网络变量、寻址、事务处理、权限证实、背景诊断、软件定时器、函数路径选择、网络管理和路由等，同时它还控制网络通信端口，发送和接收数据包等；第三个是应用处理器，执行操作系统服务与用户代码，从而完成用户现场控制应用。芯片中还具有存储信息缓冲器，以实现 CPU 之间的信息传递，并作为网络缓冲器和应用缓冲器，编程语言采用 Neuron C。图 2-51 为共享存储器的结构框图。

Neuron 芯片中三个 CPU 按流水线方式操作：每个 CPU 的最小周期包含三个系统时钟周期，每个系统时钟周期等于两个输入时钟周期，三个 CPU 的最小周期之间分别间隔一个系统时钟周期，因而每个处理器在每个指令周期内能够访问存储器和 ALU 一次，在系统中三个 CPU 以流水线方式作业，并行执行任务。图 2-52 示出了三个 CPU 在一个系统周期内的有效单元。

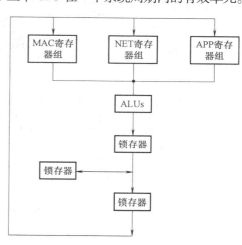

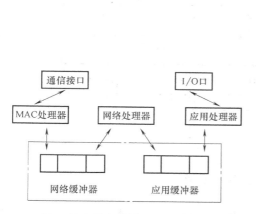

图 2-51　共享存储器的结构框图

图 2-52　三个 CPU 按流水线方式工作

神经元芯片是 LonWorks 技术的核心，主要包括 Neuron3120 和 Neuron3150 两种系列，3120 芯片中包括 E^2PROM、RAM、ROM 存储器，3150 芯片无内部 ROM，但拥有访问外部存储器的接口，寻址空间可达 64KB，可用于设计功能复杂的节点及控制系统，开发人员可使用 64KB 寻址空间中的 42KB 作为应用程序存储区，利用开发工具可将应用程序代码和通信协议固件一道写入外部存储器中。它主要具有以下特点：集成度高，所需外围器件少；三个 8 位 CPU，输入时钟可选范围为 625kHz～10MHz；3150 片内带有 2KB 静态 RAM 和 512B 的 EPROM；11 个可编程 I/O 引脚，有 34 种可选的工作方式（LonMark 对象），IO0～IO7 有可编程上拉电阻，IO0～IO3 可带 20mA 的灌电流负载；两个 16 位可编程定时器/计数器；15 个软定时器；提供低功耗的休眠工作方式；提供网络通信端口，支持单端、差分和专用方式，发送速率的可选范围为 610bit/s～1.25Mbit/s，发送速度为 1.25Mbit/s 时，峰值在控制单元中需要采集和控制功能，为此神经元芯片特设置 11 个 I/O 口。这些 I/O 口可根据需求不同来灵活配置与外围设备的接口，如 RS232、并口、定时/计数、间隔处理、位 I/O 等。吞吐量为 1000 个数据包/s，可支持吞吐量为 600 个数据包/s。对差分方式和单端方式，CP4

可作为冲突检测的输入口；固件包括：符合 OS 工的 7 层协议的 LonTalk 协议、I/O 驱动器程序和事件驱动多任务调度程序；服务引脚用远程识别和诊断；48 位的内部 Neuron ID 用于唯一地识别 Neuron 芯片；内置低压保护电路以加强对片内 EEPROM 的数据保护。神经元芯片还有一个时间计数器，从而完成 Watchdog、多任务调度和定时功能。神经元芯片支持节电方式，在节电方式下系统时钟和计数器关闭，但状态信息（包括 RAM 中的信息）不会改变。一旦 I/O 状态变化或网线上信息有变，系统便会激活。其内部还有一个最高 1.25Mbit/s、独立于介质的收发器。由此可见，一个小小的神经元芯片不仅具有强大的通信功能，还集采集、控制于一体。神经元芯片的结构如图 2-53 所示。

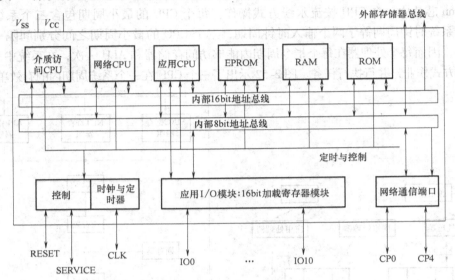

图 2-53　神经元芯片的结构图

然而，LonWorks 提供的不仅仅是一套高性能的神经元芯片，更重要的是，它提供了一套完整的开发平台。现场中的通信不仅要将数据实时发送、接收，更多的是数据的打包、拆包、流量处理、出错处理。这使控制工程师不得不在数据通信上投入大量精力。LonWorks 在这方面提供了非常友好的服务———一套完整的建网工具———LonBuild。

二、LonWorks 节点

典型现场控制节点，包含以下几个部分功能块：应用 CPU、I/O 处理单元、通信处理器、收发器和电源。

1. 以神经元芯片为核心的控制节点　神经元芯片是一个复杂的 VLSI 器件，几乎包含一个现场节点的大部分功能块，应用 CPU、I/O 处理单元、通信处理器。因此，一个神经元芯片加上收发器，便可构成一个典型的现场控制节点。图 2-54 为神经元节点的结构框图。

2. 采用宿主结构　采用宿主结构（Host Base）的控制节点神经元芯片是 8 位总线，目前支持的最高主频是 10MHz，因此，它所能完成的功能也十分有限。对于一些复杂的控制，如带有 PID 算法的单回路、多回路的控制就显得力不从心。采用宿主结构是解决这一矛盾的很好方法，将神经元芯片作为通信协议处理器，用高性能主机的资源来完成复杂的测控功能。图 2-55 为一个典型宿主结构框图。

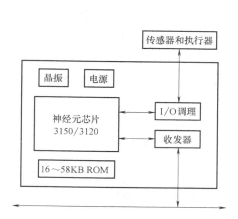

图 2-54　神经元节点的结构框图

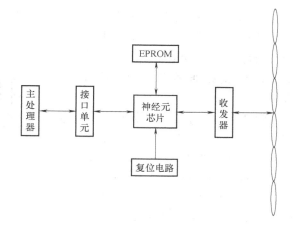

图 2-55　典型宿主结构框图

三、LonTalk 协议

1. LonTalk 协议内容　LonTalk 协议符合国际标准化组织（ISO）制订的开放系统互联（OSI）基准模式，具有完整的 7 层协议。LonTalk 协议具有通用性，适用范围广。LonTalk 协议支持多种媒体，选择合适的收发器，节点之间可以通过任何媒体（双绞线、电源线、无线射频、同轴电缆、光纤等）通信。LON 网络由不同信道组成，各信道之间通过路由器、网桥或重发器相连。一个使用 LonTalk 协议的典型控制系统如图 2-56 所示。表 2-4 概括了 LonTalk 协议中对应于 OSI 参考模型的 7 层协议及每层所提供的服务。

表 2-4　7 层协议中各层的情况

层号	OSI 层	目的	提供的服务
7	应用层		标准网络变量类型
6	表示层	数据解释	网络变量发送
5	会话层	远程操作	请求/应答每件事认证、网络管理
4	传输层	端到端的可靠性	确认和非确认单一广播和多路发送认证排序，重复检测
3	网络层	目的寻址	寻址路由选择
2	链路层	媒体访问和数据包	数据包、数据编码、CRC 差错检测、CSMA 冲突避免，选择优先级和冲突检测
1	物理层	电子设备内部连接	特定媒体接口和调试方式

概括地说，LonTalk 协议主要功能为：物理通道管理，命名、寻址、路径选择，通信的可靠性和通道带宽的利用率保证，优先级管理，传输外部框架和数据解释。与一般的商用通信协议不同，LonTalk 协议是专门为 LonWorks 现场总线设计的专用协议，它一般采用短帧报文，通常只有几个到几十个字节，一个 LonWorks 信息帧主要包括控制区、节点地址、域地址、用户数据及 CRC 区，用户数据最多可达 228B，其信息帧格式如图 2-57 所示。通信带宽较低，通常为几 Kbit/s 到几 Mbit/s；支持多节点、多通信介质；可靠性高，实时性好。

与其他现场总线协议不同，LonTalk 协议采用了 OSI 7 层协议，利用面向对象技术解决了 LonWorks 网络的所有通信功能，实现控制信息在各种介质中的可靠传输。该协议可以固化在 Neuron 芯片内部，也可以固化在外接存储器中。LonTalk 协议最大的特点是对 OSI 的 7 层协议的支持，是直接面向对象的网络协议。

　　图 2-58 示出了典型数据包的结构，其中 T 代表位周期。在数据包发送之前，收发器的 Neuron 芯片将数据输出管脚预设为低电平，然后让发送使能引脚（CP2）为有效高电平，从而确保数据包的第一位从低变为高。在单端模式下发送使能信号在任何时候都是有效的，发送器在数据包发送前先送出同步头，以实现与其他节点接收时钟的

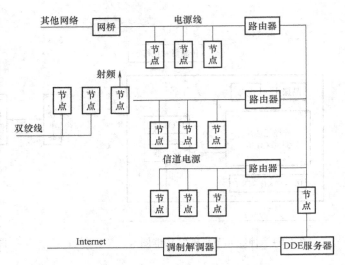

图 2-56　使用 LonTalk 协议的典型控制系统

同步。同步头包括位同步域和字节同步域。位同步域是由一系列的差分式曼彻斯特编码 1 组成，其长度至少为 6bit。同步头由一字节同步域结束，其后表示数据位的开始。字节同步其实是用一位差分式曼彻斯特编码表示的 0。当数据和 16bitCRC 校验码的最后一位发送完毕，发送使能管脚 CP2 变为低电平，标志发送结束。

图 2-57　LonWorks 信息帧格式

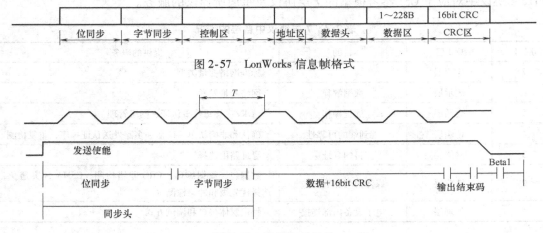

图 2-58　数据包的结构

　　2. P—坚持 CSMA　LonTalk 协议的 MAC 子层是 OSI 参考模型链路层的一部分。其所采用的算法是属于 CSMA（载波监听多路访问）家族的。CSMA 算法要求网络上的每一个节点在传送报文之前，必须先侦听信道，确认信道是空闲的。然而，一旦检测到信道的空闲状态，CSMA 家族的每种算法的行为是不同的，按占用信道的方式，分以下几种：

　　（1）非坚持 CSMA　一旦侦听到信道空闲，立即发送；一旦发现信道忙，不再坚持侦听，延时一段时间后再侦听。缺点是不能将信道刚在一变成空闲的时刻找出。

　　（2）1—坚持 CSMA　侦听到信道空闲，立即发送；侦听到信道忙，继续侦听，自至出

现信道空闲。缺点是，若有两个或更多的节点同时在侦听信道，则发送的帧相互冲突，反而不利于吞吐量的提高。

（3）P—坚持 CSMA　当侦听到信道闲时，就以概率 P 发送数据，而以概率（1~P 延迟一段时间（端到端的传播时延），重新侦听信道。缺点是：即使有几个节点要发送数据，因为 P 值小于 1，信道仍然有可能处于空闲状态。

（4）y 可预测 P—坚持 CSMA（PredictiveP-Persistent CSMA）算法　由于现有的 MAC 算法，如 IEEE802.2、802.3、802.4 及 802.5 不能满足 LonTalk 使用多种通信介质并在交通繁重情况下维持性能、支持大型网络的需要，LonTalk 协议采用了可预测 P—坚持 CSMA 算法。CSMA 算法要求节点在开始传送数据之前确认介质是空闲的。然而，一旦检测到介质的空闲状态，每种算法的行为是不同的。在网络数据通过量很大的情况下，这导致了各种网络性能上存在极大的差异。一些 CSMA 算法采用一种称作时间段的分离时间间隔的方法来实现对介质的访问。通过给每个节点使用特定的时间段来限制其对介质的访问，从而大大降低了数据包冲突的可能性。LonWorks 介质访问采用的是点对点的结构，每个节点都能独立地决定帧的发送。如果有两个或多个节点同时发送，就会产生冲突，同时发送的所有帧就会出错。因此，一个节点发送信息成功与否在很大程度上取决于总线是否空闲的算法。所以，在 LonWorks 网络中每个节点使用预测的 P—坚持 CSMA 算法对等地访问信道。

LonTalk 协议采用优先级可预测 P—坚持 CSMA/CD，它是一种独特的冲突避免算法，使得网络即便在过载的情况下，仍可以达到最大的通信量，信息不至于发生因冲突过多致使网络吞吐量急剧下降。图 2-59 所示为 LonTalk 协议的优先级可预测 P—坚持 CSMA/CD 示意图，如图中所示，当某一节点有信息要发送而试图占用通道时，首先在一个固定的周期 Beta 1 检测通道是否处于网络空闲。一般的"P—坚持、时间片 CSMA/CD"中，线路空闲后，有数据发送的节点在发送前随机等待 1~16 个时间片，然后发送数据以减少冲突的可能性。但是当网络负荷达到饱和后，冲突率也急剧增加，使网络的性能下降。因此，LonTalk 引入预测机制。LonWorks 的大多数报文都需要一个确认报文，因此节点通过监听网络，可以预测未来网络的负载。在 P—坚持 CSMA 中，为了支持优先级，还要增加优先级时间片，优先级越高的所加的时间片就越少。随后再根据网络积压参数 BL 产生一个随机等待时间片 w（w = BL × 16）。当延时结束时，网络仍空闲，节点以概率 P = 1/w 发送报文。此种方式在负载较轻时使介质访问延迟最小化，信息在负载较重时使冲突最小化，但不能消除冲突。

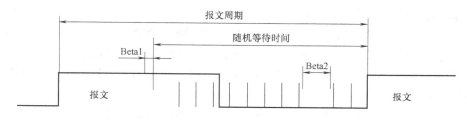

图 2-59　带预测的 P—坚持 CSMA/CD 示意图

3. LonTalk 协议的网络地址结构　LonTalk 协议的地址唯一地确定了 LonTalk 数据包的源

节点和目的节点（一个或几个节点）。同时，这些地址也被路由器用来选择在这两个信道间如何实现数据包的传输。为了简化路由，LonTalk 协议定义了一种使用域（Domain）、子网（Subnet）和节点（Node）的分级寻址方式。这种寻址方式可以用来寻址整个区、一个单独的子网或者一个单独的节点。使用这种方式寻址，替换网中的节点只需将替代节点的地址编成与原节点一致，因此，网络上任何引用这个节点的逻辑地址的应用都不需要加以改变。为了便于进一步对多个分散的节点寻址，Lon-Talk 协议还定义了另外一类使用域和组（Group）地址的寻址方式。图 2-60 为分层编址示意图。

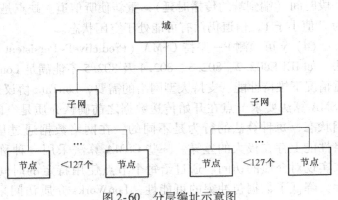

图 2-60　分层编址示意图

（1）域　作为地址分级结构中的最高级，域是一个或多个信道上节点的逻辑集合。域形成一个虚拟网，因此只有同一个域中的节点才可以互相通信。当信道上存在多个子网时，使用域地址可以避免不同网节点间的干扰。作为技术基础的神经元芯片可以配置为属于一个域也可以同时属于两个域。Lon-Talk 协议不支持域间通信，但属于两个域的节点可以作为网关应用，因此通过网关节点上的应用程序可以实现两个域之间数据包的传输。域是通过域 ID 来标志的。可以将域 ID 配置为 0、1、3 或 6 个字节。长度为 6 个字节的域 ID 可以保证域 ID 是唯一的，然而 6 个字节的域 ID 为每个数据包增加了 6 个字节的开销，因此使用较短的域 ID 可以减少数据包传送的开销。网络中最多可以包括 2^{48} 个域。

（2）子网　一个子网是一个域内节点的逻辑集合。每一个域最多有 255 个子网。一个子网最多可以包括 127 个节点。在一个子网内的所有节点必须位于相同的段上。一个子网可以是一个或多个通道的逻辑分组，现在采用子网层的智能路由器实现子网间的数据交换。子网不能跨越智能路由器。如果将一个节点配置为同时属于两个域，那么它必须同时属于每个域上的一个子网。

除了下列情况外，可以将一个域中的所有节点都配置在一个子网内：

1）节点位于由智能路由器分隔的不同段内。这是由于子网不能跨越智能路由器。智能路由器两端的节点必须属于不同的子网。

2）网络的节点数目超过了 127。

（3）节点　地址分级系统中的第二级。子网内的每一个节点被赋予一个在该子网内唯一的节点号。这个节点号为 7 位，所以每个子网最多可以有 127 个节点，在一个域中最多可以有 32385 个节点（255 个子网×127 节点/子网）。这是目前为止，LonWorks 控制网络能够提供的最大节点数。

（4）组　是一个域内的节点的逻辑集合。与子网不同的是属于同一组的节点可以分布在一个域中的任何物理位置，所以组的范围可跨越路由器。神经元芯片允许将同一个节点分别配置为属于 15 个不同的组来接收数据。组结构可以使 LonWorks 网络节点有效地利用网络带宽，实现一对多的网络变量和信息标签的传递。组由一个字节的组号来标志，所以一个域最多可以包含 256 个组。

（5）Neuron ID　除子网/节点地址寻址方式外，一个节点地址总可以用该节点的 Neuron ID 寻址。每一个 Neuron 芯片有全球唯一的 48 位 ID 地址，一般只在网络安装和配置时使用，可作为产品的序列号。

（6）路由器　不同信道通过路由器相互连接。路由器是连接两个信道并控制两个信道之间数据包传送的器件。路由器可以选择安装为 4 种不同的算法：配置路由器、自学习路由器、网桥和重复器。可以任选一种算法来安装路由器。

如图 2-61 所示，设想一点对点的通信，节点 6 与节点 2 捆绑在一起。当节点 6 有消息要发往节点 2 时，学习路由器 1 会拾到该消息，并检查消息的源子网地址，然后在路由表中注释子网 2 位于本路由器的下方，比较源子网地址和目标子网地址，因为不是同一个地址，所以消息被向上路由到子网 1。与此同时，学习路由器 2 也拾到节点 6 发出的消息，和学习路由器 1 一样，首先检查消息的源子网地址，然后在路由表中注释子网 2 位于本路由器的上方，由于此时的学习路由器 2 并不知道目标子网相对于自己的位置，因而它会向下路由消息。

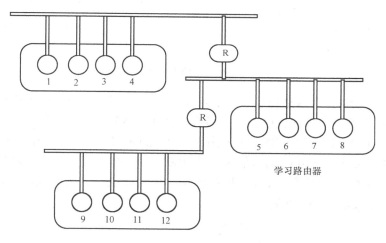

图 2-61　学习路由器学习示意图

假设节点 2 回送应答消息，则学习路由器 1 会拾到该消息并在路由表中注释子网 1 位于本路由器的上方，然后路由表中会发现子网 2 在本路由器的下方从而将这个消息向下路由。当消息到达子网 2 时，节点 6 和学习路由器 2 都会拾到。对此时的学习路由器，已知目标子网在自己的上方，所以它仅会在自己的路由表中注释子网 1 与子网 2 一样位于本路由器的上方，而不会再路由该消息。

同理，在子网 3 发送消息后，学习路由器 2 以及学习路由器 1 将通过学习知道子网 3 的存在，并在自己的路由表中注释子网 3 相对于自己的位置。总之，各子网首先必须发送消息，学习路由器在收到子网发送的消息后才能学习到子网的存在，从而正确地建立路由表。

四、LonWorks 收发器与路由器

LON 总线的一个非常重要的特点是它对多种通信介质的支持。由于突破了通信介质的限制，LON 总线可以根据不同的现场环境选择不同收发器和介质。

1. 双绞线收发器   双绞线是使用最广泛的一种介质，对双绞线的支持主要有三类收发器：直接驱动、RS485 和变压器耦合。

（1）直接驱动   直接驱动是使用神经元芯片的通信端口作为收发器，同时加入电阻和瞬态抑制器作为电流限制和 ESD 保护。直接驱动方式适合网络上的所有节点在同一个设备中，使用同一个电流源，是一种既节约成本，又可以较好地保证通信质量的方式。直接驱动收发器最高通信速率是 1.25Mbit/s，该速率下一条通道最多能接 64 个节点，距离达 30m（使用 UL 级 VI 类线），如图 2-62 所示。

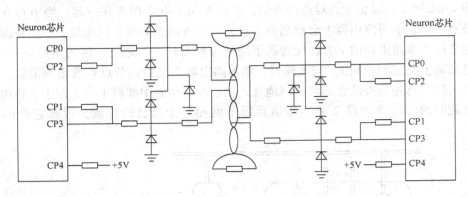

图 2-62   直接驱动接口

（2）RS485   RS485 接口是现场总线中经常使用的电气接口，LON 总线也同样支持该电气接口。LON 总线可支持多种通信速率（最高可达 1.25Mbit/s），其他通信参数均符合 EIA 对 RS485 标准的性能指标。RS485 共模电压从 −7V 到 +12V，也可以在共模电压中加入隔离。LonMark 建议使用的 RS485 的通信速率是 39Kbit/s，最多 32 个节点，最长距离是 660m。EIA 建议 RS485 中所有节点最好使用共同的电压，否则如果节点的共模电压没有加入隔离，很容易损坏节点，如图 2-63 所示。

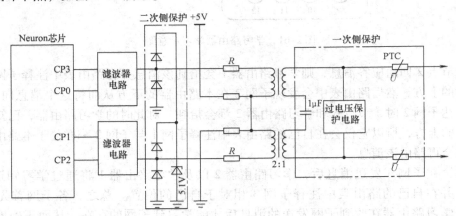

图 2-63   带有信号调节的基本变压器

（3）变压器耦合   变压器耦合接口能够满足系统的高性能、高共模隔离要求，同时具有噪声隔离的作用。因此，目前相当多的网络收发器采用变压器耦合方式。LON 总线中也有相当一部分采用变压器隔离方式。目前使用的最广泛的收发器是 FTT-10 自由拓扑收发器。由于其支持没有极性、自由拓扑（包括总线型、星形、环形、树形甚至是几种方式的组合）的互联方式，可以大大地方便现场网络布线。FTT1-10 收发器包含一个隔离变压器，一个曼彻斯特编码器，采用厚膜电路集成在一个芯片中，如图 2-64 所示。

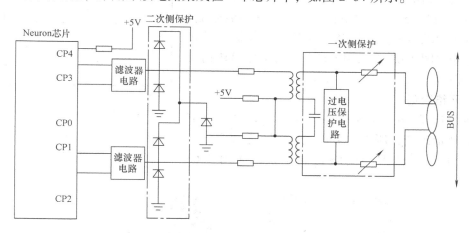

图 2-64　变压器耦合接口

2. 电源线收发器（Link Power Transceiver）　通信线和电源线共用一对双绞线，所有节点通过一个 DC 48V 中央电源供电，对于电力资源匮乏的地区（如长距离的输油管线的监测，每隔一段距离就设置一个电源点对点供电，显然是不经济的，使用电池也有经常替换的问题）具有非常重要的意义；另一方面在布线上也可以节约一对双绞线。电源线收发器采用直流供电，可以和变压器耦合的双绞线直接互联。

3. 电力线收发器　电力线收发器可将通信数据调制成载波信号或扩频信号，通过耦合器耦合到 220V 或其他交直流电力线上，或者是没有电力的金属线。利用已有的电力线进行数据通信，减少了通信中遇到的繁琐布线。电力线上通信的关键问题是电力线间歇性噪声较大，如电器的起停、运行都会产生较大的噪声，信号衰减很快，线路阻抗也经常波动。这些问题使得在电力线上通信非常困难。Echelon 公司提供的几种电力线收发器，针对电力线通信的问题，进行了以下改进：

1）每一个收发器包括一个数字信号处理器（DSP），完成数据的接收和发送。

2）短报文纠错技术，使收发器能够根据纠错码，恢复错误报文。

3）动态调整收发器灵敏度算法，根据电力线的噪声动态改变收发器灵敏度。

4）三态电源放大/过滤合成器。

4. 无线收发器　LonWorks 使无线收发器在很宽的频率范围可供使用。对于低成本的无线收发器，典型的频率是 350MHz。使用无线收发器同时还需要一个大功率的发射机。无线收发器要求将神经元芯片的通信口设置成单端模式，速度为 4800bit/s。

5. 光纤收发器　光纤收发器通常使用的 LonWorks 光纤收发器是美国雷神（Raytheon）公司开发的系列 LonWorks 光纤产品。通信速率为 1.25Mbit/s，最长通信距离为 3.5km，采用 LonWorks 标准的 SMX 收发器接口，每一个收发器包含两路独立光纤端口，可以方便地实现光纤环网，增加系统的可靠性。

6. 路由器　路由器在 LonWorks 中是一个非常重要的组成部分，这也是其他现场总线所不具备的，同时 LonWorks 中的路由器与一般商用网络中的路由器有很多不同。由于路由器的使用，使 LON 总线突破传统的现场总线受通信介质、通信距离、通信速率的限制。在 LonWorks 中，路由器有以下几种：重复器、桥接器、路由器。图 2-65 为采用 RTR-10 路由器模块构成的路由器框图。

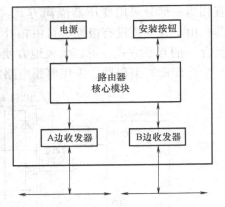

图 2-65　RTR-10 路由器模块构成的路由器框图

五、网络变量

网络变量是 LonWorks 的一大特色，只要一个节点的网络变量改变，所有的节点就可以随之改变。这样就实现了一个较大的网络控制系统，如图 2-66 所示。

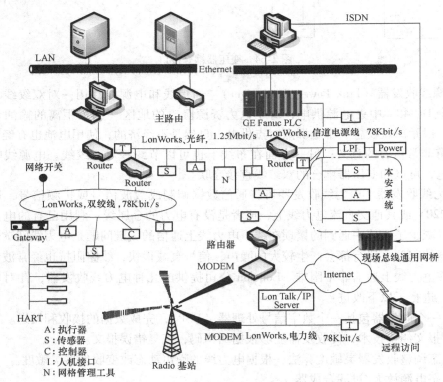

图 2-66　LonWorks 网络控制系统示意图

一个网络变量（Network Variables，NV）是节点的一个对象，LonWorks 网络的节点间的联系主要是通过网络变量来实现的。它可定义为输出也可定义为输入网络变量。每个节点可定义 62 个网络变量。当一个网络变量在一个节点的应用程序中被赋值后，LonTalk 协议将修改了的输出网络变量新值构成隐式消息，透明地传递到可与之共享数据的其他节点，所以网络变量又被称为隐式消息。用它开发网络应用系统较为方便，且开发周期短。节点间共享数据，是通过连接输出网络变量到输入网络变量来实现的。只有数据类型相同的网络变量才能建立输入网络变量，且只能在网络安装时借助 LonBuilder 管理器或 LonManager、LonMake 安装工具才能完成网络变量的连接。

对于网络变量，它可以是整数、布尔数或字符串等，用户可以完全自由地在应用程序中定义各种类型的网络变量。为增加网络的互操作性，LonTalk 协议中定义了标准网络变量（SNVT），目前它支持的标准网络变量有 255 种。当然用户不一定要使用标准网络变量。网络变量的使用极大地简化了开发和安装分散系统的处理过程，各个节点可以独自定义，然后简单地连接在一起或断开某几个连接，以构成新的 LonWorks 应用。

网络变量通过提供给节点相互之间明确的网络接口且极大地提高了节点产品的互操作性。互操作性带来的好处是：节点能很方便地安装到不同类型的网络中，并保持节点应用的网络配置独立性；节点可以安装到网络中，并且只要网络变量数据类型匹配，就可以逻辑地建立与网上的其他节点的连接。

与网络变量有关的有三个表：网络变量配置表、网络变量别名表以及网络变量固定表。

（1）网络变量配置表　网络变量配置表定义了节点中网络变量的配置属性，它被存放在片内 E^2PROM 中，这样节点安装时可以修改网络变量表，网络变量配置表将作为网络映像中的一部分内容写入 E^2PROM 中。

（2）网络变量别名表　网络变量别名表定义了节点内别名网络变量的配置属性，它实际是网络变量的一个摘要表，也被存放在片内 E^2PROM 中。

（3）网络变量固定表　网络变量固定表定义节点网络变量的编译及链接属性，它可以存放在只读存储器中并且作为应用映像的部分在应用下载时写入。

节点的读写与网络变量的修改操作如下：

（1）读写节点　写节点就是对输出网络变量进行写操作的节点，读节点就是对输入网络变量进行读操作的节点。在许多情况下，节点程序中既定义有输入网络变量，也定义有输出网络变量，这样的节点可以既是读节点也可以是写节点，所以确定节点是写节点还是读节点应相对某个网络变量而言。

（2）网络变量修改　当读节点收到网络变量的新值时并不能马上处理该消息，同样写节点对输出网络变量赋值也不能立刻发送出去。修改通常发生在应用程序临界区的结束处。所谓临界区是指网络变量修改还未传播期间的一组应用程序语句，一个任务就是一个临界区，一旦开始，每个任务运行直至完成。当网络变量修改发生或被读节点接收时，调度程序将在每个临界区的结束处发送网络变量修改消息或处理接收到的网络变量修改消息。

在程序中使用网络变量，网络变量消息的构造以及发送在后台进行，涉及的软件层次有三层：应用层、网络层以及 MAC 层。其中每一层对应 LonTalk 协议的一层或多层，分别由 Neuron 芯片中对应的 CPU 管理。只有应用层可以编程，用户程序在调度程序的帮助下，可以访问网络层提供的一些信息。

首先，应用程序对输出网络变量赋值，然后调度程序构造一个网络变量消息并将该消息传递到网络层，网络层将地址信息附加到消息中后将消息传递到 MAC 层，MAC 层再将该层的信息附加到网络变量消息中，最后将消息发送到通道上。

六、专用开发语言 Neuron C

Neuron C 是一种专门为 Neuron 芯片设计的程序设计语言。它在标准 C 的基础上进行了自然扩展，直接支持 Neuron 芯片的固化软件，并删除了标准 C 中一些不需要的功能，如某些标准的 C 函数库。并为分布式 LonWorks 环境提供了特定的对象集合，以及访问这些对象的内部函数，它提供了内部类型的检查，是一个开发 LonWorks 应用的有力工具。

Neuron C 的一些功能如下：

1）一个新的对象类—网络变量，它简化了节点间的数据共享。

2）一个新的语句类型——when 语句，它引入事件并定义这些事件当前的时间顺序。

3）I/O 操作的显式控制，通过对 I/O 对象的说明，使 Neuron 芯片的多功能 I/O 得以标准化。

4）支持显式报文通过，用于直接访问基础的 LonTalk 协议服务。

思考题与习题

1. 集散型控制系统的特点是什么？

2. 集散型控制系统的基本结构是什么？有哪几种功能？

3. 集散型控制系统的现场控制站都有哪些硬件设备？这些硬件设备的作用是什么？

4. 集散型控制系统的操作站的功能有几种？

5. 现场主控单元的功能是什么？

6. DCS 组态软件的基本结构是什么？

7. 怎样设计组态？

8. 集散型控制系统一般分为三级，并简述这三级的功能。

9. 集散型控制系统组态工作的内容是什么？如何进行？采用什么方式组态？

10. 楼宇自动化集散型控制系统工程设计工作内容和步骤是什么？

11. 简述现场总线基金会（FF）的基本内容。

12. 简述局部操作网络（LonWorks）的基本内容。

13. 简述 Profibus 现场总线的基本内容。

14. 简述 CAN 总线的基本内容。

15. DCS 和 FCS 都是现今流行的计算机控制系统，请分析一下它们的异同点。

16. 简述现场总线与现场总线控制系统的不同点。

第三章　工业以太网与网络控制系统

工业控制领域需要一种高速廉价、实时性和开放性好、稳定性和准确性高的网络。随着互联网技术的发展与普及推广，以太网技术也得到了迅速的发展，并使以太网全面应用于工业控制领域成为可能。所谓工业以太网，一般来讲是指技术上与商用以太网（即IEEE802.3标准）兼容，但在产品设计时，在材质的选用、产品的强度、适用性以及实时性、可互操作性、可靠性、抗干扰性和本质安全等方面应满足工业现场的需要。

第一节　工业以太网

工业控制网络作为一种特殊的网络，直接面向生产过程，肩负着工业生产运行一线测量与控制信息传输的特殊任务，并产生或引发物质或能量的运动和转换，因此，它通常应满足强实时性、高可靠性、恶劣的工业现场环境适应性、总线供电等特殊要求和特点。

与此同时开放性、分散化和低成本也是工业控制网络另外重要的三大特征。即工业控制网络应该：

1）具有较好的响应实时性。工业控制网络不仅要求传输速度快，而且在工业自动化控制中还要求响应快，即响应实时性要好，一般为10ms~0.1s级。

2）高可靠性。即能安装在工业控制现场，具有耐冲击、耐振动、耐腐蚀、防尘、防水以及较好的电磁兼容性，在现场设备或网络局部链路出现故障的情况下，能在很短的时间内重新建立新的网络链。

3）力求简洁，以减小软硬件开销，从而减低设备成本，同时也可以提高系统的鲁棒性。

4）开放性要好，即工业控制网络尽量不要采用专用网络。其优越的网络性能使它成为完成数据监控和程序维护等诸多任务的理想工具。

一、工业以太网的基本概念

什么是工业以太网？一般来讲工业以太网在技术上与商用以太网（即 IEEE 802.3 标准）兼容，但在产品设计时，在材质的选用、产品的强度和适用性方面应能满足工业现场的需要。即满足以下要求：

1. 环境适应性　包括机械环境适应性（如耐振动、耐冲击）、气候环境适应性（工作温度要求为 −40 ~ +85℃，至少为应性或电磁兼容性 EMC 应符合 EN50081-2、EN50082-2 标准。

2. 可靠性　由于工业控制现场环境恶劣，对工业以太网产品的可靠性也提出了更高的要求。

3. 安全性　在易爆或可燃的场合，工业以太网产品还需要具有防爆要求，包括隔爆、本质安全两种方式。

4. 安装方便　适应工业环境的安装要求，如采用 DIN 导轨安装。

工业以太网设备与商用以太网设备之间的区别如表 3-1 所示。

表 3-1　工业以太网设备与商用以太网设备之间的区别

	工业以太网设备	工业以太网设备商用以太网设备
元器件	工业级	商用级
接插件	耐腐蚀、防尘、防水，如加固型 RJ45、DB-9、航空接头等	一般 RJ45
工作电压	DC 24V	AC 220V
电源冗余	双电源	一般没有
安装方式	可采用 DIN 导轨或其他方式固定安装	桌面、机架等
工作温度	$-40 \sim +85℃$，至少为 $-20 \sim +70℃$	$5 \sim 40℃$
电磁兼容性标准	EN 50081-2（工业级 EMC）EN 50082-2（工业级 EMC）	EN 50081-2（办公室用 EMC）EN 50082-2（办公室用 EMC）
MTBF 值	至少 10 年	$3 \sim 5$ 年

当然，以太网全面应用于工业控制网络，还需要解决以下关键技术问题：

1）适用于工业控制现场的以太网媒体规范。尽管各大工控开发和制造商都在开发、生产工业以太网设备，并且在产品设计时都采用相应的可靠性技术，但在工业以太网线缆、接插件等方面均还没有统一的标准。

2）适用于工业自动化控制的应用层协议。由于以太网技术规范只定义了物理层和数据链路层，在其之上的网络层和传输层协议，目前以 TCP/IP 为主。而在与用户应用程序接口的应用层，商用计算机通信领域采用的是 FTP（文件传送协议）、Telnet（远程登录协议）、SMTP（简单邮件传送协议）、HTTP（WWW 协议）等，它们如今在互联网上发挥了非常重要的作用。但这些协议所定义的数据结构等特性不适合应用于工业过程控制领域现场设备之间的实时通信，因此还需定义统一的应用层规范。

3）工业以太网通信实时性服务质量（QoS）控制策略与客观评价。以太网应用于工业控制现场时，应根据对工业现场控制系统实时通信要求和特点的分析，制订相应的系统设计、流量控制、优先级控制、数据报重发控制机制等策略，在响应延迟、传输延迟、吞吐量、可靠性、传输失败率、优先级等方面，使工业以太网满足工业自动化实时控制要求。

4）网络安全性。工业以太网由于使用了 TCP/IP，因此可能会受到包括病毒、黑客的非法入侵与非法操作等网络安全威胁。对此，一般可采用用户密码、数据加密、防火墙等多种安全机制加强网络的安全管理，但针对工业自动化控制网络安全问题的解决方案还需要认真研究。

二、Ethernet/IP 工业以太网

Ethernet/IP 网络采用商业以太网通信芯片和物理介质，采用星形拓扑结构，利用以太网交换机实现各设备间的点对点连接，能同时支持 10Mbit/s 和 100Mbit/s 以太网的商业产品。Ethernet/IP 模型由 IEEE802.3 的以太网物理层和数据链路层标准、TCP/UDP/IP 协议组和控制与信息协议（Control Information Protocol，CIP）3 个部分组成。前两部分为标准的互联网技术。Ethernet/IP 模型的特色部分就是被称作控制和信息协议的 CIP 部分，它与在 ControlNet

和 DeviceNet 控制网络中使用的 CIP 相同。允许发送显式（信息）和隐式（控制）报文。此时数据量不大但需要高的速度或需要较长的源节点和其他节点连接时间，所以，这部分采用的是速度较快的无面向连接的 UDP，一方面实现信息对等传输的显式报文，此时数据量较大但不需要一直连接所以这部分采用 TCP。同时使用 TCP/IP 和 UDP/IP 封装的网络报文，组成实时 I/O 和显式报文结构，如图 3-1 所示。

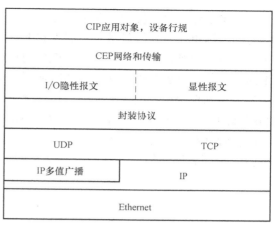

图 3-1 采用 UDP/IP 和 TCP/IP 的实时以太网

1. 工业以太网结构 针对工业控制系统的要求，结合商用网络成熟的设计方法，根据网络控制系统设计了一个结构化的交换式工业以太网，其结构示意图如图 3-2 所示。

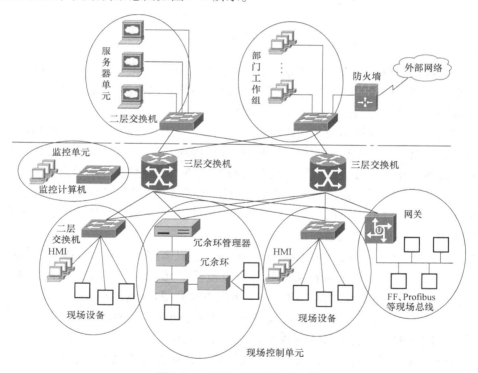

图 3-2 工业以太网结构示意图

整个系统完全基于 Ethernet-TCP/IP 的一体化设计。其特点如下：

（1）分布式对等功能单元 控制系统按功能分为管理层、控制层两层。管理层与传统工业网络的管理层无重大区别。控制层合并了原有的监控层和设备层，取而代之的是根据功能和部门划分的若干"单元"，各单元之间是对等关系，单元内部是相对独立的实时控制区域。控制功能下放到各现场控制单元的现场智能仪表和设备中，做到彻底的分散控制，提高了系统的灵活性、自治性和安全可靠性。

现场控制单元。现场设备采用嵌入式 Ethernet-TCP/IP 通信芯片和通用以太网通信接口，通过交换机与现场控制设备通信，本地控制在单元内完成。交换机与现场设备采用点-点/全双工连接。传统仪表和设备通过智能转换器完成协议封装，对于网络透明接入。监控单元实现对各个现场控制单元的生产控制、运行参数的监测、报警和趋势分析等功能，另外还包括控制组态的设计和下装。管理单元是管理层根据部门功能的不同分为若干单元，如服务器单元、综合管理单元、办公室单元等，组成企业的管理体系。

（2）分层式网络结构。 整个网络采用结构化设计，分为核心层、分布层两层，如图 3-3 所示。

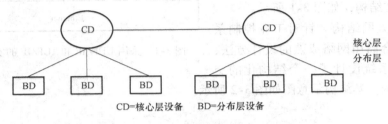

图 3-3 网络结构分层

核心层是数据交换的中心，实现分布层设备之间的通信，其数据都通过该层进行高速交换。核心交换设备（CD）为三层高速交换机；创建和维护网络路由表，实现不同功能单元或虚拟局域网子网之间的路由；实施访问控制机制。

分布层采用两层交换机实现各功能单元内部的数据交换，交换机与现场设备或下游交换机采用点-点/全双工方式连接，使单元内部主要设备都能独享带宽，从而保证系统通信实时性。与扁平式网络相比，分层式网络结构具有很大优势：①能有效分割网络，成为较小的广播域和冲突域，为终端设备提供更大的带宽；②分层式结构提高了网络的扩展性，当加入新的功能单元时，不会降低网络的性能；③有利于故障排除，并限制故障影响；④使各功能单元成为对等关系，组成分布式通信系统。

（3）更高的开放性 基于 Ethernet-TCP/IP 的工业以太网，管理层和控制层使用相同的通信协议。本质上，管理单元与现场控制单元及监控单元可自由通信，使上下层之间实现"无缝"集成；如果必要，管理层的决策单元可以直接获得现场控制单元的数据，有利于提高综合自动化决策速度；与此同时，管理层与控制层之间建立必要的访问控制机制，保护现场控制单元和敏感部门的安全和通信的实时性。由于采用广泛应用的开放标准（协议），各厂家的设备只要采用相同的协议，或通过智能转换器，就能方便地集成在同一个系统中，提高了互联性和互可操作性，从而消除了不同自动化系统之间的"信息孤岛"。

（4）高传输速率 一般来说，骨干链路采用 100Mbit/s 传输率，设备及终端接入链路使用 10/100Mbit/s 传输率；另外分层式网络结构可将功能单元的通信数据尽量限制在本地，节约了骨干链路带宽，也减少了单元之间的广播，提高了终端的带宽。

2. 工业以太网拓扑结构 工业以太网系统采用分层式结构，分布层可以进一步采用灵活的拓扑结构。

（1）星形结构 交换机的一个端口只连接一台现场设备，采用全双工通信模式，每台设备独占全部带宽，避免了与其他节点发生冲突。有利于提高数据传输的实时性。另外，星形结构具有较好的扩展性。

（2）总线型结构　节点接入方便，成本低。轻载时时延小，但网络通信负荷较重时时延加大，网络效率下降，此外传输时延不定。通过集线器（HUB）连接，适用于通信量低、对实时性要求不高的单元，例如管理单元。

（3）环形结构　交换机通过冗余链路构成环形（见图3-4），故逻辑上为总线型。环形链路需要透明的冗余管理器进行管理，当链路发生故障时，则切换到冗余链路。适合于对可靠性要求高的现场控制单元。

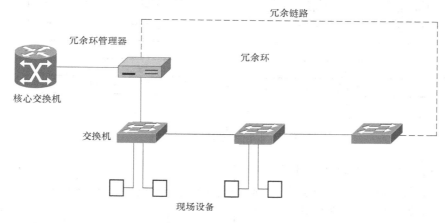

图3-4　冗余环形拓扑结构

三、基于 TCP/IP 的工业以太网的实时通信

1. 冗余设计　在工业环境中，网络通信服务中断将导致严重后果，而网络可靠性的好坏依赖于设计方案的质量、连接器的选用、安装方式、网络管理等多个方面。其中，很重要的一点是设计方案中的冗余设计，根据工业控制的需要，可采用包括链路和硬件的多层冗余设计。过程控制网络的冗余设计首先要实现物理层的双重化设计，包括通信介质、驱动电路、通信控制器、集线器等，实现互为冗余的两个网络链路完全独立，这样可以保证这两个网络的物理信号隔离和故障隔离（见图3-5），但它们最终被同一个微处理器（CPU）所驱动，信息在传输层被统一或分配（也就是冗余处理）。

Ethernet 网络适配器主要由网络收发器、编码解码器、链路控制器等组成。网络收发器直接驱动传输电缆。为了保证可靠性，收发器和编码解码器之间利用脉冲变压器耦合。编码解码器的功能是：在发送时，对链路控制器提供的 TTL 电平数据（信息）位流和发送时钟进行曼彻斯特编码，然后用差分输出到收发器；在接收时，对收发器收到的差分信号进行曼彻斯特解码，分离出 TTL 电平数据（信息）位流和接收时钟送到链路控制器。链路控制器实现 LLC 和 MAC 功能。其内部有 3 个接口：网络串行接口、数据缓冲接口和系统主机编程接口。系统主机编程接口主要是用来和 CPU 总线相连，实现 CPU 对链路控制器的初始化、控制、数据传送和查询功能。

网络设计的关键，它包含 4 个层次：应用层、传输层、链路层、物理层。过程控制系统的网络设计（属于 LAN）也应包含这 4 层内容，而链路层的协议实现由以太网通信控制器

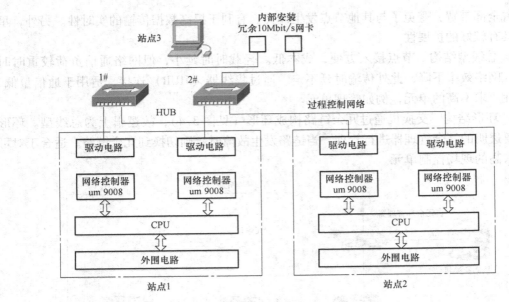

图 3-5　互为冗余的控制网络

和驱动软件来完成，因而软件设计的主要工作在于传输层协议的实现。TCP/IP 保证数据传输的可靠性是通过 TCP/IP 的带重传正向确认机制、窗口流量控制和三路握手措施来保证的。TCP/IP（见图 3-6）系列在控制节点 CPU 内的实现包括以下方面：

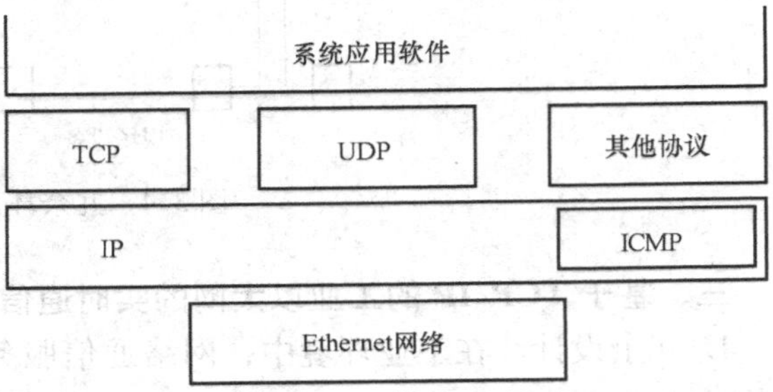

①地址识别协议：ARP；②基本数据传输协议：IP；③差错控制协议：ICMP；

图 3-6　TCP/IP 总体构成

④无联接数据传输协议：UDP，一般用于传输实时数据；⑤可靠性数据传输协议：TCP，一般用于传输非实时数据。

在实现标准 TCP/IP 传输协议的基础上，必须增加数据包冗余传输机制，主要负责下行数据的传输端口分配、上行冗余数据的合并、数据包时间标志、信道的故障检测（好与坏）、信息负荷统计等，以实现与应用层信息交换的正确性和端口的单一性（见图 3-7、图 3-8）。

图 3-7　冗余链路数据传输处理示意图

2. 工业以太网交换机　工业以太网中的传输设备在核心层和分布层分别采用二层交换机和三层交换机，之所以在核心层选用三层交换机是为满足工业以太网对第三层网络功能的需要，这包括：

1）对网络广播域的分割不能通过二层交换机完成，必须采用第三层网络设备。

2）工业以太网为限制广播、保护有效带宽及实施安全策略，采用虚拟局域网（VLAN）技术，不同 VLAN 之间通信需要第三层网络设备的支持。

3）为实现控制区域与其他区域有效隔离和二级防火墙功能，需要第三层网络设备的支持。

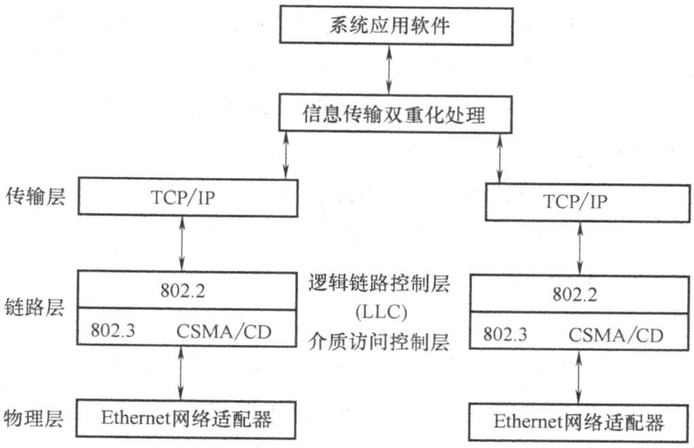

图 3-8　双重化网络的层次模型

典型的第三层网络设备为路由器，路由器处理数据包是基于软件完成的，为完成对数据包过滤和转发等功能，需要占用较大的 CPU 和内存资源，传输速率不高，延迟大，不能满足工业以太网对实时性的要求。采用快速转发技术的第三层交换机是基于硬件（ASIC）实现，即以二层交换机的速率实现网络第三层的功能。

工业以太网在现场控制单元所采用的交换机需要对现有商业以太网交换机高度兼容，同时能处理设备的优先权排序服务，保证紧急信息优先处理。如果采用冗余环设计结构，必须配备具有冗余管理功能的交换机。目前，商业以太网交换机具有较成熟的技术和众多品牌，但要满足纯工业以太网的要求，还要解决低功耗技术、总线供电技术、本质安全技术、电磁兼容性技术等。

3. 可互操作性　可互操作性是指连接到同一网络的不同厂家的设备之间通过统一的应用层协议进行通信与互用，性能类似的设备可以实现互换。作为开放系统的特点之一，互操作性向用户保证了来自不同厂商的设备可以相互通信，并且可以在多厂商产品的集成环境中共同工作。它一方面提高了系统的质量，另一方面为用户提供了更大的市场选择机会。

4. 以太网的通信实时性　以太网采用带冲突检测的载波侦听多路访问协议（CSMA/CD），在 802.3 以太网中，当检测到冲突检测出来以后，就要重发原来的数据帧。冲突过的数据帧的重发又可能再次引起冲突。为避免这种情况的发生，经常采用错开各站的重发时间的办法来解决，重发时间的控制问题就是冲突退避算法问题。最常用的计算重发时间间隔的算法就是二进制指数退避算法，它本质上是根据冲突的历史估计网上信息量而决定本次应等待的时间。

（1）工业控制的实时性要求和通信特点　在工业控制中，由于现场设备的地域分散性，现场设备间的信息交互是通过网络，以信息传递的方式来实现的。为了达到控制与监控等任务的要求，现场设备间的信息交互必须在一定的通信延迟时间内完成，即必须满足实时性要求。此外，在工业控制中，通信还具有以下特点：周期性信息较多，为测量和控制信息；非周期性信息较少，主要包括用户操作指令、组态信息、诊断信息和报警等突发性事件；传输的信息量少，信息长度比较小，通常仅为几位或几个、十几个、几十个字节；网络吞吐量小，负荷较为平稳。

　　和一般商业应用相比，工业控制对通信的实时性要求更高，例如在商业应用中，对响应时间的要求较低，一般是 2~6s；而过程控制对实时性要求较高，一般是 0.5~2s。在商业应用中，对实时性的要求是软的，只要大部分时间满足要求就可以了，偶尔几次不及时响应是没有关系的；过程控制对实时性的要求是硬的，因为它常常涉及安全，必须在任何时间都及时响应，不允许有任何不确定性。而以太网在通信过程中的延迟不确定性，使它不能很好地满足工业控制的实时性要求。因此，以太网要应用于工业控制必须解决实时性问题。

　　（2）TCP/IP　TCP/IP 采用分层结构，分为网络接口层、网络层、传输层和应用层，如图3-9 所示。传输层在 TCP/IP 模型中位于互联网层之上，应用层之下。它的功能是使源和目的端主机上的对等体进行会话。TCP/IP 在传输层定义了两个端到端的协议：一个是传输控制协议 TCP；另一个是用户数据报协议（User Datagram Protocol，UDP）。UDP 提供不可靠的无连接的数据报投递服务，TCP 提供面向连接的可靠的流传递服务。它们使用 IP 路由功能把数据包发送到目的地，从而为应用程序及应用层协议（包括 HTTP、SMTP、SNMP、FTP 和 Telnet）提供网络服务。

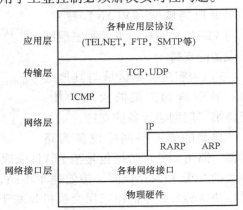

图 3-9　TCP/IP 协议体系结构图

　　1）网际协议（IP）：IP 是 TCP/IP 协议族中最为核心的协议。所有的 TCP、UDP、ICMP 及 IGMP 数据都以 IP 数据报格式传输。IP 提供不可靠、无连接的数据报传送服务。不可靠的意思是它不能保证 IP 数据报能成功地到达目的地，它仅提供最好的传输服务。如果发生某种错误时，如某个路由器暂时用完了缓冲区，IP 有一个简单的错误处理算法：丢弃该数据报，然后发送 ICMP 消息报给信源端。

　　任何要求的可靠性必须由上层来提供（如 TCP）。无连接这个术语的意思是 IP 并不维护任何关于后续数据报的状态信息。每个数据报的处理是相互独立的。这也说明，IP 数据报可以不按发送顺序接收。如果一个信源向相同的信宿发送两个连续的数据报（先是 A，然后是 B），每个数据报都是独立地进行路由选择，可能选择不同的路线，因此，B 可能在 A 到达之前先到达。

　　IP 数据报格式如图3-10 所示，普通的 IP 首部长为 20 字节，除非含有选项字段，它的最高位在左边，记为 0bit；最低位在右边，记为 31bit。4 字节的 32bit 值传输，首先是 0~7bit，其次 8~15 bit，然后 16~23bit，最后 24~31 bit，这种传输次序称作 big endian 字节序。由于 TCP/IP 首部中所有的二进制整数在网络中传输时都要求以这种次序，因此，它又称作网络字节序。以其他形式存储的二进制整数的机器则必须在传输数据之前把首部转换成网络字节序。

　　2）传输控制协议（TCP）：TCP 和 UDP 都使用相同的网络层（IP），它与 UDP 不同的在于 TCP 提供一种面向连接的、可靠的字节流服务。面向连接意味着两个使用 TCP 的应用（通常是一个客户和一个服务器），在彼此交换数据之前必须先建立 TCP 连接。在一个 TCP 连接中通过以下方式提供可靠性：

0		15 16		31
4位版本	4位首部长度	8位服务类型	16位总长度(字节数)	
16位标志		3位标志	13位片偏移	
8位生存时间		8位协议	16位首部校验和	
32位源IP地址				
32位目的IP地址				
选项(如果有)				
数据				

（右侧标注：20字节）

图 3-10　IP 数据报格式

① 应用数据被分割成 TCP 认为最适合发送的数据块。这和 UDP 完全不同，应用程序产生的数据报长度将保持不变。由 TCP 传递给 IP 的信息单位称为报文段或段。

② 当 TCP 发出一个段后，它启动一个定时器，等待目的端确认收到这个报文段。如果不能及时收到一个确认，将重发这个报文段。

③ 当 TCP 收到发自 TCP 连接另一端的数据，它将发送一个确认。这个确认不是立即发送，通常将推迟几分之一秒。

④ TCP 将保持它的首部和数据的检验和。这是一个端到端的检验和，目的是检测数据在传输过程中的任何变化。如果收到段的检验和有差错，TCP 将丢弃这个报文端和不确认收到此报文段（希望发端超时并重发）。

既然 TCP 报文段作为 IP 数据报来传输，而 IP 数据报的到达可能会失序，因此，TCP 报文段的到达也可能会失序。如果必要，TCP 将对收到的数据进行重新排序，将收到的数据以正确的顺序交给应用层。

3）以太网络上的 TCP 数据封装：为了通过网络传输数据，就必须将数据从应用程序传到协议栈的一个协议中。当此协议对数据处理完后，将数据传给栈中的下一个协议。当数据通过协议栈中的每层时，协议模块（网络软件）为栈中的下一层进行数据封装。因此，封装是一个按栈中较低层协议要求的格式保存数据的过程。当数据通过协议栈传递时，每层都建立在它前面层的封装上。图 3-11 显示了在以太网上使用传输控制协议（TCP）时网络软件如何对数据进行封装。

4）TCP 连接的建立和拆除：每个 TCP 段都包含源端和目的端的端口号，用于寻找发端和收端应用进程。这两个值加上 IP 首部中的源端 IP 地址和目的端 IP 地址唯一确定一个 TCP 连接。一个 IP 地址和一个端口号也称为一个插口（socket），插口对（socket pair）包含客户 IP 地址、客户端口号、服务器 IP 地址和服务器端口号的 4 元组，它可以唯一确定网络中每个 TCP 连接的双方。

为了建立一条 TCP 连接必须做到：

① 请求端（通常称为客户）发送一个同步序号标志（CSYN）指明打算连接的服务器的端口，以及初始序号（ISN），这个 SYN 段为报文段 1。

② 服务器发回包含服务器的初始序号的 SYN 报文段（报文段 2）作为应答。同时，将确认序号设置为客户的 ISN 加 1 以对客户的 SYN 报文段进行确认。一个 SYN 将占用一个序号。

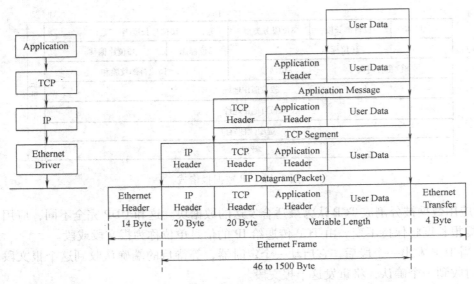

图 3-11　在以太网上数据封装

③ 客户必须将确认序号设置为服务器的 ISN 加 1 以对服务器的 SYN 报文段进行确认（报文段 3）。

这三个报文段完成连接的建立。这个过程也称为三次握手（three-wayhandshake）。图 3-12 表示的是 TCP 三次握手的过程。

图 3-12　TCP 三次握手的过程

5）确认与超时重传技术：由于通信子网不总是那么理想，并不是所有子网都能保证分组正确及时传到目的地，有时会发生分组丢失。这个问题常用超时重发技术解决。客户发出一请求时，同时启动一个定时器，不管请求或者响应丢失，定时器总会超时溢出。一旦定时器超时，客户再发起请求，并再启动定时器，直到成功建立联接，或者重传次数到达一定限度时，认为连接不可建立而放弃。

6）滑动窗口与流量控制：在面向连接的传输过程中，发方每发出一个分组都需要得到收方的确认。为了提高效率，人们设计出一种机制叫做滑动窗口协议，滑动窗口内含一组顺序排列的报文序号。在发送端，窗口内的报文序号对应的报文是可以连续发送的，具体地说，这些报文有 3 种情况：①已发送但尚未得到确认；②未发送但可连续发送；③已发送且已得到确认，但本窗口中尚有未确认的报文。各报文按序发送出去，但确认不一定按序返回，一旦窗口前面部分（不管多少）报文得到确认，则窗口向前滑动相应位置，落入窗口的后续报文又可连接发送。

7）TCP 的拥塞控制：在网间网中，拥塞是由于网关数据报超载而引起的严重延迟现象，是子网能力不足的体现。一旦发生拥塞，网关将抛弃数据报，导致重传，而大量重传又会进一步加剧拥塞。这种恶性循环有可能导致整个网间网无法工作，即所谓"拥塞崩溃"。总的来说，TCP 的拥塞控制也是基于滑动窗口协议的，通过限制发送端向网间网注入报文的速率而达到控制拥塞的目的。

（3）UDP　UDP 的工作比较简单，它只是在 IP 的基础上定义了信口，使得两个不同主机之间的进程在信口上传送数据报，UDP 不提供可靠性的保证。

传输层的作用是提供应用程序间（端到端）的通信服务，它提供两个协议：用户数据报协议 UDP 提供的是数据报投递（见图3-13），每个 UDP 报文称为一个用户数据报。UDP 保留应用程序定义的报文边界，它从不把两个应用报文组合在一起，也不把单个应用

0	16	31
源端口	目的端口	
报文长度	校验和	
数据		
…		

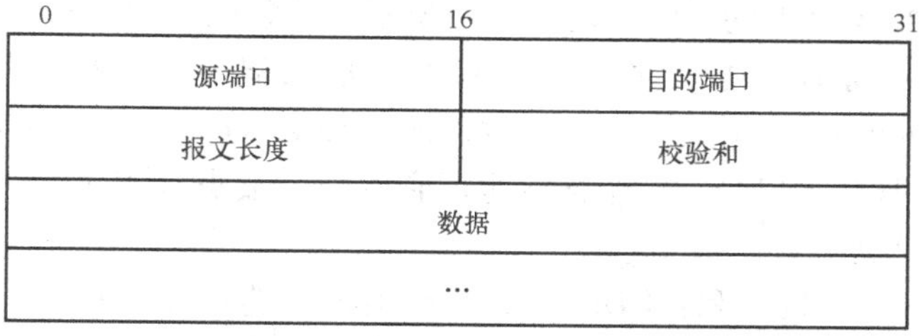

图 3-13　UDP 数据报的字段格式

报文划分成几个部分。当应用程序把一把数据交给 UDP 发送时，这块数据将作为独立的单元到达对方的应用程序。数据报由 UDP 首部和 UDP 数据区两部分组成。其负责提供高效率的服务，用于传送少量的报文，几乎不提供可靠性措施，使用 UDP 的应用程序需自己完成可靠性操作；传输控制协议 TCP 负责提供高可靠的数据传送服务，主要用于传送大量报文，并为保证可靠性做了大量工作。表3-2 列出它们之间的主要区别。

首部分为 4 个长为 16bit 的字段，分别说明了报文是从哪个端口来的到哪个端口去、报文的长度以及 UDP 的校验和。UDP 数据报封装在 IP 数据报中在网上传送。TCP 提供数据流投递，把数据流当做 8 位组或字节的序列，为了便于传输又把这个序列划分成若干个段。通常每个段被放置到一个 IP 数据报中在互联网络上传送。TCP 软件之间传输的数据单元叫报文段。每个报文段同样分为首部和数据部分。

表 3-2　TCP 与 UDP 之比较

内容	TCP	UDP
连接建立过程	需要	不需要
传输方式	分组传输	总是避免分组
报文分组顺序	报文总是以发送的顺序到达主机，并得到接收者的确认，以确保投递成功	报文以它们到达的顺序到达主机
传输可靠性	采用超时重发，三次握手，滑动窗口等保证可靠传输	几乎不提供可靠性，须由应用层来完成可靠性操作

UDP 不提供端-端的确认和重传功能，不保证信息包一定能到达目的地，因此称为不可靠协议。

1）UDP 与 TCP 的端口号：UDP 与 TCP 都是端到端的传输层协议，使用协议端口号来标志一台机器上的多个目的进程，而且 TCP 和 UDP 对端口号的使用是彼此独立的。每个端

口都被赋予一个小的整数以便识别，但是端口号的选择不是随意的，受到严格的控制，端口号值 0~255 都由美国国防部分配，称为公用的端口号。UDP 根据协议端口（port）号对若干个应用程序进行多路复用。这些端口用从 0 开始的整数编号，每种应用程序都在属于它的固定端口上等待来自其他计算机的客户的服务请求。应用程序在发送数据报之前必须与操作系统进行协商，以获得协议端口和相应的端口号，当指定了端口以后，凡是利用这个端口发送数据报的应用程序都要把端口号放入 UDP 报文中的源端口（source port）字段中，当 UDP 从 IP 层接收了数据报之后，根据 UDP 的目的端口去进行复用操作。

TCP 也使用了协议端口号来标志一台机器上的多个目的进程，但 TCP 是建立在所谓连接抽象之上的，它所对应的对象不是单独的端口，而是一个"虚电路"连接，故 TCP 使用连接而不是协议端口作为基本的抽象概念。连接是用一对端点来标志，而 TCP 把端点（endpoint）定义为一对整数，即（host, port），host 代表主机的 IP 地址，port 代表该主机上的 TCP 端口号。一个连接是用它的两个端点来表示，一个机器上的某个 TCP 端口号可以被多个连接所共享。

2）校验和：UDP 和 TCP 都引入了伪首部。所谓伪首部，并不是 UDP 数据报和 TCP 报文段的真正的首部，只是在计算检验和时，临时和它们连接在一起。使用伪首部的目的在于验证 UDP 数据报和 TCP 报文段是否已到达它的正确目的地，而正确的目的地包括互联网中一个唯一的计算机和这个计算机上唯一的协议端口。数据报和报文段的首部只是确定了协议端口的编号。因而，为验证报宿，发送计算机的 UDP 数据报和 TCP 报文段要计算一个检验和，这个检验和包括了报宿主机的 IP 地址，也包括 UDP 数据报或 TCP 报文段。伪首部中包括源主机和目的主机的 IP 地址和一个协议的端口号。伪首部格式如图 3-14 所示。

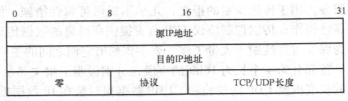

图 3-14　伪首部格式

利用伪首部、首部和数据一起算出校验和。在最终目的地使用从运载报文的 IP 分组头中得到的 IP 地址验证检验和，如果检验和一致，那么报文确实到达所希望的目的主机和这个主机内的正确协议端口。TCP 和 UDP 都不把伪首部计算在报文段和数据报长度之内，也不传输它们。

（4）UDP 数据传输的实现

1）通信数据格式：UDP 不保证数据正确传送，它通过端口向目的地址发送报文而不需要回应。目前，对高可靠、低误码率的网络来说，在传输过程中即使偶然会产生错误报文，也很快会被下一帧正确报文所替代，因此采用 UDP 在实时系统中无疑是一个最佳选择。从图 3-15 可以知道 TCP 的数据封装形式，但 UDP 数据结构以及通过 UDP 的数据是如何流动的呢？UDP 使用数据报进行传输，不可靠、无连接，能将数据寻址到一台主机的多个目的应用程序。正常情况下，网络给每个目的应用程序分配一个协议端口，并利用 UDP 使用数据报进行数据传送。UDP 数据报包含 UDP 报头。UDP 报头的结构如图 3-15 所示，包括 4 个域：源端口、目的端口、报文长度和校验和。

UDP 模块将接收到的数据按照端口号进行分配。图 3-16 显示了数据怎样从网络层通过 UDP 模块到达应用程序。

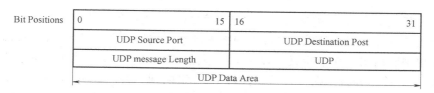

图 3-15　UDP 报头的结构

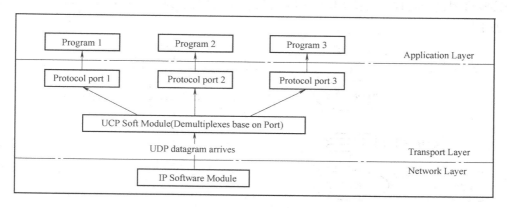

图 3-16　UDP 模块的数据流动

2）UDP 数据的传输过程：现场通信中，若某一应用要将一组数据传送给网络中的另一个节点，可由 UDP 进程将数据加上报头后传送给 IP 进程，IP 进程通过 ARP 地址识别协议将 UPDYU 中所含的 IP 地址转换成物理网络地址，再加上 IP 首部后作为 IPDU 传送给 LLC 子层。在现场智能设备中，数据链路层和物理层的协议是由链路控制器实现的，接收数据时的过程相反。图 3-17 两条横线间的部分是现场智能设备中要实现的协议内容。

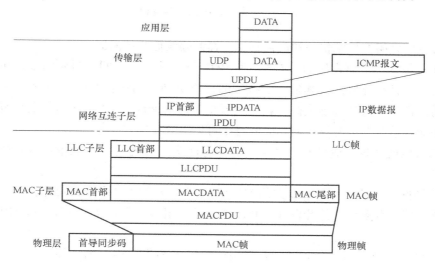

图 3-17　现场智能设备中协议数据组成示意图

基于 UDP 的传输过程如图 3-18 所示。当应用程序采用 UDP 传输协议，则调用 UDP 发送进程，对发送数据进行封装，形成报文并交给 IP 发送进程进行发送即可。UDP 发送过程非常简单,一旦报文交给 IP 进程后,UDP 进程就结束,无需保留发送数据的备份。现场智能设备中接收数据过程也很简单,当以太网络控制器接收到一个信息帧时,通过硬件电路向微处理器发出中断请求。在中断服务程序中,根据 LLC 帧中的协议类型决定交给何种协议处理。如果是 IP 数据分组,则将它送给接收 IP 分组队列,并启动 IP 接收进程,IP 接收进程再决定接收到的数据分组交给哪种协议处理。如果 IP 分组中的数据是 UDP 报文,则直接由 IP 接收进程进行处理,去掉 UDP 报头,将其中的数据送到指定的 UDP 接收端口,供应用程序使用。

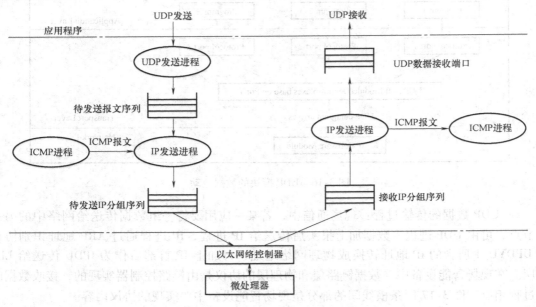

图 3-18　基于 UDP 的传输过程

四、工业以太网的技术优势和应用到工业控制领域面临的问题

(1) 工业以太网具有良好的开放性　TCP/IP 是定义计算机间通过网络如何进行通信的协议。协议标准具有开放性,其独立于特定的计算机硬件与操作系统。因此,具有 TCP/IP 接口的现场设备无需通过现场主控计算机,可直接与 Internet 相连,从而实现远程监控和远程维护的功能。遵照网络协议不同厂商的设备可以很容易实现互联。

(2) 以太网能实现工业控制网络与企业信息网络的无缝连接形成企业级管控一体化的全开放网络。

(3) 软硬件成本低廉　由于以太网的广泛应用,支持以太网的软硬件受到厂商的高度重视和广泛支持,有多种软件开发环境和硬件设备供用户选择,且与现场总线比较价格相对低廉。

(4) 通信速率高　随着企业信息系统规模的扩大和复杂程度的提高,对信息量的需求也越来越大,有时甚至需要音频、视频数据的传输,目前以太网的通信速率为 10Mbit/s、100bit/s 的快速以太网开始广泛应用,千兆以太网技术也逐渐成熟,10Gbit/s 以太网正在研究,其速率比目前的现场总线快很多。

(5) 可持续发展潜力大　在这信息瞬息万变的时代,企业的生存与发展将在很大程度上依赖于一个快速而有效的通信管理网络，信息技术与通信技术的发展将更加迅速，也更加成熟，由此保证了以太网技术不断地持续向前发展。

由于数据网络的存在和以太网的大量使用，使得以太网具有技术成熟、性能价格比高等许多明显优势。但以太网天生本不是为工业环境、为控制网络准备的，其CSMA/CD的媒体访问控制方式不能满足控制系统对实时性的要求，为办公环境设计的接插件、集线器、交换机等不适应工业现场恶劣环境的需求。因此，以太网技术进入工控领域，对实时性、环境适应性、各节点间的时间同步与时间发布、协议效率等问题，必须具备相应的解决方案。

1）通信存在不确定性，不能满足实时性要求：工业控制网络不同于普通数据网络的最大特点在于它必须满足控制作用对实时性的要求，即信号传输要足够的快和能满足信号的确定性。由于以太网采用CSMA/CD介质访问机制和其他网络如令牌网、令牌环网、主从式网络等相比，这是一种非确定性或随机性通信方式，导致了网络传输延时和通信响应的不确定性。对于工业控制网络，以太网的这种通信不确定性会导致系统控制性能下降，控制效果不稳定，甚至会引起系统振荡；在有紧急事件发生时，还可能因报警信息不能得到及时响应而导致灾难事故的发生，这是以太网应用于工业控制领域的主要障碍。

2）不适用于恶劣的工业现场环境：由于工业现场环境与商业环境相比条件恶劣，因此要求工业控制网络必须具备气候环境适应性，耐冲击、耐振动、防尘防水、抗腐蚀以及较好的电磁兼容性，并要求很高的可靠性。

3）安全性和总线供电：对于应用于工业现场的网络，还要求具有向现场仪表提供电源的能力，即总线供电；在易爆或可燃场合，还需要解决防爆包括隔爆、本质安全等问题。

第二节　网络控制系统

网络化控制系统（Networked Control System，NCS）早期称为集成通信与控制系统（Intergrated Communication and Control Systems，ICCS），是一种全分布式的、网络化的实时反馈控制系统。在这种系统当中，检测、控制、协调和指令等各种信号均可通过公用数据网络进行传输。从这个定义看，可以把现场总线控制系统FCS看做是网络化控制系统的实际实现。从网络结构上来说NCS和FCS没有本质的区别，但从定义上看，FCS着重点是节点之间实时或者非实时信息的传输和共享，而NCS强调在串行实时总线上建立闭环控制回路，从这一点看，NCS的实时性要求更高。而对于DCS控制系统，由于其实时任务如传感、计算和执行等大多在各自的模块中实现，仅开/关信号、监控信号以及警报信号等是通过网络来传送的，因而严格来说不能归入网络化控制系统的范围内。图3-19所示为网络控制系统的结构。

网络控制系统有狭义与广义之分：

狭义的网络控制系统是指在某个区域内有一些现场检测、控制及操作设备和通信线路的集成，用以提供设备之间的数据传输，使该区域内不同地点的设备和用户实现资源共享和协调操作。与传统控制系统相比，这种系统的优点在于它的适应性更好。网络控制系统减少了接线，降低了安装成本。它在程序维护和故障诊断上也有很大的灵活性。常被应用于航空和制造业中。

广义的网络控制系统包括狭义的网络控制系统，还包括通过企业信息网络对工厂车间、

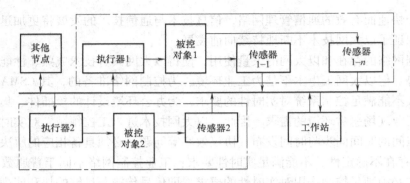

图 3-19　网络控制系统的结构

生产线甚至现场设备的监控调度、优化等。

当前网络和控制的融合对传统的控制理论提出了新的挑战,对控制系统的分析不能完全沿用原来的方法,因为 NCS 的分析不再是孤立的控制过程,而是整个网络控制系统的稳定性分析、调度管理和鲁棒性问题等,并且将网络控制的动机从性能上的考虑上升到成本、维护、可靠性上的考虑。

总的来说,网络控制系统是计算机网络技术在控制领域的延伸和应用,是计算机控制系统的更高发展,是以控制"事物对象"为特征的计算机网络系统。

网络控制系统具有如下特点:

(1) 结构网络化　络控制系统最显著的特点体现在网络化体系结构上,它支持如总线型、星形、树形等拓扑结构,与分层控制系统的递阶结构相比显得更加扁平和稳定。

(2) 节点智能化　带有 CPU 的智能化节点之间通过网络实现信息传输和功能协调,每个节点都是组成网络控制系统的一个细胞,且具有各自相对立的功能。

(3) 控制现场化和功能分散化　网络化结构使原先由中央控制器实现的任务下放到智能化现场设备上执行,这使危险因素得到分散,从而提高了系统的可靠性和安全性。

(4) 系统开放化和产品集成化　网络控制系统的开发是遵循一定标准进行的,是一个开放性的系统,只要不同厂商根据统一标准来开发自己的产品,这些产品之间便能实现互操作和集成。

一、网络控制系统常用的三种网络

NCS 常用的网络一般有三种:工业以太网总线,带冲突检测的载波侦听多路访问(CSMA/CD),令牌总线控制网(Control Net)和控制器区域网络(CAN)总线(如设备网Device Net);并研究了各网络的介质访问控制(MAC)子层协议。从信息传送到信息接收之间的全部通信延迟,称作端对端的通信延迟,它主要包括产生延迟、排队延迟、传输延迟和发送延迟 4 方面的因素。其中,排队延迟由通信网络的 MAC 层决定,将被详细讨论。对每个协议,研究相应网络用于控制环境的关键参数,包括网络利用率,预期时间延迟的大小和时间延迟特性。

1. 控制网络的一般性能特征　数据网和控制网都应用于交换信息,但数据网的特征是大的数据包,一般没有严格的实时限制。控制网则具有频繁传输小数据包的特征,具有实时要求和临界时间的限制。

在网络控制系统中,决策和控制功能包括信号处理均分散在网络控制器中。在设计一个网络控制系统时，必须考虑通信网络的带宽限制。一个网络的有效带宽指的是单位时间内传送的有效数据量的最大值，排除帧头、填充位等。这和一般传统网络带宽的定义相比较，它更侧重于单位时间内传送的原始字节的数量。影响网络带宽的可用行和实效性的 4 个因素是：不同设备通过网络发送信息的采用速率，要求同步操作的元件数，表示信息数据量的大小，以及控制信息传输的 MAC 子层协议。

2. 以太网　以太网利用载波侦听多路访问/冲突检测的机制（IEEE802.3）来解决介质的冲突问题。当某一节点要发送信息时，它对网络进行侦听。如果网络忙，它处于等待状态，直到网络空闲，否则立即发送。如果两个或多个节点处于侦听状态，虽然此时网络空闲，但当它们同时发送信息时，发出的信息就会发生碰撞并导致信息被破坏。在发送时，节点必须同时对信息进行监听，探测到两个或多个信息之间发生碰撞，发送节点就停发并等待随机长的时间后重新尝试传输。这个随机的时间由二进制指数后退算法（BEB）决定：重传时间从 $0 \sim (2^i-1)$ 次时隙之间随机选取，i 表示节点检测到的第 i 次冲突事件，一个时隙是来回传输的最小时间。然而，当达到 10 次冲突后，时间间隔被固定在 1023 时隙。16 次冲突后，节点停止传输尝试并向节点微处理器汇报传输失败。进一步的恢复可能会在更高的层被尝试。

以太网的网络操作算法简单，在网络负载低时几乎没有延迟。与令牌总线或令牌环协议相比，增加和扩大访问网络时不用增加通信带宽。控制系统通常使用 10Mbit/s 以太网，高速（100Mbit/s 甚至 1Gbit/s 以上）以太网主要用于数据网络。由于以太网采用非竞争协议，并且不支持任何消息优先，在网络负荷大时，消息碰撞是一个主要问题。因为，它在很大程度上影响数据传输量和延迟时间，并且延迟时间甚至是无界的。以太网中一个节点传输包时，不管其他节点正在等待访问介质，它都独占通信介质，这样产生碰撞后，消息必然会被丢弃。因此，不能保证首尾相联的连续通信。由于限制了最小有效帧的大小，使得以太网要用很大的消息格式传递少量的数据。

以太网访问控制的优点是：

①各个节点并行连接到总线，某个节点的失效不影响整个网络的运行；②网络接口比较简单，实现节点的加入和撤出很容易，可扩展性和可靠性较好，维护方便，结构灵活，成本低；③信道利用率（每一帧占用信道的时间）高，特别在轻负载（40%以下）时；④传输时间和节点总数无关；⑤在轻负载时，网络传输延时小，响应速度快，有较高的信道吞吐量。

以太网访问控制的缺点为：

① 随着网络负载的加重，冲突的概率增加，信息传输时间不确定，传输平均延时增加，响应时间变长，信道的利用率降低，特别是网络负载达到 60% 以上时，网络性能急剧下降，所以只有控制通信负载，限制节点数，才能改善实时性；②从理论上，负载下各节点获得成功的概率也是一样的，但实际上如果一个节点不能正确处理冲突碰撞，它将有可能在一段不确定的时间范围内被禁止访问网络，会出现有些节点无法上网的现象；③它不宜于传输像"过程数据"这样的小数据包，因为如前所述，若帧的长度小于规定的最小长度，则需添加不必要的无用信息，使之达到最小长度才能传输，这样既浪费了信道，使有效数据传输率降低，又增加了传输延时，降低了网络的实时性；④由于信号在传输中会引起衰减，当两个站相距较远时，它们发送到对方的信号与接收的信号的叠加会小于冲突阈值，无法检测出冲

突，所以通信电缆的长度有限制（最长为 500m）；⑤信息帧无优先级别，不同的帧发送概率一样，用于实时系统时，将受到各种各样的约束；⑥为了检测冲突，对信号幅度有较高的要求。

由此可以看出，以太网用于控制系统，使用于轻负载时的突发信息长数据包的传送时，如果增加竞争优先级机制从而提高关键包的响应时间，或者通过细分网络结构得到交换以太网的性能，即可用于网络控制系统。

3. 控制网（令牌环和令牌总线）　生产自动化协议（MAP）、现场总线（FIELDBUS）以及许多控制网络都是典型的令牌总线或令牌环网。这两种网络都是确定性网络，因为在发送一个消息帧之前最大等待时间可由令牌周期时间确定。

令牌环是用于环形网络拓扑结构的介质访问控制协议（IEEE802.5），是最为普遍的无冲突访问控制。称为令牌的一特定格式的信息绕环行驶，把访问介质的权利从一个节点传递到物理连接的另一个节点。其中，令牌有两种：一种是空令牌；另一种是忙令牌。只有获得空令牌的节点才能传递数据，携带有效数据的令牌是忙令牌。希望发送信息的节点组织好数据帧处于等待状态，在获得空令牌后，称为发送节点。发送节点先将空令牌变为忙令牌发送到信道上，紧接着忙令牌后面传送一帧数据到环上，数据帧的长度不受限制。当此帧经过其他节点，该节点比较帧上的目标地址和本节点地址，如果相符，则接收此帧并复制一份放入接收缓冲区中，经过校验无误后，把数据发送给主机并在帧中做一个标记。若校验出错，把复制的帧丢弃，将帧送回环上。如果地址不符，则直接将帧送回环上。数据帧沿环绕行一周，最后回到发送节点，发送节点检查返回的数据帧，若已被接收则将该帧吸收，否则重新发送。发送节点完成数据帧发送后，将忙令牌变成空令牌，送给下一个节点。若一个节点轮到空令牌而没有数据要发送，那么将空令牌直接送到下一节点。

为了提高网络性能，令牌环网还提供了一种预定优先级的处理机制，每个节点都被分配一个预定优先级，当帧在环路中传输时，希望发送数据的节点将本节点的预定优先级填写入帧内的优先级区域，因此，本帧传输完毕后，释放令牌时，可以根据预定优先级选择令牌的宿地址，使得优先级较高的几点尽快获得数据传送机会。通过合理设置时钟，可以保证节点总的令牌持有时间以一定比例分配给不同优先级的节点队列。如果高优先级的队列不需要分配给它们的时间，低优先级队列就可以使用剩余的未使用时间，不会造成信道浪费。

令牌总线协议（IEEE802.4）是一个线型的、多点的、树形的或分段的拓扑结构，它将CSMA/CD 和令牌环两种协议相结合，取其长处而形成。物理总线上的节点建成逻辑环，每个节点在逻辑环序列中指定一个逻辑位置，序列中的最后一个成员跟着第一个成员形成一个闭合的逻辑环。在控制网中，每一个节点知道它的前一节点和后一节点的地址。在网络操作中，拥有令牌的节点发送数据帧，直到数据帧发送完毕或者令牌生存时间结束，节点就会把令牌传给网络上与此节点逻辑上紧密相联的下一节点。如果此节点没有消息发送，则把令牌传给网络上的继任节点，继任节点的物理位置并不重要。因为在任意时刻仅有唯一的一个节点在传输数据，数据帧就不会发生冲突。如果发生令牌拥有节点停止发送，并不将令牌传给它的继任者的情况，则规定令牌的最大时限，使节点可以动态地加入总线或退出逻辑队列。控制网的信息帧格式如图 3-20 所示。

令牌总线方式在传递令牌或信息时，借助物理总线把带有目的地址的令牌帧广播到总线上的所有节点。未获得令牌的节点监听媒体，复制目的地址是本站地址的令牌帧。

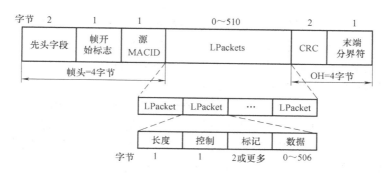

图 3-20 控制网的信息帧格式

令牌网访问控制的优点是：

1）由于所有节点有序地对介质进行访问，所以这种访问控制方式对所有节点是公平的，不存在任何节点长时间不能上网的现象。

2）理论上，它对帧的长短没有限制，一些用于控制领域的令牌总线可以把帧的长度设置得很短，以减少开销，增加网络容量。

3）因为对每个节点发送帧的最大长度加以限制，所以节点等待访问时间（即发送延时）的"总量"是确定的。当所有节点都有报文要发送时，最坏的情况是等待取得令牌和发送报文的时间为全部令牌传送时间和报文发送时间的总和。如果只有一个节点有报文发送，则最坏的情况是等待时间为全部时间的总和，而平均时间是它们的一半。对于控制领域来说，等待时间是一个关键参数，可以根据需要，确定网络中的节点数和最大的报文长度，从而保证在限定时间内任一节点都可以取得令牌。

4）网络效率对负载不敏感，特别是在重负载下，它的效率比较高，而且负载变化对网络性能影响较小。

5）在网络操作中，令牌总线能动态地从网络中增加或者删除节点。但在令牌环中，节点已在物理上形成了一个环的形式，所以不能动态地增加或者删除。

令牌网访问控制的缺点是：

1）轻负载的情况下，要发送的数据节点仍要等待令牌到来后才能传送数据，所以它的时延比较长，网络有效利用率低，平均响应时间会比 CSMA/CD 长。无数据传送的节点仍需要进行令牌的处理和网络维护，且确定接收令牌的下一节点比较复杂。

2）网络中可传输不同长度类型的帧，控制方式相对复杂，当误码导致令牌丢失时，要快速自愈比较困难。

3）当有节点进入或退出令牌总线时，整个总线必须重新配置以确定总线上节点的地址序列，此过程所花的时间与总线上的节点成正比。

4）对于令牌环网来说，由于节点是串接在环路上的，每一次数据传送都要经过所有节点，一旦某个节点出现故障，就会影响所有节点的数据传送，因而引起全网瘫痪，可靠性差。

由以上分析可以看出，令牌环适用于重负载、各节点信息比较均衡的网络，在网络控制中，主要用于高层，如管理级、优化级等，而在控制网中使用较少。

4. 设备网　设备控制局域网（CAN）是一个串口通信控制访问协议，主要用于工业自动化。它同样能够在时间临界网络应用中提供较好的操作性能。CAN 协议最适宜于短消息发送和用于对有优先级的信息进行载波侦听多路访问/冲突检测（CSMA/CA）的介质访问。因为此协议是面向消息的，而且每一消息都有一个特殊的优先级，这样可以在多个节点同时发送时，对总线的访问进行仲裁处理。

传输的位流使用起始位进行同步，在消息发送过程中对总线的访问冲突通过对每一帧的初始部分做仲裁处理来解决。例如若两个设备同时发送消息，它们首先连续发送消息帧，随后对网络进行侦听，如果它们当中的一个接收到的优先级二进制位消息不同于所发送的，它就没有继续发送消息的机会，另一个则在仲裁处理中占先。使用这种方法，正在发送的数据不会被破坏。

在基于 CAN 的网络中，数据的发送和接收是通过消息帧进行的，消息帧是从一个发送节点到一个或多个接收节点的数据载体。发送的数据中不需要包含消息的源地址和目标地址。相反，在整个网络中，每一个消息都用一个标签做唯一的标志，网络中的所有其他节点是否接受收到数据，都取决于对配置标志的掩码过滤，这种操作模式即所谓的多点传送。

设备网是将设备连接到网络的相对较低成本的通信连接，它必须对设备的生产应用进行周全的考虑。设备网络协议基于标准的 CAN（仅有 11 位标志）协议，同时，附加一个应用协议和物理层协议。CAN 总线协议支持两种消息帧格式，标准 CAN（2.0A 版）总线协议有 11 位标志，而今扩展的 CAN（2.0B 版）总线协议有 29 位标志。

设备网的消息帧格式如图 3-21 所示，帧头总共 47 位，包括帧起始（SOF）、仲裁（11 位标志）控制、循环冗余码（CRC）、认证（ACK）、帧尾（EOF）以及间断区（INT）。数据区的大小是 0~8 个字节，设备网协议使用仲裁域来提供源地址、目标地址以及消息的优先级。

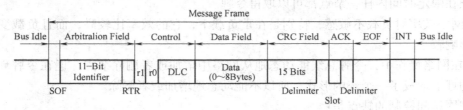

图 3-21　设备网的消息帧格式

设备网的优点：CAN 总线是一个对短消息优化的确定性协议。消息的优先级在仲裁域中指定，较高优先级的消息在仲裁中获得对介质的访问，因此能够缩短对高优先级消息发送的延迟。

设备网的缺点：和其他网络相比，CAN 总线的最大缺点是数据传送率低，最大为 500Kbit/s。尽管它支持大于 8 位的数据片段，CAN 也不适用于大数据包消息的传输。

二、网络化控制系统的基本问题

将通信网络引入控制系统，连接智能现场设备和自动化系统，实现了现场控制设备的分布化和网络化，同时也加强了现场控制和上层管理的联系。这种网络化的控制模式具有信息资源能够共享、连接线数大大减少、易于扩展、易于维护、高效率、灵活等优点。但网络的引入在带来众多便利的同时，许多尚待研究解决的问题也相应而生。传统的控制理论在对系统分析和设计时，往往做了很多理想化的假定，如单频率采样、同步控制、无延时传感和调节。而在网络化控制系统中，这些假设通常是不成立的。因此，传统的控制理论要重新评估后才能应用到网络化控制系统中去，也因此引出了网络化控制系统中的多个研究领域。网络化控制系统 NCS 带来的主要问题有如下几个方面：

在控制系统中引入通信网络，一方面给网络控制系统带来了众多的优势，另一方面也使网络控制系统出现了一些需要解决的问题。总的来说，存在以下的一些问题：

1. 时延问题

在网络环境下，网络流量变化不规则，具有随机性和突发性。当 NCS 的传感器、控制器和执行器通过网络交换数据时必然会导致网络时延。网络时延包括传感器到控制器的时延 τ_{sc}，控制器到执行器的时延 τ_{ca}，如图 3-22 所示。网络时延会降低控制系统的性能，增加超调量，延长过程时间，减少稳定裕度，甚至会导致系统不稳定。网络时延的存在使得系统的分析变得非常复杂，虽然时延系统的分析和建模近年来取得很大进展，但 NCS 存在的时延除了确定时延，更多的是随机时变时延，现有的方法一般不能直接应用。

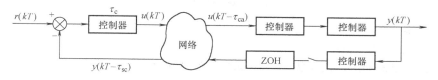

图 3-22　网络控制系统的时延

2. 稳定性问题　网络控制系统的稳定性不能简单等同于网络的稳定性或者不含网络的控制系统稳定性，它包括网络和控制系统两个方面，当网络不稳定时，数据在缓冲区中形成队列，网络导致的时延会使系统不稳定。对于一个控制系统，其最基本的要求就是系统稳定，然后才是满足一定的性能指标。网络控制系统的稳定性和网络的时延、采样周期、数据包丢失特性等众多方面都有密切关系，是控制问题方面的研究重点和热点。

3. 数据包丢失问题　网络控制系统中的数据包通过网络传输不可避免地会存在网络阻塞和连接中断，因而会导致数据包丢失。虽然大多数网络都具有重新传输的机制，但它们也只能在一个有限的时间内传输，当超出这个时间后，数据也会丢失。传统的点对点结构的控制系统基本上都是同步和定时的系统，这样的系统具有较强的鲁棒性，但是网络控制系统是分布式的计算机控制网络，具有参数时变性等问题，网络控制系统能够承受一定量的数据包丢失，但是必须确定一个可以接受的丢失量来确保稳定性。因此，在 NCS 的设计中，对数据包的丢失问题必须寻找相应的解决方法。

4. 数据的多包传输问题　每个网络数据包（帧）所能携带的最大数据量大小都有限制的，如 CAN 网络的这一限制为 8 个字节，以太网的这一限制为 1500 个字节。由于这一限制，测量和控制信号的采样数据可能需要通过多个数据包传送。或者由于控制节点在空间上分散，也会要求同一时刻的采样数据通过多个包传送。由于网络时延，控制器可能在控制量计算时并没有收到全部的数据包而导致错误，引起网络控制系统的多包传输问题。

5. 调度问题　在网络控制系统中，控制环的性能不仅依赖于控制算法，而且也依赖于对共享的网络资源的调度。网络调度发生在 OSI 7 层网络模型的用户层，调度算法所关心的是被控对象传输数据的快慢和被传输的数据所具有的优先权，而不关心被发送的数据如何更有效地从出发点到达目的地，后者的问题由链路层的媒质访问控制算法和网络层的堵塞控制算法来考虑。

6. 时钟同步问题 由于网络控制系统节点的分布性，也带来了各节点间时钟同步的问题。传统的计算机控制的理论通常假定控制系统各节点间时钟是同步的，而网络控制系统中分散的节点和网络的引入使得时钟同步变得更加困难。虽然能够通过一定的同步措施来达到一定范围内的时钟同步，但是没有技术能实现时钟的精确同步，因而由时钟不同步导致的采样时间抖动和非同步采样等问题也需要在网络控制系统设计时加以考虑。

7. 网络的安全性问题 因为控制信号、检测信号都是通过网络来传输，网络控制系统将面临和一般数据网络同样的安全性问题。来自网络用户的恶意进攻，未授权用户对设备的非法访问，外部公司对信息的窃取等都对网络控制系统的信息安全问题提出了考验。因为网络控制系统直接面向生产，它的可靠性、安全性是第一位的，所以信息安全问题是一个很重要的问题。

思考题与习题

1. 什么是工业以太网？
2. 工业控制网络应具备何种条件？
3. 交换式工业以太网组成的工业控制系统的系统需要哪些设备？
4. 基于 TCP/IP 的工业以太网的实时通信是如何实现的？
5. 工业以太网应用到工业控制领域面临的问题是什么？
6. 网络化控制系统的结构如何？

第四章 智能建筑供配电系统的自动化技术

第一节 供配电系统自动控制的基本结构

一、楼宇供配电系统的特点

楼宇变电站（所）单一的用电性质及特殊的地理环境决定其供电有自身的特点。

（1）供电区域化，供电半径小 一般来说，楼宇变电站（所）位于楼房的地下室、楼顶或绿化草坪区（箱式变电站），以便减少占地面积，降低噪声污染。其位置靠近负荷中心，供电半径小，负荷性质单一，负荷变化率大。

（2）电压等级低，属配电系统 楼宇变电站（所）为一般照明用电、路灯用电及附属设备用电等，电压等级为进线 10kV，出线三相四线制 400V，高低压进出线一般采用电缆形式。

（3）结构、功能和控制系统简单 为提高供电可靠性，常见的楼宇变电站（所）采用双台主变供电，有时在高压或低压侧构成环网，低压出线采用断路器（空气开关），低压侧采用 DW 型系列开关，高压侧采用断路器或快速隔离开关。就地进行电容自动补偿，备用电源自动投切。

（4）供电可靠性要求较高 由于电力用户是楼内用户，电压质量（电压和频率）要求稳定，因电压质量问题，会损坏用户的用电设施，停电将会造成极其不良影响。

（5）供电设备无人值守 楼宇变电站（所）作为配电网的末端，容量大，设备单一。可无人值守和日巡，因此要有自动报警功能。

（6）具有时控功能，要根据季节的变化自动调节时控设备的起停时间 同时，楼宇变电站（所）应具备就地无功补偿，能够根据无功的情况，自动投入电容器进行补偿，提高功率因数，减少无功损耗。

（7）负荷峰谷差异大 楼宇变电站（所）日负荷高峰和年负荷高峰比较突出，且调峰困难，一般每日的 18：00 ~ 22：00 及每年的夏季空调、冬季取暖是负荷的高峰。

常见的楼宇变电站（所）一次系统图如图 4-1 所示。

它包括高压部分、变压器部分、低压配电部分、直流电池组部分、应急发电机部分。楼宇内高压进线通常为两路 10kV 独立电源，两路可自动切换，互为备用。应急发电装置通常是由柴油发电机组成，在两路电源都有故障时，柴油发电机组自动起动，保证消防、事故照明、电梯等的紧急用电。

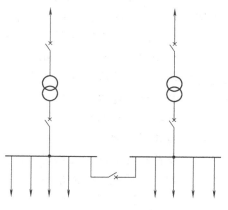

图 4-1 常见的楼宇变电站（所）
一次系统图

高压侧检测项目：高压进线主开关的分合状态及故障状态检测；高压进线三相电流检测；高压进线 U_{AB}、U_{BC}、U_{CA} 线电压检测；频率检测；功率因数检测；电量检测；变压器温度检测。

以上参数送入楼宇自控系统或上级调度中心，由系统自动监视及记录，为电力管理人员提供高压运行的数据，可在中心监视主开关的状态，发现故障及时报警。同时监视楼宇的用电情况、负荷变化情况，便于今后分析。

低压侧检测项目：变压器二次侧主开关的分合状态及故障状态检测；变压器二次侧 U_{AB}、U_{BC}、U_{CA} 线电压检测；母联开关的分合状态及故障状态检测；母联的三相电流检测；各低压配电开关的分合状态及故障状态检测；各低压配电出线三相电流检测。特别对于低压配电部分其供电对象比较具体，如供冷水机用电、供照明用电、供水泵用电等。因此，这些参数对楼宇的管理人员非常有用。基于这些参数，可以分析楼宇内各主要用电设备的用电情况，为科学用电提供帮助。

监视各主要开关的分合状态及故障状态，可以使管理人员在中央控制室就能看到整个供配电的状况，知道各个开关的状态及哪个开关是在故障状态。中央控制室计算机显示器上以图形的方式画出了供配电系统图，如果供配电系统出现问题，管理人员可立即发现，并很快确定故障位置，从而及时处理。

应急发电部分：通常为避免外部电网供电出现问题，造成停电，因此智能楼宇内要设置柴油发电机。在故障时由柴油发电机供电，保证消防系统、电梯、应急照明等设施的用电。综合自动化系统通常对发电系统及切换系统并不控制，但为保障应急发电装置正常运行，综合自动化系统对一些有关参数进行监视，如油箱油位、各开关的状态、电流、电压等。

直流供电部分：直流蓄电池组的作用是产生直流220V、110V、24V直流电。它通常设置在高压配电室内，为高压主开关操作、保护、自动装置及事故照明等提供直流电源。为保证直流正常工作，综合自动化系统监视各开关的状态，尤其要对直流蓄电池组的电压和电流进行监视及记录，若发现异常情况及时处理。

现在的智能建筑是一个公共设施，例如，医院、体育馆或小区。因此智能建筑供配电系统应该包涵输电、变电和用电。供配电自动化包含以下 4 个方面：

（1）馈线自动化　馈线自动化完成馈电线路的监测、控制、故障检测、故障隔离和网络重构。其主要功能有：运行状态监测、远方控制或就地自主控制、故障区隔离、负荷转移及恢复供电、调压和无功补偿等。馈线自动化是供配电自动化的核心。

（2）变电站自动化　变电站自动化是指应用自动控制技术和信息处理与传输技术，通过计算机硬软件系统或自动装置代替人工对变电站进行监控、测量和运行操作的一种自动化系统。变电站自动化以信号数字化和计算机通信技术为标志，进入传统的变电站二次设备领域，使变电站运行和监控发生了巨大的变化，取得显著的效益。

（3）配电管理系统　配电管理系统（DMS）是指用现代计算机、信息处理及通信等技术和相关设备对配电网的运行进行监视、管理和控制。它是供配电自动化系统的神经中枢，也是整个配电自动化系统的监视、控制和管理中心。主要功能有：数据采集和监控（SCADA）、配电网运行管理、用户管理和设备管理等。

（4）用户自动化　用户自动化，即需求侧管理。通过一系列经济政策和技术措施，由供需双方共同参与供用电管理。包含负荷管理、用电管理及需方发电管理等。

这 4 个方面既可以相互独立运行，又紧密联系，进行资源共享和互补。

二、变电站综合自动化的基本结构

1. 变电站综合自动化内容的组成

（1）智能化的一次设备　一次设备被检测的信号回路和被控制的操作驱动回路，均采用微处理器和光电技术设计，简化了常规机电式继电器及控制回路的结构，计算机网络取代传统信号与控制导线连接。可编程序控制器代替变电站二次回路中常规的继电器及其逻辑回路，光电数字和光纤代替常规的强电模拟信号和控制电缆。

（2）数字化的二次设备　变电站内常规的二次设备，如继电保护装置、测量控制装置、防误闭锁装置、远动装置、故障录波装置、电压无功控制以及在线状态检测装置等全部基于标准化、模块化的微处理机设计制造，设备之间的连接全部采用高速的网络通信，二次设备不再出现功能装置重复的 I/O 现场接口，通过网络真正实现数据共享、资源共享，常规的功能装置变成了逻辑的功能模块。

（3）计算机化的运行管理方案　变电站运行管理采用计算机设备对电力生产运行数据、状态记录统计无纸化、自动化；当变电站运行发生故障时，及时提供故障分析报告，指出故障原因及处理意见；相应的软件可使综合自动化系统能自动发出变电站设备检修报告，将常规变电站设备"定期检修"改变为"状态检修"。

2. 变电站综合自动化的结构　在变电站综合自动化领域中，由于智能化电气的发展，特别是智能开关、光电式互感器等机电一体化设备的出现，变电站综合自动化技术进入了数字化的新阶段。

变电站综合自动化系统的结构在物理上可分为两类：即智能化的一次设备和数字化的二次设备。在逻辑结构上分为三个层次，根据 IEC6185a 通信协议草案定义，这三个层次分别称为"过程层"、"间隔层"、"站控层"。各层次内部及层次之间采用高速网络通信，其逻辑结构如图 4-2 所示。

（1）过程层　过程层是一次设备与二次设备的结合面，或者说过程层是指电气设备的智能化部分。过程层的主要功能分三类：①电力运行的实时电气量检测；②运行设备的状态参数检测；③操作控制的执行与驱动。

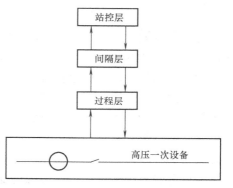

图 4-2　数字化变电站自动化系统逻辑结构

1）电力运行的实时电气量检测：主要是电流、电压、相位以及谐波分量的检测，其他电气量如有功功率、无功功率、电能量可通过间隔层的设备运算得出。与常规方式相比所不同的是，传统的电磁式电流互感器、电压互感器被光电电流互感器、光电电压互感器取代；采集传统模拟量被直接采集数字量所取代，这样做的突出优点是抗干扰性能强，绝缘和抗饱和特性好，开关装置实现了小型化、紧凑化。

2）运行设备状态参数检测：主要设备有变压器、断路器、刀开关、母线、电容器、电抗器以及直流电源系统。在线检测的内容主要有温度、压力、密度、绝缘、机械特性以及工作状态等。

3）操作控制的执行与驱动：包括变压器分接头调节控制，电容、电抗器投切控制，断路器刀开关合分控制，直流电源充放电控制。过程层的控制执行与驱动大部分是被动的，即按上层控制指令而动作，比如间隔层保护装置的跳闸指令、电压无功控制的投切命令、对断路开关的遥控开合命令等。在执行控制命令时具有智能性，能判别命令的真伪及其合理性，还能对即将进行的动作精度进行控制，能使断路器定相合闸，选相分闸，在选定的相角下实现断路器的关合和分断，要求操作时间限制在规定的参数内。又例如对真空开关的同步操作要求能做到开关触点在零电压时关合，在零电流时分断等。

（2）间隔层　间隔层设备的主要功能是：①汇总本间隔过程层实时数据信息；②实施对一次设备保护控制功能；③实施本间隔层操作闭锁功能；④对数据采集、统计运算及控制命令发出具有优先级别的控制；⑤承上启下的通信功能，即同时高速完成与过程层及站控层的网络通信功能。必要时，上下网络接口具备双口全双工方式以提高信息通道的冗余度，保证网络通信的可靠性。

（3）站控层　站控层的主要任务是：①通过两级高速网络汇总全站的实时数据信息，不断刷新实时数据库，按时登录历史数据库；②按既定协约将有关数据信息送往调度或控制中心；③接收调度或控制中心有关控制命令并转间隔层、过程层执行；④具有在线可编程的全站操作闭锁控制功能；⑤具有站内当地监控、人机联系功能，如显示、操作、打印、报警，甚至图像、声音等多媒体功能；⑥具有对间隔层、过程层诸设备的在线维护、在线组态，在线修改参数功能；⑦具有变电站故障自动分析和操作培训功能。

3. 常见的楼宇变电站综合自动化结构　楼宇变电站综合自动化分成两种结构：分层分布式和集中式。

设计思想上，分层分布式与集中式有着很大的区别。集中式中保护和监控彼此独立，各自有着一套数据采样、计算系统，它们之间通过通信网络连接。监控部分按功能分为遥测、遥信、遥控、遥调及通信单元，统一管理，彼此相互关联。其主要特征是不以一次、二次设备作为分割的依据，而是综合这个变电站作为一个单元。保护部分一般将不同的一次单元共用某些二次设备，比如有些保护装置，一块屏上有4路出线保护，但共用一套电源系统、通信系统和一个管理单元等。相对而言，主变单元由于其重要性，具有一定的分布思想，其独立性比较强，但有时仍与高压侧备用电源、自投等单元混于一处。集中式系统由监控和保护两部分组成，构成一个完整的楼宇变电站综合自动化系统，其系统框图如图4-3所示。

分层分布系统在设计时就考虑将变电站分为站控层和间隔层。间隔层在横向上按站内一次设备（例如一台主变、一路出线）等分布式配置，35kV及以下采用开关柜形式的楼宇变电站（所），可将间隔层设备安装在开关柜上。各间隔的设备相对独立，仅通过站内光缆互连并同站控层的设备用光缆连通。

分层分布式系统是按回路设计保护、监控、数据采集等功能，各回路之间用网络并与主机联系。分层分布式系统将每一单元的部分监控功能下放至间隔层，站控层主要负责通信及网络管理功能，其系统框图如图4-4所示，主站可以是当地监控主站，也可以是远方监控中心。

对比图4-3与图4-4不难看出，分层分布式系统在结构上比集中式系统独立性更强，不同设备间的相互影响更小。在功能上，采用可以下放尽量下放的原则。凡是可以在间隔层就地完成的功能决不依赖通信网，站控层在功能上仅起到连接通信的作用。继电保护按被保护的电气设备单元即间隔分别独立设置，在不影响保护装置可靠性的前提下，为了提高整个系

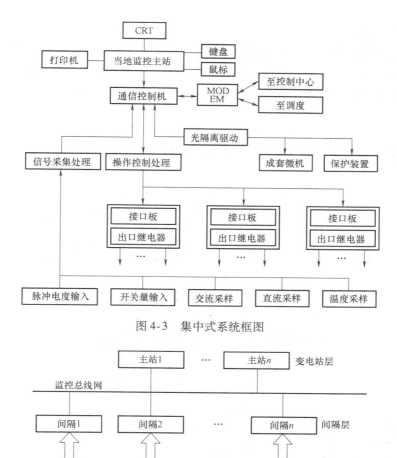

图 4-3　集中式系统框图

图 4-4　分层分布式系统框图

统的可靠性和降低造价，可以分配给保护装置一些其他功能，如将测量功能下放至保护装置，可以在保护不启动时，利用闲余时间计算电流、电压、有功功率、无功功率、频率等，并通过站内通信网向站控层有关设备报告，供站内监控及运用。当然，为了提高装置的可靠性和测量准确度，也可采用测量与保护分开的形式。这种分散记录的方式可以减少硬件重复，并且减少站内二次电缆。

4. 具有多媒体的楼宇变电站综合自动化系统　鉴于网络化发展趋势，加上智能楼宇中本身就有安保系统，因此在变电站中实现视频监控已成为可能。该系统具有不同于上述系统的一些特点：

1）将楼宇变电站综合自动化系统与安保视频监控系统充分融合在一起，是真正意义上的楼宇变电站多媒体综合自动化系统。

2）能实现变电站信息的数字化综合传输。在保证信息传输实时性的前提下，将远动信息和遥视信息通过同一条信道传送到了上级主站（楼宇监控管理中心），采用 TCP/IP，专门针对智能楼宇已经建成的光纤网络的条件而设计。

3）既适应于已有楼宇变电站综合自动化系统增加遥视，也适应于设计新一代楼宇变电站多媒体自动化系统。

　　楼宇变电站多媒体自动化系统结构如图 4-5 所示。图中所有的站控层设备，间隔层保护、测量、控制设备以及多媒体信息采集站等都通过站内通信网连接在一起。站内通信网可以采用 100Mbit/s 交换式网络，采用 TCP/IP。站内通信网通过路由器与智能楼宇已经建成的光纤网络连接。

　　站内间隔层设备的功能与现有的楼宇变电站综合自动化系统相似，各个智能化的保护、测量、控制装置按间隔相对独立配置，并直接接入站内通信网。

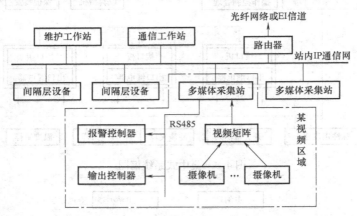

图 4-5　楼宇变电站多媒体自动化系统结构

间隔层设备接入站内通信网的方法有很多。从性能上说，间隔层设备最好带有 TCP/IP 接口，但软、硬件设计都较复杂，可以采用一些折中的办法，如图 4-6 所示。图 4-6 采用通信服务器连接所有的间隔层设备。通信服务器是一个可以采用 TCP/IP 透明访问多个 RS232C 接口的通信设备，它可以为每个 RS232C 接口分配相互独立的 IP 地

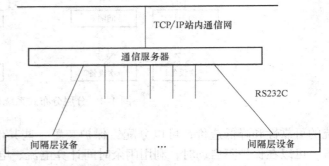

图 4-6　间隔层设备与站内通信网连接实例

址。由于采用了通信服务器，间隔层设备只需设计一个简单的 RS232C 接口就可以连接在 TCP/IP 网络上。但是 TCP/IP 网络上的通信工作站对间隔层设备的访问速率受 RS232C 接口的限制，一般不能超过 19.2Kbit/s。

　　通信工作站的职能是：收集各间隔层设备采集的信息；向间隔层设备下达控制调整指令；实现"四遥"远动通信等。通信工作站若采用轮询方式收集信息，可以控制这类信息占用网络的带宽，但为了避免"四遥"信息的实时性变差，通信服务器的 RS232C 接口数最好不超过 16 个。维护工作站主要负责系统的组态和维护。

　　多媒体采集站的职能是：采集音频、视频信息，并采用 MPEG1 或 MPEG2 压缩后传输到主站；采集各类环境探测器和传感器的报警信息，并传输到主站；接收并执行主站对视频设备的调整命令。摄像机和拾音器的音频、视频信息通过视频矩阵接入多媒体采集站的音

频、视频采集卡；各类环境探测器和传感器的报警信息通过报警控制器检测，并采用 RS485 方式与多媒体采集站连接；视频设备的调整命令通过输出控制器执行。

多媒体采集站的台数可以综合考虑以下两个方面的因素：

（1）要求同时监视的视频路数　视频矩阵的规模可以是几路到几百路视频输入，应以能够满足变电站视频输入要求为原则。但是，每台多媒体采集站只将 1 路视频信息（可以是用视频处理器处理过的视频信息）送到网上，如果需要同时观测的摄像点超过 4 个，则画面分割后的图像尺寸较小，不利于监视，此时应考虑采用多台多媒体采集站。

（2）远程传输是否采用广域网络方式　电力系统建设的光纤广域网络有较宽的带宽，根据需要和可能，可以同时传输多路视频信息；但对于 2Mbit/s 的 E1 信道，则只能传输一路 MPEG1 视频信息，因此只能采用一台多媒体采集站。

在有人值班或少人值班的变电站内，可以在站内通信网上增加监控工作站，监视变电站的运行工况和视频图像，对变电站的运行进行控制调整。

第二节　智能建筑变电站综合自动化系统的几个关键技术

一、采样技术

在实现自动化的过程中，关键的环节是数据采集。根据采样信号的不同，可分为直流采样和交流采样两种。

（1）直流采样　顾名思义，采样对象为直流信号。它是把交流电压、电流信号经过各种变送器转化为 $0 \sim 5V$ 的直流电压，再由各种装置和仪表采集。此方法软件设计简单，对采样值只需作一次比例变换即可得到被测量的数值。但直流采样仍有很大的局限性，无法实现实时信号的采集，变送器的精度和稳定性对测量精度有很大影响，设备复杂、维护困难。

（2）交流采样　交流采样是对被测信号的瞬时值进行采样，然后对采样值进行分析计算获取被测量的信息。该方法的理论基础是采样定理，即要求采样频率为被测信号频率中最高 2 倍以上，这就要求硬件处理电路能提供较高的采样速度和数据处理速度。目前，DPS、高速 MUC 及高速 A/D 转换器的大量涌现，为交流采样技术提供了强有力的硬件支持。交流采样的程序计算量相对较大，但它的采样值中所含信息量大，可通过不同的算法获取我们所关心的多种信息（如有效值、相位、谐波分量等），实时性好，已成为目前主要使用的采样方式。交流采样法主要包括同步采样法、准同步采样法、非整周期采样法、非同步采样法等几种。

同步采样法是指采样时间间隔 T_s 与被测交流信号周期 T 及一个周期内采样点数 N 之间满足关系式 $T = NT_s$。同步采样法又被称作等间隔整周期采样或等周期均匀采样。同步采样法需要保证采样截断区间正好等于被测连续信号周期的整数倍。

同步采样法的实现方法有两种：一是硬件同步采样法；二是软件同步采样法。硬件同步采样法在采样计算法发展的初期被普遍采用。1971 年，美国国家标准局的 R. S. Turgel 博士将计算机采样数值计算用于精密测量领域，研制出第一台同步采样计算式功率表。理论上只要严格满足 $T = NT_s$ 且 $N > 2M$（M 为被测信号最高次谐波次数），则用同步采样法就不存在测量方法上的误差。

在实际采样测量中，采样周期不能与被测信号周期实现严格同步，即 N 次采样不是落

在 2π 区间上，而是落在 $2\pi + \Delta$ 区间上，Δ 称为同步偏差或周期偏差（其值可正可负）。DFT（离散傅里叶变换）或 FFT（离散傅里叶变换的快速算法）都是建立在同步采样条件之上的，许多研究证明，存在同步偏差时，基于 DFT 或 FFT 的谐波分析会产生一定的误差——同步误差。从对周期信号的复原与频谱分析角度考虑，当采样频率和信号基频不同步时，模拟信号用离散信号代替会出现泄漏误差。在对某些用电系统中，包含有多次谐波分量的电压和电流周期信号进行测试分析时，它是造成误差的主要来源。为此，常采用锁相环来构成频率跟踪电路实现同步等间隔采样。如目前的应用的一种数字锁相环路（DPLL）是基于倍频器的同步采样脉冲发生装置，它能产生同步于被测信号基频的采样脉冲，当信号基频发生漂移时，装置能自动跟踪信号基频并产生新的同步于信号基频的脉冲，大大削弱频谱泄漏的影响。但是，锁相环电路除了硬件较为复杂外，还受电网波形和干扰的影响，并且电网频率变化时频率跟踪也有一定的延迟。

软件同步采样法的一般实现方法是：首先测出被测信号的周期 T，用该周期除以一周期内采样点数 N，得到采样间隔，并确定定时器的计数值，用定时中断方式实现同步采样。该方法省去了硬件环节，结构简单，但当信号频率飘移时，信号的周期无法精确测到，因为在当前周期的采样完成之前其宽度是未知的，最多只能精确测到前一个周期宽度。按不准确的周期 T 计算的采样间隔，就不能与正采样的信号周期同步，即存在采样同步偏差。

此外，由于采样间隔由单片机定时器来定时，定时器的时钟周期取决于晶振频率，所以由定时器给出的采样间隔与理论计算所得采样值相比将存在截断误差，该误差积累 N 点后，必然引起周期误差和方法误差。针对这一问题的解决办法又出现了"双速率采样法"、"积累误差法"等。

为减少采样同步偏差对谐波分析精度的影响，可用"窗函数法"和"准同步法"对采样数据进行预处理。其中，窗函数法是把时域被测函数与某种低旁瓣特性的函数相乘，之后再进行所需的数据运算处理，而且也会带来有效频率加宽或变模糊等不良后果。准同步法也可看做是一种窗函数法，其优点是采样周期不要求与被测信号周期严格同步，但它以较长的测量时间为代价。

准同步采样法是指在 $|\Delta|$ 不太大的情况下，当满足 $N > M(2\pi + \Delta)/(2\pi)$ 时，通过适当增加采样数据量和增加迭代次数来提高测量准确度的方法。它不要求采样周期与信号周期严格同步，对第一次采样的起点无任何要求。准同步采样不仅降低了对信号频率的要求，而且也降低了对采样时间间隔的要求，降低了对振荡器振荡频率的要求。

为此，常采用锁相环来构成频率跟踪电路实现同步等间隔采样。

交流采样是将电压有效值公式

$$U = \sqrt{\frac{1}{T} \int_0^T u^2(t)\,\mathrm{d}t}$$

离散化，以一个周期内有限个采样电压数字量来代替一个周期内连续变化的电压函数值，即

$$U \approx \sqrt{\frac{1}{T} \sum_{m=1}^{N} u_m^2 \Delta T_m}$$

式中，ΔT_m 为相邻两次采样的时间间隔；u_m 为第 $m-1$ 个时间间隔的电压采样瞬时值；N 为 1 个周期的采样点数。

若相邻两次采样的时间间隔相等，即 ΔT_m 为常数 ΔT，考虑到 $N = \dfrac{T}{\Delta T} + 1$，则有

$$U = \sqrt{\frac{1}{N-1} \sum_{m=1}^{N} u_m^2}$$

上式就是根据一个周期内各采样瞬时值及每周期采样点数计算电压信号有效值的公式。

同理，电流有效值计算公式如下：

$$I = \sqrt{\frac{1}{N-1} \sum_{m=1}^{N} i_m^2}$$

计算一相有功功率的公式为

$$P = \frac{1}{T} \int_0^T iu\,\mathrm{d}t$$

离散化后为

$$P = \frac{1}{N-1} \sum_{m=1}^{N} i_m u_m$$

式中的 i_m、u_m 为同一时刻的电流、电压采样值。功率因数 $\cos\varphi = P/(UI)$。

二、双 CPU 技术

监控与保护子系统的主要功能有两项：监控和保护。用双 CPU 处理单元，一个用于信号监测控制，被称做监控 CPU；另一个用于保护控制，叫做保护 CPU。这样做的主要原因如下：

1）CPU 处理单元不仅实时地对所有测量进行采样、记录、分析，同时还要承担要求较高的保护和通信任务。将保护、控制、测量、通信等功能，合理地分配到两个 CPU 芯片并行处理，可以防止系统满负荷工作，有利于提高系统处理问题的速度和能力。

2）每一种电子器件均有发生错误的概率，CPU 也是如此。单 CPU 一旦发生故障，它会引起某些联锁反应，作出错误判断或不起作用，从而引起重大事故。如果采用双 CPU 结构，二者能相互检测，可以及时发现对方的错误，从而担负起对方的工作。

3）电力系统中现场环境比较复杂，人们都要对电子器件做抗干扰防护，有时难免引起 CPU 的运行程序"跑飞"而受到影响，多个 CPU 可以减少事件的发生几率，它们之间可以相互检测及相互复位。

图 4-7 给出了双 CPU 处理单元原理框图。在图 4-7 中，虽然两个 CPU 都和输入、输出信号连接在一起，但是它们所担负的功能不同，在正常情况下，监控 CPU 主要担负对外界信号的测量以及通信任务，并按一定时间与保护 CPU 交换信息，监测保护 CPU 的工作状态是否正常。而保护 CPU 除了监测监控 CPU 是否正常工作外，其主要任务是在被控制设备发生故障时，能准确无误地对设

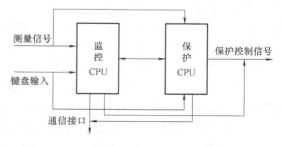

图 4-7　双 CPU 处理单元原理框图

备进行保护。只有当其中一个 CPU 被监测到有错误后，另一个 CPU 才会立即替换其工作，同时通过通信接口向远控主机发信号报警，完成对整个系统的监控与保护任务。

通过分析可以看出，双 CPU 极大地提高了系统的事件处理能力及系统的安全可靠性。另外，双 CPU 还为系统留有较大的扩展余地，为以后的软件升级奠定了基础。

三、楼宇变电站综合自动化中的智能控制方法

1. 智能控制的思想　楼宇变电站综合自动化系统中的智能控制就是将变电站运行中的实时数据与变电站智能操作专家系统以及变电站防误操作系统紧密结合起来，使得楼宇变电站综合自动化系统中的计算机能对远方遥控操作和操作人员的就地操作实施监控，达到逻辑检查、逻辑闭锁、安全执行的目的。它主要承担两个任务：一是当调度端有遥控或遥调命令下达时，它可以校核命令的有效性，即该命令是否允许执行。允许执行的命令作用于出口，不允许执行的命令则向调度端上传一个信息，通知调度。

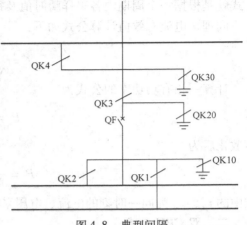

图 4-8　典型间隔

例如，对于图 4-8 中双母带旁路的间隔，要操作开关 Q，则必须满足下面条件：

$$QF = （QK1 + QK2）\cdots QK3 \cdot NOT\ QK10 \cdot NOT\ QK20 \cdot NOT\ QK30$$

式中，QF 为开关操作条件；"1"表示允许操作；"0"表示不允许操作；QK 为刀开关状态；"1"表示合状态；"0"表示分状态；"+"为或逻辑；"·"为与逻辑；NOT 表示取反操作。

此逻辑表示刀开关 1 或刀开关 2 有一个合上，刀开关 3 在合位，所有的接地刀在开位时，开关允许操作。上面的表达式就是操作专家系统中应用的基本规则。

智能控制的第二个任务是当变电站内某个电器设备需要检修时，操作人员要在现场就地操作，此时操作人员在变电站内主机上利用操作专家系统开出倒闸操作票。由于此时操作票专家系统是一个在线式系统，它以采集的开关量状态信息为前提，开出符合现场实际的合理操作票。因此，倒闸操作票的形成过程也是一个操作允许校核过程。如果此操作任务是合法的则可以开出操作票；如果操作任务是非法的，则不能开出操作票，同时给出状态信息。例如，对操作任务"某线路停电、开关检修、负荷由旁路代"，如果此时旁路已代替其他线路，此任务就是一个非法任务，不允许出合理的操作票，更不能进行操作。

2. 智能控制软件功能　楼宇变电站综合自动化中智能控制软件运行于变电站内主机中（工业控制计算机），是独立于实时监控软件和图形显示及报表打印软件之外的又一高层软件。但它需要共享实时监控软件采集的实时数据，是一个在线式智能软件。它的主要功能有智能控制逻辑校核、智能操作专家系统功能、智能模拟盘功能、智能防误系统连接功能。

智能控制逻辑校核功能就是在前面讲到的遥控命令校核和本地操作任务校核功能。

（1）智能操作专家系统功能　它是基于监控软件平台上的操作专家系统软件，包括推理机、数据库、知识库及打印管理等。它是智能控制软件的核心，其中的数据库包括整个变电站的一次设备和二次设备名称及状态。知识库是操作的逻辑规则。推理机是一组软件，它一方面接收欲操作命令，另一方面接收变电站的实时数据。在数据库和知识库的支持下，经过逻辑推理，确定该操作是否合理，命令合理，则出口执行或生成操作票；命令不合理，则

给出告警信息。

（2）智能模拟盘功能　变电站中都设有模拟盘，其作用是状态指示和操作模拟。目前变电站中的模拟盘多采用马赛克拼块制成，它的开关状态及指示一般都是离线的。大部分模拟盘没有操作校核的智能功能，只有一部分模拟盘因同防误操作系统相连，具有一定的操作逻辑校核功能。智能模拟盘功能不同于上面提到的任何一种模拟盘。在设计中，综合自动化变电站不再设置专用的模拟盘，而是用计算机大屏幕画面显示代替模拟盘。由于采用大屏幕显示器显示画面，模拟显示的画面不仅有一次系统接线图，也有二次系统的接线图。

（3）智能防误系统连接功能　智能控制软件的另一个重要功能就是与防误操作系统连接。智能控制软件可连接的防误系统有两种模式：第一种是计算机钥匙和机械编码锁方式（见图4-10）；第二种是采用可反馈状态的电磁锁的全状态控制式防误操作系统方式（见图4-9）。第二种方式中，智能控制软件将操作票专家系统生成的操作票序列传入智能计算机钥匙，操作人员用计算机钥匙到现场按序列开锁操作。第二种方式中，在线运行的主机不仅采集各个开关和刀闸的实时状态，也采集每个电磁锁的当前状态，智能控制软件按照专家系统中的操作序列跟踪操作人员的操作，并逐个打开下一个要操作设备的电磁锁。如此直到全部操作完成。

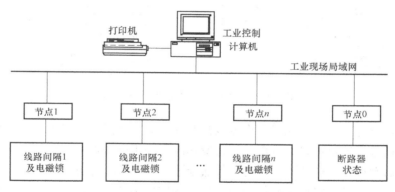

图 4-9　全状态控制式防误操作方案

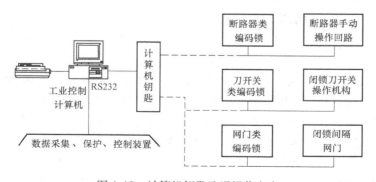

图 4-10　计算机钥匙防误操作方案

3. 智能控制软件构成　智能控制软件及其在整个楼宇变电站综合自动化系统中的地位可用图 4-11 表示。

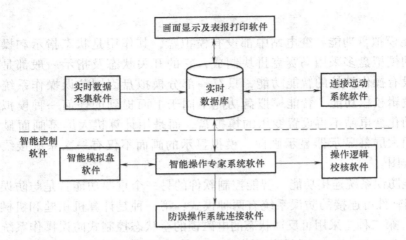

图 4-11 变电站综合自动化高层软件结构图

智能控制软件的核心是智能操作专家系统软件，它的组成可用图 4-12 表示。

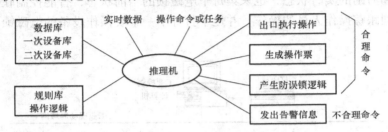

图 4-12 智能操作专家系统软件组成

在命令合理条件下，出口执行操作可以是对开关的直接操作，也可以是大屏幕显示器上的模拟操作。通过推理机可以生成用于就地操作的合理正确操作票，还可以得到防误操作锁的动作序列和启动逻辑。任务不合理的操作命令或操作任务，经过推理机综合实时数据状态和设备库规则后，不仅不能产生操作命令，生成操作票和产生防误锁逻辑，而且还要发出告警信息，指出错误内容，并给出纠正方法。

四、楼宇变电站综合自动化通信模式

数据通信是变电站综合自动化的基础，可靠、高速的通信系统是整个系统稳定、可靠运行的前提。

变电站内的数据有三个流向：第一个流向是从间隔层到站控层，传递反映一次系统运行状态的信息。这类信息量大，时间分辨力要求达到毫秒级，实时性要求较高。

第二个流向是从站控层到间隔层，通常为站级计算机下达或转发对过程层设备的控制、调节命令以及对间隔层设备本身的修改、整定参数命令。这个方向的数据传送量较小，但要求传输可靠、安全，应有多种检查、确认手段。

第三个流向是间隔层设备之间的横向数据交换。此类数据视系统设计及功能划分而定，例如，若要求间隔层中各设备同步采样，则横向的数据交换量将很大。在目前阶段，出于对电网保护的特点考虑，大都将保护设备设计成独立的装置，使保护功能的实现不受不太可靠通信系统的影响。同样，用于监控的 I/O 单元，通常也设计成独立的单元装置，无须在间隔层设备之间进行大量信息传送。因此，对于间隔层设备之间的通信，主要考虑分散的保护设备与单元监控设备之间的通信问题。由于这两个设备之间通常处于非常靠近的位置，故可采用常规的串行通信技术来解决。

系统的结构决定了系统的数据流可分为三类：第一类是站控层机之间的数据交换（包括同一计算机内部不同应用程序之间的数据交换）；另一类为站控层与间隔层之间的数据交换；第三类是站控层与远方控制中心、调度之间的通信。图 4-13 表示了系统的数据流图。

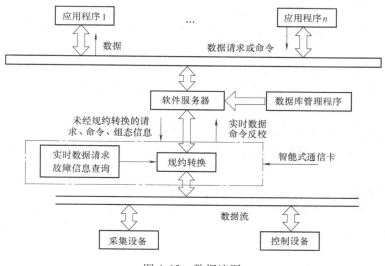

图 4-13　数据流图

1. 站控层内部的通信　这一层是数据的管理中心，所有的实时数据、历史数据、组态数据、事件记录数据、管理数据（如值班员的姓名、密码等）都在这里统一管理，数据的一致性、安全性、实时性是至关重要的。为使得相应的应用程序实现这些通信功能及要求，应利用 Windows 操作系统多任务的特点设计软件服务器，并放在前置机上，从而借助数据库管理程序来集中管理所有数据的获取和分配，其他的应用程序都是它的客户。在计算机内部，使用共享内存和消息机制实现通信，计算机之间的通信则利用 Novell 网络实现。

2. 站控层和间隔层之间的通信　这类通信的主要作用是获得子站采集实施时的数据和下发控制命令。减轻上位机的负担，将经常使用的实时数据的请求、接收、规约转换工作都放在通信卡上完成，主站可以随时取得现成的实时数据而不需等待。当主站有其他的实时数据请求或控制命令时，只需通过双口 RAM 将命令交给通信卡处理（包括规约解释，发送，接收），然后通信卡采用中断的方式通知上位机取实时数据或命令下发。

3. 变电站、控制中心及远动之间的通信　这类通信是通过上位机和串行口实现的。考虑到无人值班，上层减为一台上位机，控制功能在远方实现。当收到控制命令时，由一个规约转换程序将其转换为本系统兼容的命令，再发送给控制设备，进行控制操作。

第三节　数字化供电技术的关键设备

智能建筑数字化变电站是由电子式互感器、智能化终端、数字化保护测控设备、数字化计量仪表、光纤网络和双绞线网络以及 IEC 61850 规约组成的全智能化的变电站模式，按分层分布式来实现整站数字化，能够实现变电站内智能电气设备间信息共享和互操作的现代化变电站。

一、电子式电流/电压互感器

电流/电压互感器是变电站中重要的电流/电压信息采集设备，其精度及可靠性与电力系统安全、可靠和经济运行密切相关。由于实现数字化变电站的要求，基于电磁感应原理的传统电磁式互感器暴露出了一系列严重的缺点：

1）电磁感应式互感器的绝缘结构日趋复杂，体积大，造价随电压等级数呈指数关系上升。

2）由于其固有的铁心会产生磁饱和、铁磁谐振等现象，造成动态范围小，频带窄等。

3）以模拟量输出不能直接与计算机相连，难以满足新一代电力系统自动化、电力数字网等发展需要。

与传统的电磁式互感器相比，电子式互感器具有一系列的优点：

1）体积小，重量轻，满足变电站小型化与紧凑型的要求。其安全性能高，绝缘性能优良，造价低。

2）高低压侧通过光纤连接，完全实现了电气隔离，抗电磁干扰能力强。

3）不存在磁饱和、铁磁谐振等问题，动态范围大，频带宽，测量精度高。

4）采用数字接口，通信能力强，可以直接和计算机相连，实现了多功能化、智能化、数字化的要求。

其中，电子式电流互感器根据不同的原理可以分为两种：罗柯夫斯基线圈电流互感器和光学电流互感器（见图 4-14）。罗柯夫斯基线圈电流互感器基于法拉第电磁感应原理，在原理上决定了它不能测量稳恒直流，对变化比较缓慢的分量，如非周期分量也不能保证测量精度。光学电流互感器基于法拉第磁光效应原理，具有良好的线性测量度，不仅可测量变化直流且可测量恒稳直流。可见，光学电流互感器的性能优于罗柯夫斯基线圈电流互感器。研究光学电流互感器已成为电力系统测控元件的重要发展方向。

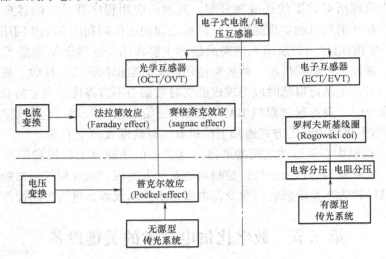

图 4-14　电子式电流/电压互感器分类

电子式电流互感器的通用结构框图如图 4-15 所示。

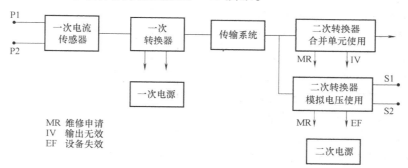

MR 维修申请
IV 输出无效
EF 设备失效

图 4-15 电子式电流互感器的通用结构框图

一次电流传感器：一种电气、电子、光学或其他装置，产生与一次端子通过电流相对应的信号，直接或经过一次转换器传送给二次电路。一次转换器将来自一个或多个一次电流传感器的信号转换成适合于传输系统的信号。

一次电源：一次转换器和一次电流互感器的电源，可以与二次电源合并。

传输系统：用于在一次器件和二次器件间传输信号的耦合装置。

二次转换器：将来自传输系统的信号转换成正比于一次侧电流/电压的量，供给二次侧设备（如测量仪器、仪表和继电保护或控制装置）。

对于模拟量输出型电子式互感器，二次转换器直接供给二次设备。对于数字量输出型电子式互感器，二次转换器通常接至合并单元后再接二次设备。

1. 罗柯夫斯基线圈电流互感器 罗柯夫斯基 Rogowski 线圈电流互感器属于电子式有源电流互感器的一种，以罗柯夫斯基线圈作为一次电流采样传感头元件，对一次电流进行检测，用集成电路模/数转换器对检测到的模拟信号进行数字化处理，然后经过发光器件进行数字化调制，用光纤传输到测量装置，最后通过光电转换器件将电流信号进行复原，从而得到一次电流。

罗柯夫斯基线圈是均匀密绕在一个由塑料棒构成的环形骨架上，线圈绕成偶数层（一般为两层，回线采用单根导线）。任何一个随时间变化的电流在其周围都会产生一个随时间变化的磁场。测量时，罗柯夫斯基线圈围绕在被测电流的周围，磁场将在线圈的两出线端感应出电动势。罗柯夫斯基线圈测量电流原理如图 4-16 所示。

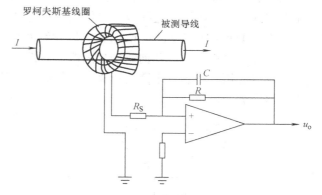

图 4-16 罗柯夫斯基线圈测量电流原理

通常，罗柯夫斯基线圈的截面有矩形和圆形两种，现在较广泛使用的是矩形线圈。现以矩形线圈为例，分析线圈的工作原理。其线圈的矩形截面如图 4-17 所示。

与传统的铁心电流互感器相比，罗柯夫斯基线圈电流互感器具有以下优点：

1）测量范围宽，精度高。由于不用铁心，无磁饱和现象，使之能够快速地测量大范围的电流（从几十安到几千安）。

2）稳定可靠，同时具有测量和继电保护功能。因为不用铁心进行磁耦合，从而消除了磁饱和、高磁谐振现象，使其运行稳定性好，保证了系统运行的可靠性。由于实现了大量程测量，因此，一个通道同时具有高精度测量和继电保护功能。

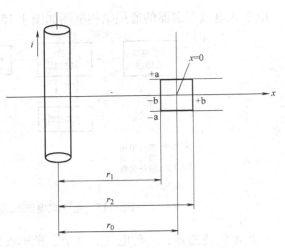

图 4-17　罗柯夫斯基线圈的矩形截面

3）响应频带宽，可以设计到 0 ~ 1MHz，特殊的可以设计到 2000MHz 的通带。

4）易于数字量输出，实现电力计量与继电保护的数字化、网络化和自动化。

5）没有由于充油而产生的易燃、易爆等危险，符合环保要求，而且体积小、重量轻、生产成本低、绝缘可靠。

2. 光纤电流互感器　随着光电子和光纤通信的发展，有力地推动了新型光纤电流互感器的研究与应用。与传统的电磁式电流互感器相比，光纤电流互感器有如下优点：不含油，尺寸小，绝缘结构简单，不会有安全隐患，不含铁心、不会有磁饱和现象，测量带宽和精度高，使用光纤传输信号，可以有效地防止电磁干扰，易于与数字设备连接等。

常用的全光纤型电流互感器（FOCT），其工作原理主要为法拉第效应、逆压电效应和磁致伸缩效应。其中，法拉第效应 FOCT 常采用偏振检测方法或利用法拉第效应的非互易性采用萨尼亚克干涉仪实现检测。常用的 Sagnac 干涉仪型 FOCT 又可分为环形和串联式两种，如图 4-18 和图 4-19 所示。光纤内存在的线性双折射，对于温度与振动等环境因素变化十分敏感，是阻碍 FOCT 实用化的关键问题。尽管针对偏振检测方案先后提出了高圆双折射光纤、扭转光纤、退火光纤、几何结构分离线性双折射、相向传输、扭转加退火等多种解决方案，但多难以实用。随着基于萨尼亚克干涉仪的光纤陀螺技术的实用化，萨尼亚克 FOCT 吸引了更多研究者的注意。

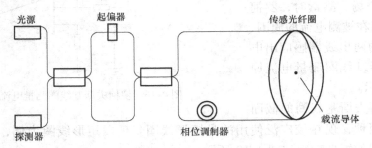

图 4-18　环形萨尼亚克干涉仪型的 FOCT

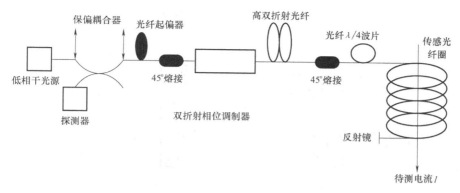

图 4-19　串联式萨尼亚克干涉仪型的 FOCT

　　萨尼亚克效应可以从两方面来理解：一方面，观察者在惯性参考平面静止，由于光纤环旋转的两束光之间产生光程差，进而产生相移；另一方面，在瞬态观察整个光纤陀螺（FOG）系统，两束光之间没有光程差，但是由于多普勒频移使两束光的传播常数发生变化，由此产生相移。由这两种情况推导出的相移结果是一致的，因此这两个描述是等价的。图 4-20 给出了前者在圆形轨道的情况下的原理图，图中光波的初始注入点为 A，在此点光分成两束：一束按逆时针方向的实线路径传播，另一束按顺时针方向的虚线路径传播，经过若干时间后注入到点 A′，在这一点相遇的两束光经过的光程是不同的，即光程差的由来。

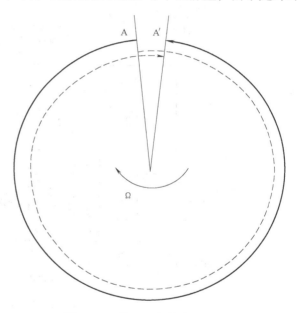

图 4-20　萨尼亚克效应原理图

二、合并单元

　　合并单元是随着电子式电流、电压互感器的产生而出现的，在一定程度上实现了过程层数据的数字化和共享化。目前，国际电工委员会已制定出相关国际标准 IEC 61850，标准详细定义和描述了接口的重要组成部分——合并单元（Merging Unit，MU），并严格规范了合并单元与间隔层二次设备（测量、保护等装置）的接口方式，同时也对合并单元与二次设备之间的通信协议做了详细的规定。

　　1. 合并单元的功能　合并单元的主要功能是同步采集多路（最多 12 路）ECT/EVT 输出数字信号后并按照规定的格式发送给计量、测量及保护设备，如图 4-21 所示。

　　合并单元按其功能可分为 3 个功能模块：数据采集处理功能模块、串口发送模块和同步功能模块，其功能模块如图 4-22 所示。

　　（1）同步功能模块　它用来实现合并单元连接的 12 路电子式互感器数据采集同步，保证电流、电压采样数据的时间一致性，并使全站的合并单元能够同步。合并单元采集的数据

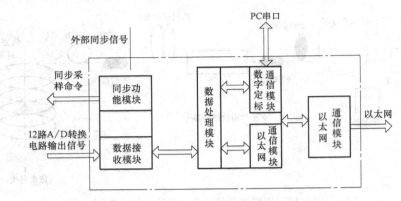

图 4-21　遵循 IEC 61850-9-1 的合并单元

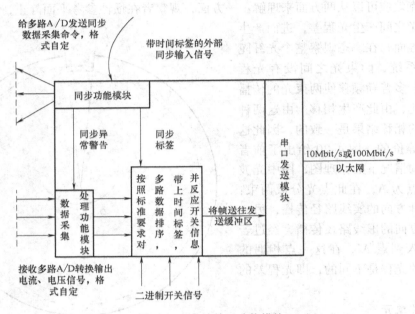

图 4-22　合并单元功能模块

对精度有很高要求，所以需要外部时钟输入信号来同步各合并单元的时钟，使各个合并单元的采样节拍同步。同步时钟源采用高精度的时钟，如采用 GPS 接收机输出的秒脉冲信号。其要求为：①时间触发为上升沿触发；②频率为 1s 一个脉冲；③触发水平为最大光的 50%；④脉冲宽度大于 10μs，脉冲间隔大于 500ms；⑤采用与数据输出相同的光线连接器。

为了保证多路电流、电压传感器与 A/D 回路采样的同时性，必须由合并单元给多路电流、电压互感器的 A/D 回路发送同步转换信号 2（见图 4-23），合并单元需接收和判断外部同步秒脉冲。根据采样率的要求产生同步采样命令，发送给电子式互感器数据采集部分。在正确识别外部输入的同步秒脉冲时钟信号（一般来自于 GPS 接收机的输出）后，合并单元给各路 A/D 转换器发送同步转换信号。同步转换信号的频率应符合二次保护测控设备的采样率要求，例如，对于距离保护，一般要求一次电流/电压需每周波 24 点采样，即采样率为

1200 点/s，故同步转换信号的频率是
1200Hz，其帧格式及传输速率可自
定义。

（2）数据采集处理功能模块　合
并单元需同时接收 12 路数字信号，
合并单元用来组合一个线路单元互感
器的三相电流和电压信号，综合它们
的相位关系并给出有效值的相量形
式，计算出本单元的有功功率、无功
功率、电能参数，并发送给后级设
备，所以合并单元需处理的信息量很
大。为了降低一次侧电路的功耗，通
常采用串行数据传输，这就要求合并

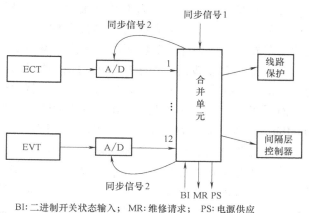

BI：二进制开关状态输入；　MR：维修请求；　PS：电源供应

图 4-23　合并单元同步示意图

单元需将串行数据即时地还原成并行数据。电子式互感器数据采集电路中 A/D 转换后得到
的二进制数值不仅仅由电流、电压瞬时值决定，还与数据采集电路形式、模/数转换器数字
输出编码方式、模/数转换器电源供电方式、模/数转换器电压参考值等因素有关。因此，合
并单元需对串/并转换完成后的采样数据进行比例换算（数字定标处理），并要求系统能方
便地修改定标系数。

（3）以太网络通信模块　合并单元将各路有效信号按照 IEC 61850 标准规定的格式组
帧，然后通过以太网实时发送给计量、测量、保护设备。此功能体现了 IEC60044-7/8 和
IEC 61850-9-1 中合并单元功能实现的主要区别。前者是基于 FT3 格式进行曼彻斯特编码发
送，由于传输速率较慢（编码前为 2.5Mbit/s），限制了采样率，所以不适用于对采样率要
求较高的计量和差动保护等。后者是基于 IEEE8802-2 和 ISO/IEC8802-3，即通过以太网进
行发送，速度可达 100Mbit/s 甚至更高，相对于 IEC 60044-7/8，其应用更为广泛。可见，
将各路信息封装成以太网帧报文传输到二次设备中去。IEC 61850 规定地址域由全部"1"
组成的以太网广播地址应被用作目标地址的默认值。然而作为一个可选性能，目标地址应当
是可配置的，例如，通过改变多传送地址可以借助交换机将合并单元与间隔层设备连接，将
各路采样值数据进行组帧并发送给保护和测控设备。合并单元需要并行处理多重任务，对外
部连接的端口也很多，要具备一定的运算能力和控制能力。

2. 合并单元的接口　合并单元的接口可以分为两种：①与电子式电流、电压互感器的
接口；②与测量等设备的接口。第一种接口为专用连接，在规约里没有统一规定，因为合并
单元可能是一个独立的器件，也可能是电子式互感器的一部分，故各厂商可以自定义。对第
二种接口，必须严格遵循标准定义。

合并单元与 ECT/EVT 的数字输出接口通信具有以下重要特点：

（1）同时处理任务多　合并单元需同时接收各自独立的多路数据，并对各路数据在传
输过程中是否发生错误进行检验，以防止提供错误数据给保护和测控设备。

（2）高可靠性和强实时性　合并单元所接收的电流、电压信息是保护动作判据需要的
信息，接口通信处理时间的快慢将直接影响保护的动作时间。此数据通信位于开关附近，故
对其抗干扰性要求很高，需保证数据安全可靠的传输给保护等设备。

（3）通信信息流量大　合并单元需要采集三相电流、电压信息，电流信息又分保护和测量两种，这些信息均是周期性（非突发性）的，接口通信流量较大。在对采样率要求较高的线路差动保护和计量等应用中，通信流量会更大。

（4）通信速度较高　由于接口的通信环境恶劣，故合并单元与各路数据通道一般采用光纤通信，选择串行通信的方式更为合理，这就对通信速度提出了较高的要求。

而对于 IEC 61850-9-1，合并单元与间隔层设备接口采用以太网，其通信速率可达100Mbit/s 甚至更高，所以其采样速率可以很高，能够满足计量的要求。

由于合并单元供给的设备种类较多，如保护、测量和计量，而且这些设备对采样率要求不一致，如考虑到精度问题，计量一般要求采样率高达数千点每秒，而简单的过电流保护则只需几百点每秒。从设计的角度来看，合并单元应按满足最大要求进行采样，对采样值的重采样可以交给后面相应的二次设备完成，合并单元需要给二次设备提供采样率和采样计数等有用信息，如图 4-24 所示。

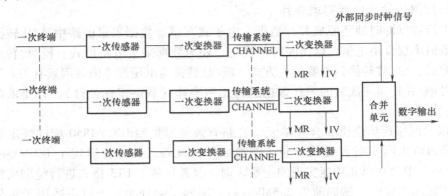

图 4-24　合并单元的接口

3. 合并单元的通信规约　合并单元与保护和测控设备的通信一定要符合一定的规约。IEC 61850 是为适应变电站自动化的发展而制定的国际标准，其中 IEC 61850-9-1 详细定义了间隔层和过程层之间特定通信服务映射 SCSM 与 OSI 通信栈的链路层直接建立单向多路点对点连接，从而实现采样值的传输。物理层和链路层推荐采用光纤以太网，其链路层遵循ISO/IEC 8802-3 标准。

（1）物理层的规定　MU 与二次设备之间的连接可以是光纤传输系统，采用适当的电磁屏蔽手段，符合 IEEE 802.3 规定的 10Base-T 双绞线介质也可作为一种可选的方式来使用。

（2）数据链路层的规定　链路层：数据链路层采用 ISO/IEC 8802.3 协议定义的以太网帧格式。帧格式如表 4-1 所示。表中 PR 为前导码，自动产生，用于收发双方的时钟同步，是 56 位的二进制数 1010101010…1010；SD 为帧首界定符，自动产生，是 8 位的 10101011，表示跟随的是真正的数据；DA 为目的地址，标准建议默认值为广播地址，即十六进制的FFFFFFFFFFFF，因此发送侧没有必要进行地址配置。然而作为一个可选性能，目标地址应当是可配置的。例如，需要借助交换机将合并单元与间隔层设备连接时可以改变传播地址来实现连接；SA 为源地址，可自行定义，当使用交换机时源地址应使用唯一的以太网地址，不使用交换机时不要求地址的唯一性，源地址都根据 IEC 61850-9-2 部分的附录 C 规定范围01-0C-CD-04-00-00 ～ 01-0C-CD-04-01-FF 选取；TPID 为协议检验标志，默认值为

0X8100；TCI 为控制信息标志，由 3 部分组成：User Priority（用户优先权标志，3 位）、CFI（规范格式标志，1 位）、VID（虚拟局域网标志，12 位），默认值为 0X8000；TYPE 为帧的数据类型，它说明了高层所使用协议。基于 ISO/IEC 8802-3MAC 子层的以太网类型将由 IEEE 权注册机构进行注册。所注册的以太网型（Ether type）值为 88BA（十六进制）；PDU 为协议数据单元；APDU 为应用协议数据单元，由应用协议控制信息 APCI（32 位）和应用服务数据单元组成，后者分通用数据集 ASDU（46 字节）和状态标志数据集 SI（32 字节）；FCS 为 32 位帧校验系列，自动产生。

表 4-1 以太网帧格式

元素	PR	SD	DA	SA	TPID	TCI	TYPE	PDU	APCI	ASDU	SI	FCS
长度/位	56	8	48	48	16	16	16	64	32	368	184	32

（3）应用层的约定 为了与 IEC 61850-9-1 兼容，还定义了几个标志符，如数据类型、数据块数、块长等。一帧数据内容的说明如表 4-2 所示。

表 4-2 说明一帧数据有两个状态字，两个状态字占用两个字节，表 4-3 分别解释了两个状态字的每一位的意义，若某些电压、电流量没有使用，则在状态字中相应的位上要置位，并且在该数据域的值需为 0000H。若互感器故障，则相应的无效标志和维修请求标志置位。

表 4-2 一帧数据的内容的说明

	数据集 1		数据集 2	数据集 3
1～2 字节	表头	（数据）块数	保护 A 相电流	B 相电压
3～4 字节	块 1	快的长度	保护 B 相电流	C 相电压
5 字节		数据组	保护 C 相电流	中性点电压
6 字节		数据集标志符		
7～8 字节		源标志符	中性点电流	母线电压
9～10 字节	一般数据	额定相电流	测量 A 相电流	状态字
11～12 字节		额定中性点电流	测量 B 相电流	状态字
13～14 字节		额定（相）电压	测量 C 相电流	计数器
15～16 字节		额定延时	A 相电压	备用

表 4-3 状态字

	状态字 1 各位说明	备注	状态字 2 各位说明
0	维修请求 0：无需维修；1：请求维修		A 相电压 0：有效；1：无效
1	测试状态位 0：正常运行；1：测试		B 相电压 0：有效；1：无效
2	唤醒期内的数据有效性 0：正常运行数据有效；1：唤醒期内数据无效	在唤醒期内应被置位	C 相电压 0：有效；1：无效

（续）

	状态字1 各位说明	备注	状态字2 各位说明
3	合并单元同步方法 0：时间同步成功；1：时间同步失败		中性点电压 0：有效；1 无效
4	用于同步的合并单元 0：时间同步成功；1：时间同步失败	若 MU 用插值方案，改为要设置	总线电压 0：有效；1：无效
5～7	A～C 相保护数据 0：有效；1：无效		备用
8	A 相中性点数据 0：有效；1：无效		所有者使用
9～11	A～C 相保护数据 0：有效；1：无效		所有者使用
12	OCT 输出数据类型 o：i（t）；1：di/dt	对空心线圈置位	所有者使用
13～15	备用		所有者使用

4. 合并单元的一种同步方法　以线路差动保护为例，保护需要接收线路两侧的合并单元提供的同一时刻的电流信息，所以位于两个不同的变电站的两个合并单元必须同步。其同步方案如图4-25所示，图中只画出了一路电子式传感器 A/D 与合并单元的连接，实际情况应该是多路。对于分别位于 A、B 两个变电站的合并单元 MU1 和 MU2，其同步信号 1A 和 1B 分别取自外部同步信号源 1 和外部同步信号源 2。

合并单元 MU1 在收到外部同步时钟输入信号1A（以下简称信号1A）后，给各路 A/D 发送同步转换信号 1B（以下简称信号1B）。合并单元 MU2 的工作过程与 MU1 相同。

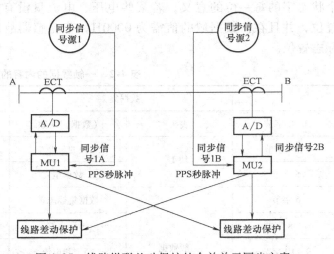

图 4-25　线路纵联差动保护的合并单元同步方案

图 4-26 是通过光纤传输的信号 1A 的波形，此同步信号可由 GPS 接收机输出的秒脉冲产生，也可由其他精确的主时钟产生。

通常 A 变电站站全站合并单元共享信号 1A，由于其频率是 1Hz，不能满足保护测量的采样要求，故不能直接用作同步采样

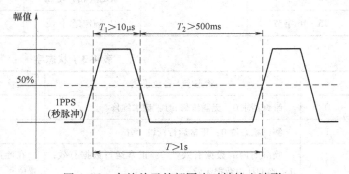

图 4-26　合并单元外部同步时钟输入波形

和模/数转换命令，需进行倍频等处理以产生信号 2A。信号 2A 的频率应考虑实际要求，比如，对于线路保护，当一个周波 24 点采样时，其发送频率是 1200Hz。由于合并单元与电子式互感器的接口是专用连接，信号 1B 的格式可自行决定。

合并单元的同步对于线路纵联差动保护而言非常重要，差动保护需要接收线路两侧的合并单元 MU1 和 MU2 所提供的同一时刻的电流信息，所以同步信号 2A 和同步信号 2B 必须保持足够的同步精度，才能保证线路两侧可以同时进行电流采样和模/数转换。对于不同应用情况下电流、电压同步采样的精度，IEC61850-5 标准有明确要求，对于线路保护一般的同步精度为 4μs。

为了使得分别处于 A、B 两个变电站的同步信号 2A 和同步信号 2B 保持足够的同步精度，这里采用 GPS 接收机输出的秒脉冲作为 MU1 和 MU2 的同步信号 1A 和 1B，1A 和 1B 经倍频处理后得到同步转换信号 2A 和 2B。

合并单元在收到正确的信号 1 后，应开始准备发送信号 2 给其对应的各路 A/D。

理想情况下，合并单元发送信号 2 应是等间隔的，但由于晶振时钟误差的存在，信号 2 是无法做到完全等间隔的，尤其随着时间的推移，不同合并单元发送的信号 2 相互之间的误差将累积增大，这是差动保护所不允许的，引入信号 1 的真正意义也正在于此，多个合并单元每隔 1s 被强令同步一次。在 1s 内，使用高精度高稳定度的晶振，不同合并单元发送信号 2 的误差很小。在 1s 内，不同合并单元在发送第一个信号 2 时应保证足够的同步精度，其发送时刻应与信号 1 脉冲的上升沿尽量接近，因为这是不同合并单元所能共同遵循的唯一基准。以后，信号 2 通过各自合并单元的晶振进行等间隔计数发送。

在捕捉到信号 1 的上升沿并稍做处理后，合并单元立即发送第一个采样脉冲并开始对本合并单元内部晶振产生的脉冲计数，当计时达到采样间隔时间时，合并单元发送第二个采样脉冲，并清零计数器开始重新计时，如此循环，一直到合并单元发送完此时的第 N 个采样脉冲后，如果收到的同步输入信号 1 正常，则按前所述的流程循环工作；否则，如果收到信号 1 的异常，则合并单元按照自身晶振的频率每隔一个采样间隔时间发送信号 2，同时一直监视同步信号 1，直到收到的同步信号 1 正常后，恢复前述产生信号 2 的过程。

利用 FPGA 芯片完成合并单元同步功能，进行实验表明上述同步方法可行。实验对两个合并单元之间的同步进行检验，分别给它们提供两路 GPS 时钟信号（信号 1），比较它们各自给 A/D 发送同步转换命令（信号 2）的同步误差，实验结果表明在 1s 内同步误差小于 1μs。

同步信号异常时处理合并单元在检测同步信号 1 的过程中，若发现丢失或异常，应立即通知二次设备及高压侧的数据采集器，令二次设备同时继续实时跟踪同步信号 1，判断其是否恢复正常，采用线性插值算法来实现同步，尽管精度有所下降，但仍可正常工作；若发现已恢复正常，应及时发送恢复标志的信号。

在发送同步信号 2 的过程中，当高压侧数据采集器中的控制电路检测到同步信号 2 发生错误或者丢失时，应及时向低压侧的合并单元报警，并告知此次采样无效。合并单元将重新发送同步信号 2，并等待接收下一轮的采样数据。

三、智能电表

电子式智能电表是在电子式电表的基础上开发面世的。它的构成、工作原理与传统的感应式电能表有着很大的差别。感应式电表主要是由铝盘、电流电压线圈、永磁铁等元件构成，其工作原理主要是通过电流线圈与可动铅盘中感应的涡流相互作用进行计量。而电子式智能电表主要是由电子元器件构成，其工作原理是先通过对用户供电电压和电流的实时采样，再采用专用的电能表集成电路，对采样电压和电流信号进行处理，并转换成与电能成正比的脉冲输出，最后通过单片机进行处理、控制，把脉冲显示为用电量并输出。其构成原理框图如图4-27所示。

图4-27　智能电表构成原理框图

通常把智能电表计量1kW·h（即一度电）时A/D转换器所发出的脉冲个数称为脉冲常数，对于智能电表来说，这是一个比较重要的常数，因为A/D转换器在单位时间内所发出脉冲数个的多少，将直接决定着该表计量的准确度。目前，智能电表大多都采用一户一个A/D转换器的设计原则，但也有些厂家生产的多用户集中式智能电表采用多户共用一个A/D转换器，这样对电能的计量只能采用分时排队来进行，势必造成计量准确度的下降，这点在设计选型时应注意。

由于采用了电子集成电路的设计，再加上具有远传通信功能，可以与计算机联网并采用软件进行控制，因此，与感应式电表相比智能电表不管在性能还是在操作功能上都具有很大的优势。

1. 功耗　由于智能电表采用电子元件设计方式，因此一般每块表的功耗仅有0.6~0.7W，对于多用户集中式的智能电表，其平均到每户的功率则更小。而一般每只感应式电表的功耗为1.7W左右。

2. 精度　就表的误差范围而言，2.0级电子式电能表在5%~400%标定电流范围内测量的误差为±2%，而且目前普遍应用的都是精确等级为1.0级，误差更小。感应式电表的误差范围则为-5.7%~+0.86%，而且由于机械磨损这种无法克服的缺陷，导致感应式电能表越走越慢，最终误差越来越大。国家电网曾对感应式电表进行抽查，结果发现50%以上的感应式电表在用了5年以后，其误差就超过了允许的范围。

3. 过载、工频范围　智能电表的过载倍数一般能达到6~8倍，有较宽的量程。目前8~10倍率的智能电表正成为越来越多的用户选择，有的甚至可以达到20倍率的宽量程，工作频率也较宽（40~1000Hz）。而感应式电表的过载倍数一般仅为4倍，且工作频率范围仅在45~55Hz之间。

4. 功能　智能电表由于采用了电子表技术，可以通过相关的通信协议与计算机进行联网，通过编程软件实现对硬件的控制管理。因此智能电表不仅有体积小的特点，还具有了远传控制（远程抄表、远程断送电）、复费率、识别恶性负载、反窃电、预付费用电等功能，而且可以通过对控制软件中不同参数的修改，来满足对控制功能的不同要求，而这些功能对于传统的感应式电表来说都是很难或不可能实现的。

智能电表是可编程的电表，除了用于电能量记录以外，还可以实现很多功能。它能根据预先设定时间间隔（如 15min、30min 等）来测量和储存多种计量值（如电能量、有功功率、无功功率、电压等）。它还具有内置通信模块，能够接入双向通信系统和数据中心进行信息交流。智能电表具有双向通信功能，支持电表的即时读取（可随时读取和验证用户的用电信息）、远程接通和开断、装置干扰和窃电检测、电压越界检测，也支持分时电价或实时电价和需求侧管理。智能电表还有一个十分有效的功能，在检测到失去供电时电表能发出断电报警信息（许多是利用内置电容器的蓄电来实现），这给故障检测和响应提供了很大的方便。

值得一提的是，智能电表不仅仅局限于终端用户，有的电力公司也计划在配电变压器和中压馈线上安装电表。其中的一部分将与实时数据采集和控制系统相结合，以支持系统监测、故障响应和系统实时运行等功能。当系统处于紧急状态或需求侧响应并得到用户许可时，电表可以中继电力公司对用户户内电器的负荷控制命令。

双向智能电表一般具有以下功能：

（1）双向电能计量功能　能够记录从电网上获取的电能和用户 DER 送到电网上的电能。具有分时计量正向、反向有功电能量和四象限无功电能量计量功能，可以据此设置组合有功和组合无功电能量。具有分时计量功能；有功、无功电能量应对尖、峰、平、谷等各时段电能量、分相及总电能量分别进行累计、存储。从而可以防止盗电事件引起的电能漏计少计。

（2）用电数据采集功能　在约定的时间间隔内（一般为一个月），测量单向或双向最大需量、分时段最大需量及其出现的日期和时间。需量周期可在 1min、5min、15min、30min、60min 中选择；滑差式需量周期的滑差时间可以在 1min、2min、3min、5min 中选择；需量周期应为滑差时间的 5 的整倍数。采集并根据预先设定的时间间隔（如 15min、30min 等）储存有功功率、无功功率、电压、电流等反映负荷运行情况的数据，在主站召唤时上传数据。有最大需量记录和清零功能。测量的内容有总的及各分相有功功率、无功功率、功率因数、分相电压、分相（含零线）电流、频率等运行参数。测量误差（引用误差）范围为±1%。总的最大需量测量应连续进行；测量各费率时段的最大需量应在相应的费率时段周期内进行。

（3）事件记录功能　可以记录检测并上传停电报警、电压越限信号以及其他电能质量扰动数据；记录反相序事件、超负荷断电事件及存储器故障事件。报警输出光或声音。光报警采用红色常亮指示，当事件恢复正常后报警自动结束。声报警生效后，通过按键关闭，当事件恢复正常后报警自动结束。报警事件包括：失电压、失流、逆相序、过载、功率反向（双向表除外）、电池欠电压等。永久记录电能表清零时刻及清零时的电能量数据。应有防止非授权人操作的安全措施，清除电能表内存储的电能量、最大需量、冻结量、事件记录、负荷记录等数据。

（4）复费率功能　智能电表具有分时计费功能，能够根据电价的变化累计出电费，从而可以有效调节用电平衡，支持尖、峰、平、谷四个费率。全年可设置 2 个时区；24 小时内可以设置 8 个时段；时段最小间隔为 15min，且均大于电能表内设定的需量周期；时段可以跨越零点设置。支持节假日和公休日特殊费率时段的设置。具有两套可以任意编程的费率和时段，并可在设定的时间点起用另一套费率和时段。

（5）电量储存功能　存储 12 个结算日的单向或双向总电能和各费率电能数据；存储

12 个结算日的单向或双向最大需量、各费率最大需量及其出现的日期和时间数据；在电能表电源断电的情况下，所有与结算有关的数据保存 10 年，其他数据保存 3 年。智能电表可保存 12 个月的历史数据。每月电量在结算日自动转存，以供抄表时抄收该历史数据。

（6）液晶显示 智能电表默认的处于正常显示页面，用于显示当前的总电量及状态信息。具备自动循环和按键两种显示方式；自动循环显示时间间隔在 5~20s 内设置；通过面板上的按键操作，智能电表也可以自动循环显示或手动查询显示各个参数。自动循环显示可以一定的时间间隔显示智能电表的各项参数，而时间间隔可以通过按键设置（1s、2s、5s）；进行手动查询显示各个页面的参数。按键显示时，LCD 应启动背光，带电时无操作 60s 后自动关闭背光。电能表显示电能量、需量、电压、电流、功率、时间、剩余金额等各类数值，数值显示位数为 8 位，显示小数位可以设置；显示的数值单位采用国家法定计量单位，如：kW、kvar、kW·h、kvar·h、V、A 等；显示符号包括功率方向、费率、象限、编程状态、相线、电池欠电压、故障（如失电压、断相、逆相序）等标志。显示内容可通过编程进行设置。液晶显示关闭后，可用按键或其他方式唤醒液晶显示；唤醒后如无操作，自动循环显示一遍后关闭显示；按键显示操作结束 30s 后关闭显示。

（7）编程功能 即对系统内部各个参数进行设置。①通过按键设置参数；②通过通信对系统编程，可以设置上述的所有参数，包括设置 12 个节假日，选定周休日；③能够进行远方配置参数并进行程序升级。

（8）按键功能 智能电表设有 4 个按键，用户可通过按键操作来完成对智能电表的数据查询和参数编程功能。

（9）负荷控制功能 根据来自主站的命令或按照用户基于电价变化设定的 DR 控制程序进行负荷的通断与用电水平控制。

（10）通断电功能 由于超负荷造成断电，智能电表经过一段固定时间后自动查询是否恢复正常，从而恢复通电；对于用户欠电费而停电的情况，智能电表不能自行恢复通电，而需电力管理部门的管理人员控制。

（11）显示当前电价与电费 供用户进行用电决策（如是否开动洗衣机）并及时了解用电情况。通过连接用户内部智能电器（如智能电冰箱）或用电监控设备（如可编程温控器）的局域网络转发实时电价与控制命令。具有两套阶梯电价，并可在设置时间点启用另一套阶梯电价计费。

（12）停电抄表 在停电状态下，能通过按键或非接触方式唤醒电能表抄读数据。电能表停电唤醒后能通过红外或远程通信方式抄读表内数据。

（13）冻结

定时冻结：按照约定的时刻及时间间隔冻结电能量数据；每个冻结量至少应保存 12 次。

瞬时冻结：在非正常情况下，冻结当前的日历、时间、所有电能量和重要测量量的数据；瞬时冻结量应保存最后 3 次的数据。

日冻结：存储每天零点的电能量，应可存储两个月的数据量。

约定冻结：在新老两套费率/时段转换、阶梯电价转换或电力公司认为有特殊需要时，冻结转换时刻的电能量以及其他重要数据。

（14）安全保护与安全认证 电能表应具备编程开关和编程密码双重防护措施，以防止非授权人进行编程操作。电能表仅在允许编程状态才能进行编程操作，广播校时和读表操作不受编程开关的控制。在可编程状态下，若24min内没有任何操作，电能表将自动关闭编程状态。密码采用两级管理，每一级密码由6位阿拉伯数字组成；密码权限等级不同，可执行的操作也不同。02级/04级密码，费控表在安全认证中增加了98级、99级密码。连续3次密码输入错误，电能表将自动关闭编程功能24h。

通过固态介质或虚拟介质对电能表进行参数设置、预存电费、信息返写和下发远程控制命令操作时，需通过严格的密码验证或ESAM模块等安全认证，以确保数据传输安全可靠。

ESAM模块的加密算法应符合国家密码管理的有关政策，推荐使用SM1算法。

（15）其他功能　包括实时时钟、万年日历、广播校时等功能。

第四节　建筑供配电系统微机保护技术

一、数字化供电保护的技术问题

电力系统的三种运行状态：正常、故障和异常运行状态。最常见的故障就是短路，最常见的异常运行状态是过负荷。短路最基本的特点是：电流增大、电压降低。短路将影响用户的正常工作，影响产品质量，可能导致系统运行稳定性被破坏。继电保护的任务是电力系统发生故障时，快速地有选择地通过断路器将故障回路断开；电力系统发生异常运行情况时，发出信号提示值班人员处理，从而保护电气设备的安全。

保护是利用被保护设备故障前后某些突变的物理量为信息量。

1. 基本电气参数

过电流保护：反映电流增大而动作的保护。

低电压保护：反映电压降低而动作的保护。

距离保护：反映保护安装处到短路点之间的阻抗。

2. 比较两侧电流相位的变化　线路正常运行或外部短路时，被保护线路两侧电流相位相反，而保护区内部短路时，被保护线路两侧电流相位相同。

3. 反映序分量或突变量是否出现　反映负序分量可构成不对称短路保护；反映零序分量可构成接地短路保护；根据正序分量是否突变可构成对称、不对称短路保护。

4. 反映非电量的保护　反映瓦斯气体的产生可构成瓦斯保护；反映绕组温度升高可构成过负荷保护。

继电保护装置的作用是当电力系统发生故障时，能自动、快速、有选择地切除故障设备，减小设备的损坏程度，保证电力系统的稳定，增加供电的可靠性；当出现异常情况时发出信号，及时反映主设备的不正常工作状态，提示运行人员关注和处理，保证主设备的完好及系统的安全。

微机保护装置交流采样系统包括电压形成、模拟滤波、采样保持、多路转换开关及模/数转换器等环节。电压形成单元由辅助变换器将变电站中电流互感器的二次电流（5A/1A）、电压互感器的二次电压（100V/57.7V）输出转换为微机能够识别的弱电信号（±5V/±10V）。根据IEC标准，电子式电压互感器额定二次电压标准值为$1.625 \sim 6.5$V，电子式电流互感器额定二次电压标准值为22.5mV ~ 4V。与电子式互感器接口的微机保护装置的对外通信可以采取如前所述的现场总线方式，也可以采用以太网通信方式，但后者更能发挥其优势，其硬件结构如图 4-28 所示。

DER 的大量接入改变了传统配电网功率单向流动的状况，这给智能建筑供电带来一系列新的技术问题。

1）DER 的并网会改变配电网原来故障时短路电流水平并影响电压与短路电流的分布，对继电保护系统带来影响。

2）在相邻线路发生短路故障时，DER 提供的反向短路电流可能使保护误动作。

3）直接并网的发电机会增加配电网的短路电流水平，因此，提高了对配电网断路器额定容量的要求。

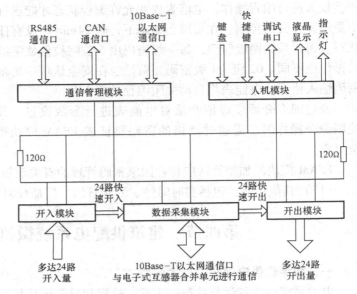

图 4-28　微机保护装置硬件结构图

4）太阳能光伏发电输出的电能具有间歇性特点，会引起电压波动。通过逆变器并网的 DER，不可避免地会向电网注入谐波电流，导致电压波形出现畸变，对配电网供电质量产生影响。

智能建筑数字化供电保护除正常的保护外，更重要的是配备孤岛运行保护。"孤岛"是指配电线路或部分配电网与主网的连接断开后，由分布式电源独立供电形成的配电网络。当智能建筑供电变压器低压侧断路器跳开后，分布式电源和母线上其他线路形成的独立网络就是一个孤岛。这种意外的孤岛运行状态是不允许的，因为其供电电压与频率的稳定性得不到保障，对于中性点有效接地系统的电网来说，一部分配电网与主网脱离后，可能会失去接地的中性点，成为非有效接地系统，这时孤岛运行就可能引起过电压，危害设备与人身安全。

在 DER 与配电网的连接点上，需要配备自动解列装置，即孤岛保护。在检测出现孤岛运行状态后，迅速跳开 DER 与配电网之间的联络开关。一般来说，在孤岛运行状态下，DER 发电量与所带的负荷相比，有明显的缺额或过剩，从而导致电压与频率的明显变化，据此可以构成孤岛运行保护。孤岛保护的工作原理主要有 3 种：①反应电压下降或上升的欠电压保护；②反应频率下降或上升的频率变化率保护；③反应前后两个周波电压相量变化的相量偏移保护。

反映频率变化率的孤岛保护在电力系统功率出现缺额导致频率下降时也可能动作，这导致在电力系统最需要功率支持的时候切除 DER，使电网情况更为恶化。因此，实际应用中不宜将低频解列保护整定得过于灵敏，以避免这种不利局面的发生。

二、智能建筑数字化供电保护结构

对于含微网的智能建筑数字化供电系统来说，各分布式电源均有各自的控制器，尤其是逆变型电源的电力电子接口可以使分布式电源的运行更加智能化。它可以利用本地信息对其输出电压和频率进行控制，这对提高微网自身的供电质量起到了重要的支撑作用。另一方面，对于微网来说，同样需要保护控制系统以实现对各分布式电源有功和无功出力的监测，并要求实现对分布式电源及负荷的投切控制，从而达到最优的微网与配电网的并网运行模式或孤岛运行模式。其中还包括孤岛运行方式下微网与配电网的同步运行控制以及并网技术等。

从面向智能配电网区域保护控制的角度出发，由图 4-29 所示的智能配电网保护控制单元设计可以看出，各保护控制单元具有通信能力和智能判断能力，这符合人工智能领域的多代理系统结构。保护控制单元采用多代理智能体结构（如慎思型的理性智能体结构），各保护代理间实现信息交换和协调配合（如采用知识提取及操控语言 KQML），使含微网配电系统保护控制具备分布式控制和分布计算的能力。目前，国内外在微电网控制模式方面的研究主要包括三种：对等控制模式、主从控制模式和基于多代理系统的分层控制模式。

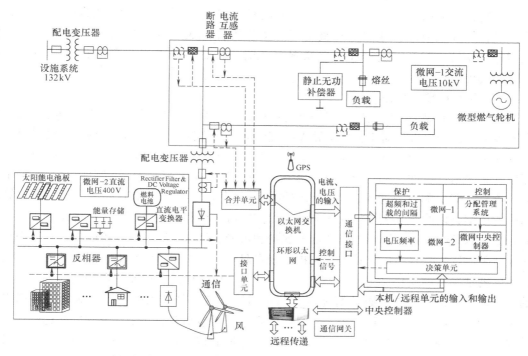

图 4-29　智能建筑数字化供电保护控制系统设计

含微网的配电系统在遭受干扰后可能出现振荡现象。若扰动后不能再建立稳态运行状态，将引起微网与配网主系统之间失步。传统基于测量阻抗变化轨迹的失步保护判据存在一定局限性。失步情况复杂，以往的研究常常假设发电机的励磁系统能保证发电机的暂态电动势 E 保持恒定，而这种假设显然在小容量的分布式电源上是不成立的。因此，实现微电网的失步解列保护也是必须重点研究解决的问题之一。

智能配电网的保护控制系统应是面向区域信息的集成保护控制方案与面向元件的局部快速保护控制的有机协调与统一。因此，正如图 4-29 所示，传统的保护单元仍是配电网内保护控制系统的主要组成部分，尤其是面向电力设备的快速主保护。快速切除故障有利于系统稳定、减小对分布式电源的影响，是实现电网自愈的重要指标之一。对于智能建筑的配电网，由于负荷密度大，短线路多，且分布式电源的接入，使得传统电流保护、距离保护等不能满足含分布式电源配电系统的安全可靠运行。尽管高性能的电流差动保护方案可以实现配电线路故障的快速切除，但在配电网内往往无法获取通信通道。无通道保护方案中，保护通过本地信息检测和对侧断路器的开断状态来判断是否为区内故障，从而决定是否加速跳闸。在低成本条件下实现了配电网馈线的快速主保护，该技术具有广阔的应用前景。

三、自适应继电保护

自适应继电保护是指保护系统为响应电网状况的变化以保持最优功效而自动调整其运行参数的能力。自适应继电保护在逻辑功能上分为两类：一类指主要通过就地信号及其他辅助信号的作用，实时地使保护继电器的特性为局部最优的能力；另一类则是指为保证整个保护系统的全局最优，而使各继电器处于合理状态的能力。所谓最优功效指在新的电网状况下，保护系统中各继电器为保证所在电力系统的设备运行与电网稳定均为最佳时所应有的最优状态或特性，同时应计及该调整过程的实时性。自适应保护是指继电器通过输入的信号或控制作用而实时地在线改变其整定值、动作特性或逻辑功能的能力。自适应电网保护是指保护系统中的各继电器在电网状况变化时为保证电网及其设备运行最优而相互协调、配合的能力。

四、保护继电器的自适应性

在自适应继电保护的研究中，保护继电器的自适应性是继电保护工作者投入精力最多、获得成果最丰富的领域。对于输电线路保护继电器自适应性的研究，简单地说，就是自适应地改变保护继电器的动作特性（也可能是改变其整定值、或动作时间、或动作逻辑），以适应相应的系统运行条件（如符合变化、系统振荡、非全相运行、网络结构变化、各种干扰与冲击等）与相应的故障性质、类型和位置等。常表现在以下各个方面：自适应地计算系统阻抗的模型，以改善系统结构变化时继电保护的可靠性和灵敏度；自适应地检测对侧短路器的开断，以便瞬时连续跳闸，加快后备保护和可能取消第二套纵联保护的要求；考虑故障时接地电阻的影响，自适应计算接地保护的视在阻抗，改善距离保护对高阻接地故障的灵敏度；考虑助增系数的变化，自适应调整保护的范围，以适应多端线路的保护及改善Ⅰ段、Ⅱ段的整定值；对继电保护的异常情况报警的自适应响应，可以减少使受影响的线路退出运行，也可减少对第二套纵联保护要求；自适应重合逻辑包括对故障中误跳闸的高速响应和不成功的重合闸减到最少；自适应改变断路器失灵保护的整定时间，以消除后备开关的不必要跳闸；对故障或干扰后可能出现的系统稳定破坏等二次事故监视和预测，使失步继电器或其他安全稳定控制装置的动作措施自适应于相应的可能事故，易于恢复负荷的可能性；对保护继电器内部逻辑的自适应监视，以提高继电器的可靠性。

思考题与习题

1. 智能建筑供配电系统的特点是什么？

2. 变电站综合自动化的结构分为哪两种？请分别进行简要说明。

3. 变电站综合自动化的结构在逻辑结构上分为哪三个层次？

4. 具有多媒体的智能建筑变电站综合自动化系统在结构上比一般智能建筑变电站综合自动化多了哪些设备？

5. 智能建筑变电站综合自动化系统有哪几个关键技术？

7. 软件同步采样法的一般实现方法是什么?

8. 智能建筑变电站综合自动化通信模式是什么?

9. 简述电子式电流互感器的通用结构。

10. 简述常用的全光纤型电流互感器的工作原理。

11. 简述合并单元的功能。

12. 简述智能电表的功能。

13. 数字化供电技术的基本框架是什么?

14. 数字化供电的主要特征与主要功能是什么?

第五章 智能照明控制系统

随着大量商用办公楼和复式住宅的推出，人们在照明领域已经不满足于只能单纯地提供亮度这一功能，而是希望照明系统要有灵活的控制方式，办公楼管理人员和用户需要对照明器具的实时工况予以监视，而传统技术对此无能为力。智能照明控制系统就是在这样的背景下产生的。

第一节 智能照明控制系统的基本形式

智能照明控制系统的优越性如下：

1. 良好的节能效果　采用智能照明控制系统的主要目的是节约能源，智能照明控制系统借助各种不同的"预设置"控制方式和控制元件，对不同时间不同环境的光照度进行精确设置和合理管理，实现节能。这种自动调节照度的方式，充分利用室外的自然光，只有当必需时才把灯点亮或点到要求的亮度，利用最少的能源保证所要求的照度水平，节电效果十分明显，一般可达30%以上。此外，智能照明控制系统中对荧光灯等进行调光控制，由于荧光灯采用了有源滤波技术的可调光电子镇流器，降低了谐波的含量，提高了功率因数，降低了低压无功损耗。

2. 延长光源的寿命　众所周知，照明灯具的使用寿命取决于电网电压，电网过电压越高，灯具寿命将会越短，反之，则灯具寿命将成倍地延长，因此，防止过电压并适当降低工作电压是延长灯具寿命的有效途径。系统设置抑制电网冲击电压和浪涌电压装置，并人为地限制电压以提高灯具寿命。采取软启动和软关断技术，避免灯具灯丝的热冲击，以进一步使灯具寿命延长。延长光源寿命不仅可以节省大量资金，而且大大减少更换灯管的工作量，降低了照明系统的运行费用，管理维护也变得简单。无论是热辐射光源，还是气体放电光源，电网电压的波动都是光源损坏的一个主要原因。因此，有效地抑制电网电压的波动可以延长光源的寿命。

智能照明控制系统能成功地抑制电网的浪涌电压，同时还具备电压限定和扼流滤波等功能，避免过电压和欠电压对光源的损害。采用软启动和软关断技术，避免了冲击电流对光源的损害。

3. 改善工作环境，提高工作效率　良好的工作环境是提高工作效率的一个必要条件。良好的设计，合理的选用光源、灯具及优良的照明控制系统，都能提高照明质量。智能照明控制系统以调光模块控制面板代替传统的开关控制灯具，可以有效地控制各房间内整体的照度值，从而提高照度均匀性。同时，这种控制方式内所采用的电器元件也解决了频闪效应，不会使人产生不舒适、头昏、眼睛疲劳的感觉。在学校的教学楼使用智能照明控制系统可大大地改变学习环境，较好地达到节能效果。

4. 实现多种照明效果　多种照明控制方式，可以使同一建筑物具备多种艺术效果，为建筑增色不少。在现代建筑物中，照明不单纯地为满足人们视觉上的明暗效果，更应具备多种的控制方案，使建筑物更加生动，艺术性更强，给人丰富的视觉效果和美感。对智能建筑而言，其建筑物内的展厅、报告厅、大堂、中庭等，如果配以智能照明控制系统，按不同时间、不同用途、不同的效果，采用相应的预设置场景进行控制，可以达到丰富的艺术效果。

5. 管理维护方便 智能照明控制系统对照明的控制是以模块式的自动控制为主，手动控制为辅，照明预置场景的参数以数字式存储在 EPROM 中，这些信息的设置和更换十分方便，使大楼的照明管理和设备维护变得更加简单。

6. 有较高的经济回报率 以上海地区为例，仅从节电和省电这两项可得出这样一个结论：用三至五年的时间，业主就可基本收回智能照明控制系统所增加的全部费用。而智能照明控制系统可改善环境，提高员工工作效率以及减少维修和管理费用等，也为业主节省下一笔可观的费用。

智能照明控制系统是为了适应各种建筑的结构布局以及不同灯具的选配，从而实现照明的多样化控制和楼宇自控系统的系统集成。图 5-1 为智能照明系统的结构框图。它可使照明系统工作于全自动状态，系统按设定的时间相互自动切换。与传统照明控制系统相比，在控制方式和照明方式上，传统控制采用手动开关，单一的控制方式只有开和关，控制模式极为单调；而智能照明控制系统采用"调光模块"，通过灯光的调光在不同使

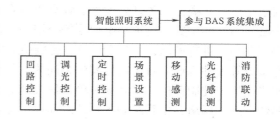

图 5-1 智能照明系统的结构框图

用场合产生不同灯光效果，操作时只需按下控制面板上某个键即可启动一个灯光场景，各照明回路随即自动变换到相应状态。从管理角度看，智能照明控制系统既能分散控制又能集中管理，同时还能与闭路监控系统集成，形成一体化控制与管理。通过一台计算机就可对整个大楼的照明实现监控与合理的能源管理，这样不仅减少了不必要的耗电开支，同时还降低了用户的运行维护费用，比传统照明控制节电 20% 以上。另外，在智能照明控制系统中，可通过系统人为地设置电压限制，避免或降低电网电压以及浪涌电压对灯具的冲击，从而起到保护灯具、延长灯具使用寿命的作用。更值得一提的是，智能照明控制系统是一个开放式系统，通过标准接口可方便地与 BAS 系统连接，实现智能大楼的楼宇自控系统集成。

智能照明控制系统集多种照明控制方式、电子技术、通信技术和网络技术于一体，解决了传统方式控制相对分散和无法有效管理等问题，而且有许多传统方式无法达到的功能，比如场景设置以及与建筑物内其他智能系统的关联调节等。

采用智能照明控制系统应用的特点：

（1）多功能性 一个好的办公场所要求合适的照度和被限制的眩光。体育场馆及剧场剧院在比赛、演出、会议、电影等不同功能时要求不同的照明效果；会议厅、多功能厅、宴会厅等场所及酒会、新闻发布会、教育培训等不同的会议形式对灯光都有不同的要求。因而控制设备必须满足这些要求。

（2）灵活性 功能的多样性，季节的改变，气候条件及室外阳光照度的不同，房间布置摆设家具等的改变，都要求灯光照明要有灵活性，随时都有可能变化。即使同一种情况，也会因不同人的喜好、心情而有所不同。

（3）适性 高的照明质量，除了合适的照度外，对眩光和频闪都要尽量的加以限制，

同时也要注意灯光亮度的静态与动态的平衡性，满足人的舒适要求不同。

（4）艺术性舞台和电视专业照明调光的要求在一般环境照明中逐步采用，特别是一些酒店、酒吧、会所及建筑物外墙照明艺术性气氛的烘托，使环境显得更生动丰富，更有感染力。

（5）智能照明控制系统的经济效益　控制系统通过场景的预设改变亮度达到照明要求，并不需要全部负载亮度都达到100%，在某些时候有些回路可以亮80%、50%、甚至0%，从而降低耗电量，达到节能目的。对有些光源如白炽灯，适当降低电压可以延长使用寿命。它还可以抑制电网浪涌，使光源使用寿命更长。而由于以上两点，必然会减少线路和灯具光源的维修维护和管理费用。智能照明控制系统可以使工作环境的照度更均匀，频闪及眩光降到最低，不会使人产生眼睛疲劳，头昏脑胀的不舒适感，为工作效率的提高创造了一个良好条件，同时照明的艺术效果无疑也会带来间接的经济效益。智能照明控制系统控制的范围主要包括以下几类：工艺办公大厅、计算机中心等重要机房、报告厅等多功能厅、展厅、会议中心、门厅和中庭、走道和电梯厅等公用部位；大楼的总体和立面照明也由照明控制系统提供开关信号进行控制，（见图5-2）。智能照明控制系统应是一个由集中管理器、主干线和信息接口等元件构成，对各区域实施相同的控制和信号采样的网络；其子系统应是一个由各类调光模块、控制面板、照度动态检测器及动静探测器等元件构成，对各区域分别实施不同的具体控制的网络，主系统和子系统之间通过信息接口等元件来连接，实现数据的传输。

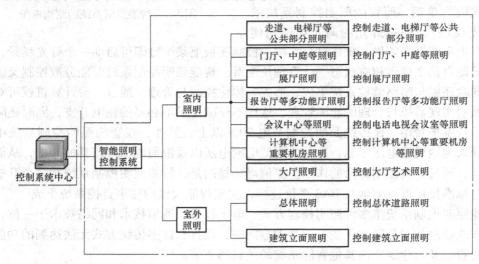

图 5-2　智能照明控制系统控制方案图

智能照明控制系统的主要控制内容为：

（1）时钟控制　通过时钟管理器等电器元件，实现对各区域内用于正常工作状态的照明灯具时间上的不同控制。

（2）照度自动调节控制　通过每个调光模块和照度动态检测器等电器元件，实现在正常状态下对各区域内用于正常工作状态的照明灯具的自动调光控制，使该区域内的照度不会随日照等外界因素的变化而改变，始终维护在照度预设值左右。

（3）区域场景控制　通过每个调光模块和控制面板等电器元件，实现在正常状态下对各区域内用于正常工作状态照明灯具的场景切换控制。

（4）动静探测控制　通过每个调光模块和动静探测器等电器元件，实现在正常状态下对各区域内用于正常工作状态的照明灯具的开关自动控制。

（5）应急状态减量控制　通过每个对正常照明控制的调光模块等电器元件，实现在应急状态下对各区域内用于正常工作状态的照明灯具的减免数量和放弃调光等控制。

（6）手动遥控器　通过红外线遥控器，实现在正常状态下对各区域内用于正常工作状态的照明灯具的手动控制和区域场景控制。

（7）应急照明的控制　这里的控制主要是指智能照明控制系统对特殊区域内的应急照明所执行的控制，包含以下两项控制：

1）正常状态下的自动调节照度和区域场景控制，与调节正常工作照明灯具的控制方式相同。

2）应急状态下的自动解除调光控制，通过每个对应急照明控制的调光模块等电器元件，实现在应急状态下对各区域内用于应急工作状态的照明灯具放弃调光等控制，使处于事故状态的应急照明达到100%。

智能照明控制系统能在最大程度上降低对人的依赖性，能满足各种场合下的灯光控制要求，管理维护方便，节能效果显著。

一、智能照明的控制方式

智能照明控制是在"以人为本"作为前提的条件下，对照明器具实行自动控制（包括照度的自动调节、灯具的开关以及局部区域照度的控制）的行为。它应该符合两个相对独立的要求：

1）给人提供一个舒适的工作环境，以保证工作人员具有较高的工作效率。

2）通过合理的管理以节约能源和降低运行费用。

在上班时间，智能照明控制系统自动调节光照度于最合适的水平。在天晴时，灯光自动调暗；在天阴时，灯光自动调亮。同时，利用红外及微波传感器探测是否有人工作，当无人工作时，自动转入"夜间"工作状态。为了使工作人员有一个舒适的工作环境，使用调光电子镇流器调光，以减少工作人员长期工作而引起眼的疲劳感。随着时间的推移，灯具的老化和房间墙面反射率不断衰减而引起照度下降，而设计时的照度值高于标准照度值。这样，在使用初期时，既浪费能源，又缩短灯具的寿命。为了保持照度维持基本不变而节约能源，因此，可以通过智能控制来实现。

智能照明控制系统一般由传感器（如光照传感器、面板开关等）、执行器（如调光电子镇流器）、处理器三个部分组成（见图5-3）。

1）开关元器件包括开关/断路器、固态化开关、光电控制开关等。

2）调光装置包括晶闸管调光器（前沿相控调光器）、功率型MOSFET或IGBT调光器（后沿相控调光器）、正弦波调光器、可调光电子镇流器。

3）传感器包括时钟、光照传感器、光电池、摄像机等。

图5-3　智能照明控制系统框图

4）控制器由传感器提供信息，控制器作出决定后通知执行元件（开关、调光器），执行元件动作改变灯的工作状态。

5）通信是将传感器（或使用者）发出的指令传送至照明控制器（开关）。目前，可以采用的技术有超声波、红外、无线电、总线技术、电力线路载波等。

输入装置可以不断检测周围环境的照度水平，可以探测到某个区域是否有人移动，以及输入人们的控制指令，并把相应的信号传送给处理器。输入装置包括传感器、定时装置和控制面板或遥控器。处理器接收输入装置的信号，经过信息处理、判断、分析，输出控制信号。执行器与灯具直接连接，控制灯光电路的闭合或断开和调节灯光达到相应的水平，包括手动开关。此外，智能照明系统中还可对荧光灯进行调光控制，由于荧光灯采用了有源滤波技术的可调光电子镇流器，降低了谐波的含量，提高了功率因数，降低了低压无功损耗。网络化的智能照明控制系统还必须有网络通信单元（路由器、中继器等）以及辅助单元（如电源、导轨）等组成，遵循统一的网络协议，借助各种不同的"预设置"控制方式和控制元件，对不同时间不同环境的光亮度进行精确设置和合理管理。因此，在灯具制造工艺水平相同的情况下，在建筑物中采用智能照明控制系统不仅能操作简单，管理维护方便，还可以满足工作与生活多样性需求，并且可以有效地达到节能的目的。智能照明控制系统能在最大程度上降低对人的依赖性，能满足各种场合下的灯光控制要求，管理维护方便，节能效果显著。

根据现有的智能照明控制系统的控制方式，可分为开环控制、闭环控制和应急照明控制。

1. 开环控制

（1）定时控制　定时控制是一种常用的控制方式，分为计时器和实时时钟两种。计时器由手动操作，一旦被驱动，打开灯光并保持一段时间，时间的长短是预设的。计数时间到就关闭灯光，如要打开灯光需重新驱动定时器。一般的计时器可定时 5min ~ 2h。人离开后可自动关闭灯光，可节约能源，但如人停留的时间超过定时时间，需再次驱动，可能会造成灯光频繁的开关。计时器大多用在人只作短暂停留的场合或者正常工作时间以外偶尔有人逗留的区域。实时时钟控制是根据预先的时间设定来进行控制，根据时间打开、关闭灯光或调节灯光到某一设定的水平。有机械实时时钟和电气可编程实时时钟两类。机械实时时钟简单易用，价格相对便宜，但只可设定一个时间。电子可编程实时时钟则可设定很多不同的灯光区域和时间。采用实时时钟管理灯光方便，可节约能源，但较为刻板，有时需设手动开关。

（2）手动遥控器控制　通过遥控器，实现在正常状态下对各区域内用于正常工作状态的照明灯具的手动控制和区域场景控制。

1）红外遥控开关：由红外编码发射及红外接收译码控制两部分组成。电路包括一对红外发射及接收头、编码及译码专用集成电路和控制电路三部分。当按下遥控键后，编码器工作，TX 选出串行编码信号通过红外发射头发出红外信号，经目标反射后，被红外接收头接收，送入译码器输入端。当译码与编码一致时，译码器输出端输出相应的高低电平信号去驱动控制电路工作，产生使光源开关开或闭的动作。

2）无线电远控开关：由无线电编码发射部分及无线电接收译码控制两部分组成。电路包括振荡发射电路、接收电路、编码及译码专用集成电路和控制电路 4 部分。当按下遥控键后，编码器工作，TX 选出串行编码信号控制振荡电路工作，产生调制射频信号，由天线辐射出去。信号经目标反射后，被接收电路接收，送入译码器输入端。当译码与编码一致时，译码器输出端输出相应的高低电平信号去驱动控制电路工作，产生使光源开关开或闭的动作。

无线遥控开关能够全方向探测，不受墙壁、门窗等障碍物的影响，有效控制半径 30m，其灵敏度受发射及接收电路的影响。就目前现有技术而言，遥控开关大多采用晶闸管或继电器作为开关器件。晶闸管的抗干扰和抗过载能力很差，不适宜控制感性和容性负载，可靠性差，长时间工作容易损坏。而继电器工作时线圈有一定功耗、易发热，不适宜长时间工作，继电器的触点不能长期工作在过载状态。同时这些采用晶闸管或继电器的电子开关，一旦出现故障将使受控电器不再受控，电器处于长期通电或断电状态很不安全。安全性、可靠性、稳定性这些问题已成为各种电子化开关厂家努力寻找解决的目标。而多种功能合一的遥控开关集多种遥控功能于一身，对受控设备的红外遥控码进行学习并对所有设备模拟控制，然后集中在一个无线液晶屏上，通过液晶屏上的中文菜单选择单击，只要拿着这只全能摇控器，可以遥控任何一个角落的电气设备。

（3）区域场景控制　智能照明中，回路级别是根据使用要求及根据其他因素（例如进入建筑物的日照水平）预先编程。照明设备可以独立控制，或者在回路中成组控制。每个回路或者设备可设置成不同的亮度水平。这些亮度水平可以储存为一个"场景"，其可以看作为一个房间或区域的一个完美外观。场景一旦设计完成，场景可以很容易地通过操作墙上的控制面板或遥控器实现。也可以通过定时器，光传感器或者根据活动区域探测器自动地实现场景照明。一旦新的场景被选中，照明设备将以预先设定的速率输入到新的设置水平。常见的场景数量为 8 个，有些系统可能有更多的场景数。

区域场景控制可以实现多种照明效果，创造视觉上的美感。其不足之处是修改场景必须通过编程。区域场景控制常用在功能、用途较多的建筑物或房间中，如建筑物内的展厅、报告厅、大堂、中庭等，如果配以智能照明控制系统，按其不同时间、不同用途、不同效果，采用相应的预设置场景进行控制，可以达到丰富的艺术效果。

2. 闭环控制

（1）照度检测控制　为了充分利用日光，节约能源，通过照度检测器检测窗户外边的自然光照度，根据日光系数计算出室内某一点的水平照度，由计算得出的水平照度开启相应的灯光并调节到相应的照度，使该区域内的照度不会随日照等外界因素的变化而改变，始终维持在照度预设值左右。这种控制方式主要使用在办公室照明场合，因为办公时间主要在白天，天空亮度很高，近窗处的日光照度就可能符合视觉作业的要求（见图 5-4）。

这种照度平衡型昼间人工照明的控制方式有利于节约电能，能够保证该区域内的照度均匀一致。Rubinstein 等研究表明，在旧金山的电

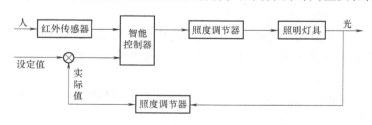

图 5-4　闭环智能照明控制原理图

气公司大楼使用光电控制系统，在有日光照明的区域中照明电消耗减少了 25% ～ 35%。但是利用昼间照明存在两方面的问题：

1）建筑设计者需要确定一年中哪些时期日光在室内产生的照度超过日常工作所需的

照度。

2）工程师安装由日光控制的人工照明系统时需要有一个准确的控制参数以保证有一个舒适的视觉环境。照明工程师需要每时每刻的局部室内日光水平，建筑设计师需要知道工作时间内局部日光水平的利用率。

至今没有一个天空亮度模式预测室内照度的精确度在20%以内，为了达到这个目标，对天空亮度模式的研究现在和将来都仍然是最基本的。

（2）活动区域探测控制　活动区域探测器安装在房间中，它能检测出某个房间或区域内是否有人走动，并把这个信息反馈到控制器，从而控制相应灯光的打开或熄灭。控制器可以计算出有人走动的时间。每次探测到有人走动，计算重新开始。一旦探测到有一段时间没有人走动，房间或区域内的灯光将关闭或调暗到节约能源的水平。如果更长一段时间没有人走动，灯光将完全关闭。使用活动区域探测器可以节约能源，但必须注意探测器的安装位置，如果安装不当，探测到窗帘或空调风扇的运动信号也会触发探测器，造成不当的开灯、关灯。活动区域探测器有红外线、紫外线、微波和声音等活动区域探测器，它们常用于图书馆书库、仓库、办公室、会议室、储藏室和盥洗室等处。

（3）照明与窗帘的联动控制　电动窗帘控制系统是整个居室照明系统的一个重要功能部分，它把家中的窗帘系统纳入整个智能照明中。电动窗帘控制系统的核心是窗帘电动机控制器，通过它，就可以用系统中的某些控制手段对窗帘进行控制。窗帘的开闭可由光线探测器来控制，白天当它感测到足够的亮度，可以自动打开窗帘；当夜幕降临又可以将窗帘自动关闭。除此之外，还可以根据喜好自行设计窗帘开关程序，比如开1/2、关1/2、打开1/3位置等。由于季节不同，同一时间的日光水平不同，控制窗帘开闭的亮度在不同的季节应设置在不同的水平。

窗帘的联动控制可用于智能化小区、居民住宅、写字楼、别墅、宾馆、医院、体育馆、教学楼、实验室、科研场所等处。

3. 特殊控制　应急照明的控制属特殊控制，主要是指智能照明控制系统对特殊区域内的应急照明所执行的控制，包含以下两项控制：①正常状态下的自动调节照度和区域场景控制与调节正常工作照明灯具的控制方式相同；②应急状态下的自动解除调光控制，通过每个对应急照明控制的调光模块等电气组件，实现在应急状态下对各区域内用于应急工作状态的照明灯具放弃调光等控制，使处于事故状态的应急照明达到100%。

应急照明应强迫切换。

以上分析了智能照明控制系统中通常采取的几种照明控制方式，并不是一个照明控制系统必须包含上述所有控制方式，而是根据需要，以及可行性，确定采用其中的一种或几种组合控制方式。

智能照明控制系统的分类：智能化照明是智能技术与照明的结合，从组成基本形态上我们将其划为两类：

（1）智能照明灯具及智能照明系统　以智能控制单元和智能传感单元为核心的智能开关、智能灯具等，可以进行单路或数路灯的开断控制，亮暗控制，延时或简单的程序控制，近距离遥控和感应控制等。其控制和传感单元体积小，构造简单，控制功率较小。该类产品造价低、使用方便，多用于居住等小空间环境的智能照明。

（2）依托计算机及通信网络的智能照明系统　依托局域网的智能照明系统主要分为中

央集中控制系统及分布式控制系统两种。

分布式智能照明控制系统在照明控制领域中引入了现场总线技术，其工作原理是采用主电源经调光模块后分为多路可调光的输出回路给照明灯供电。灯的开关和亮暗调节由可编程多功能控制面板控制，所有调光器和面板都可通过编程实现对每路灯的各种控制，由此可产生不同的灯光场景和灯光效果。

中央集中控制系统由于将控制功能集中在中央控制台上，相对于分布式控制系统将控制功能分散给系统每一个模块而言，系统的灵活性和可靠性要略差一些。

二、网络化照明控制系统

传统照明控制方式和基于自动照明控制方式都是采用"点对点"的连线方式，即一个控制点连接一根控制线。这样浪费很多电缆，施工安装复杂，如果要更改控制方式，就必须重新改线路。如果把照明线路中的开关或控制箱作为现场总线中的一个网络节点，然后通过现场总线组成网络，所有的控制信号、开关灯的状态信号以及采集的电量信号都通过现场总线网络进行通信，这样，网络中的监控节点（如智能主机）可以控制和检测网络中所有设备的运行状态。网络拓扑图中主要网络节点功能如下：智能照明系统采用"自由拓扑结构"，可设计成总线型、树形、星形等拓扑结构，组网非常方便。网络化智能照明系统基本结构是为了适应各种建筑的结构布局以及不同灯具的选配，从而实现照明的多样化控制。现有的照明控制系统主要分为中央集中控制系统及分布式控制系统两种。但系统拓扑结构中要避免出现环网，否则系统通信将会不正常。

系统可以由单个子网络组成，每个子网络必须满足以下条件：

①网络内最多有 100 个单元；②控制回路地址数最多为 255 个；③网络内传输距离最远为 1000m。

如果不满足以上任一条件，需增加网络桥扩展，组成多重网，详见图 5-5。

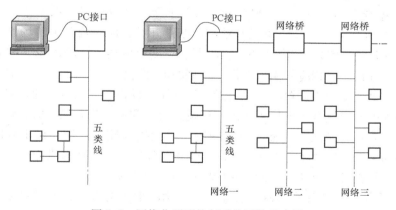

图 5-5　网络化照明控制系统网络示意图

1）网络主机：网络主机为整个智能照明系统的控制中心，处理整个系统的操作执行命令和各设备的运行状态等数据，通过现场总线网络采集操作开关或遥控器的指令，控制继电器、调光器，从而达到控制照明设备的目的。通过对网络主机编程设置，实现各种灯光场景的控制。

2）继电器：继电器直接控制照明设备，通过总线网络接收网络主机发来的执行命令代码，控制各路继电器的开启与关闭来控制照明设备的状态。有的继电器具有电量采集模块，可以检测各路负载的电流、电压等参数，然后发送到网络主机进行处理。

3）调光器：同继电器一样，调光器也是直接控制照明设备的装置，通过总线通信网络接收主机发来的命令来控制灯的开启，并调节灯开启后的亮度。

操作开关及遥控器操作开关及遥控器为人机交互装置，采集使用者的开关灯或灯光场景操作指令，然后通过总线通信网络发送到主机。

1. 网络化智能照明 C-Bus 系统　C-Bus 是澳大利亚奇胜公司开发的一种现场总线系统，C-Bus 传输协议为 CSMA/CD，通信速率为 976 Kbit/s，可设制成线形、星形或树形拓扑结构，但不支持环形结构。采用两线制双绞线，即一对线上既提供总线设备工作电源（DC15～36V），又传输总线设备信息，总线设备可以不通过中央控制器而直接通信。子网为基本单位，每个子网最多容纳 100 个单元或者 255 个控制回路，最大传输距离为 1000m。该系统具有以下特点：

1）C-Bus 主要用于对照明系统的控制，系统所有的单元器件除电源外均内置微处理器和存储单元，由一对信号线（UIP5）连接成网络。

2）C-Bus 可以记忆对其设定的参数。每个元件在网络中均有唯一的地址码以供识别。可以单独对每个元件进行编程。对照明系统的设定被分散存储在各个元件中。

3）每个单元均设置唯一的单元地址并用软件设定其功能，输出单元控制各回路负载。输入单元通过群组地址和输出组件建立对应联系。当有输入时，输入单元将其转变为 C-Bus 信号在 C-Bus 系统总线上广播，所有的输出单元接收并做出判断，控制相应回路输出。

4）C-Bus 系统遵从国际通信协议标准 IEEE Standard 802.3、CSMA/CD 组成以太网结构。

5）C-Bus 系统通过软件编程实现双控、多点控制、区域控制等功能时非常简单。

6）C-Bus 系统由输入单元、输出单元、系统单元三部分组成。系统单元有网络桥、系统电源、PC 接口等。典型的输入单元有单/双/四键开关、四场景开关、场景控制器、带红外线遥控的四键开关、室外/室内红外线感应器、亮度感应器等。输出单元收到相关的命令后，根据命令对灯具做出相应的输出动作，典型的器件有：单/双/四/十二路等继电器、四/八路调光器等。每个单元均设置唯一的单元地址并用软件设定其功能，通过输出单元控制各回路负载。输入单元通过群组地址和输出元件建立对应联系。当有输入时，输入单元将其转变为 C-Bus 信号在系统总线上广播，所有的输出单元接收控制信号并做出判断，控制相应回路输出。C-Bus 系统是由计算机设定的，一旦系统设置完成后计算机即可移走，所有的系统参数被分散存储在各个单元中，即使系统断电也不会丢失。

7）C-Bus 系统编程软件 C-Bus 编程软件。采用图形化的方式，人机界面友好，易于掌握。主要用于对系统元件进行参数设定。软件具有对 C-Bus 系统各单元器件，通过对系统元件、单元地址、项目名称、区域地址和群组地址等参数的设定，实现照明所需的开关功能、调光功能、群组控制功能等。智能主机软件可将系统中各个回路的状态实时反映在图形化界面下，可以直接在计算机下控制各个回路。另外还可根据编好的场景程序实现自动控制照明。所有的系统参数被分散存储在各个单元中，即使系统断电也不会丢失。一旦计算机接入系统中，则可实现实时监控、定时控制等功能。另外，系统可方便地与其他系统连接（如楼宇自控系统、保安系统、消防系统等）。

系统的优点是控制部件和功率部件集为一体，一个控制器就相当于是一个组合的多路开关，它非常适用于小的照明场所，对旧场所改造也十分方便，其价格低于其他同类系统。它外形高雅，实用性强。在控制器上，不仅有 LED 光柱直观地显示照明亮度，而且窗口、菜单，供用户自设置光强、场景、淡入淡出（切换场景）时间等；控制器上还集成了红外线遥控接收器。这种美观大方的外形、动感的面板显示、使用操作的方便，受到用户普遍欢迎。用户可自编程、自设置场景，完全不需要依赖后台的专用工具和专业人员。所以，在一个不是很大的空间里，仅用一个外形精美的控制器，就能独立解决多场景控制问题。

C-Bus 系统中控制回路与负载回路分离，输入输出单元通过总线相连，并且在网络中可以随时添加新的控制单元。总线上开关的工作电压为安全电压 DC36V，确保人身安全。

C-Bus 系统采用软启动、软关断技术，使得每一负载回路在一定时间里缓慢启动、关断或者间隔一小段时间（通常几十到几百毫秒）启动、关断，避免冲击电压对灯具的损害，延长了灯具的使用寿命。

C-Bus 系统是一个专门针对照明需要而开发的一个智能化系统，可以独立运行，也可以作为建筑物中的一个子系统和其他智能系统互联。C-Bus 系统协议符合 OSI 模型和 ISO 标准，并有多种接口单元（RS232、以太网等）和功能强大的接口程序可供选择，因此，采用 C-Bus 系统会使设计更简单，安装更快捷，使用更灵活，管理更方便。

C-Bus 系统由系统单元、输入单元和输出单元组成。

1）系统单元为 C-Bus 系统提供工作电源及各种接口。系统单元包括：系统电源、网络桥、PC 接口及以太网接口。

2）输入单元将外界的各种信号转化成数字信号在总线上传播。输入单元包括：输入开关、场景开关、红外感应器、传感器、触摸屏、定时器等及辅助输入单元。

3）输出单元接收总线上的数字信号，并控制相应回路输出实现对负载的控制。输出单元包括：输出继电器、输出调光器、数字整流器及模拟输出单元等。

2. 基于现场总线技术的 PLC 智能照明控制系统　目前用于 IPC-PLC 分散控制的现场总线协议有很多种，应用较为广泛的有 CAN、RS485 等。RS485 总线是较早广泛应用的现场总线，具有连接简单、支持的硬件多、实时性和可靠性较高等优点，因此在照明管理控制系统中采用 RS485 现场总线是很好的选择。照明控制系统的网络结构为总线型，传输介质为双绞线，中央监控单元通过接口卡与 RS485 总线连接，和总线上的分散控制单元 PLC 构成一点对多点的通信网络。其系统总体结构如图 5-6 所示。

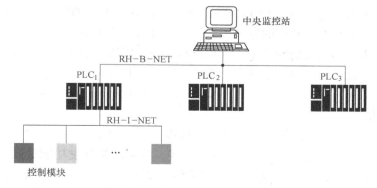

图 5-6　基于现场总线技术的 PLC 智能照明控制系统总体结构

第二节 数字可寻址照明接口

一、概述

随着楼宇自动化和照明工业的迅速发展，照明采用先进的节能设计和数字控制将是必然的趋势。为了适应这一需要，现代照明控制的一个新标准——DALI 标准应运而生。世界各主要的电子镇流器制造厂商为了把数字控制的优势应用于照明控制领域，以便更好地相互合作，都已接受了 DALI 作为产业的标准。

DALI 是英文 Digital Addressable Lighting Interface 的缩写，意为数字式可寻址照明控制标准接口。DALI 是用于满足现代化照明控制需要的非专有标准。DALI 是一种定义了实现现代电子镇流器和控制模块之间进行数字化通信的接口标准。

与 DALI 有关的研究工作开始于 20 世纪 90 年代中期，该技术的商品化开始于 1998 年，那时，DALI 被称为 DBI（Digital Ballast Interface），意为数字式电子镇流器接口，利用数字化控制方式调节荧光灯输出光通量。在欧洲有 Osram、Philips、Tridonic、Trilux、Helvar、Huco 和 Vossloh-Schwade 等电子镇流器制造厂商已经研究开发出符合 DALI 标准的产品。现在，DALI 标准已被编入欧洲电子镇流器标准 "EN60929 附录 E 中"。该标准支持 "开放系统" 的概念，不同的制造厂商的产品只要它们都遵守 DALI 标准就可以互相连接，保证不同的制造厂生产的 DALI 设备能全部兼容。

DALI 系统具有分布式智能模块，各个智能化 DALI 模块都具有数字控制和数字通信能力，地址和灯光场景信息等都存储在各个 DALI 模块的存储器内。DALI 模块通过 DALI 总线进行数字通信，传递指令和状态信息，来实现灯的开关、调光控制和系统的设置等功能。故 DALI 控制器位置改变时，不需要改动灯的电源线。

DALI 协议是基于主从式控制模型建立起来的，控制人员通过主控制器操作整个系统。通过 DALI 接口连接到 2 芯控制线上，通过荧光灯调光控制器（作为主控制器 Master）可对每个镇流器（作为从控制器 Slave）分别寻址，这意味调光控制器可对连在同一条控制线上的每个荧光灯的亮度分别进行调光。

DALI 系统连接图如图 5-7 所示，DALI 的连接硬件包括普通的带 DALI 功能的电子镇流器、灯、控制器和配线。与普通的灯光硬件连接区别在于，带 DALI 接口的器件可以直接连接到计算机或主控机，而且每个 DALI 器件都是可以独立寻址、编程、分组和场景设定。作为一个数字照明网络，它不仅适用于小型控制系统，对于大型的照明系统安装也是应用自如，如以下场合：①小型和开放的办公室，用户可自行控制照明；②会议室和教室，需要不同的照明方案来实现不同类型的用途；③超市和某些零售店，这些场所的商品销售和布局经常发生改变；④需要适应时间、事件和功能的酒店大堂和会议室；⑤餐馆，需要根据时间来调整照明的场合。

二、DALI 协议

DALI 协议（数字可寻址照明接口）的新标准定义了从设备（电子镇流器）和主设备（控制单元）之间的数字通信。在定义标准的时候，约定不是开发功能最强、复杂的楼宇控制系统，而是建立一个结构定义清晰的简单系统。DALI 的设计不是用于复杂的总线系统，而是用于室内的智能、高性能照明管理。这些功能可以通过合适的接口集成到楼宇管理系

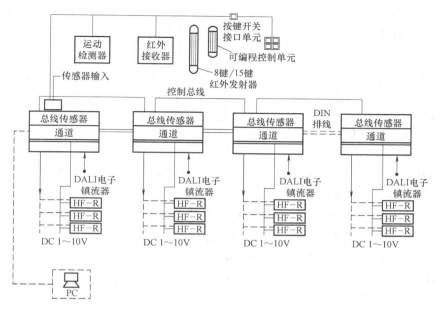

图 5-7　DALI 系统连接图

统中。

1. DALI 协议的发展　以前，在照明技术领域的要求只有一个目标——满足视觉需求。现今，要求有许多，舒适、实用和节约能源都是有吸引力的特征，而且把它们作为目标。传统的用电装置是基于单线开关，调光器和镇流器不能正确响应要求；模拟接口控制器，如直流 1~10V 模拟控制器，既不能提供灵活性，又不能在一个系统中控制单盏灯，这使得扩展一个存在的系统是很困难的。因此，从 20 世纪 80 年代开始发展总线（BUS）系统，使得照明系统的所有部件间，甚至楼宇管理系统的工程之间可以进行数字通信，在这些系统中，为了确保器件的高实用性和灵活性，在控制器和电气器件间可以进行通信。

在市场上总线系统装置已存在，但是在一般情况下，设备和系统需要花费很高的代价，不仅造价高，同时要求设计师和电工具有丰富的系统知识，还必须进行专门的训练才能进行工作。所以，安装这样的一个系统是昂贵的并且需要高水平的技工。

上述问题使得照明工业制订了一个新的标准——照明系统中各部件之间的数字通信，即 DALI 协议，目的是建立一个低成本、易于处理的系统。这系统与楼宇管理系统的照明控制不同，简化了通信结构，建立一套指令，来明确照明控制的功能。DALI 概念代表一个智能的实用的照明管理，简单易用，且成本低。充分利用硬件和软件接口，以合理的价格可以把 DALI 作为子系统整合进高级的楼宇管理系统设计中。

DALI 协议首先在欧洲提出，1991 年，奥地利电子镇流器公司 Tridonic 和其他电子镇流器公司提出了数字串行接口。1998 年欧洲照明设备生产协会提出数字可寻址照明接口 DALI。

2. DALI 协议的电气特征　基于 DALI 协议的智能照明控制系统具有简单、可靠、功能优良的主要特点。DALI 接口通信协议编码简单明了，通信结构可靠。DALI 协议的主要电气特征如下：

1）异步串行通信协议。

2）信息传输速率 1200bit/s，半双工双向编码。

3）双线连接方式。

4）电平标准如图 5-8 所示。

5）通信传输由主控单元控制。

6）共可连接 64 个从控单元，且均可独立编址。

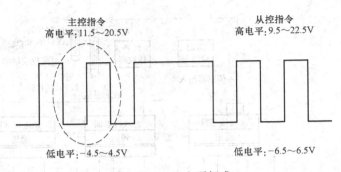

图 5-8　DALI 电平标准

根据 IEC 60929 标准，DALI 总线上的最大电流限制为 250mA，每个电子镇流器的电流消耗设定在 2mA；DALI 总线的线路长不得超过 300m。而 DALI 线上最大的线电压降应确保不超过 2V，见图 5-7。任何时候，系统都应该保证不能超过这些限制值，否则会降低信号的安全和完整，系统运行也变得不稳定。出于这个原因，系统设计者不仅应考虑寻址的方便，也要考虑每个器件的电能消耗，并留有一定的余量以便日后可以进行扩展。

3. DALI 协议的数据通信　DALI 采用双向曼彻斯特编码，如图 5-9 所示。

值 "1" 和 "0" 表示为两种不同电平的跃变，从逻辑低电平转变到高电平表示值

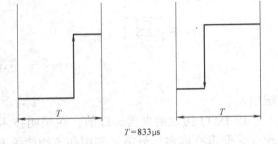

$T = 833 \mu s$

图 5-9　曼彻斯特编码方式

"1"，从逻辑高电平转变到低电平表示值 "0"。DALI 协议从主控单元向从控单元发出的指令数据由 19bit 数据组成，如图 5-10 所示。第 1 位是起始位，第 2 到第 9 位是地址位（这就决定了只能对 64 个从控进行单独编址），第 10 到第 17 位是数据，第 18、19 位是停止位。

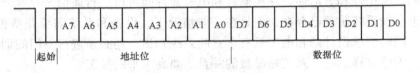

| | A7 | A6 | A5 | A4 | A3 | A2 | A1 | A0 | D7 | D6 | D5 | D4 | D3 | D2 | D1 | D0 |

起始　　　　　地址位　　　　　　　　　数据位

图 5-10　DALI 主控指令

DALI 协议中从机只有在主控制器查询时，才向主机发送数据。从机向主机发送的数据由 11 bit 数据组成，如图 5-11 所示。第 1 位是起始位，第 2 到第 9 位是数据位，第 10 和第 11 位是停止位。只有符合上述指令标准的信息，DALI 设备才对其做出反应，否则将不予理睬。DALI 信息包含地址信息和调光信息。

（1）地址信息　DALI 协议允许多种指令，地址部分决定信息是控制哪一个 DALI 模块，所有的模块都执行带有广播式地址的指令。指令的地址字节有多种形式，如表 5-1 所示。有单独控制单个从机的个体地址，编址形式为 "0AAAAAAS"，其中 "AAAAAA" 是地址位，编址范围是 0~63，可控制 64 个不同地址，称为短地址。DALI 控制器有成组控制的组地址指令，编址形式为 "100AAAAS"，其中 "AAAA" 是地址位，编址范围是 0~15，最多可进

图 5-11　DALI 从控指令

行 16 组成组控制。还可进行广播命令，编址形式为"1111111S"，对所控制的所有从机的统一指令。另外还有专用指令，可进行特殊的命令，编码形式为"101CCCCS"其中"CCCC"为指令代码。

表 5-1　DALI 地址信息

地址形式	字节形式
短地址	0AAAAAAS　　AAAAAA = 0-63，S = 0 或 1
组地址	100AAAAS　　AAAA = 0-15，S = 0 或 1
广播地址	1111111S　　　S = 0 或 1
专用命令	101CCCCS　　CCCC = 命令码，S = 0 或 1

（2）调光信息　在 DALI 信息中，用 8 个位来表示调光的亮度水平。值"00000000"表示灯没有点亮，DALI 标准按对数调节规则决定灯光亮度水平，DALI 在最亮和最暗之间包含 256 级灯光亮度，按对数调光曲线分布。在高亮度具有高增量，低亮度具有低增量。这样整个调光曲线在人眼里看起来像线性变化。DALI 标准确定的灯光亮度水平在 0.1% ~ 100% 范围内。值"00000001"在 DALI 标准中对应 0.1% 的亮度水平，值"11111111"在 DALI 标准中对应 100% 的亮度水平。

4. DALI 协议的特点

1）浮动电压控制输入。

2）双线控制，不用极性负载。

3）调光曲线与人眼感知相适应。

4）寻址方式灵活：全部寻址或者是单独寻址。

5）最多可以存储 16 个预设场景。

6）每个灯的信息都可以反馈到控制中心。

7）数字开断，不需要额外的物理开关。

三、基于 DALI 的数字可寻址调光镇流器

基于 DALI 的数字可寻址调光镇流器的工作原理如图 5-12 所示。该镇流器是基于 IR21592 芯片设计的，控制模块采用 Microchip 公司的 PIC16F877 单片机。这是一种高效、高功率因数，用来驱动快速起动荧光灯的数字调光电子镇流器。

1. 电磁干扰（EMI）滤波器　EMI 以辐射和传导两种方

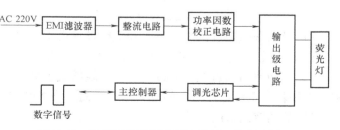

图 5-12　数字可寻址调光镇流器的工作原理图

式传播。传导干扰有差模（DM）和共模（CM）两种类型。

抑制 EMI 的技术措施有屏蔽、接地（浮地、单点地和接地网）与滤波。其中，滤波技术是抑制传导干扰最有效和最经济的手段。由于各种干扰在系统接口处最为严重，故 EMI 滤波器均放在系统电源线的入口处。

交流电源线的传导干扰包括差模噪声成分和共模噪声成分。为了起到抑制干扰、降低噪声的作用，设计可采用交流线路 EMI 滤波器，如图 5-13 所示。

EMI 滤波器既抑制了来自电网的共模和差模干扰，保证二次侧不出现共模噪声和差模噪声；同时，它对电子镇流器自身产生的电磁干扰也起衰减作用，以保证电网不受污染。

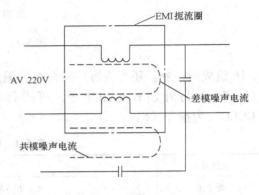

图 5-13　EMI 滤波器

2. 功率因数校正（PFC）电路

（1）功率因数的定义　功率因数（PF）是指交流输入有功功率（P）与输入视在功率（S）的比值，即

$$PF = \frac{P}{S} = \frac{U_1 I_1 \cos\theta}{U_1 I_{rms}} = \frac{I_1}{I_{rms}} \cos\theta = r\cos\theta$$

式中，I_1 表示输入基波电流有效值；I_{rms} 表示输入电流有效值；r 表示输入电流失真系数，$r = I_1/I_{rms}$；$\cos\theta$ 表示基波电压、基波电流相移因数。

所以，功率因数可以定义为输入电流失真系数与相移因数的乘积。$\cos\theta$ 越低，则表示电气设备的无功功率越大，设备利用率越低，导线、变压器绕组损耗越大。同时 r 越低，表示输入电流谐波分量越大，将造成输入电流波形畸变，对电网造成污染，严重时对三相四线制供电，还会造成中性线电位偏移，致使电气设备损坏。

由于常规整流装置使用非线性器件，整流器件的导通角小于 180°，从而产生大量谐波电流成分，而谐波电流成分不做功，只有基波电流成分做功。所以，与电相移因数（$\cos\theta$）相比，输入电流失真系数（r）对供电线路功率因数（PF）的影响较大。

PF 与 THD（总谐波失真系数）的关系为

$$PF = \frac{1}{\sqrt{1 + (THD)^2}} \cos\theta$$

为了提高电气设备的功率因数（PF），要尽量使 THD 值接近零，并使 θ 接近于零。改善整流滤波电路功率因数的关键就是要减少 THD 值。

（2）电子镇流器功率因数校正的意义

1）当功率因数过低时，发电和变电设备送出的有功功率会明显减少，而输出的无功功率的比例则增大，使电力供电设备得不到充分利用。

2）若功率因数过低，通过电力输送线的电流会增加，在线路上将引起较大的电压降落和功率损耗，不仅造成电能的巨大浪费，而且会影响用电设备的正常运行。

3）低功率因数的电子镇流器会产生很大的环流，不仅对光通量没有贡献，而且会在建筑物的供电导线中产生热量。

4）电子镇流器的功率因数低会限制家用电器的负荷，甚至会增加照明费用。

3. 调光芯片与输出级电路　调光芯片采用 IR21592 芯片，它是集调光镇流器控制器和 600V 半桥驱动为一体的专用 IC，其结构为无变压器灯管功率检测相位控制，只需做很小的改动就可将不可调光镇流器改为可调光镇流器。

（1）IR21592 芯片特性

1）IC 集成镇流器控制和半桥驱动，闭环灯管功率控制。

2）无需变压器实现灯功率检测。

3）0.5～5V 调光控制输入。

4）预热时间、预热电流可调，点火—调光时间可调。

5）最小和最大灯功率调节，最小工作频率可调。

6）内部电流检测功能。

7）灯故障保护，自动重启动，微功率启动。

8）V_{CC} 引脚稳压管钳位保护，过热保护。

（2）IR21592 芯片的工作状态　IR21592 的工作状态如图 5-14 所示。

1）当 IR21592 进入预热模式，HO 和 LO 开始以 50% 占空比（内部设定 2μs 死区），最大工作频率振荡。预热时间持续到引脚 CPH 的电压超过 5V。

2）当 IR21592 进入触发模式，电路振荡频率开始向谐振点下降，灯电压和灯电流开始增大，直至灯触发或进入故障模式。

3）当 IR21592 进入调光模式，相控环闭合，负载电流的相位对应在引脚 DIM 的调节逆向变化，从而实现调光控制功能。DIM 引脚的控制电压范围为直流电压 0.5～5V，5V 电压对应最大功率。

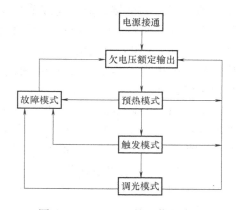

图 5-14　IR21592 的工作状态

4. 基于 DALI 的数字可寻址调光镇流器的实现及其工作原理

1）EMI 电路放在 AC220V 市电的入口处，既抑制了来自电网的电磁干扰，同时对电子镇流器自身产生的电磁干扰也起衰减作用，以保证电网不受污染。

2）APFC 产生了 400V 的稳压电压，并且保证功率因数达到 0.99 以上。

3）当上位机准备对镇流器进行控制，或者是询问镇流器状态时，通过电平转换电路就可把 DALI 信号转换为微控制模块的 TTL 电平；微控制模块准备向上位机发送反馈信息时，电平转换电路又实现了 TTL 电平到 DALI 信号的转换。另外，电平转换电路通过光耦隔离，起到了隔离两边电路的作用，减少了干扰。

4）微控制器是整个镇流器电路的大脑，存储着镇流器的大量信息。当它接收到经电平转换电路转换后的 DALI 信号，对其进行判断，并执行响应的命令。当需要调光时，其 CCP 端口 PWM 输出脉冲，通过 RC 低通滤波电路，实现 0.5～5V 电平的输出。

5）IR21592 电路 V_{DC} 端和 V_{CC} 端的电压直接从 APFC 电路中的整流桥输出电压取得。对荧光灯的调光采用相位控制的方法。在预热和触发模式时，电路 LC 高频串联谐振，谐振点的电压电流相位差为 90°，工作频率略高于谐振频率。调光模式，电路中的电感 L 和并联的

R、C 串联，大功率时相位差不是很大，而小功率时相位是倒置的。所以，在触发后的运行模式期间，输入电流与半桥输出电压相位差为 0°~90°之间变化，其中，零相位差对应最大功率。这样当微控制模块电路输出的 DIM 电压变化时，负载电流的相位就会逆向变化，从而输出功率变化，实现了 IR21592 电路对荧光灯的调光。

四、DALI 协议的应用

1. DALI 协议的应用范围　DALI 是由一些灯具、镇流器和灯具制造商合作开发的，它是一项开放的数字通信协议，允许控制器和荧光灯、白炽灯等照明灯具之间的通信。因此，DALI 协议主要应用在照明领域，如控制器、电子镇流器和灯具上。国外主要灯具设备制造商均已采用 DALI 协议为新标准。为了帮助厂商快速、低成本地将产品推向市场，Motorola 公司、PHILIPS 公司等推出了新款数字可定址照明接口（DALI）参考设计，IR 国际著名的半导体公司和 Microchip 公司合作开发基于 DALI 的可调光电子镇流器。

DALI 构件使得建立一个灵活的、有效益的和分散的照明系统成为可能。DALI 只处理照明系统部件，简化了计划和安装。现在，调光电子镇流器最通用的工业标准是模拟 1~10V 控制接口，模拟接口和信号电平（1~10V）允许来自不同照明电子厂家的功能部件（传感器、镇流器）的连接，但不允许单元设备地址，因此，所有连接到 1~10V 的器件，只能共用一个地址，而且灯的光通量关系没有定出关于接口电压（光差异）标准。另一个不足是用接口关掉 1~10V 装置是不可能的，断开这些装置需要从总电源电压分离。在市场上 DALI 作为新标准出现，其数字接口详细描述了照明应用接口结构，并在大量各种各样的应用中体现出灵活性和简易性，DALI 数字接口将逐渐替代模拟接口。

2. DALI 系统与楼宇（建筑）管理系统的关系　由图 5-15 可以看出，一个基于 DALI 的照明控制系统由于它的简易性是不直接参与楼宇管理的，因此，基于 DALI 的照明控制系统只能作为楼宇管理系统（BMS）的照明控制子系统。在楼宇管理领域，由于复杂性和成本等因素，DALI 系统可以作为独立系统，也可以作为楼宇管理系统的子系统。

3. DALI 系统作为独立系统　这是最简单的系统，是一个真正独立的照明控制系统，一般情况下，由 DALI 电源、DALI 控制单元和 DALI 镇流器构成，没有与楼宇管理系统连接，所有功能（甚至启动、维修等）都是局部进行。控制元件和传感器以常用的方法，模拟或数字形式连接到控制器，如图 5-16 所示。

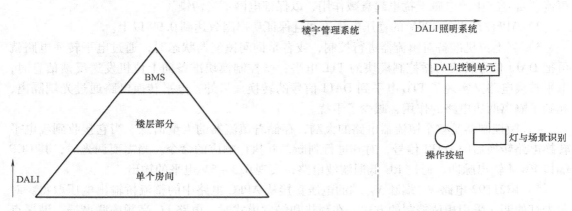

图 5-15　DALI 与 BMS 在价格与复杂性的比较　　　　图 5-16　DALI 作为独立系统

4. DALI 作为独立的子系统　DALI 系统在楼宇管理系统中作为一个独立子系统，是连入楼宇管理系统的（见图 5-17）。只有最重要的信息（默认状态，中央开关功能等）与楼宇管理系统进行交换。对于默认故障状态，用最简单的形式 yes 或 no 来表示；传感器、控制元件、编程装置和远程控制等功能可以用常用的方式（如无线）整合进系统；系统初始化可以由楼宇管理系统进行，或由 DALI 系统执行。没有楼宇管理系统，这 DALI 系统同样可以独立操作。

5. DALI 在楼宇管理系统中作为纯粹的子系统　纯粹子系统的意思是 DALI 系统作为楼宇管理系统的一个功能模块，在这系统中要有转换器（网关），并要求数据传送技术与楼宇管理系统一致。网关传送从楼宇管理系统到 DALI 子系统的数据，反之也是如此，它在楼宇管理系统和 DALI 单元间建立通信。典型的应用是 EIB（家用的总线系统）使用适当的控制元件、开关、传感器等把 DALI 系统作为楼宇管理系统的一个功能模块，由楼宇管理系统控制 DALI 单元，如图 5-18 所示。这种应用 DALI 系统不能独立操作。

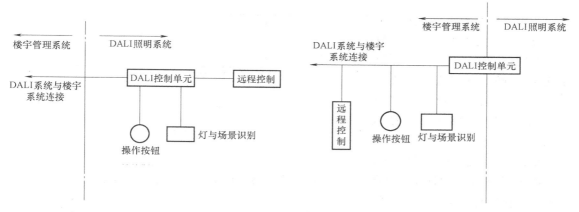

图 5-17　DALI 作为一个独立子系统　　　　图 5-18　DALI 系统作为楼宇管理系统的一个模块

6. DALI 标准与 LonMark 开放系统　当前，几乎所有主要的照明厂商正提供基于 DALI 国际标准的数字总线系统。当初，DALI 标准被认为与 LonMark 产品竞争，但是事实上 DALI 标准专注于照明系统，而 LonMark 标准专注于整个楼宇系统，通过先进的 LonMark DALI 标准接口，在一个现代智能建筑 LonMark 开放标准网络中兼容 DALI 标准的数字照明控制解决方案，结合 LonMark 开放系统解决方案的高质量、可操作性、稳定性和互操作性。DALI 标准与 LonMark 开放系统必将创造一个崭新的业务机会，也将有助于 LonMark 标准开放系统应用的扩大。

DALI 标准已经定义了一个 DALI 网络包括最大的 64 单元（可独立地址），16 个组及 16 个场景。DALI 总线上的不同照明单元可以灵活分组，实现不同场景控制和管理。在实际应用中，一个典型的 DALI 控制器控制多达 40~50 盏灯，可以分成 16 个组，同时能够并行处理一些动作。依赖于控制器，在一个 DALI 网络中，每秒能处理 30~40 个控制指令。这意味着控制器对于每个照明组，每秒需要管理两个调光指令。可见，DALI 标准与 LonMark 开放系统结合，为 DALI 新一代数字照明标准的应用提供了最佳的 BMS 解决方案。

（1）LonMark DALI 标准照明控制器结构　LonMark/DALI 标准照明控制器作为连接

DALI 标准照明系统和 LonMark 开放系统的不可缺少的组件，其硬件、软件结构以及功能等将决定 DALI 标准与 LonMark 系统的性能和质量。

（2）硬件结构　LonMark DALI 标准控制器硬件结构类型包括基于 FTT 和 Ethernet 两种。

基于 FTT 解决方案的 LonMark DALI 控制器包括采用基于 Echelon 公司神经元芯片和基于 Loytec 公司 Lore/LISA 芯片的两种硬件结构；而基于 Ethernet 解决方案的 LonMark DALI 控制器是采用基于 Loytec 公司 Lore/LISA 芯片的硬件结构。

基于 FTT 解决方案，每个 LonWorks 网段，总线拓扑达到 2700m，自由拓扑达到 500m，无论基于 FTT 还是 Ethernet，一个 DALI 网络总线均可达到 300m。

（3）软件结构　LonMark DALI 标准控制器软件结构主要指 LonMark 对象，DALI 标准照明控制器 LonMark 对象主要包括节点对象、DALI 系统配置对象、照明执行器对象、DALI 场景控制对象以及开关/按钮/占位传感器对象等。

（4）LonMark DALI 标准网络安装与配置　安装 DALI 控制器，要了解 DALI 网络的安装规范。DALI 是一个数字照明总线网络，所有 DALI 镇流器等都安装在 DALI 网络上，每个 DALI 网络安装一台 DALI 控制器，最多安装 64 个 DALI 标准镇流器，如图 5-19 所示。

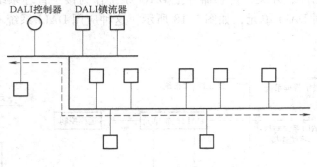

图 5-19　DALI 安装网络

五、DALI 照明系统总体结构

DALI 照明系统总体结构如图 5-20 所示。DALI 照明系统作为楼宇管理系统的一个独立子系统，楼宇管理系统对 DALI 照明系统只起信息收集和监测作用，在楼宇管理系统与 DALI 照明系统间用楼宇管理系统采用的总线（如 LonWorks、BACnet 等）连接。DALI 照明系统采用三层主从结构，每个楼层或局部楼层有一个控制器，称为二级控制器。二级控制器采用微控制器，二级控制器控制 DALI 从设备，DALI 从设备通过 DALI 总线连接，每一 DALI 总线上最多有 64 个 DALI 从设备，二级控制器与 DALI 总线间采用 DALI 接口；大厦有一个主控制器，称为一级控制器，

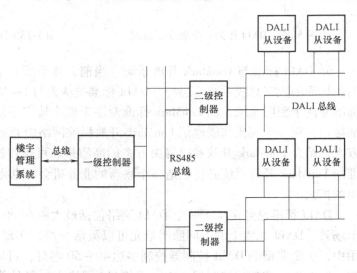

图 5-20　DALI 照明系统总体结构

一级控制器采用计算机，一级控制器控制二级控制器，用 RS485 标准接口总线通过 RS485 接口把二级控制器（最多 64 个）连成网络，RS485 接口主

要是实现 RS485 总线与二级控制器的电平转换；一级控制器与 RS485 总线间也要采用 RS232/RS485 接口。操作者通过控制器（主设备）来操作系统，主设备传送包括地址和指令的数据给从设备，每个从设备都有一个数字地址，地址用来判断是哪个从设备接收命令，然后由从设备反馈信息给主设备。

第三节　照明控制系统工程设计

一、设计依据

设计依据包括：建筑智能化系统工程设计管理暂行规定、建筑照明设计标准、民用建筑电气设计规范、智能建筑设计标准、高层民用建筑设计防火规范、电气和装修图样。

在工程设计中，需要考虑将大楼的照明控制系统作为一个独立的子系统，采用国际标准的通信接口和协议文本，纳入楼宇智能管理系统。智能照明控制系统采用分布式、集散型方式，即各单元的调光控制相对独立，自成一体，互不干扰，通过集中管理器和信息接口，与楼宇智能管理系统相连接，实现大楼控制中心对该子系统的信号收集和监测。总之，照明控制主系统应是一个由集中管理器、主干线和信息接口等元件构成的，对各区域实施相同的控制和信号采样的网络；其子系统应是一个由各类调光模块、控制面板、照度动态检测器及动静探测器等元件构成，对各区域分别实施不同的具体控制的网络；主系统和子系统之间通过信息接口等元件来连接，实现数据的传输。照明控制系统在办公楼中的应用主要体现在户外泛光照明、多功能厅、重要会议室以及其他小型会议室、领导办公区域和普通办公区域等。照明控制系统应为完全分布式、配件化、模块化数字智能控制子系统，且主要以 DALI 总线为基础。控制元件由单元模块和 DALI 可调光镇流器及变压器组成，通过大楼原有的网络系统将分布地各现场的 DALI 网关联结起来，组成由网络及 DALI 总线的两层数字智能照明控制系统，共同完成集中管理和分区控制。

二、设计原则

1）可靠性：应采用先进、成熟的分布式数字智能照明控制系统，控制元件为模块化和灯具配件化，便于与原设计开关柜和灯具配套，组成数字照明控制柜及数字可调光及反馈实时状态的智能灯具。在防雷、高温和低温、防静电、防干扰、防水、防尘、漏电保护、供电故障等方面做严格的技术处理，保证系统适应复杂的恶劣环境，尽最大限度减少维护工作量，保证系统的长期稳定运行，即使出现个别故障，也不影响整个系统。

2）先进性和实用性：设备需符合相关国内、国际标准，整个系统是目前国内最先进的，并将长期处于国内较为先进的水平。所采用的技术为最成熟的先进技术，并根据实际情况，组成最佳组合，不可脱离实用性而盲目追求先进性，从而造成华而不实，浪费资金，降低可靠性。监控软件采用 B/S 结构，便于用户浏览。

3）可维修性：系统的设备模块化、结构化、人性化设计，并且各单元部件具有故障定位指示，便于设备维修。

4）可扩展性：硬件采用标准化的总线式结构，软件采用组态化设计，使得系统可以根据需要扩展、升级而不必改变现有设备的状态。

5）开放性：本系统软件和 RTU 的通信协议采用标准开放式协议。

6）通用性：硬件设备具有通用性，通过不同的软件参数设置，可以实现不同的功能。

7) 经济性：尽可能采用成熟的先进技术，选择性价比高的方案和设备，既要考虑初期建设费用，也要考虑今后的运行维修费用。

1. 泛光照明及控制设计 泛光照明的控制采用光感及定时控制相配合的方式进行智能控制，当自然光渐暗至一定照度时，光感自动启动，泛光照明自动打开，至午夜时，定时器可自动将部分泛光照明关闭，只保留部分灯光以保持适当的照度，当光线渐亮至一定照度后，光感自动将剩余的泛光照明关闭，从而达到最大的节能效果。一般采用时间控制和光照感应控制相结合的方式控制，既可本地控制，又可通过控制中心集中控制。照明系统要充分考虑自然光的利用，时间控制按照工作日、休息日和节假日等区分不同的时间控制。

2. 公共区域智能控制设计 公共区域的智能控制，主要包括建筑外围庭院灯光控制、大堂照明系统控制、内光外透照明系统控制、走廊过道等区域的照明系统控制。公共区域的照明控制主要考虑到时间控制、亮度感应控制、集中平台控制等。时间控制主要分工作日灯光的分时控制和节假日灯光的分时控制，同时结合亮度感应控制。庭院照明和走廊灯光控制：当户外照度低于要求值时，亮度感应器自动开启庭院灯光和走廊过道灯等；当夜幕深沉，时间控制器将自动关闭部分灯光，只保留部分灯光以达到最大的节能效果。随着外部光线的渐亮，亮度感应器关闭所有的照明。内光外透灯光控制：该控制主要是时间控制，根据季节、工作日、节假日等。效果一般考虑设置成建筑内光外透控制，又可以通过集中控制平台集中控制。大堂照明控制：大堂照明控制主要考虑灯光效果和控制方式，既可本地操控，管理人员还可以通过红外遥控器遥控，在控制室内的控制平台上也可以实现大堂灯光的控制，并了解该区域照明系统的工作状态。

3. 多功能厅照明控制设计 多功能厅作为重大会议、重大接待、学术报告的主要活动场所，根据设计要求中对集中控制系统的具体要求，可以完成如下功能：主席台、会议区、辅助照明区所有的灯光控制，对于主要照明灯光实现可循环无级调光操作。会场的各种场景设置，例如入席场景、投影场景、休息场景、散会场景等，该功能主要用于结合照明、电器控制、窗帘控制为一体。

各种控制面板在完成本地控制的同时，还可以整合红外接收功能，在需要的时候可以坐在座位上完成对整个房间实现远程红外遥控。

4. 重要会议室照明控制设计 重要会议室其用途一般为召开一些小型的重要会议，根据设计要求中对集中控制系统的具体要求，可以完成如下功能：会议室内的灯光控制，对于主要照明灯光实现可循环无级调光操作。

5. 小会议室照明控制设计 小会议室主要召开一些小型会议，根据设计要求中对集中控制系统的具体要求，照明控制可以完成如下功能：室内的灯光控制，对于主要照明灯光实现可循环无级调光操作。

6. 领导办公区域照明控制设计 领导办公区域是领导办公、会议、休息的多功能场所，智能灯光根据设计要求中对集中控制系统的具体要求可以完成如下功能：室内的调光控制，对于主要照明灯光实现可循环无级调光操作。

7. 普通办公区照明控制设计 普通办公区域主要给工作人员办公的场所，根据设计要求中对集中控制系统的具体要求可以完成如下功能：室内的灯光控制，有恒光控制器自动调节日光灯的照度，对办公区域进行恒光控制。电动窗帘的升降操作，有日光探测器对窗帘自动控制。办公区域的各种场景设置，例如上班场景、下班场景、午休场景等。该功能主要用于结合照明、电器控制、窗帘控制为一体，实现一键操作。尽可能地减少室内控制面板的数量，可以将以上提及的所有功能在同一个面板上进行操作，使墙面装潢更有显著的亮点。

三、设计要点

控制系统需要实现以下标准 DALI 功能：一条 DALI 线上控制 64 个镇流器（DALI 短地址模式，存储在 DALI 可调光镇流器中），16 个 DALI 分组（组地址，存储在 DALI 可调光镇流器中），16 个场景（存储在 DALI 可调光镇流器中），灯光调光渐变时间（存储在 DALI 可调光镇流器中），开灯的亮度（存储在 DALI 可调光镇流器中），可单独关断单个 DALI 镇流器的电源。

本着经济性原则，DALI 照明控制系统和 LonWorks 控制系统的结合，能实现 DALI 信号和 LonWorks 信号的自由转换，以便在 DALI 地址资源有限的情况下控制更多的灯具。

系统总线不仅有传输控制信号、提供工作电源的功能，而且可通过系统设置实现强开、强关控制，无总线信号强开，无市电能自动接入蓄电池强开，以满足在紧急状况下，强制开关灯光，系统易于扩展。

1. 系统工程范围 需根据用户要求和图样对照明控制系统进行深化设计，并负责提供系统所需的设备及运输、指导安装、编程调试、系统开通并通过业主的验收直至交付使用。

2. 系统技术要求 系统应符合以下条件：

1）数字智能照明控制系统是数字通信，不仅可以发送控制指令，而且可反馈数字控制装置如镇流器甚至光源的工作状态和故障信息，这给例行维护和集中管理提供了极为重要的基础。

2）监视控制功能可集中于中央灯控室，就地可自动控制。

3）所有照明回路采用多种控制形式，即可以集中控制、区域控制、就地控制。中央监控功能停止工作不影响各分区功能和设备运行，网络通信控制也不应因此而中断。

4）系统可提供场景和灯具组接口，该接口可安装于第三方的点动开关安装盒内，实现就地控制面板集成的需求。

5）中央灯光控制室通过工程原有局域网与各灯光控制系统子网联网，以实现集中监控。

6）系统各子网控制相互独立，互不干扰，一个子网停止工作不影响其他子网和设备的正常工作运行，任意子网中任意器件损坏也不影响本网其他器件正常工作。

7）系统在湿度为 90%，温度为 45℃ 环境下能正常运行。

8）系统应具有定时时钟功能，可根据用户预先设定的时间自动完成对灯光的控制。

9）照明控制系统可与报警、消防等系统进行集成。在安防系统发出警报时，激活控制信号，系统接收到信号后，自动触发相应事件，可以打开灯光或闪烁灯光，向保安发出警示。

10）调光控制系统在主机内应具有设定的场景好和过渡时间，即使断电，程序也不会丢失，通电之后所设定的场景自动恢复。

11）应采用 UTP5（屏蔽 5 类 8 芯双绞线）作为系统通信总线和两芯线（2mm × 1.5mm）作为 DALI 总线。

3. 网络技术 系统应采用总线式网络结构，可以方便地根据需要扩展。智能照明控制系统应带有标准的网络接口。可通过有线或无线的方式连接触摸屏进行控制，并能实现与外部网络的连接，进行网络远程控制。

4. 系统硬件

1）系统硬件应包括：液晶触摸屏（含365天/年时钟功能）、系统电源、三合一探测器、遥控器、通信接口和数据线、所有相关器件。

2）系统内的时钟能实现整个网络的全年智能化管理。

3）系统模块记忆的预设置灯光场景，不因停电而丢失；且每个智能照明控制模块应有断电后再来电时切换为任意所需开灯模式的功能。

4）智能开关控制模块：开关控制器应有分组及延时开灯功能，以防止灯具集中启动时的浪涌电流。

可编程触摸屏　具有128个DALI地址的照明控制组件；彩色触摸屏。

手动调光和开关　手动场景选择；时间控制式场景选择（次序排列）最多99种序列；日期控制式场景选择（日期安排）最多10个时间表；通过计算机上的irDA-接口进行软件更新；中英文操作界面；可设置密码锁定；可插入个性化屏保画面；

通信接口　中央控制系统带多个通信接口，通过网络线可分别与个人计算机、调光模块、控制面板等设备相连接。

5. 系统编程软件

1）开放的接口软件（如OPC），方便与BAS进行集成联动。

2）DALI技术指标：①DALI标准的线路电压为16V，允许范围为9.5~22.4V；②DALI系统电流，最大250mA；③1200bit/s数据传输速率可保证设备之间通信不被干扰；④在导线截面积为1.5mm^{2}的前提下，单个DALI线路长度为300m控制线和电源线可以在一根导线上或同一管道中；⑤可采用多种布线方式：星形，树形或混合型。

6. 系统电源　DALI-PS为DALI设备提供电源（15V直流/200mA）；带有LED指示灯，显示DALI线路故障；带有LED电源显示灯；外壳能够适应外置和灯具内置安装。

7. 三合一探测器　三合一DALI探测器需具备以下功能：光感探测功能、人感探测、接收红外信号。光感探测功能：可根据日光的强度调节单灯、灯组、灯区的光输入，以达到舒适、节能的效果。

人体感应探测：根据各个区域的使用要求划分成若干个单元，每单元按3~4m半径设置红外动静探测器，分别通过探测器进行自动调控，当有人进入该区域时，该区域灯光会自动点亮到合适的照度，当人员走出后，该区域灯光会延长一段时间后自动调用到低耗电场景或关闭。投标人需考虑探头圆锥形范围相交产生的盲区或相交区域，探头的探测范围和灵敏度均可以自由调节。

红外接收功能：能接受红外遥控器的信号。

红外遥控器：多键遥控器，使用人员可自行调节工作场景。

编程插口：系统配置的智能照明控制模块或现场控制面板具备编程插口，便于在系统总线中任意点接入系统进行维护。

8. DALI扩展模块　将系统总线命令转换成DALI/DSI数字调光信号，用于控制DALI/DSI的可调光电子镇流器，该接口配合数字式DALI/DSI灯光接口的镇流器，可实现荧光灯的调光控制。具备在调光到0%时，同时切断DALI/DSI镇流器电源的功能。可调光范围在1%~100%（节能灯3%~100%）。具有独立的电源供应（120~277V），可驱动两组，多达 50 个 DSI 装置。扁平的形状和紧凑型设计（21mm × 30mm）适合灯具内置安装和外置安装。

9. 数字调光电子镇流器/变压器 数字式调光镇流器需安装于可调光灯具的空腔内部或其附带的封闭式电器箱内。数字调光电子镇流器需满足以下技术指标：调光范围 1% ～ 100%；符合 DALI/DSI 调光接口标准；功率因数大于 0.95；镇流器温升 $T < 75℃$；环境温度范围 $-25 ～ +50℃$；工作频率为 40～100kHz；具有国家 3C 认证、CE 认证及 ENEC 认证；智能电压保护（过电压指示，低压关断）；应急照明时可以直流运行，符合 VDE0108；在 DALI/DSI 总线中具有反馈实时电压及类型、输入实时电流值、输出实时电压及类型、输出实时电流值、电压波动频率、电流波动频率；系统软件可在 DALI 镇流器或变压器中写入以下参数：独立地址、组地址、灯光场景值、渐变时间、应急照明灯光亮度值、来电恢复时灯光亮度。

10. 智能照明控制系统的功能 人体感应：在展览区域，有人参观的区域切换到高照度模式，在人离开后，延时渐暗到低照度，整个变化过程自然舒适，不会引起人眼不适。由于减少了对展品的曝光时间和曝光强度，有效减少了展品受到的热辐射和紫外辐射，同时节约能源，又方便管理。

日光补偿：在一些可以充分利用日光的区域，可以调节到更适合人眼的照度。

定时控制：随着时间自动开关，切换照明模式，既节约能源，又方便管理。

场景调用：根据需要预设 VIP 模式、摄影模式、一般参观模式、布展模式、打扫模式、节能模式等，可随时方便调用，配合展馆发挥最佳功能。

同时，场景应能在触摸屏上方便的设置，以方便使用。无线遥控：可以利用手持式遥控器进行场景的自由变化。

思考题与习题

1. 简述智能照明控制系统的结构。
2. 智能照明控制系统控制的范围主要包括哪几类？
3. 智能照明控制系统的主要控制内容是什么？
4. 智能照明控制系统的控制方式有哪几种？
5. 简述网络化智能照明 C-Bus 系统的基本结构。
6. 简述 DALI 数字照明接口的工作原理。

第六章　中央空调系统的监测与控制

目前智能楼宇的迅速发展，业主对建筑物内舒适度的要求也越来越高，使得空调系统的设计更趋于复杂化，空调系统所占整个建筑物能耗的比重越来越大，空调系统的能量主要用在热源及输送系统上。据智能楼宇能量使用分析，空调能量占整个智能楼宇能量消耗的60%，其中冷热源使用能量占40%，输送系统占60%。为了使空调系统在最佳工况下运行，在智能楼宇中采用计算机控制对空调系统设备进行监督、控制和调节，用自动控制策略来实现节能。空调监控系统是楼宇自动化系统中的一个子系统，也是楼宇自动化系统中监控点最多、监控范围最广、监控原理最复杂的一个子系统。

第一节　中央空调的基本控制方案

由于智能楼宇要求提供舒适健康的工作环境，以及符合通信和各种办公自动化设备工作要求的运行环境，并能灵活适应智能楼宇内不同房间的环境需求，对于环境在温度、湿度、空气流速与洁净度、噪声等方面有着更高的要求。因此，智能楼宇在室内空调环境和室内空气品质方面对于整个空调监控系统都提出了新的要求，同时对空调监控系统的工作效率和控制精度也提出了更高的要求。空调环境的基本内容如表 6-1 所示。

表 6-1　空调环境的基本内容

基本项目	设置内容			
	项目登记	甲	乙	丙
室内环境基准	空气浮标粉含量	$\leq 0.15\mathrm{mg/m^3}$	$\leq 0.15\mathrm{mg/m^3}$	$\leq 0.15\mathrm{mg/m^3}$
	CO 含量率	$< 10 \times 10^{-6}$	$< 10 \times 10^{-6}$	$< 10 \times 10^{-6}$
	CO_2 含量率	$< 1000 \times 10^{-6}$	$< 1000 \times 10^{-6}$	$< 1000 \times 10^{-6}$
	温度/℃	冬天 22	冬天 18	冬天 18
		夏天 24	夏天 26	夏天 27
	相对湿度（％）	冬天≥45	冬天≥30	夏天≤65
		夏天≤55	夏天≤60	
	气流速度/（m/s）	≤ 0.25	< 0.25	< 0.25
空调控制单元	空调设备的开关及温度调整区域范围不得超过 2 层以上，且希望各承租户能单独对空调系统进行控制			
温湿度自动调节	空调器能根据设定值自动调节温湿度			
24h 服务	每个空调服务区的设备应能 24 小时控制，且各承租户能单独控制			
室内热负荷	应考虑自动化办公设备的发热，保证空调器增加的空间及线路			

影响室内空气环境参数的变化，主要是由以下两个方面原因造成的：一是外部原因，如太阳辐射和外界气候条件的变化；另一方面是内部原因，如室内人和设备产生的热、湿和其

他有害物质。当室内空气参数偏离了规定值时，就需要采取相应的空气调节措施和方法，使其恢复到规定的要求值。同时，为了便于理解空调监控系统，因此有必要对空调系统的各相关概念进行初步的了解。

（1）温度　温度是用来衡量空气冷热程度的状态参数，反映了空气分子热运动的剧烈程度。

（2）湿度　空气湿度是空气干燥和潮湿的程度，表示混合空气中含水蒸汽的多少。湿度有以下几种表示方法：

1）含湿量 cap 与饱和含湿量 cabs：含湿量指 1Pa 干空气中所含水气量。饱和含湿量指 1Pa 干空气的实际空气所含最大值水蒸气的质量。含湿量是反应空气湿度的重要参数。对空气进行热湿处理时要用含湿量衡量空气中水蒸气的变化。

2）绝对湿度 Z 和饱和绝对湿度 Zb：绝对湿度是指 $1m^3$ 空气中实际所含的水蒸气的质量。饱和绝对湿度是指 $1m^3$ 空气中实际所含的水蒸气最大限度的质量。饱和绝对湿度与温度有关，温度越高，饱和量越大；温度越低，饱和量越小。

3）相对湿度：相对湿度（常用 RH 表示）指空气的绝对湿度与同温度下的饱和绝对湿度之比，用百分数表示。

（3）焓　在空调工程中，湿空气的状态经常发生变化，也经常需要确定此状态变化过程中的热交换量。例如，对空气进行加热和冷却时，常需要确定空气吸收或放出多少热量。在空调系统中需要对空气热量进行调节，焓值就是表示空气热量的一种变化关系。焓是指 1Pa 干空气的实际空气所含热量，单位是 kJ/Pa 或 kcal/Pa。一般以 0℃时的干空气和 0℃时的液态水的焓均为 0，作为计算热量的基点。

空气的焓值在空调工程中，湿空气的状态变化过程属于定压过程。所以能够用空气状态前后的焓差值来计算空气热量的变化。1Pa 干空气的焓和 dPa 水蒸汽的焓两者的总和，称为（$1+d$）湿空气的焓。湿空气的焓将随温度和含湿量的改变而变化。当温度和含湿量升高时，焓值增加；反之，焓值则降低。在使用焓这个参数时须注意一点，在温度升高，同时含湿量又有所下降时，湿空气的焓值不一定会增加，而完全有可能出现焓值不高，或焓值减小的现象。

一、空调监控系统的基本功能

1. 空调监控系统的特点

（1）多干扰性　例如，通过窗户进入的太阳辐射热是时间的函数，也受气象条件的影响；室外空气温度通过围护结构对室温产生影响；通过门、窗、建筑缝隙侵入的室外空气对室温产生影响；为了换气（或保持室内一定的正压）所采用的新风，其温度的变化对室温有着直接的影响。由于室内人员的变动，照明、机电设备的启停所产生的余热变化，也直接影响室温的变化。此外，电加热器（空气加热器）电源电压的波动以及热水加热器的热水压力、温度的波动，蒸汽压力的波动等，都将影响室温。至于湿干扰，在露点恒温控制系统中，露点温度的波动、室内散湿量的波动以及新风含湿量的变化等都将影响室内湿度的变化。

（2）调节对象的特性　空调监控系统的主要任务是维持空调房间一定的温湿度。对恒温恒湿控制的效果如何，在很大程度上往往取决于空调系统，而不是自控部分。所以，在空调自控设计时，首先要了解空调对象的特性，以便选择最科学的控制方案。

（3）温、湿度相关性　描述空气状态的两个主要参数温度和湿度，并不是完全独立的两个变量。当相对湿度发生变化时要引起加湿（或减湿）动作，其结果将引起室温波动；而当室温变化时，使室内空气中水蒸气的饱和压力变化，在绝对含湿量不变的情况下，就直接改变了相对湿度（温度增高相对湿度减小，温度降低相对湿度增大）。

（4）多工况性　有空调是按工况运行的，所以空调监控系统设计中包括工况自动转换部分。例如夏季工况在冷气工作时（若仅调节温度），通过工况转换，控制冷水量，调节温度；而在冬季需转换到加热器工作，控制热媒，调节温度。此外，从节能出发进行工况转换控制。全年运行的空调系统，由于室外空气参数及室内热湿负荷变化，采用多工况的处理方式能达到节能的目的。为了尽量避免空气处理过程的冷热抵消，充分利用新、回风和发挥空气处理设备的潜力，对于空调自控设计师而言，除了考虑湿度为主的自动调节外，还必须考虑与其相配合的工况自动转换的控制。

（5）整体控制性　空调监控系统是以空调室的温度控制为中心，通过工况转换与空气处理过程每个环节紧密联系在一起的整体监控系统。空气处理设备的起停要严格根据系统的工作程序进行，处理过程的各个参数调节与联锁控制都不是孤立进行，而是与温、湿度控制密切相关。但是，在一般的热工过程控制中，例如一台设备的液位控制与温度控制并不相关，温度控制系统故障并不会危及液位控制。而空调系统则不然，空调系统中任一环节有问题，都将影响空调室的温、湿度调节，甚至使调节系统无法工作。所以，在自控设计时要全面考虑整体设计方案。空调控制系统的目的是通过控制锅炉、冷冻机、水泵、风、空调机组等来维护环境的舒适。

2. 空调监控系统的功能　空调监控系统主要控制冷、热源机组的运行，优化控制空调设备的工况，监视空调用电设备状况和监测空调房间的有关参数等，分成控制温、湿度，控制新风系统等，来实现以下主要功能：

（1）创造舒适宜人的生活和工作环境　对室内空气的湿度、相对湿度、清晰度等加以自动控制，保持空气的最佳品质。具有防噪声措施，提供给人们舒适的空气环境。对工艺性空调而言，可提供生产工艺所需要的空气的温度、湿度、洁净度，从而保证产品质量。

（2）节约能源　在建筑物的电气设备中，制冷空调的能耗是很大的。因此，对这类电气设备需要进行节能控制。现在已从个别环节控制，进入到综合能量控制，形成基于计算机控制的能量管理系统，达到最佳控制，其节能效果非常明显。

（3）创造了安全可靠的生产条件　自动控制的监测与安全系统使空调系统正常工作，及时发现故障并进行处理，创造出安全可靠的生产条件。

二、空调监控系统的形式

空调控制最基本的就是对空调房间温度的控制，控制系统按结构形式可分为单回路控制系统和多回路控制系统。

1. 单回路控制系统　此种系统结构简单，投资少，易于调整，也能满足一般过程控制的要求，目前在空调控制系统中应用最为普遍，其系统框图如图6-1所示。

此控制系统在实际应用主要体现在以下两个方面：

（1）温度传感器的设置　根据对温度精度要求的不同，温度传感器设置的位置也有所不同。对温度精度要求高的场所，一般常在房间内选几个具有代表性的位置均设温度传感

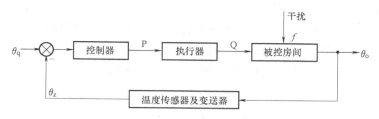

图 6-1　单回路控制系统框图

器，然后根据其平均值来进行控制。此种方法存在投资大、线路复杂、需要设备具有一定的计算功能、代表性位置难确定等缺点。因此在工程上目前大多采用以回风温度代表房间温度，此种方法精度不高，但基本上能满足使用要求。

（2）控制规律的选择　目前，工程上多采用 P、PD、PI、PID 等控制规律。

2. 多回路控制系统　随着工程技术的发展，对控制质量的要求越来越严格，各变量间关系更为复杂，节能要求更为重要，尤其是随着计算机控制系统在民用建筑中的广泛应用，许多原本较为复杂的控制系统现已简化。为此，许多专家提出了在空调控制系统中采用多回路控制系统，其主要有串级控制、前馈控制、分程控制、比值控制和选择控制等系统。但其中串级控制系统用得最多。主要是由于串级控制系统比单回路控制系统只多一个温度传感器，投资不大，控制效果却有明显改善，容易被业主接受。其系统框图如图6-2 所示。

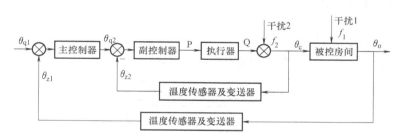

图 6-2　串级控制系统框图

3. 中央空调监控系统的内容　中央空调监控系统主要包括对空调冷、热源系统、空气处理机系统、新风空调机系统、末端风机盘管系统的自动控制。其自动控制系统一般由敏感元件、控制器、执行机构、调节机构等几部分组成，其控制流程图如图 6-3 所示。

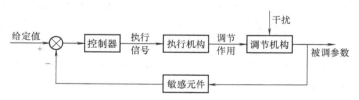

图 6-3　典型的单回路自动控制系统控制流程图

中央空调监控系统的各部分的调节对象不同，其对应的自动调节控制器和被调参数也有所不同。

（1）空调制冷系统压力/温度的自动控制　空调冷、热源系统担负着整栋智能楼宇各楼层及房间、办公室的制冷和制热的任务，通过控制系统的自动调节控制，满足智能楼宇内的温度的舒适性。

空调制冷系统的主要设备有冷却塔、冷却水泵、冷冻水泵、冷水机组及各种水阀；主要制冷方式有压缩式制冷、吸收式制冷和蓄冰制冷。在制冷系统中被控制和调节的参数主要是冷冻水的总供水与总回水之间的压差和冷却塔的回水温度。目前，在空调系统控制策略上，主要是选用经典 PID 控制方法，其控制原理框图如图 6-4 所示。

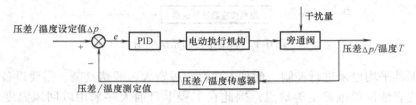

图 6-4　空调制冷系统压力/温度控制原理框图

（2）空气处理机系统的自动控制　空气处理是指对空气进行加热、冷却、加湿、干燥及净化处理，以创造一个温度适宜、湿度恰当并符合卫生要求的空气环境。空气处理机系统主要是对混合风进行温度和湿度处理，达到环境要求后，通过送风机送出，其控制方式有一次回风系统和二次回风系统。

空气处理机系统采用直接数字控制器（DDC）控制和手动控制相结合的方式，对各个室内的送风温度进行调节。另外，由于温度和湿度均有一定的时延性，为了达到节能效果以及满足房间的舒适性，在空气处理中常常采用串级调节系统，送风管和回风管的温/湿度检测串行进行，其控制流程图如图 6-5 所示。

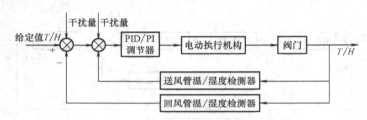

图 6-5　温/湿度串级调级系统控制图

（3）新风空调机的自动控制　在中央空调系统中，为了提高室内舒适度及空气清新，需补充适量新风，并且新风量在空调冷热负荷中所占的比重很大，因此，合适范围内的新风量控制是很有意义的。新风空调机主要对新风的供应进行调整，以保证智能楼宇内的空气清新，清除空气循环所积蓄的陈旧空气。新风空调机的一个重要的功能是完成对空调系统中新风量的比例以及新风的温度和湿度进行控制，还可以根据新风温度改变送风温度的设定值。另外，从卫生的角度出发，智能楼宇内每人都必须保证有一定的新风量，但新风量取得过多，将增加新风耗能量。新风量大小可以根据室内 CO_2 浓度来确定。因此，控制新风量大小时，可以考虑 CO_2 浓度控制方法。一幢智能楼宇可以有多台新风机组，每台新风机组负责一个区域，新风机组要保证这一区域的新风量的要求。新风空调机系统的控制原理图如图 6-6 所示。新风机组监控方案如图 6-7 所示。

盘管换热器夏季通入冷水对新风降温，冬季通入热水对空气加热，加湿器则在冬季对新风加湿。其机组运行参数包括：进出口温湿度、过滤器堵塞状态、风机运行状态等。现场

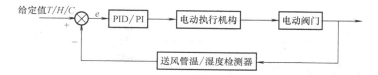

图 6-6 新风空调机系统控制原理图

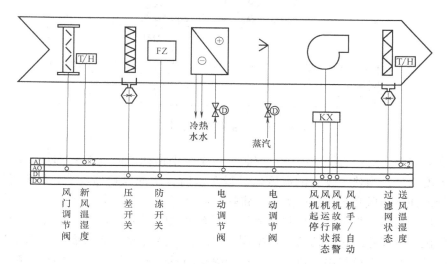

图 6-7 新风机组监控方案图

DDC 控制器完成以下功能：根据要求按给定时间程序或在监控中心遥控起停新风机；根据新风温度，采用软件算法调节水阀，保持送风温度为设定值；控制加湿器阀，使冬季风机出口空气相对湿度达到设定值。监测新风机的工作状态和故障状态；测量风机出口空气温湿度参数并使之达到控制要求；测量新风过滤器两侧压差，当其达到一定值时，产生过滤网堵塞报警，并在中控室有报警显示。在冬季，当热盘管后的温度低于某个设定值时，防冻保护器动作，控制器将停止风机运行并将新风风门关闭，同时将热水阀开至100%，以防止盘管冻裂，同时中控室有报警。

（4）全空气空调机组的监测控制　在空调系统中，全空气空调系统实际上是通过室内空气循环方式将盘管内水的热量或冷量带入室内，同时排除少量的污浊空气，适量补充新风的空调机组设备，全空气空调机组监控方案图如图 6-8 所示。

与新风机组不同的是，控制调节对象是房间内的温湿度，而不是送风参数，并且需要考虑房间的夏季温度及节能的控制方法、新回风比变化调节等。因此，房间内要设一个或若干个温湿度传感器，以这些测点温湿度的平均值作为控制调节参照值。在要求不高的情况下也可在回风口设置此传感器。为了调节新回风比，对新风、回风、排风三个风门都要进行单独的连续调节。因此，每个风门都要一个 AO 点来控制（实际控制可利用 DO 点来实现）。其机组运行参数包括：回风温度、湿度、过滤器堵塞状态、风机运行状态和过载报警。根据温度调节空调机水阀开度。如是变风量末端装置，则监视末端装置的温度和风量，按给定时间程序起停风机和风门。为此现场 DDC 控制器应能完成以下功能：风机定时起停控制，也可人工在监控中心远方遥控起停，风机运行状态可传到监控中心。夏季，根据回风温度设定值

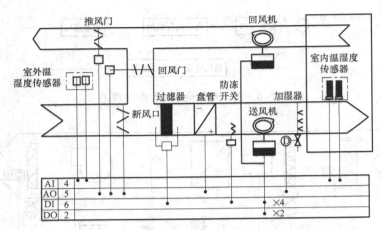

图 6-8　全空气空调机组监控方案图

和回风温度的偏差，对盘管调节阀进行控制。冬季，根据回风温度控制加热器的水阀开度，保证送风温度精度；当热盘管后的温度低于设定值时，防冻保护器动作，DDC 控制器将停止风机运行，并将新风和排风风门关闭，将热水阀全部开通，以防止盘管冻裂，并在监控中心报警。风机停止时，根据送风机状态信号，所有蒸汽阀及水阀关闭，并关闭所有风门，回风机同送风机联锁起停。过滤器两侧压差到一定时，产生过滤网堵塞报警并通知 BAS 中心。当风机运行过载时，在监控中心可报警。在中央空调系统中，各种用房冷暖设备除新风机组和空调机组外，还大量使用风机盘管。其作用类似于空调机组，只是简单了许多，它只有盘管、三速风机、电动调节阀，感温元件、控制器等。其三速风机开关、感温元件、控制器等制成一个整件设备安装在房间内，一般情况下，BAS 中对风机盘管的控制不予监测。

（5）末端风机盘管系统的自动控制　风机盘管系统是空调系统的末端设备，可以通过改变经过盘管的水流量而送风量不变，或改变送风量而水流量不变两种方式来达到调节室内温度的目的。末端风机盘管系统自动控制室内温度，满足用户的空气环境需求。楼宇自动化系统对风机盘管系统也进行集中监控，不过这种监控只是针对风机盘管系统的供电电源进行控制，而对风机盘管系统设备，则是采用独立的末端控制器。

目前，各智能楼宇都采用变风量末端风机盘管系统（VAV），与常规的全空气系统相比，VAV 系统最主要的特点就是每个房间的送风入口处装一个 VAV 末端装置，该末端装置实际上是一个风阀。调整此风阀以增大或减小送入房间的风量，从而实现对各个房间温度的单独调节。对变风量末端风机盘管系统，其风量的变化可通过两种变风量箱控制方法来实现。

1）温度控制：这种控制方式是通过温度来调节控制风门的开启度，以控制送风量的变化，是节流式的变风量控制方法，其原理如图 6-9 所示。

2）流量控制：这种控制方法是通过检测送风量的压差变化，来控制变风量箱的送风量，就是控制送风量的大小，使之维持在一个固定不变的送风量。其中，室温检测器的功能是设定一个定风量值的大小。该方法的控制原理如图 6-10 所示。

（6）监控中心工作站监控软件　软件一般分为监控中心工作站软件和分站软件，有的系统还有网络控制器软件，依所选用系统的规模大小而定。楼宇自动化系统一般由专业厂家

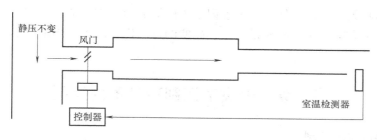

图 6-9　温度控制送风量控制原理图

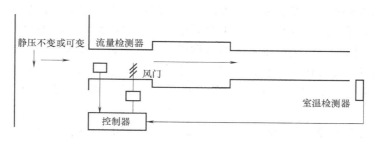

图 6-10　流量控制送风量控制原理图

成套供应，其组态软件也以功能模块的形式存在于随机提供的软件包中。其中分站的软件既可以用手持编程器在现场通过编程口进行设计，也可通过中控室主机编程然后下载到指定的DDC 控制器，只要程序设计人员熟悉该产品软件和控制策略，满足前述的控制要求，通过简单的图形编程工具就可以完成设计。中央站的软件设计是在掌握建筑全貌的基础上，了解对象的功能及使用者的意图，规划好人机操作界面，利用系统软件提供的工具模块进行编制。程序编制一般应实现以下功能：

1）进行日常的监测和控制：中心站应为控制对象提供完善、详尽的控制服务，通过屏幕显示完整的系统资料、工作站信息；可指示操作员需要做什么，如何去做，并可为每一步控制提供所需的信息，为及时适应不断变化的环境而确定最优化运行策略等；提供本地操作或远程控制。

2）直观导向的彩色图形界面：彩色图形界面应能提供分层结构，把不同的系统连接起来，通过高质量的图形，用户可以浏览整个工作区域、楼层、各个房间、控制单元等设备图形。通过这些彩色图形，操作员可以轻松地对整个系统进行监视和控制。

3）操作员的控制：监控系统重要的功能是它的报警处理，系统的报警处理要以智能化、直观化的彩色图形，给出报警的确定位置、参数值。再根据报警的重要性为报警分配不同的优先级。操作员可以单击局部显示、注释说明等对系统进行操作，同时报警信息可以被输出到打印机上，以便对报警原因快速分析。

4）时间表控制：时间控制是系统软件的一个非常重要的功能，其控制过程是基于时间变量，并且是建立在与一个或多个时间表相连的基础上的。每个时间表包含了某个星期程序的若干开、关时间。换句话说，时间表控制通常是指编制好的时间间隔、周末和假期程序。

5）系统运行和状态过程记录：过程记录包括系统运行过程中技术数据、状态参数以及测量值等信息的收集、存储、处理，过程记录可以形成历史数据文件，用于系统故障的分析并确定适当的解决方案。系统应能以快速、简便的方法创建图表，用来显示和分析系统的性能等。

第二节 中央空调制冷设备的控制

一、冷热源的自动控制

在空调工程中，常用的冷热源方案有以下三种：风冷热泵机组、直燃机组和冷水机＋燃气锅炉。冷热源系统的运行控制可以分为以下三种层次：①正常运行；②节能运行；③优化运行。第一层次是保证冷热源系统安全正常运行，对冷热源系统基本参数进行测量，实现对设备的起停控制和保护，这是控制系统的最重要的层次，必须可靠。第二层次和第三层次是充分发挥楼宇自控系统的优势，在保证"正常运行"的基础上，通过合理的控制调节，节省运行能耗，提高冷热源效率，这是控制系统追求的最终目标，是实现建筑节能的重要途径。

冷热源系统是控制较为复杂的一个部分。冷热源系统的设备多且分散，能耗在建筑总能耗中占的比例大。从大面积广场、摩天大楼到建筑物群，冷热源系统的制冷设备与末端空调设备的跨距正逐步扩大，冷源冷负荷的供给与末端冷负荷的需求之间能量匹配的矛盾越来越明显。为保证建筑的舒适性要求，冷热源系统从设计到运行均考虑较大的冷负荷余量，从而造成智能建筑运行成本居高不下，冷热源系统的运行效率普遍偏低。

目前，常用的冷热源为直燃机组，因为直燃型溴化锂吸收式冷水机有无环境污染、对大气臭氧层无破坏作用的独特优势而被广泛应用。直燃型溴化锂吸收式冷水机是一种以蒸汽、热水、燃油、燃气和各种余热为热源，制取冷水或冷热水的节电型制冷设备。它具有耗电少、噪声低、运行平稳、能量调节范围广、自动化程度高、安装、维护、操作简便等特点，在利用低势热能与余热方面有显著的节能效果。

1. 溴化锂冷水机组自动控制系统

（1）溴化锂冷水机组自动控制系统总体方案设计 在溴化锂冷水机组的自动控制系统设计中，一般考虑以下几个方面：

1）控制设备的确定：冷水机组控制系统基本上属于逻辑控制，可采用可靠性极高的、带通信接口的模块化 PLC 或 DDC 控制装置。

2）反馈控制回路方案的确定：用 PLC 或 DDC 的模拟量输入/输出模块取代模拟仪表调节系统实现反馈控制。

3）冗余方案的确定：为了系统安全可靠的运行，采用两套 PLC 或 DDC 工作，既可扩展 I/O 点数，又可实现双机冗余控制。一旦一套 PLC 或 DDC 出现故障，另一套 PLC 或 DDC 能够及时保证机组的正常控制。

4）程序优化设计：它比常规控制增加多项参数参与控制，可使系统更稳定、更可靠。

5）现场巡检的要求：工作现场采用 PLC 或 DDC 配合液晶触摸控制屏，以保证系统联网后，现场巡检时便于检查使用。现场的液晶触摸控制屏具有动态流程图显示、运行状况显示、故障报警显示等功能，方便现场巡检，手动操作。电动机、电磁阀控制主电路如图 6-11 所示。

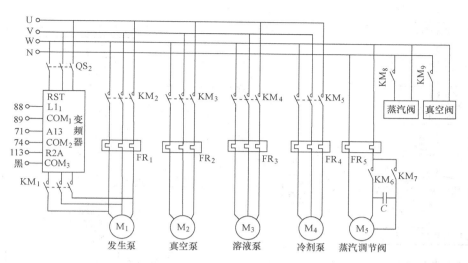

图 6-11　电动机、电磁阀控制主电路

（2）过程控制系统设计　溴化锂吸收式冷水机组的操作按照一定的程序，根据机组的工艺流程、规定、操作程序实现对发生泵、溶液泵、冷剂泵、真空泵起动和停止的控制。发生泵的作用是进行变频调速，是溴化锂机组的心脏。溶液泵是向吸收器输送溴化锂浓溶液，单向运转，需过载保护。而冷剂泵实现冷剂水的循环，由吸收器的两个液位信号控制起停。真空泵保证机组内的低压真空状态，与真空电磁阀联动。当真空泵意外停机时，电磁阀动作，切断抽气管路。

1）自动起停控制：起动过程中，要慢慢打开调节阀向高压发生器缓缓送气。送气过快，受热膨胀不均匀容易造成高压发生器传热管严重变形和胀管处的泄漏。

① 起动流程。程序启动系统流程图如图 6-12 所示。具体步骤如下：①闭合主电源开关，接通机组及系统电源；②检查各开关位置，将各开关置于相应的位置，如选择开关"自动/手动"置自动位置，起动冷水泵、冷却水泵、冷却风机泵；③按下起动按钮；④设置的安全保护装置投入工作，对机组及系统的状态进行检测，确保机组安全进入起动状态。如果发生故障，机组停止起动，处于自锁状态；⑤起动发生泵，使高压发生器溶液液位处于正常位置；⑥以发生泵的起动时间为依据，延迟若干分钟，待高压发生器溶液液位处于正常位置，起动溶液泵，打开蒸汽阀，按规定程序慢慢开起蒸汽调节阀；⑦起动冷剂泵。冷剂泵的起动由蒸发器上安装的液位信号控制，当液位达到一定高度后自动起动冷剂泵，冷剂泵起动后，机组进入制冷状态。机组的起动过程有一定的时间性，要经过若干时间才能达到满负荷状态。

② 停机流程。当按下停止按钮或安全保护装置动作而使机组停机时，由于机组内温度较高，溶液的运行不能立即停止，否则会产生结晶。

停机系统流程图如图 6-13 所示，具体步骤如下：①操作人员按下"停止"按钮或安全保护装置动作而使机组停机；②机组转入稀释运行，由控制器根据温度控制稀释过程，发生泵、溶液泵、冷剂泵继续运转一段时间，使机内溶液充分混合；③稀释温度达到设定要求后，发生泵、溶液泵和冷剂泵停止运转；④冷水泵、冷却水泵和冷却塔风机关闭；⑤闭合总电源开关，机组和系统处于静止状态。

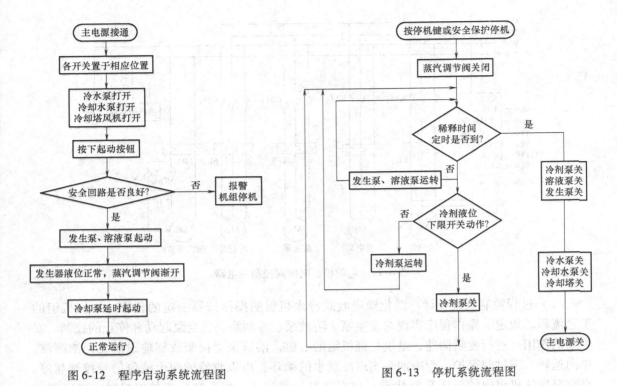

图 6-12 程序启动系统流程图   图 6-13 停机系统流程图

2）冷剂泵的控制：冷剂泵根据冷剂水液位进行起停，冷剂水液位超过高位，高位信号接通，计时器接通计时，9s 后，冷剂泵冷却相关触点接通，冷剂泵起动。若冷剂水液位于低位时，低位信号接通，计时器接通计时，6s 后，相关触点接通，水进口温度断电，冷剂泵冷却断电，使冷剂泵停止。程序设计中要加计时器的时间延时，目的是避免冷剂泵频繁动作，损坏设备。

3）真空泵的自动控制：由于溴化锂吸收式冷水机是处于真空中运行的，蒸发器和吸收器中的绝对压力极低，故外界空气很容易漏入，即使少量的不凝性气体也会明显地降低机组的制冷量。如果不凝性气体积聚到一定的数量，就会破坏机组的正常工作状况。因而及时抽除机组内的不凝性气体是提高溴化锂吸收式冷水机性能的根本措施。

为了及时抽除漏入系统的空气，以及系统内因腐蚀产生的不凝性气体（氢），机组中备有一套抽气装置。机组在吸收器中安装一个负压力传感器检测真空度，检测压力范围为 $-1 \sim 0Pa$，设定动作值为 $-0.3Pa$。负压力传感器将真空压力信号通过模拟量输入模块送入 PLC 中，若真空度低于设定值使真空泵通电，延时 6min 后待抽气管内抽至较高的真空度时方可接通，使真空阀通电，抽取气体，当真空度恢复至正常值时，真空泵、真空阀自动关闭，从而实现了真空度的自动控制。

（3）制冷量自动调节系统设计 制冷量自动调节系统是溴化锂吸收式冷水机组的重要组成部分。它不仅可以减少操作人员的数量，减轻劳动强度，而且可以准确地保证冷水机组在各种工况下正常可靠地运行，降低运转所需的费用，防止事故的发生，进而实现无人操作。制冷量自动调节系统是通过控制蒸汽调节阀的开度，调节蒸汽流量，调节溴化锂溶液浓度，根据外界负荷的变化，可自动地调节机组的制冷量，使蒸发器出口冷媒水的温度保持恒定。

1）制冷量调节方法的分析：溴化锂吸收式冷水机组的制冷量自动调节包括冷量自动调节、程序启动、程序停止及安全保护装置等。程序安全保护装置则保障机组的顺利运行或发出故障警报，并指示故障的原因和位置，以便操作人员及时地排除故障。

在机组的正常运行过程中，机组的制冷量是随外界热负荷的变化而变化的，这就要求冷水机组的制冷量也要相应地变化，以满足变负荷的要求。溴化锂吸收式冷水机组是利用热能来制冷的。加热介质的参数变化会引起冷水机组性能的变化。就加热蒸汽而言，蒸汽压力不稳定，冷水机组的运行就不稳定，制冷量的自动调节也就难于实现。因此，稳定加热蒸汽压力是冷水机组正常运行，进而实现制冷量自动调节的前提。

若外界负荷发生变化时，而加热介质和冷却介质的参数不变，则制冷量下降。可见，溴化锂吸收式冷水机组具有自平衡能力。但随着蒸发器冷媒水出口温度的降低，它的热效率降低，冷水机组的正常运行将遭到破坏。因此，必须采用制冷量调节装置来调节机组的制冷量，使冷水机组的运行具有较高热效率，同时不至于因外界负荷降低过大而影响机组的正常运行。

2）溴化锂吸收式冷水机组制冷量的自动调节方法：溴化锂吸收式冷水机组制冷量的自动调节，是围绕保持蒸发器冷媒水出口处温度的恒定来设定的。一般采用的方法有：加热蒸汽量调节法、加热蒸汽凝结水量调节法、冷却水量调节法、溶液循环量调节法及彼此间的组合调节法。实践表明，采用溶液循环量调节法的经济效果最佳。因为制冷量由100%降低至10%时，单位制冷量的蒸汽消耗量几乎不变；冷却水量调节法的经济效果较差，而当机组制冷量降低到60%以下时，蒸汽量的调节法的经济效果也明显下降；组合式调节法可以采用溶液循环量调节法与加热蒸汽量调节法相组合，也可以采用溶液循环量调节法与加热蒸汽凝结水量调节法相组合。

加热蒸汽量调节法与溶液循环量调节法相组合的调节原理是当外界负荷降低时，通过蒸发器出口冷媒水管道上的感温元器件发出的信号来调节进入发生器的溶液量和加热蒸汽量，使制冷量降低，从而维持蒸发器出口处冷媒水的温度在给定的范围内。

通过以上各种调节方法的分析研究，根据溴化锂冷水机组的工艺要求及机械结构，采用溶液循环量调节法与蒸汽量调节法相组合调节法来实现机组的制冷量自动调节是一种较好的方法。

3）能量调节系统设计

① 冷量的自动调节。冷量的自动调节系统指根据外界负荷的变化，自动地调节机组的制冷量，使蒸发器中冷（媒）水的出口温度基本保持恒定，以保证生产工艺或空调对水温的需求，并使机组在较高的热效率下正常运行。

图6-14所示为冷量自动调节系统原理图，溴化锂吸收式冷水机冷量的调节是把冷水机作为调节对象，蒸发器的冷水出口温度作为被调参数，外界的变化作为扰动。当某种扰动使得外界负荷发生变动时，蒸发器冷水的出口温度随之变化，通过感温元件发出信号，与比较元件的给定值比较后将

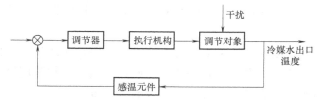

图6-14　冷量自动调节系统原理图

信号送往调节器，然后由调节器发出调节信号驱使执行机构朝着克服扰动的方向动作，以保持冷水出口温度的基本恒定。

如果循环量过小，溶液的浓度差增大，当溶液浓度过高时，有结晶的危险。因此，机组运行时，应适当地调节溶液的循环量，以期获得最佳的制冷效果。此时机组循环速度由变频器控制，系统设计采用液位参数和温度参数组合调节循环量。

② 蒸汽压力变化对调节阀的调节。当蒸汽压力提高时，制冷量增大。但蒸汽压力不宜过高，否则不但制冷量增加缓慢，而且浓溶液还会有产生结晶的危险，同时会削弱铬酸锂的缓蚀作用。蒸汽压力过小，则会使制冷量减少。因而要把蒸汽压力控制在合适的范围内，正常范围为 0.6~6Pa。

③ 熔晶管、高压发生器超温对调节阀的调节。溴化锂溶液的浓度越高，则制冷效果越好，以溴化锂浓度最高而不结晶的临界点时制冷效果最好，热力系数最高。机组中熔晶管周围溶液的浓度最高最易出现结晶。结晶会使管道堵塞，吸收泵、发生泵过热，破坏机组的正常运行。因此，熔晶运行时须对熔晶管温度加以控制。

（4）变频调速控制系统设计　高压发生器的液位要保持在合理的范围内，由变频器控制发生泵向高压发生器输送溴化锂稀溶液的流量，用以调节高压发生器溶液的液位。由多个模拟量、数字量的参数控制变频器。高压发生器是机组溶液循环中温度、压力的最高部位。这里突出的安全保护是溴化锂溶液的防结晶和恒液位问题。通常机组运行过程中，溴化锂溶液温度过低会产生结晶现象，而结晶现象的产生会使机组循环产生障碍，无法正常工作。

机组运行时，如果进入发生器的稀溶液量调节不当，可导致机组性能下降。发生器热负荷一定时，如果循环量过大，使机组的制冷量下降，热力系数降低。如果循环量过小，溶液的浓度差增大，有结晶的危险。因此，机组运行时，应适当地调节溶液的循环量，以期获得最佳的制冷效果。本机组循环速度由变频器控制，采用液位参数和温度参数组合调节循环量。

1）高压发生器溶液的液位参数对频率的自动调节：冷水机组的高压发生器采用沉浸式结构，将液位保持合理的范围很重要。因为高压发生器液位过高，会造成冷剂水污染；而液位过低，会将传热管暴露在液位外面，传热效果太差，还会影响传热管的寿命。由此可见，高压发生器液位的高低会影响整个机组的热交换的效率。

为了很好的控制液位，在高压发生器内安装了 4 个液位计检测 4 个液位，把液位分为"高位"、"次高位"、"次低位"和"低位" 4 个等级。PLC 在不同液位下给变频器发出不同的频率信号，调节发生泵的转速。在液位"低位"时，设定的频率信号较高，发生泵速度较快，以增加溶液的循环量；液位到达"次低位"时，频率降低 6Hz，以降低溶液的循环量；在液位"次高位"时，频率再降低 2Hz；在液位"高位"时，频率再降低 2Hz，此时，溶液的循环量最慢。机组的正常运行使液位保持"次高位"与"次低位"之间有较高的热效率。

溴化锂溶液正常温度下处于沸腾中，液面波动不稳，不易准确检测。控制程序设计采用液位的脉冲信号，只要液位计捕捉到第一个脉冲信号，就认为是液位信号，从而能够及时检测液面的位置，及时调整溶液的循环量。

2）高压发生器及熔晶管的温度参数对频率的自动调节：只通过高压发生器 4 个液位调

节变频器，区段不可能分得较细，发生泵只有 4 种速度，调节级数少，不够平滑稳定。因此考虑采用加入高压发生器内的温度信号及熔晶管的温度信号，作为控制变频器的信号。由温度传感器检测温度信号，通过 PLC 或 DDC 模拟量模块送入相关通道中。高压发生器温度信号、熔晶管温度信号分别送至相关通道。

当高压发生器温度变化，蒸发量则会变化，液位会波动，由温度的变化通过变频装置控制溶液的流量，可起到稳定液位的作用。将高压发生器的温度信号，划分为 10 个区段，每升高 10℃，变频器 4 个液位频率信号各提高 2Hz，使频率信号在较小的范围内调节，液面及溶液循环量能够运行在理想的位置上，以获得最佳的制冷效果。

由溴化锂溶液的性质可知，当溶液的浓度过高或温度过低时，会产生结晶，堵塞管道，破坏机组的正常运行。熔晶管处溶液浓度最高，最易结晶，在熔晶管上装有温度传感器。当熔晶管高温时，表示机组中出现了结晶现象，将熔晶管的温度信号也参与控制变频器的频率信号，与高压发生器的温度信号配合调节溶液流量，避免结晶。

（5）安全保护系统　安全保护系统是实现溴化锂机组自动化的必要部分，也是使其安全可靠运行的必要保障。它的主要功能是在系统出现异常工作状态时，能够及时预报、警告，并能视情形恶化的程度，采取相应的保护措施，防止事故发生；此外还可进行安全性监视等。溴化锂吸收式机组的安全保护按故障发生的程度可划分为两种：一种为重故障保护；另一种为轻故障保护。重故障保护是针对机组设备发生异常情况而采取的保护措施。这种情况下，系统故障发生，导致安全保护装置动作后，必须检测设备，查出机组异常工作的原因，待排除故障后，再通过人工起动才能使机组恢复正常运行。轻故障保护是针对机组偏离正常工况而采取的一种保护措施。通常，机组自动控制系统能够根据异常情况采取相应措施，使参数从异常恢复到正常，并使机组自动重新起动运行。故障出现后，报警源信息显示在界面故障窗体内，同时蜂鸣器报警。关报警按钮进行确认后，蜂鸣器可关闭。

2. 螺杆制冷压缩机的自动控制　螺杆冷水机组是以 R22 为制冷剂，对外提供 6 ~ 12℃冷冻水的成套制冷设备，适用于中央空调及工艺用水等场合。主要由压缩机组、卧式壳管式冷凝器、蒸发器等组成完整的制冷装置，用户只需接上冷却水系统、冷冻水系统就可投入使用。其控制系统主要组成部分有：传感器、PLC 或 DDC 控制器、控制箱、电器柜、制冷器等，如图 6-15 所示。

图 6-15　制冷机组控制系统结构图

依据对控制对象和控制任务的统计和分析，系统需配置的 I/O 接口点数和名称，如表 6-2 所示。

表 6-2　单机系统 I/O 接口分配

点数	模拟量输入 A/D	开关量输入 KI	开关量输出 KO
1	出水口温度	液压泵电动机过载	能量增载
2	油温度	压缩机电动机过载	能量减载
3	吸气温度	液压泵运行反馈	液压泵开关

（续）

点数	模拟量输入 A/D	开关量输入 KI	开关量输出 KO
4	排气温度	压缩机运行反馈	压缩机开关
5	吸气压力	断水保护	油温控制阀开关
6	排气压力	高压开关	报警开关
7	油压力	低压开关	能量旁通阀开关
8	能量位置	手动、自动切换	吸气压力旁通阀开关
9	内容积比	液压泵开	内压比增开关
10		液压泵关	内压比减开关
11		压缩机开	
12		压缩机关	
13		急停	

系统中各检测点温度变化范围分别为

冷冻水出口温度　0～60℃；吸气口温度：−100～−6℃；排气口温度：−6～100℃；油温度：−6～100℃。

压力传感器为气体相对正压传感器，用于测量螺杆压缩机吸气口、排气口及油压力。输出均为4～20mA标准信号。

系统中各检测点压力变化范围分别为：

吸气口压力−0.1～1.0MPa；排气口压力：0～2.60MPa；油压力：0～2.60MPa。

控制系统主程序框图：根据控制对象的工艺要求，采用结构化程序设计方法，完成PLC或DDC控制程序的设计和调试。主要模块功能包括：人机交互、数据采集、控制调节、保护报警、通信等。主程序框图如图6-16所示。

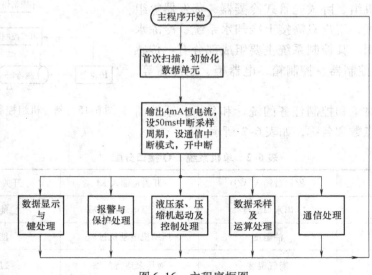

图6-16　主程序框图

第三节 空调水系统的控制方法

由于现代建筑受到建筑空间的限制以及用户调节使用的方便，常常采用制冷装置间接冷却被冷却物，这是一种间接供冷的方式，该方式供冷特点是用蒸发器首先冷却载冷剂，然后，再将载冷剂输送到各个用户端设备，通过该设备使需要冷却的对象降低温度。由于在建筑空调系统中载冷剂采用较多的是水，所以称为空调水系统。空调水系统指由中央设备供应的冷（热）水为介质并送至末端空气处理设备的水路系统。由于全水系统占用空间小的优点，从而得以普遍使用。

空调水系统控制的任务主要体现在三个方面：①保障设备和系统的安全运行；②根据空调房间负荷的变化，及时准确地提供相应的冷量或热量；③尽可能让冷热源设备和冷冻水泵、冷却水泵在高效率下工作，最大限度地节约动力能源。

一、冷冻水系统与冷却水系统的监测与控制

冷冻站一般有多台冷水机组及其辅助设备，共同构成了冷冻水系统和冷却水系统，冷冻水系统把冷水机组所制的冷冻水经冷冻水泵送入分水器，由分水器向各空调分区的风机盘管、新风机组或空调机组供水后返回到集水器。冷却水系统是指冷水机的冷凝器和压缩机的冷却用水，由冷却水泵送入冷冻机进行冷却，然后循环进入冷却塔再对冷却水进行冷却处理，这个冷却水环路采用循环冷却称为冷却水系统。一般由 PLC 或 DDC 直接控制每台冷水机组的运行和监测冷冻水、冷却水系统的流量、温度和压力等参数。

冷冻水系统的监控作用是：①保证冷冻水机组的蒸发器通过足够的水量以使蒸发器正常工作，防止出现冻结现象；②向用户提供充足的冷冻水量，以满足用户的要求；③当用户负荷减少时，自动调整冷水机组的供冷量，适当减少供给用户的冷冻水量，保证用户端一定的供水压力，在任何情况下保证用户正常工作；④在满足使用要求前提下，尽可能减少循环水泵的电耗。

冷却水系统的监控作用是：①保证冷却塔风机、冷却水泵安全运行；②确保冷水机冷凝器侧有足够的冷却水通过；③根据室外气候情况及冷负荷，调整冷却水运行工况，使冷却水温度在要求的设定温度范围内。

控制系统检测的冷冻站运行参数有：冷水机组出口冷冻水温度、分水器供水温度、集水器回水温度、冷却水泵进口水温度和冷水机组出口冷却水温度。采用温度传感器测量这些温度，并在 PLC 或 DDC 和 DCS 系统上显示。冷却水泵进口水温度与冷水机组冷却水管出口水温之差，间接反映了冷负荷的变化，同时也反映了冷却塔的冷却效率。

采用电磁流量计测量冷冻水回水流量，并在 PLC 或 DDC 和 DCS 系统显示、计算。流量测量当采用节流孔板时，现场应增加差压变送器或流量变送器。检测旁通电动阀开度显示，取旁通电动阀反馈信号作为阀门开度显示信号。

对冷水机组、冷冻水泵、冷却水泵、冷却塔运行状态显示及故障报警。冷水机组、冷却塔的运行状态信号取自主电路接触器辅助触点。冷冻水泵、冷却水泵的运行状态是采用流量开关进行监测。当水泵接受起动指令后开始运行，其出口管内即有水流，流量开关在流体动能作用下迅速闭合，输出接点信号显示水泵确实进入工作状态。利用流量

开关测量水泵的工作状态要比采用接触器辅助触点可靠得多，但要增加投资，故仅在主设备上采用。

故障报警信号取自冷水机组、冷冻（却）水泵、冷却塔电动机主电路热继电器的辅助常开接点。

冷冻站和冷却水系统的自动控制如图6-17、图6-18所示。

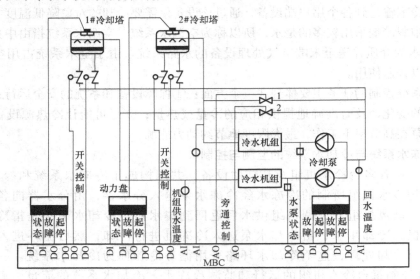

图6-17　冷冻站和冷却水系统的自动控制（1）

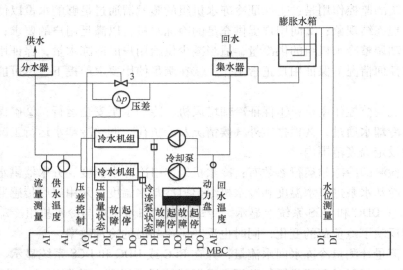

图6-18　冷冻站和冷冻水系统的自动控制（2）

它们完成的监控任务是：

1）由彩色图形监控中心监控系统，按每天预先编排的时间程序，来控制冷水机组的起停。

启动顺序：开启冷水机水路隔离阀→冷冻泵→冷却泵→接通冷却塔风机电源（风机起

停由冷却水温度控制）→冷水机组。

停止顺序：冷水机组→冷冻泵→冷却泵→冷却塔风机→关闭冷水机隔离阀，并在就地设有手动起停按钮。

2）监控冷水机组的运行、状态及故障报警，统计并打印出各台冷水机组的累计运行时间。

3）遥测冷冻循环水供、回水温度及流量。根据冷冻水供、回水温度及供水流量，计算出冷负荷。根据冷负荷决定起停冷水机组台数。

4）遥测冷却循环水供、回水温度，根据冷却水供、回水温度起停冷却塔风机及风机的运行台数，从而达到节能的效果。

5）监视冷冻泵、冷却泵、冷却塔风机的运行状态与故障报警，并记录运行时间。

6）冷冻水膨胀水箱的液位信号自动控制冷冻水补水泵的起停。

7）监测冷冻水供、回水干管的压差，根据压差信号自动控制其旁通阀的开度。

8）显示打印出参数、状态、报警、动态流程图和设定值。

控制方案根据设备的分布和使用情况分别为：

1. 冷冻机组的单元控制　目前，大多数用于集中空调的冷冻机和燃气燃油锅炉都带有 CPU 为核心的现场单元控制器（PLC 或 DDC）。监控任务一般由安装在主机上的现场单元控制器完成。有些现场单元控制器同时还完成一部分辅助系统的监控。主机设备的现场单元控制器一般具有通信的功能，可实现与 DCS 系统通信，从而根据负荷（实际上就是回水温度的变化）相应地改变起停台数实现群控。此时，辅助系统如冷却水泵、冷却塔风机、冷冻水泵等也一同由 DCS 系统统一控制，构成一个相对独立的冷热源控制系统。

冷冻机主机的控制单元往往提供冷却水系统的控制接口，可以直接控制冷却水循环泵和冷却塔。当仅有一台冷冻机时，可以采用现场控制单元对冷冻站进行全面控制。但当同时有几台冷冻机时冷却水系统是并联的，冷却塔、冷却水循环泵不存在与冷冻机一一对应关系，此时用冷冻机主机的现场控制单元同时对冷却水系统进行控制，就不能达到好的控制效果。主要原因是无法在低负荷时和室外湿度温度较低时减少冷却塔运行台数或降低风机转速。此时，较好的方式是利用一台或两台现场控制器去实施图 6-17、图 6-18 所要求的测量与控制工作。为了与各台冷冻机现场控制单元协调工作，还可以联网实现主机现场控制单元与 DCS 系统间的通信，可以使主机系统了解冷冻机控制单元对冷却水系统的控制要求，在起/停过程中相互配合。

（1）冷冻水系统的监测与控制

1）冷水机的控制：一般制冷机自身都带有以计算机为核心的单元控制器，负责其设备的安全运行。综前所述，冷水机组已有控制装置，所以 BAS 系统对机组内部不需要也不允许做更多的控制，通常只直接监视冷水机的运行状态、供电状况和控制启停；设定冷冻水的出口温度；可以通过网络监测其内部的一些重要数据，如蒸发器和冷凝器的进出口温度、进出口压力等。

冷水机控制程序按照一定顺序连锁控制制冷机、冷水机进口水路隔离阀、冷冻水泵、冷却水泵、冷却塔风机的开关，保证设备工作正常。

① 冷水机的运行条件：a. 接受来自网络的起停冷机信号；b. 运行管理人员可以超越控

制冷机起停；c. 当发生制冷剂泄漏、紧急停机、远程停机事件时，禁止冷水机起动；d. 当冷水机隔离阀、冷冻泵、冷却泵、冷水机都已正常起动 1min 后，反馈给网络制冷机投入正常的信号。

② 设备的起停顺序。为保证冷水机运行安全，使用"时间延迟"模块和逻辑判断模块，控制冷源相关设备的起停按照一定顺序进行；运行管理人员可以根据实际运行情况来调整延迟时间；冷冻水泵/冷却水泵的起停指令通过网络传播给水泵控制程序；水泵状态通过网络反馈给冷水机控制程序。

③ 冷水机水路隔离阀控制。根据设备的起停顺序给出的冷冻水与冷却水进口侧的隔离阀开关信号，控制隔离阀开关；监视隔离阀的阀位反馈状态；利用保护模块比较输出控制与输入状态信号，当信号不一致并超过 30s 时，发出事件通知，并反馈给冷水机的运行程序；在报警取消前，控制器要保证输入和输出信号保持一致时间在 10s；计算隔离阀的累计开启时间，当超过设定值时，发出需要维护的事件通知。

④ 冷水机的运行控制。据设备的起停命令给出的冷水机起停指令控制冷水机是否运行；监视冷水机的运行状态；比较输出控制与输入状态信号，当不一致时发出事件通知；计算冷水机的累计运行时间，当超过设定值时，发出需要维护的事件通知；冷冻水出口温度设定值在冷水机停机后恢复为默认值，在确定运行 6min 后，按照系统提供的冷冻水供水温度设定值来设定，限定设定值的变化率不大于 1℃/min；监测冷机蒸发器与冷凝器的进出口温度，在冷水机运行 6min 后，当温度超过设计值时发出事件通知。

2）冷水机组的节能控制：测量冷水机组供、回水温度及回水流量，计算空调实际所需冷负荷。根据冷负荷决定冷水机开启台数。根据水的冷量计算公式。

$$Q = 41.868L(c_{t1}T_1 - c_{t2}T_2)$$

式中，Q 为空调所需要的冷负荷（kW/h）；L 为冷水机组回水流量（m³/h）；T_1 为冷水机组供水管温度（℃）；T_2 为冷水机组回水管温度（℃）；c_{t1} 为对应于 T_1 时水的比热容（kJ/(kg·℃)）；c_2 为对应于 T_2 时水的比热容（kJ/(kg·℃)）。

由此可知，当空调所需冷负荷增加，回水温度 T_2 下降，温差 $\Delta T = (T_1 - T_2)$ 就会加大，因此 Q 值上升。当空调所需冷负荷减少，T_2 上升，ΔT 下降，此时 Q 值也下降。

当冷水机组进入稳态运行后，建筑物自动化系统实时进行冷负荷计算。根据冷负荷情况自动控制冷水机组，冷冻水泵的起停台数，从而达到节能的目的。另外，PLC 或 DDC 还可进行冷负荷计算，可分时段查阅冷负荷总量。

（2）冷却水环路压差的自动控制　为了保证冷冻水泵流量和冷水机组的水量稳定，通常采用固定供回水压差的办法。当负荷降低时，用水量下降，供水管道压力上升；当供、回水管压差超过限定值时，压差控制器动作，PLC 或 DDC 根据此信号开启分水器与集水器之间连通管上的电动旁通阀，使冷冻水经旁通阀流回集水器，减小了系统的压差。当压差回到设定值以下时，旁通阀关断。

每台冷却塔风机应通过 PLC 或 DDC 进行起停控制，起停台数根据冷冻机开启台数、室外温湿度、冷却水温度、冷却水泵开启台数来确定。有的冷却塔风机采用双速电动机，通过调整风机转速来调整冷却水温度，以适应外温及制冷负荷的变化。此时 PLC 或 DDC 就应同时控制其高/低速转换。

接于各冷却塔进水管上的电动阀 1～3 用于当冷却塔停止运行时切断水路，以防短路，同时可适当调整进入各冷却塔的水量，使其分配均匀，以保证各冷却塔都能达到最大出力。由于此阀门主要功能是开通和关断，对调节要求并不很高，因此，选用一般的电动蝶阀可以减小体积，降低成本。冷却塔水出口安装水温测点可以确定各台冷却塔的工作情况，通过 3 个测点间温差调节电动阀 1～3，以改进各冷却塔间的流量分配。

由于湿式冷却塔的工作性能主要取决于室外温湿度，因此，应设室外湿球温度测点。如果没有合适的湿球温度传感器，也可以同时测量干球温度和相对湿度或干球温度和露点温度，再由 DCS 系统计算出湿球湿度。

尽量优先选用起停冷却塔台数、改变冷却塔风机转速等措施调整冷却水的温度。但当夜间或春秋季室外气温低、冷却水温度低于冷冻机要求的最低温度时，为了防止冷凝压力过低，PLC 或 DDC 根据温度测量结果适当打开混水电动阀，使一部分从冷凝器出来的水与从冷却塔回来的水混合，以调整进入冷凝器的水温。

冷却塔接水池处的水位上下限测点用于监测冷却水系统水位，现在一般不采用浮球补水系统控制水位，以防止浮球补水系统出故障，使塔中水位降低，出现倒空现象或过度补水出现溢流。现在使用水位状态传感器测出水位状态并产生通断的输出信号或直接测出水位高度，再由 PLC 或 DDC 根据水位传感器的信号控制补水电动阀或补水泵供水。

冷却水泵起停控制由 PLC 或 DDC 实现。PLC 或 DDC 根据冷冻机开启台数决定它们的运行台数。冷凝器入口处两个电动阀仅进行通断控制，在冷冻机停止时关闭，以防止冷却水短路，减少正在运行的冷凝器的冷却水量。

通过冷凝器入口水温测点可监测最终进入冷凝器冷却水温度，依此启停各冷却塔和调整各冷却塔风机转速，它是整个冷却水系统最主要的测量参数。由冷凝器出口水温测点测得的温度可确定这两台冷凝器的工作状况。当某台冷凝聚力器由于内部堵塞或管道系统误操作造成冷却水流量过小时，会使相应的冷凝器出口水温异常升高，从而通过现场控制器及时发现故障。水流开关也可以指示无水状态，但当水量仅是偏小，并没有完全关断时，不能给出指示。

冷水机组的测控原理图如图 6-19 所示。

2. 一次泵冷冻水系统控制　对于一次泵系统，控制的目的是保证蒸发器中通过需要的水流量，其实质是使蒸发器前后压差维持于指定值。

图 6-20 为典型的一级泵变流量冷冻水系统监控图，空调末端用户使用两通阀调节，供回水干管之间设置旁通管和旁通阀，利用旁通管来保证冷源侧定流量而让用户侧变流量，制冷机与循环泵是一一对应的关系。T1、T2、T3 为水温测点 F1、F2、F3 为循环泵出口水流状态；FE 为冷冻水流量；$p1$ 为蒸发器出口压力；$p2$ 为蒸发器进口压力；V1、V2、V3 为蒸发器进口电动阀；V4 为电动旁通阀。

主要监控功能：①监测制冷机、冷冻水泵的运行状态；②监测制冷机蒸发器前后压差，调节供回水之间的旁通阀，保证蒸发器有足够的水量通过；③监测冷冻水供回水温度、流量，计算瞬时冷负荷，根据负荷控制冷机的运行台数；④按照程序控制冷机、冷冻水泵、冷却水泵的起停，实现各设备间的联锁控制；⑤当设备出现故障、冷冻水温度超过设定范围时，发出事件警报；⑥累积各设备运行时间，便于维修保养。

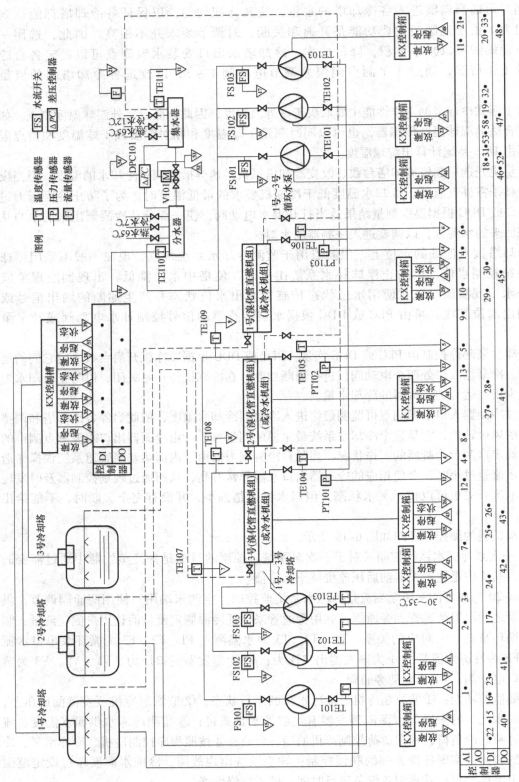

图 6-19 冷水机组的测控原理图

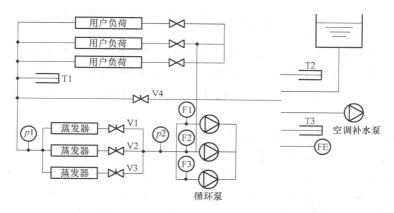

图 6-20　一级泵变流量冷冻水系统监控图

一级泵冷冻水系统监控点表如表 6-3 所示。

表 6-3　一级泵冷冻水系统监控点表

受控设备	数量	监控功能描述	输入		输出		传感器、阀门及执行机构等
			AI	DI	AO	DO	
冷冻水泵	3 台	冷冻水泵水流状态		3			水流开关
		冷冻水泵过载报警		3			
		冷冻水泵手/自动转换		3			
		冷冻水泵起停控制				3	继电器线圈
制冷机	3 台	冷机运行状态		3			
		冷机紧急停机按钮状态		3			
		制冷机泄漏监控		3			
		冷机起停控制				3	继电器线圈
膨胀水箱	1 台	水位状态		2			液位开关
补水泵	1 台	补水泵状态		1			
		补水泵控制				1	继电器线圈
冷冻水位		冷冻水供、回水温度	3				水温传感器及套管
		冷冻水供、回水压力	2				压力传感器
		冷冻水回水流量	1				流量传感器及变送器
		蒸发器进口侧隔离控制阀		3		3	两通开关蝶阀及执行器
		冷冻水旁通阀调节			1		电动调节阀及执行器
		点数总计	6	24	1	10	

冷冻水总干管上设置流量传感器（FE）对于准确判断冷负荷、确定需要投入运行的冷机台数是非常必要的。

测准蒸发器前后压力对于水系统的控制有重要作用，尤其当各冷水用户都采用自动控制、进行变流量调节时，除选用精度足够高的传感器之外，传感器的安装位置也非常重要。当多台制冷剂蒸发器侧回路都并联于一个进水母管和一个出水母管上时，这两个压力传感器可分别设置在这两个母管上，确保制冷机不同运行台数时，所测压差仅反映每台制冷机蒸发器中通过的流量，而与制冷机运行台数无关。

蒸发器进口侧的电动阀用于当制冷机停止运行时切断水路，防止冷冻水短路，降低正在运行的制冷机的效率。此电动阀仅用于通断，选用一般的蝶阀可以减小体积，降低成本。

循环水泵出口侧的水流开关（F1、F2、F3）可有效监测循环泵的实际状态，保证系统运行安全。

当部分用户关小或停止用水时，用户侧总流量变小，从而使流过蒸发器的水量也减少，此时水泵压差也减小，为保证通过蒸发器的流量，就应开大图 6-19 中的电动旁通阀 V4，增大经过此阀的流量，直到水泵压差恢复到原来的设定值，蒸发器流量也恢复到要求值。反之，当用户侧开大阀门增大流量时，压差也会由于流过蒸发器的流量增大而增大。这时就应关小电动旁通阀，减少旁通水量，从而维持通过蒸发器的流量。由此分析可知，测准蒸发器进出口压力对水系统的控制有着重要作用。除选用精度足够高的传感器外，压力传感器安装位置亦非常重要。

循环水泵 1 号、2 号根据冷冻机运行台数而相应起停，同时电动阀 V1、V2 也随冷冻机情况开闭，因此，这两个阀门选择通断状况的电动蝶阀即可，不需具备调节功能。

根据水温测点的温度可以判断用户负荷状况。用户侧的总流量 G 占通过蒸发器水量 G_0 的百分比 r 为

$$r = \frac{G}{G_0} = \frac{t_4 - t_3}{t_2 - t_3}$$

根据比值 r 与用户侧回水温度 t_2，即可判断冷水用户的负荷状况，确定冷冻机起停台数。例如当两台冷水机运行，而 $r \leqslant 0.6$ 时，说明管道水量已降到一半以下，应停掉一台冷冻机。

（1）设备联锁　一次泵冷冻水系统，在起动或停止的过程中，冷水机组应与相应的冷冻水泵、冷却水泵和冷却塔等进行电气联锁。只有当所有附属设备及附件都正常运行工作之后，冷水机组才能起动；而停车时的顺序则相反，应是冷水机组优先停车启停顺序。

当有多台冷水机组并联且在水管路中泵与冷水机组不是一一对应连接时，则冷水机组冷冻水和冷却水接管上还应设有电动蝶阀（见图 6-20），该电动蝶阀应参加上述联锁。因此，整个联锁起动程序为：水泵—电动蝶阀—冷水机组；停车时联锁程序相反。

（2）压差控制　末端采用两通阀的空调水系统，冷冻水供、回水总管之间必须设置压差控制装置，通常它由旁通电动两通阀及压差控制器组成。电动阀的接口应尽可能设于水系统中水流较为稳定的管道上。在一些工程中，此旁通阀常接于分水缸与集水缸之间，这对于阀的稳定工作及维护管理是较为有利的，但是如果冷水机组是根据冷量来控制其运行台数的话，这样的设置也许不是最好的方式，它会使控制误差加大。压差控制器（或压差传感器）的两端接管应尽可能靠近旁通阀两端并设于水系统中压力较稳定的地点，以减少水流量的波动，提高控制的精确性。压差传感器精度通常以不超过控制压差的 6% ~ 10% 为宜。目前常用产品中，此精度大多在 10 ~ 14kPa 之间。

（3）设备运行台数控制　为了延长各设备的使用寿命，通常要求设备的运行累计小时数尽可能相同。因此，每次开始起动系统时，都应优先起动累计运行小时数最少的设备（除特殊设计要求，如某台冷水机组是专为低负荷节能运行而设置的）。这要求在控制系统

中应有自动记录设备运行时间的仪表。

1）回水温度控制：回水温度控制冷水机组运行台数的方式，适合于冷水机组定出水温度的空调水系统，它是目前广泛采用的水系统形式。通常冷水机组的出水温度设定为7℃，不同的回水温度实际上反映了空调系统中不同的需冷量。回水温度传感器 T 的设置位置见图6-20。

尽管从理论上来说回水温度可反映空调需冷量，但由于目前较好的水温传感器的精度在大约0.4℃，而冷冻水设计供、回水温差大多为12℃，因此，回水温度控制的方式在控制精度上受到了温度传感器的约束，不可能很高。为了防止冷水机组起停过于频繁，采用此方式时，一般不能用自动起停机组而应采用自动监测、人工手动起停的方式。

当系统内只有一台冷水机组时，回水温度的测量显示值范围为6.6～12.4℃（假定精度为0.4℃），其控制冷量的误差在16%左右。

当系统有两台同样制冷量的冷水机组时，从一台运行转为两台运行的边界条件理论上说回水温度应为9.6℃，而实际测量值有可能是9.1～9.9℃。这说明当显示回水温度为9.6℃时，系统实际需冷量的范围是在总设计冷量的42%～68%之间。如果此时是低限值，则说明转换的时间过早，已运行的冷水机组此时只有其单机容量的84%而不是100%，这时投入两台会使每台冷水机组的负荷率只有42%，明显是低效率运转而耗能的。如果为高限值（68%），则说明转换时间过晚，已运行的冷水机组的负荷率已达到其单机容量的116%，处于超负荷工作状态。

当系统内有3台同冷量水机组时，上述控制的误差更为明显。从理论上说，回水温度在8.7℃及10.3℃时分别为1台转两台运行及两台转为3台运行的转换点。但实际上，当测量回水温度值显示8.7℃时，总冷量可能的范围为26%～42%，相当于单机的负荷率为78%～126%。因此，在一台转为两台运行时，转换点过早或过晚的问题更为明显。同样，当回水温度显示值为10.3℃时，实际总冷量可能在68%～74%之间，相当于两台已运行冷水机组的各自负荷率为87%～111%，显然同样存在上述问题。依此类推的结论是：冷水机组设计选用台数越多而实际运行数量越少时，上述误差越为严重。

为了保证投入运行的新一台冷水机组达到所需的负荷率（通常按20%～30%考虑），减少误投入的可能性及降低由于迟投入带来的不利影响，可采用回水温度来决定冷水机组的运行台数，但要求系统内冷水机组的台数不应超过两台。

2）冷量控制：冷量控制是用温度传感器 T1、T2 和流量传感器 F 测量用户的供、回水的温度 t_1、t_2 及冷冻水流量 W，计算实际需冷量 $Q = W(t_2 - t_1)$，由此可决定冷水机组的运行台数。

在这种控制方式中，各传感器的设置位置是设计中主要的考虑因素，位置不同将会使测量和控制误差出现明显的区别。目前通常有两种设置方式：一种是把传感器设于旁通阀的外侧（即用户侧），如图6-21中的各个位置；另一种是把位置定在旁通阀内侧（即冷源侧）如图6-21中 A、

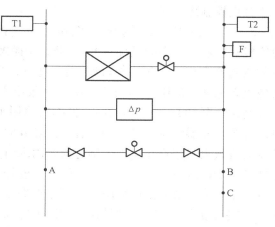

图6-21　水系统各传感器位置的选取

B、C 三点。

用冷量控制时，传感器设于用户侧是更为合理的。如果把旁通阀设于分、集水缸之间，则传感器的设置无法满足这种要求，会使冷量的计算误差偏大，对机组台数控制显然是不利的。

测量水的水温传感器相对精度低于测量流量的传感器相对精度。当水温传感器测量精度为0.4℃时，其水温测量的相对误差对供水来说为6.7%，对回水而言则为3.3%，它们都远大于流量传感器1%的测量精度。同时，上述分析是在假定水系统为线性系统的基础上的，如果水系统呈一定程度的非线性，则用户侧回水温度在低负荷时可能会更高一些（大于12℃）。这时如果把传感器设于用户侧，相当于提高了回水温度的测量精度，其计算的结果会比上述第一种情况的结果误差更小一些。

为了保证流量传感器达到其测量精度，还应把它设于管路中水流稳定处，并在设计安装时保证其前面（来水流方向）直管段长度不小于6倍接管直径，后面直管段长度不小于3倍接管直径。

图6-22给出了典型的一次泵系统监测与控制点。

对于一次泵变流量水系统而言，盘管进出水的温差只能在设计工况下才能恒定在一般要求的温差（7～12℃），才能保证冷水机组提供的冷量和系统要求的流量和冷量是匹配的。当一次泵变流量系统在增载时，则会出现负荷不足的情况。如系统处于两台机组运行（系统负荷88.7%，冷冻水流量60%），旁通流量占总流量的16.7%，此时若盘管的冷量需求增加到80%，采用压差控制法，系统

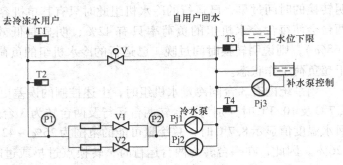

图6-22 一次泵冷冻水系统监测与控制点示意图
T1—水温测点1 T2—水温测点2 T3—水温测点3 T4—水温测点4
Pj1—冷水泵1 Pj2—冷水泵2 Pj3—补水泵 P1—蒸发器进口压力表 P2—蒸发器出口压力表 V1—电动阀1
V2—电动阀2 V—电动旁通阀

的冷水流量仍能满足要求，而系统的制冷能力66.7%，此时将导致冷量供需之间的矛盾，难于合理控制冷机起停。

3. 二次泵冷冻水系统控制 图6-23为二次泵冷冻水系统监测与控制点示意图。安装在冷冻机蒸发器回路中的循环泵Px1、Px2仅提供克服蒸发器及周围管件的阻力，至旁通管ab间的压差就应几乎为0，这样即使有旁通管，当用户流量与通过蒸发器的流量一致时，旁通管内也无流量。加压泵Pj1、Pj2用于克服用户支路及相应管道阻力。这样，根据冷冻机起停控制循环泵Px1、Px2的起停；根据用户用水量控制加压泵Pj1、Pj2。当用户流量大于通过冷冻机蒸发器的流量时，旁通管内由点b向点a旁通一部分流量在用户侧循环。当冷冻机蒸发器流量大于用户流量时，则旁通管内水由点a向点b流动，将一部分冷冻机出口的水旁通回到蒸发器入口处。这样，只要旁通管管径足够大，用户侧调整流量不会影响通过蒸发器内的水量。为了节省加压泵电耗，可以根据用户侧最不利端进回水压差 Δp 来调整加压泵开起台数或通过变频器改变其转速。实际上冷冻水管网若分成许多支路，很难判断哪个是最不利支路。尤其当部分用户停止运行、系统流量分配在很大范围内变化时，实际最不利末端也

会从一个支路变到另一个支路。这时可以将几个有可能是最不利的支路末端均安装压差传感器，实际运行时根据其最小者确定加压泵的方式。

二次泵系统监控的内容包括：设备联锁、冷水机组台数控制和次级泵控制等。从二次泵系统的设计原理及控制要求来看，要保证其良好的节能效果，必须设置相应的自动控制系统才能实现。也就是说，所有控制都应是在自动检测各种运行参数的基础上进行。

二次泵系统中，冷水机组、初级冷冻水泵、冷却泵、冷却塔

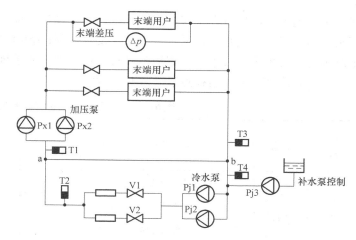

图 6-23　二次泵冷冻水系统监测与控制点示意图

T1—水温测点 1　T2—水温测点 2　T3—水温测点 3　T4—水温测点 4

V1—电动阀 1　V2—电动阀 2　Pj1—加压泵 1　Pj2—加压泵 2

Pj3—加压泵 3　Px1—循环泵 1　Px2—循环泵 2

及有关电动阀的电气联锁起停程序与一次泵系统完全相同。

图 6-24 为二级泵冷冻水系统监控图，图 a 根据供水分区设置加压泵，以满足各供水分区不同的压降，加压泵采用变速调节方式，根据末端压降控制加压泵转速；图 6-24b 为多台加压泵并联运行，采用台数控制方式。图 6-24a 为分区设置加压泵 F1～F6 为水泵出口水流状态；图 6-24b 为加压泵并联运 T1～T4 为水温测点；FE 为用户侧冷冻水流量。

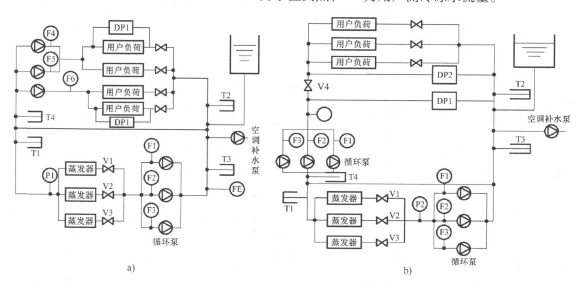

a)　　　　　　　　　　　　b)

图 6-24　二级泵冷冻水系统监控图

V1～V3—蒸发器进口电动隔离阀　V4—加压泵旁通阀　DP1、DP2—压差传感器

主要监控功能：①监测制冷机、冷冻水泵的运行状态；②监测冷冻水供回水温度、流量，计算瞬时冷负荷，根据负荷控制冷机的运行台数；③按照程序控制冷机、冷冻水泵、冷

却水泵的起停，实现各设备间的联锁控制；④合理控制加压泵的运行台数或流量；⑤防止加压泵在增泵或减泵过程中，系统水力工况发生振荡；⑥当设备出现故障、冷冻水温度超过设定范围时，发出事件警报；⑦累积各设备运行时间，便于维修保养。

二级泵冷冻水系统监控点表如表6-4所示。

表6-4　二级泵冷冻水系统监控点表

受控设备	数量	监控功能描述	输入		输出		传感器、阀门及执行机构等
			AI	DI	AO	DO	
循环泵	3台	水泵水流状态		3			水流开关
		水泵过载报警		3			
		水泵手/自动转换		3			
		水泵起/停控制				3	继电器线圈
制冷机	3台	冷机运行状态		3			
		冷机紧急停机按钮状态		3			
		制冷剂泄露检测		3			
		冷机起/停控制				3	继电器线圈
膨胀水箱	1台	水位状态		2			液位开关
补水泵	1台	补水泵状态		1			
		补水泵控制				1	继电器线圈
冷冻水路		冷冻水供、回水温度	4				水温传感器及套管
		冷冻水回水流量	1				流量传感器及变送器
		蒸发器进口侧隔离阀控制		3		3	两通开关蝶阀及执行器
加压泵分区设置（变速控制）							
加压泵	3台	水泵水流状态		3			水流开关
		水泵过载报警		3			
		水泵手/自动转换		3			
		水泵起/停控制				3	继电器线圈
		水泵变频控制			3		变频
		水泵变频故障		3			
加压泵为陡降特性时设置的监控点		空调末端用户压差	2				压差传感器
		供水总管调节阀控制		1			两通调节阀及执行器
		加压泵旁通调节阀控制		1			两通调节阀及执行器
		供回水压差	2				压差传感器
		点数总计	9	38	3	13	

循环泵仅提供克服蒸发器及周围管件的阻力，至旁通管之间的压差几乎为 0。当用户流量与通过蒸发器的流量一致时，旁通管内没有流量；当用户流量大于蒸发器的流量时，用户侧一部分回水通过旁通管回到供水管路；当用户流量小于蒸发器的流量时，蒸发器侧一部分供水通过旁通管回到蒸发器入口。这样，只要旁通管管径足够大，用户侧调整水量不会影响通过蒸发器的水量。

当加压泵采用台数调节，并且加压泵的特性曲线为陡降型时，为避免在加泵或减泵过程中水力工况发生振荡，在供水总干管上设置电动调节阀是必要的；当仅一台加压泵工作时，为保证水泵在小流量时仍在高效区工作，则在加压泵的旁通管上加电动调节阀。

（1）冷水机组台数控制　在二次泵系统中，由于连通管的作用，无法通过测量回水温度来决定冷水机组的运行台数。因此，二次泵系统台数控制必须采用冷量控制的方式，其传感器设置原则与上述一次泵系统冷量控制相类似，见图 6-24。

（2）次级泵控制　次级泵控制可分为台数控制、变速控制和联合控制 3 种。

1）次级泵台数控制：采用这种方式时，次级泵全部为定速泵，同时还应对压差进行控制，因此设有压差旁通电动阀。应注意，压差旁通阀旁通的水量是次级泵组总供水量与用户侧需水量的差值；而连通管 AB 的水量是初级泵组与次级泵组供水量的差值，这两者是不一样的。压差控制旁通阀的情况与一次泵系统相类似。

① 压差控制。用户侧用二通调节阀，根据负荷的大小调节二通阀的开度，压差传感器根据供回水管路的压差控制多台并联的二次泵，进行台数控制，当用户负荷减小时，二通阀关小，压差传感器感应到的压差增大，反之，则减小。

压差控制法的控制原理如下（见图 6-25）：根据水泵的性能曲线和系统的管路特性曲线，考虑水泵的效率等因素，定出水泵组工作的上下限，根据压力的上下限来控制水泵的起停。如图 6-25 所示，曲线 I、II 和 III 分别为一台、两台和三台水泵并联的扬程-流量曲线，H_U 和 H_L 为压力上限和压力下限，系统开始工作于 A 点，随着流量的减小，工作点向左移动，当到达 B 点时，该点的压力到达压力上限，于是控制器停掉一台水泵，工作点变为 C 点，依此类推，水泵的卸载顺序为 ABCDEF。F 点为最小流量点。当负荷增加

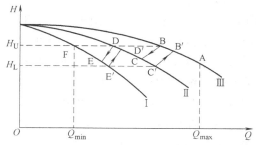

图 6-25　压差控制法控制原理

时，流量增加，供回水管的压差下降，当压力降到压力下限时，控制器起动一台水泵，水泵的起动顺序为 FE′D′C′B′A，A 点为最大流量点。

当系统需水量小于次级泵组运行的总水量时，为了保证次级泵的工作点基本不变，稳定用户环路，应在次级泵环路中设旁通电动阀，通过压差控制旁通水量。当旁通阀全开而供、回水压差继续升高时，则应停止一台次级泵运行。当系统需水量大于运行的次级泵组总水量时，反映出的结果是旁通阀全关且压差继续下降，这时应增加一台次级泵投入运行。因此，压差控制次级泵台数时，转换边界条件如下：

停泵过程：压差旁通阀全开，压差仍超过设定值时，则停一台。

起泵过程：压差旁通阀全关，压差仍低于设定值时，则起动一台泵。

由于压差的波动较大，测量精度有限（6%～10%），很显然，采用这种方式直接控制次级泵时，精度受到一定的限制，且由于必须了解两个以上的条件参数（旁通阀的开、闭情况及压差值），因而使控制变得较为复杂。

② 流量控制。流量控制法可用于控制多台并联的二次泵或一次泵的运行，对于二次泵要求在供水管上安装流量计，而一次泵则要求在旁通管上安装流量计，既然用户侧必须设有流量传感器，因此直接根据此流量测定值并与每台次级泵设计流量进行比较，即可方便地得出需要运行的次级泵台数。由于流量测量的精度较高，因此，这一控制是更为精确的方法。此时旁通阀仍然需要，但它只是用作为水量旁通用而并不参与次级泵台数控制。控制器根据流量的大小来控制水泵的起停，为了避免水泵的频繁起停，需要设计带死区的控制算法。

例如某二级泵组有三台相同型号的水泵并联，并联的最大流量为 Q_{max}，可以设计如下控制算法：

当 $Q < 0.66Q_{max}$，停掉一台水泵，两台在运行。

当 $Q < 0.30Q_{max}$，再停掉一台水泵，一台在运行。

当 $Q > 0.36Q_{max}$，开启一台水泵，两台在运行。

当 $Q > 0.70Q_{max}$，再开起一台水泵，三台在运行。

③温度控制。温度控制法可以控制一次泵组或二次泵组的运行台数，图 6-26 是一次泵组和二次泵组都用温度控制法的二次泵空调水系统，图 6-26 中 T1、T2、T3 和 T4 是测温元件，程序控制器根据测得的温度来控制一次泵组和二次泵组的运行台数。

在该系统中，控制器 1 根据 T1、T2 和 T3 控制一次泵和冷水机组的起停，T1 恒定为冷水机组供水温度，T2 和 T3 的变化反映了旁通管中水的流向，根据这些温度的变化，编制程序，当 T3 升高或降低一定值时，开起或停掉一台冷水机组和一台一次泵。控制器 2 根据 T3 和 T4 来控制二次泵的运行台数，当两者温差减小时，说明流量偏大，反之，流量偏小。可以根据单台水泵的流量设置动作温差上下限，当温差大于动作温差上限时，起动一台二次泵，当温差小于动作温差下限时，停掉一台二次泵。在该系统中，应避免二次泵与一次泵控制同时动作，设置好动作温差上下限与一次泵起停的控制 T3 是关键。以下是该系统的一种控制算法：

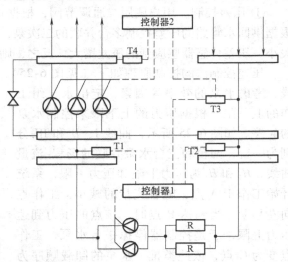

图 6-26　二级泵系统水泵台数温度控制法

取二次泵动作温差下限为 $\Delta t_{min} = 3℃$，上限为 $\Delta t_{max} = 6℃$，动作温差上下限对于不同的水泵应有不同的数值，实测温差为 $\Delta t = T3 - T4$，供水温度恒定为 7℃，一次泵起停的控制温度 T1 也是根据设备来确定的，这里取 12℃ 和 9℃，算法设计如下：

当 $\Delta t > \Delta t_{max}$ 时，启动一台二次泵。

当 $\Delta t < \Delta t_{min}$ 时，停掉一台二次泵。

当 T3 > 12℃时，启动一台冷水机组和一台一次泵。

当 T3 < 9℃时，停掉一台冷水机组和一台一次泵。

④热量控制。热量控制法也称负荷控制法，实质上是流量控制法和温度控制法的结合，如图 6-27 所示，该控制法根据测得的供回水温差 Δt 和流量 G，用热量计算器计算实际负荷 $Q = CG\Delta t$，再利用程序控制器根据实际负荷 Q 控制冷水机组和冷冻水泵的运行台数。这种控制法需要用热量计算器和程序控制器，造价较高。为了避免频繁起停冷水机组和冷冻水泵，该控制法也需要设计带死区的控制算法。算法示例如下：

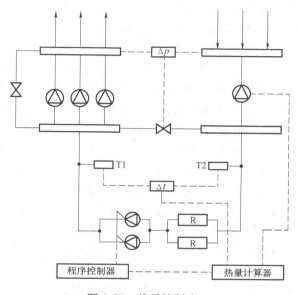

现有 N 台冷水机组在运行，单台冷水机组的最大制冷量 q_{max}，将实测得到的负荷 Q 与单台冷水机组的最大制冷量 q_{max} 进行比较。$Q \leq 0.96(N-1)q_{max}$：关停一台制冷机和相应的循环泵；$Q \geq Nq_{max}$：启动一台制冷机和相应的循环泵。这里，将算法的死区宽度设为 $0.06q_{max}$。

图 6-27 热量控制法

2）变速控制：变速控制是针对次级泵为全变速泵而设置的，其被控参数既可是次级泵出口压力，又可是供、回水管的压差。通过测量被控参数并与给定值相比较，改变水泵电动机频率，控制水泵转速。

3）联合控制：联合控制是针对定—变速泵系统而设的，通常这时空调水系统中是采用一台变速泵与多台定速泵组合，其被控参数既可是压差也可是压力。这种控制方式，既要控制变速泵转速，又要控制定速泵的运行台数，因此相对来说此方式比上述两种更为复杂。同时，从控制和节能要求来看，任何时候变速泵都应保持运行状态，且其参数会随着定速泵台数起停发生较大的变化。

在变速过程中，如果无控制手段，在用户侧，供、回水压差的变化将破坏水路系统的水力平衡，甚至使得用户的电动阀不能正常工作，因此，变速泵控制时，不能采用流量为被控参数而必须用压力或压差。

无论是变速控制还是台数控制，在系统初投入时，都应先手动起动一台次级泵（若有变速泵则应先起动变速泵），同时监控系统供电并自动投入工作状态。当实测冷量大于单台冷水机组的最小冷量要求时，则联锁起动一台冷水机组及相关设备。

用户侧流量与冷冻机蒸发器侧流量之关系可通过温度测点 1、2、3、4 来确定。当 $t_1 = t_3$、$t_2 > t_4$ 时，通过蒸发器的流量 G_e 大于用户侧流量 G_u，二者之比：

$$\frac{G_u}{G_e} = \frac{t_4 - t_3}{t_2 - t_3}$$

当 $t_3 < t_1$、$t_2 = t_4$ 时，用户侧流量大于蒸发器侧流量，二者之比：

$$\frac{G_u}{G_e} = \frac{t_2 - t_3}{t_2 - t_1}$$

由此，可以通过这些温度的关系确定用户侧负荷情况，从而确定冷冻机的运行方式。为了更清楚地了解系统工作情况，还可以安装流量计，从而得到系统实际的供水量、制冷量。它一般可安装在蒸发器侧旁通管之前。

4. 冷却水系统和冷却塔的控制　图6-28为一典型的开式冷却水系统监控图，制冷机、冷却水泵和冷却塔——对应，冷却塔的风机可采用双速电动机或变频器，通过调整风机转速来调整冷却水温度，以适应室外温度和冷负荷的变化。

（1）主要监控功能包括：①监测冷却水泵、冷却塔风机的运行状态；②监测冷凝器的进出口水温，诊断冷凝器的工作状况；③监测冷却塔的出口水温，诊断冷却塔的工作状况；④根据制冷机的起停联锁控制冷却水泵的起停，保证制冷机冷凝器侧有足够的冷却水通过；⑤根据室外温湿度、冷却水温度、制冷机的开启台数控制

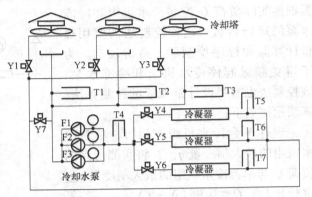

图 6-28　开式冷却水系统监控图

T1～T7—水温测点　F1～F3—冷却水泵出口水流状态
Y1～Y6—电动阀　Y7—旁通阀

冷却塔的运行数及风机转速，保证冷却水温度在设定的温度范围内；⑥调节混水阀，防止冷却水温度过低；⑦当设备出现故障、冷却水温度超过设定范围时，发出事件警报；⑧累积各设备运行时间，便于维修保养。

冷却水系统监控点表如表6-5所示。

表 6-5　冷却水系统监控点表

受控设备	数量	监控功能描述	输入		输出		传感器、阀门及执行机构等
			AI	DI	AO	DO	
冷却水泵	3台	水泵水流状态		3			水流开关
		水泵过载报警		3			
		水泵手/自动转换		3			
		水泵起/停控制				3	继电器线圈
冷却水路	3台	冷凝器进口冷却水温度	1				水温传感器
		冷凝器出口冷却水温度	3				水温传感器
		冷凝器进口侧隔离阀控制		3		3	两通开关蝶阀及执行器
		冷却塔出口管水温	3				水温传感器
		冷却塔进水侧电动阀控制		3		3	两通开关蝶阀及执行器
		混水电动调节阀控制			1		两通调节蝶阀及执行器

（续）

受控设备	数量	监控功能描述	输入		输出		传感器、阀门及执行机构等
			AI	DI	AO	DO	
冷却塔定速风机控制							
冷却塔（定速）	3 台	冷却塔风机状态		3			
		冷却塔风机起/停控制				3	继电器线圈
		冷却塔震动监测		3			
冷却塔双速风机控制							
冷却塔（双速）	3 台	冷却塔风机运行状态（高速/低速）		6			
		冷却塔风机高速控制				3	继电器线圈
		冷却塔风机低速控制				3	继电器线圈
		冷却塔振动监测		3			
冷却塔变频风机控制							
冷却塔（变速）	3 台	冷却塔风机状态		3			
		冷却塔风机起/停控制				3	继电器线圈
		冷却塔风机变频控制			3		继电器线圈
		冷却塔风机变频故障		3			
		冷却塔振动监测		3			
		点数总计	7	39	4	21	

各冷却塔进水管上的电动阀用于当冷却塔停止运行时切断水路，以防短路，同时可适当调整进入各冷却塔的水量，使其分配均匀，以保证各冷却塔都能达到最大的排热能力。

各制冷机冷凝器入口处的电动阀仅进行通断控制，在制冷机停机时关闭，以防止冷却水短路，减少正在运行的冷凝器的冷却水量。

冷却水供回水干管之间的混水电动阀可用来调节冷却水温度，当室外气温低、冷却水温度低于制冷机要求的最低温度时，为了防止冷凝压力过低，适当打开混水阀，使一部分从冷凝器出来的水与从冷却塔回来的水混合，来调整进入冷凝器的水温。但是，当能够通过启停冷却塔台数，改变冷却塔风机转速等措施调整冷却水温度时，应尽量优先采用这些措施。用混水阀调整只能是最终的补救措施。

冷凝器进、出口温度可确定冷凝器的工作状况。当某台冷凝器由于内部堵塞或管道系统误操作造成冷却水流量过小时，会使相应的冷凝器出口水温升高，从而及时发现故障。

在冷却水系统安装流量计来测量冷却水的流量是没有必要的，一方面增加造价，另一方面可以根据冷冻水侧流量及温差计算瞬时制冷量，再测出冷凝器侧供回水温差，也能估算出通过冷凝器的冷却水量，其精度足以用来判断各种故障。

冷却水泵的控制方法与冷冻水系统的循环泵基本相同，这里就不再复述。

冷却塔风机为双速和变频的两种模式。冷却塔与冷水机组通常是电气联锁的，但这一联锁并非要求冷却塔风机必须随冷水机组同时运行，而只是要求冷却塔的控制系统投入工作。一旦冷却回水温度不能保证时，则自动起动冷却塔风机。

因此，冷却塔的控制实际上是利用冷却回水温度来控制相应的风机（风机作台数控制或变速控制），不受冷水机组运行状态的限制（如室外湿球温度较低时，虽然冷水机组运行，但也可能仅靠水从塔流出后的自然冷却而不是风机强制冷却即可满足水温要求），它是一个独立的控制回路。

（2）冷却塔风机变频控制

1）控制原理：将冷却塔与制冷机、冷却水泵设置为一一对应的关系，根据制冷机是否起动，控制相应冷却水泵是否起动，相应冷却塔进口电动阀是否打开；根据冷却塔的出口冷却水温度控制冷却塔风机高/低转速，保证冷却水温度在设定的范围内。当室外气温较低，所有冷却塔的风机均关闭后，制冷机冷凝器进口侧冷却水温度低于设定值（制冷机厂家提供的冷凝器最低进水温度）时，打开旁通阀，通过调节旁通阀开度来控制水温。

2）控制程序包括：①根据来自冷却水泵控制程序的启动指令，确定冷却塔是否投入运行；②当冷却塔振动异常时，禁止冷却塔运行，并给相应制冷机发送远程停机信号；③管理员可超越控制冷却塔的启停；④反馈给群控管理程序冷却塔是否正常投入运行信号。

3）冷却塔控制策略包括：①当冷却塔已要求起动，打开冷却塔进水管路上的电动阀；②当冷却塔出口水温24℃（滞后3℃），延时30s，开启冷却塔风机；③当冷却塔出口水温27℃（滞后3℃），延时36s，关闭冷却塔风机调速；④当冷却塔出口水温降低时，以与上述相反的顺序关闭冷却塔风机；⑤当冷却塔出口温度小于4℃，发出防冻保护的事件通知；⑥当冷却塔投入运行后1min，出口温度超过30℃，发出事件通知。

4）冷却塔的控制包括：

①当冷却塔要求起动，打开冷却塔进水管路上的电动阀；②用PID计算风机频率，控制冷凝器冷却水进口温度 t，不高于28℃；③管理人员可以根据运行经验调整PID参数值；④管理人员可以超越锁定风机频率；⑤使用平滑增减模块，限制风机频率变化率；⑥当风机频率计算值大于等于0时，起动风机；⑦为防止风机频繁启停，限定风机的最小开机和停机时间不小于6min；⑧利用DO/DI模块，比较输出控制与输入状态信号，当不一致时发出警报；⑨计算风机的累计运行时间，当超过设定值时，发出需要维护的事件通知。

5）旁通阀的控制包括：

①根据蒸发器进口冷却水温度，用PID计算旁通阀的开度，防止冷却水温度过低；②使用平滑增减模块，限制旁通阀开度的变化率，避免频繁动作。

二、水系统能量调节（变流量控制）

冷源及水系统的能耗由冷冻机主机电耗及冷冻水、冷却水和各循环水泵、冷却塔风机电耗构成。如果各冷冻水末端用户都有良好的自动控制，那么冷冻机的产冷量必须满足用户的需要，节能就要靠恰当地调节冷冻机运行状态，降低冷冻水循环泵、冷却水循环泵及冷却塔风机电耗来获得。当冷冻水末端用户采用变水量调节时，冷冻水循环泵就必须提供足够的循环水量并满足用户的压降。可能的节能途径是减少各用户冷冻水调节阀的节流损失，并尽可能使循环水泵在效率最高点运行。这样，冷源与水系统的节能控制就主要通过如下三个途径完成：

1）在冷水用户允许的前提下，尽可能提高冷冻机出口水温以提高冷冻机的出力；当采用二级泵系统时，减少冷冻水加压泵的运行台数或降低泵的转速，以减少水泵的电耗。

2）根据冷负荷状态恰当地确定冷冻机运行台数，以提高冷冻机的出力。

3）在冷冻机运行所允许的条件下，尽可能降低冷却水温度，同时又不增加冷却泵和冷却塔的运行电耗。

现以减少冷冻水加压泵的运行台数或降低泵的转速来分析中央空调调速节能原理。

现在空调系统在运行调节方式上，风水系统主要是阀门（手动、自动阀门调节），主机利用卸荷方式，而这些方式是牺牲了阻力能耗来适应末端负荷要求，造成运行成本居高不下。若采用变频控制，能量的传递和运输环节控制为变水量（VWV）和变风量（VAV），使传递和运输耦合并达到最佳温差置换，其动力仅为其他控制系统的30% ~ 60%，而且节能是双效的，因为对制冷主机的需求能耗同时下降。

主机采用变频节能控制，保持设计工况下的制冷剂运动的物理量（如温差、压力等）变化，节能较其他调负荷方式明显，如约克（YORK）的YT型离心式冷水机组，配置变频机组在部分负荷下能耗比可降至0.2kW/T，可见变频控制方式在空调系统中应用前景十分广阔。

1）中央空调调速节能原理。中央空调系统中大部分设备是风机和水泵，是将机械能转变成流体的压力能或动能的设备，若流体为液体工质称其为泵；若流体为气体工质称其为风机。空调系统中的风机、水泵一般在结构上为透平式类。

在图6-29中，分析偏离0点的差值压出池液面与吸入液面高度差在冷冻水密闭管路中接近零，在冷却水中差距很小；p_2、p_1在系统中差值小，所以，在空调水系统中作水泵节能分析时，粗略分析，即压出池液面与吸入液面高度差和$p_2 - p_1$除以管道半径的值趋近零。所以，在以下分析中，分机水泵的节能均按相似定律计算。根据相似定律，可做出恒速调节和变速调节的能耗关系。

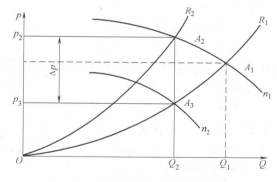

图6-29 阀门调节和变速调节比较

当风机或水泵稳定工作在工况点A_1（Q_1，p_1）上，需要减少流量到Q_2：

① 关小阀门开度，使管网曲线R_2。值得注意的是：Q_2的实现是靠人为节流引起的损失Δp的代价换来的。

② 采用变速调节，将速度降到n_2时，即可满足流量的要求，其功率降低显著。因此，变转速调节是风机、泵经济运行的首选方式。

因为中央空调系统是由主机、冷冻水、冷却水等若干个子系统组成的一个较为复杂的系统，所以对每个子系统进行设计时，都要考虑器对整个系统的影响。因此我们在中央空调系统变频设计时采用了神经元网络和模糊控制的方法，保证整个系统的最优化运行。

2）冷却水系统（包括一次及二次系统）的变频控制。冷却水的进出口温度差为6℃时，空调主机的热交换率最高，同时为了保证正常供水，还要保证冷却水的压力和流量。因此将进口温度、出口温度、管网压力、管网流量等信号输入控制柜的中央控制器中，由中央控制器根据当前的具体数据计算出所需流量值，确定冷却水泵投入的台数及工作频率，保证能耗最低且系统最优工作方式。冷却水变频系统控制示意图如图6-30所示。

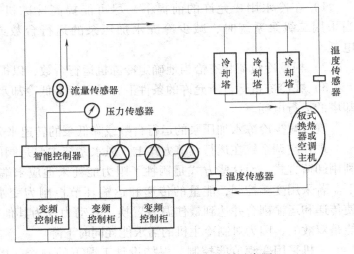

图6-30　冷却水变频系统控制示意图

3）冷冻水系统的变频控制。为了使空调主机效率最高，应保证冷冻水进出主机温度差为6℃，同时为了保证供水需求，应保证冷冻水的压力和流量，还必须保证冷冻水的温度不能过低，避免主机结冰。因此将进口温度、出口温度、管网压力、管网流量等信号输入控制柜的中央控制器中，由中央控制器根据当前的具体数据计算出所需流量值，确定冷冻水泵投入的台数及工作频率，保证能耗最低且系统最优工作方式。其控制示意图如图6-31所示。

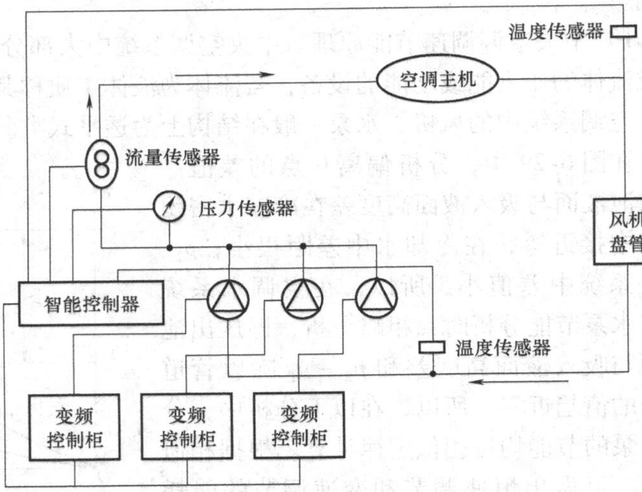

一次泵变水量空调水系统具有系统简单、操作方便、投资少的优点，因而在许多中小型空调工程中得到了应用。当满负荷运行时，负荷侧二通调节阀全开，旁通阀全闭。随负荷的减少，末端设备电动二通阀调节阀关小，流经末端设备的水量减少，供、回水总管压差增大，压差控制器动作，使旁通调节阀逐渐打开，部分水流返回冷水机组；当旁通调节阀全开而供、回水管的压差达到规定的上限时，水泵和冷水机组各停一台。反之当流经末端设备的水量增大时，供、回水管的压差减小，旁通调节阀的开度减小，直至旁通阀关闭，压差下降至下限值时，恢复一台水泵和一台冷水机组的工作。

图6-31　冷冻水系统变频控制示意图

该变水量水系统控制方案适应于供、回水压差变化不大的系统，此时水泵消耗的轴功率随水泵运行台数的增减而增减，但由于水泵运行台数与负荷要求不一定相匹配，所以是呈阶跃式变化的，只能实现部分节能。

对于半集中式中央空调的水系统控制主要是实现对供水管路的自动控制，这种做法还可以完成计量管理。其控制原理图如图 6-32 所示。

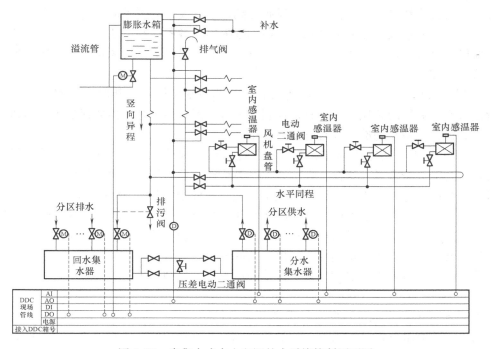

图 6-32　半集中式中央空调的水系统控制原理图

第四节　空调风系统的控制方法

一、新风机组的自动控制

为了保证足够的新风量，需要采用各种不同的控制方法进行控制。控制的目标就是要将室内的温、湿度环境保持在适宜的水平，并且尽量使系统的能耗最小。空气处理机组的控制可以采用：

1. 新风补偿控制　把室内温度或室内温度敏感元件称为 T1，送风温度或送风温度敏感元件称为 T2，新风温度或新风温度敏感元件称为 T3。新风补偿控制可以简称为 3T 控制。它主要有两个目的：其一是随着室外温度的变化改变室内温度，以求得保健与舒适感方面的改善；其二是可以消除由于新风温度的变化而带来的室内温度差。新风补偿控制分为冬季补偿和夏季补偿两种。

2. 送风补偿控制　把室内温度或室内温度敏感元件称为 T1，送风温度或送风温度敏感元件称为 T2，因而送风补偿控制可以简称为 2T 控制。在工业仪表中可以使用 PID 调节器来解决。在舒适性空调中采用 T2 补偿控制简单易行，而且还可以达到近似的 PID 效果。

3. 新风量的调节控制　冬季的控制方法其特点是在新风入口处增加了新风阀及回风阀。这两个阀联动，并且与风机联锁，风机一停，新风阀就要全关，风机一开，新风阀就要开，但其开度要预先设定。在风道中设置有 4 个温度传感器，送风管道内为 T1，回风管道内为 T2，新风管道内为 T3 和 T4。为了使联动风阀控制更有效，在过渡季节里还可以通过 T1 及调节器控制风阀的电动机，用新风来给室内降温。另外还在新风道内设有 T4，当新风温度逐渐升高、失去冷却作用时，就命令新风阀开到最小开度，以节省能量。

为了解决新风量调节控制不足问题，还相继提出了各种控制方法，主要有以下几种基本形式：新风量直接测量法、风机跟踪法、设置独立的新风机进行变风量系统新风量控制和二氧化碳浓度监控法。

4. 新风量直接测量法　这是目前使用的最简单的变风量系统新风量控制方法，它是通过测量进入空调系统的新风量，并直接控制新风量。但是因为风管内风速过低，新风量的测量误差势必很大，控制的准确性有待进一步提高。

5. 风机跟踪法　此方法的控制原理是：送风机送风量减去回风机回风量等于新风量，并维持其不变，等于常量。这样，在空调控制系统运行期间不论送风量如何变化，跟踪调节回风量，保持两者之差不变，即维持新风量不变。因此要求同时测量送风机和回风机风量，控制送风机和回风机风量的差值，从而间接控制新风量。对送、回风机的控制有许多方法，如送、回风机用送风道静压进行控制；用送风道中出口动压控制回风机；动压差法，即在送风机出口和回风机口设置流量测点，测出各自的流量，并保持固定的差值，一旦出现超差现象，则调节回风机以维持固定的风量差；室内压力直接控制法等。各种方法都存在一定的测量误差。

6. 设置独立的新风机进行变风量系统新风量控制　目前认为设置独立的新风机是变风量系统新风量控制最好的方法之一。它通过新风机入口处的风速传感器来调节风阀，维持最小新风量。该法简单实用，只需在新风风道中，安装一台风量等于所需新风量、全压等于新风风道阻力的新风风机即可。当采用这种控制时，可以不用回风机，或代之以排风机，这样控制起来更容易，也更稳定。该方法的优点是：因直接测定新风量，因此误差比通过测定送风机和回风机的风量来调节新风量要小得多。该方法的缺点是：需要另设最小新风风管，从而需要额外的新风管道，不适于改建工程。

7. 二氧化碳浓度监控法　这是一种全新的新风量控制方法，它用二氧化碳变送器测量回风管中的二氧化碳浓度并转换为标准电信号，送入调节器来控制新风阀的开度，以保持足够的新风。当二氧化碳浓度高于整定值时，即新风量不足，要增大新风阀的开度来增加新风量。但是，用发展的观点来讲，室内的二氧化碳浓度并不是确定新风量的唯一依据。这种方法忽略了二氧化碳以外的室内污染物的影响，显然这不是很合理的。

图 6-33 表示出新风机组监测与控制的设备安置原理图。新风机组的监测与控制包括三个方面：

（1）新风机组运行参数的监测　包括新风机进口温、湿度；新风机出口温、湿度，防冻报警，过滤器两端差压报警，回水电动调节阀、蒸汽加湿电动调节阀开度显示，新风机状态显示与故障报警。

（2）新风机组运行参数的自动控制　新风机组的温度自动调节，把温度传感器测量的新风机组出口风温送入 DDC 与给定值比较，根据偏差 $\pm \Delta T$，由 DDC 按 PID 规律调节表冷

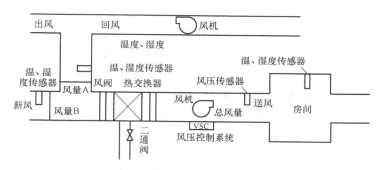

图 6-33　新风机组监测与控制的设备安置原理图

器回水电动调节阀开度来控制空气的温度。新风机的湿度自动调节是把湿度传感器测量的新
风机出口湿度送入 DDC 与给定值比较，根据小偏差 ±Δ，由 DDC 按 PID 规律调节加湿阀控
制蒸汽量控制空气的湿度。如果新风直接送入室内，则按照事先确定的规则由控制器直接改
变新风机变频器的频率（开环控制）。

（3）新风机组的联锁控制　新风机组中的送风机、电动水阀、蒸汽阀（包括加湿器）、
电动风阀等都应当进行电气联锁。当机组停止运行时，新风阀应当处于全关位置。新风机组
起动顺序控制为：新风机起动—新风阀开启—回水电动调节阀开启—蒸汽加湿电动调节阀开
启。新风机组停机的顺序控制：新风机停机—蒸汽加湿电动调节阀关闭—回水电动调节阀关
闭—新风阀关闭等。

冬季有冻结可能地区的新风机组，还应当防止因某种原因使得盘管中水流中断而造成冻结
的可能。通常可以在盘管的下风侧安装防冻报警测温探头，当温度下降到可能发生冻结时，与
探头相连的防冻开关将发出报警信号，并采取进一步措施，防止和限制冻结情况的发生。

中央空调新风控制系统如图 6-34 所示。安装于回风管内的温度传感器把检测到的回风
温度（相当于房间温度），送往温度控制器与设定温度相比较，用 PID 规律控制，输出相应
的电流信号控制水阀动作，使回风温度保持在要求的范围内。安装于风管内的湿度传感器把
检测到的送风相对湿度送往控制器，并与设定湿度相比较：用比例积分（PI）规律控制，
输出相应的电流信号，控制加湿阀动作，使相对湿度保持在要求的范围内。

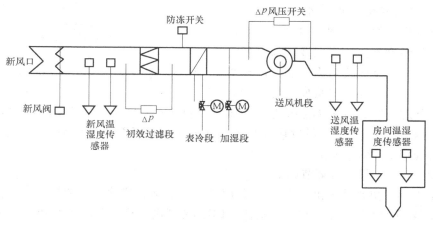

图 6-34　中央空调新风控制系统

　　因此，根据上述要求，空气处理机组的 DDC 控制器必须完成以下一些主要功能：①空调区域温湿度监测与显示。根据空调区域的面积，采用若干个温/湿度传感器，将其信号取平均值计算；②空调区域温度、湿度的自动控制；③表冷器（加湿器）上二通阀开度、电动风阀开度能在现场控制柜上显示及手动调节；④新风温度、湿度监测与显示；⑤送、回风机运行状态（开机/停机）显示；⑥送、回风机起停控制（可自动起停风机，也可在控制器上手动起停风机）；⑦送、回风机的过载故障报警；⑧送、回风机与防火阀联锁，发生火灾时防火阀报警并自动关闭送、回风机与风阀；⑨过滤器过阻报警、提醒运行操作人员及时清洗更换过滤器；⑩自动调节表冷器或加热器的三通阀和电动风阀的开度，以调节冷冻水的流量和新风与回风的比例。另外，还要与中央管理微机通信，接受管理微机对其发出的集中管理指令，并发送出管理微机所需要的数据和信息。

　　DDC 控制器的应用软件采用模块化方法：首先，把软件设计任务按功能划分为若干模块，如数据采集模块、数据处理模块、报警模块、控制模块和故障诊断模块等；接着，依据测控时序和模块之间的关系，给出应用软件的功能流程图；然后，对每一功能模块，再进行编程、调试和制作。其软件流程图如图 6-35 所示。

　　如果新风机组中装有电加热器，则电加热器应当与送风机实现电气联锁，只有送风机运行后，电加热器方可通电，以避免系统中因无风而电加热器单独运行造成火灾。

二、空气处理机组的自动控制

　　空气处理机组是指集中在空调机房的空气处理设备，包括送风机、回风机、过滤器、冷却器或加热器、加湿器等（见图 6-36）。它是整个中央空调系统的重要组成部分和核心。对空气处理机组的控制，主要就是要控制被调区域的温度和湿度，以及新风量的大小。控制的目标就是要将室内的温湿度环境保持在适宜的水平，并且尽量使系统的能耗

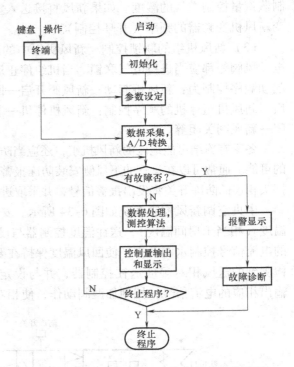

图 6-35　空气处理机组 DDC 控制器软件流程图

最小。空气处理机组的 DDC 控制就是采用微机控制技术，将空调系统中的各种信号（如温度、湿度、压力、状态等），通过输入装置输入微机，按照预先编制好的程序进行运算处理，而后将处理后的信号输出再去控制执行器。

　　根据设计要求，设置各环节如下：

　　过滤器 2 个（初效过滤和中效过滤），DI 为电压输入；表冷段、加热段各 1 个，三通阀控制，AO；蒸汽加湿段 1 个，电磁两通阀，DO；变频送风机 1 个，压差开关，DI（电压输入）、DO（状态返回信号）；消声段 2 个（送风段和回风段各一个）；变频回风机 1 个，DI

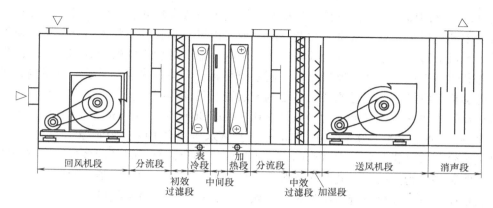

图 6-36　空气处理机组结构图

（电压输入）、DO（状态返回信号）；新风风门、送风风门、排风风门各 1 个，回风风门 3 个，AO；中间段 1 个；温湿度传感器 4 个，AI，电流输入；二氧化碳检测器 4 个，AI，电流输入。如图 6-37 所示。

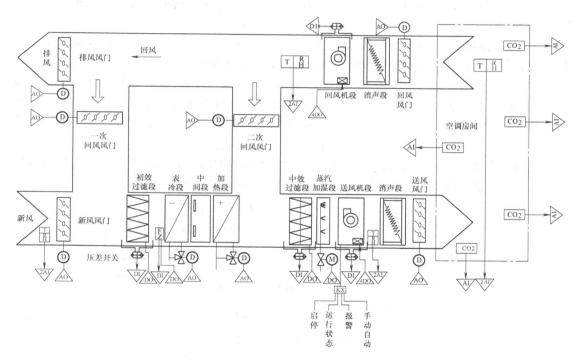

图 6-37　空调机组的 DDC 控制原理图

三、风机盘管的自动控制

风机盘管中央空调是目前我国采用比较多的一种半集中式中央空调系统，风机盘管空调器是由风机和盘管（小型表面式换热器）组成的风机盘管中央空调系统的末端装置，直接安装在房间内，风机将室内一部分空气进行循环处理（经空气过滤器过滤和盘管进行冷却或加热）后直接送入房间，以达到对室内空气进行温、湿度调节的目的。房间所需要的新鲜空气可以通过门窗的渗透或直接通过房间所设新风口进入房间，或将室外空气经过新风处理机组集中处理后由管道直接送入被调房间，或者由风机盘管的空气入口处与室内空气进行混合后经风机盘管进行温度、湿度处理后送入室内。盘管处理空气的冷媒和热媒，由集中设置的冷源和热源提供。因此，风机盘管空调系统是属于半集中式空调系统。风机盘管机组由风机、电动机、盘管、空气过滤器、室温调节装置及箱体等组成。

风机盘管机组一般容量范围为：风量 $0.007 \sim 0.236\text{m}^3/\text{s}$、制冷量 $2.3 \sim 7\text{kW}$、风机电动机功率 $30 \sim 100\text{W}$、水量约 $0.14 \sim 0.221\text{m}^3/\text{s}$、盘管水压损失 $10 \sim 36\text{kPa}$ 等。

风机盘管分散设置在各个空调房间中，小房间设一台，大房间可设多台。它有明装和暗装两种。明装的多为立式，暗装的多为卧式，便于和建筑结构配合。暗装的风机盘管通常吊装在房间顶棚上方。风机盘管机组的风压一般很小，通常出风口不接风管。

风机盘管的二通阀或三通阀，可以控制冷、热盘管水路的通、断，它属于单回路模拟仪表控制系统，多采用电气式温度控制器，其传感器与控制器组装成一个整体，可应用在客房、写字楼、公寓等场合。风机盘管控制系统一般不进入集散控制系统。近年来也有的产品有通信功能，可与集散系统的中央控制站通信。

1. 风机盘管空调系统电气控制实例　为了适应空调房间负荷的瞬变，风机盘管空调系统常用两种调节方式，即调节水量和调节风量。

（1）水量调节　当室内冷负荷减小时，通过直通两通阀或三通调节阀减少进入盘管的水量，盘管中冷水平均温度上升，冷水在盘管内吸收的热量减少。

（2）风量调节　这种调节方法应用较为广泛，通常调节风机转速以改变通过盘管的风量（分为高、中、低三速），也有应用晶闸管调压实行无级调速的系统。当室内冷负荷减少时，降低风机转速，空气向盘管的放热量减少，盘管内冷（热）水的平均温度下降。当人员离开房间时，还可将风机关掉，以节省冷、热量及电耗。

2. 风机盘管空调的电气控制　风机盘管空调的电气控制一般比较简单，只有风量调节的系统，其控制电路与电风扇的控制方式基本相同。其电路图如图 6-38 所示。

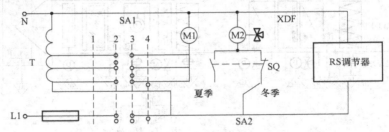

图 6-38　风机盘管电路图

（1）风量调节　风机电动机 M1 为单相电容式异步电动机，采用自耦变压器调压调速。风机电动机的速度选择由转换开关实现（也可用推键式开关）。转换开关有 4 档，1 档为停；2 档为低速；3 档为中速；4 档为高速。

（2）水量调节　供水调节由电动三通阀实现，M2 为电动三通阀电动机。由单相 AC 220V 磁滞电动机带动的双位动作的三通阀。其工作原理是：电动机通电后，立即按规定方向转动，经减速齿轮带动输出轴，输出轴齿轮带一扇形齿轮，从而带动阀杆、阀芯动作。阀芯由 A 端向 B 端旋转时，使 B 端被堵住，而 C 至 A 的水路接通，水路系统向机组供水。此时，电动机处于带电停转状态，只有磁滞电动机才能满足这一要求。

当需要停止供水时，调节器使电动机断电，此时由复位弹簧使扇形齿轮连同阀杆、阀芯及电动机同时反向转动，直至堵住 A 端为止。这时 C 至 B 变成通路，水经旁通管流至回水管，利于整个管路系统的压力平衡。

一般情况下，半集中式中央空调控制系统常用在宾馆。宾馆房间的风机盘管空调控制原理图如图 6-39 所示。

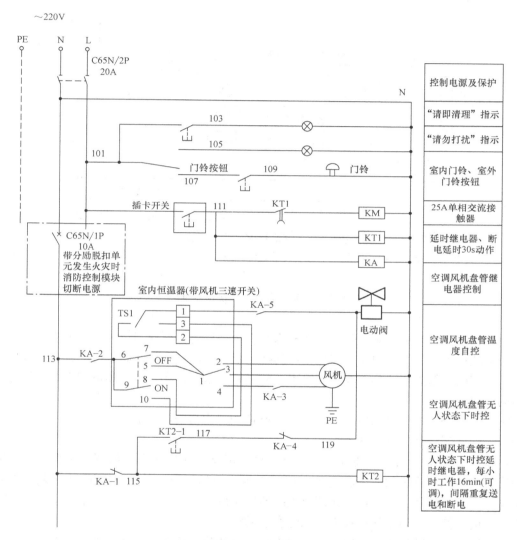

图 6-39 宾馆房间的风机盘管空调控制原理图

第五节 定、变风量空调系统的控制方法

一、定风量控制

近几年由于智能楼宇的出现，定风量空调（Constant Air Volume，CAV）的使用有增

多的趋势，这主要是智能楼宇内办公自动化（OA）和通信自动化（CA）系统的设备比较贵重，为防止空调水管结露和滴水损坏设备而采用定风量空调系统。这种系统属于全空气送风方式，水管不进入空调房间，从而避免了一些意外发生。定风量空调系统在单位时间内的送风量是一定的，其大小是不可调的，其常用运行过程的传统控制方式主要有 4 种：连续运行方式、固定循环周期方式、可变循环周期方式和反馈开停控制方式，如图 6-40 所示。

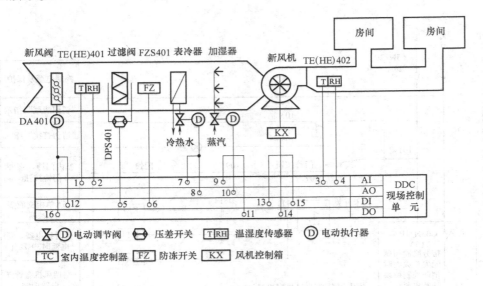

图 6-40　定风量空调系统控制框图

　　空调系统在运行中，其实际负荷通常都小于额定负荷，制冷和送风机组采用连续运行方式时，会造成很大的能量浪费。而且空调的连续运行会使室内外的温差过大，这对人体的健康也是不利的。但由于这种方式控制简单、效果好，因此，在一些实际负荷较大且接近额定负荷的情况下，使用的较多。

　　定风量空调系统的自动控制内容主要有空调回风温度/湿度自动调节及新风阀、回风阀及排风阀的比例控制，分述如下：

　　1. 空调回风温度的自动调节　　回风温度自动调节系统是一个定值调节系统，它把空调机回风温度传感器测量的回风温度送入 DDC 控制器与给定值比较，根据 $\pm \Delta T$ 偏差，由 DDC 按 PID（比较、积分、微分）规律调节表冷器回水的调节阀开度，以达到控制冷冻（加热）水量的目的，使房间温度保持在人体感觉合适的温度。

　　在回风温度自动调节系统中，新风温度随天气变化，这对回风温度调节系统是一个扰动量，使得回风温度调节总是滞后于新风温度的变化。为了提高系统的调节品质，把空调机新风温度传感器测量的新风温度作为前馈信号加入回风温度调节系统。譬如，在夏季中午新风温度 T 增高（设此时回水阀开度正好满足室内冷负荷的要求，处于平衡状态），新风温度传感器测量值增大，这个温度增量经 DDC 运算后输出一个相应的控制电平，使回水阀开度增大，即冷量增大，补偿了新风温度增高对室温的影响。温度控制 PID 闭环系统如图 6-41 所示。

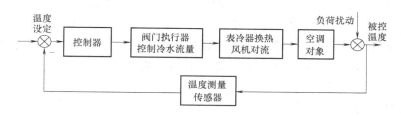

图 6-41　温度控制 PID 闭环系统

由于楼宇自控系统对空调机组实施最优化控制，使各空调机的回水阀始终保持在最佳开度，恰到好处地满足了冷负荷的需要，其结果反映到冷冻站供水干管上，真实地反映了冷负荷需求，从而控制冷水机组起动台数，节省了能源。

2. 空调机组回风湿度调节　空调机组回风湿度调节与回风温度调节过程基本相同，回风湿度调节系统是按 PI（比例、积分）规律调节加湿阀，以保持房间的相对湿度在 $H_夏 \leqslant 60\% RH$，$H_冬 \geqslant 40\% RH$。我国的南方地区湿度较大，若想节省资金，可删去空调机组回风湿度调节。湿度控制 PID 闭环系统如图 6-42 所示。

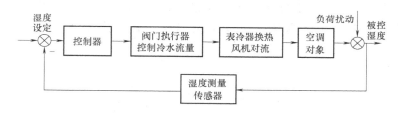

图 6-42　湿度控制 PID 闭环系统

3. 新风电动阀、回风电动阀及排风电动阀的比例控制　把装设在回风管的温、湿度传感器和新风管的温、湿度传感器所检测的温度、湿度送入 DDC 进行回风及新风焓值计算，按新风和回风的焓值比例输出相应的电压信号控制新风阀和回风阀的比例开度，使系统在最佳的新风/回风比状态下运行，以便达到节能的目的。排风阀的开度控制从理论上讲，应该和新风阀开度相对应，正常运行时，新风占送风量的 30%，而排风量应等于新风量，因此，排风电动阀开度也就确定下来了。

二、变风量空调系统的基本概念

变风量空调系统（Variable Air Volume Air Condition System，VAV）是目前国内大中型建筑工程中新型的一种空调方式。VAV 空调系统始于 20 世纪 70 年代后期，由于其节能效果显著，目前在美国、日本及西欧等国家的办公楼、旅馆、医院、学校和商业中心等建筑中广泛使用，香港地区的许多建筑也采用 VAV 系统。利用变风量（VAV）空调系统，可以减少建筑物电耗，如在南方地区，典型办公楼每 m² 每年可节电 40～60 kW·h/m²（地板面积）。从风量角度来讲，因春、夏、秋、冬风量可分别减少 34%、26%、42% 和 44%，而使整个 VAV 系统的能耗比定风量系统减少 20%～30%。

1. 变风量空调系统的原理　变风量系统至少应具备这样两个条件：一是送入房间的风量是通过变风量箱来分配，并按房间要求进行调节；二是应用一定的手段来调节风机以改变系统总风量。当送风量定时，为适应各空调房间的负荷，要相应改变送风温度，这种系统成为定风量系统，从调节角度来说成为"质调节"。相反，如送风温度一定，为适应负荷需要而改变送入各房间的风量，这种系统称为变风量系统，又称为"量调节"系统，它们统称VAV系统。按处理空调负荷所采用的输送介质分类，变风量空调系统是属于全空气式的一种空调方式，即全空气系统的一种。该系统是通过变风量箱调节送入房间的风量或新回风混合比，并相应调节空调机的风量或新回风混合比来控制某一空调区域温度的一种空调系统，如图6-43所示。

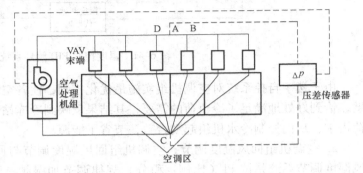

图6-43　VAV空调系统示意图

普通集中式空调系统是定风量系统，而且送风量是按空调房间最大时设计的。实际上房间负荷不可能总是最大值。因此，当热负荷减少时就要靠提高送风温度的方法，当湿负荷减少时就要靠提高送风含湿量的方法来满足室内温、湿度的要求。显然，热负荷减少时，需要增加再热量以提高送风温度，其结果是既浪费了热量也浪费了冷量。

然而，从风量计算公式

$$G = \frac{Q_x}{1.01(t_n - t_o)} \quad 及 \quad G = \frac{W}{d_n - d_o}$$

可以看出，为了适应负荷变化，除了维持 G 不变，改变 t_o 或 d_o 之外，也可以采用维持 $(t_n - t_o)$ 或 $(d_n - d_o)$ 不变，而改变 G 的方法。这就是变风量系统的基本原理。从风量计算公式也可以看出，当房间负荷发生变化时，要想通过变风量的方法来适应负荷的变化，并使 $(t_n - t_o)$ 及 $(d_n - d_o)$ 均不变，除非是 Q 及 W 按相同比例变化。因此，只有当室内仅仅一个参数要求严格保证，而另一个参数允许有较大的波动范围时，宜采用单一的变风量方法，否则在设计时除采用变风量方法外，还应考虑辅助措施。通常是采用风量控制室内温度，变露点控制室内湿度；或者变风量控制室内湿度，变热量控制室内温度。

2. 变风量空调系统的特点

(1) 优点

1) 节能：由于空调系统在全年大部分时间里是在部分负荷下运行，而变风量空调系统是通过改变送风量来调节室温的，因此可大幅度减少送风风量的动力能耗。同时确定系统总风量时还需考虑同时使用的情况，所以能够节约风机运行能耗和减少风机装机容量。有关文献介绍，VAV系统与定风量系统相比大约可以节能30% ~70%。

2) 舒适性高：能实现各局部区域的灵活控制，可以根据负荷的变化或个人的要求自行设置环境温度。与一般定风量系统相比，能更有效地调节局部区域的温度，实现温度的独立控制，避免在局部区域产生过冷或过热现象，并由此可以减少制冷或供热负荷。

3）新风作冷源：VAV系统属于全空气系统，它具有全空气系统的一些优点，可以利用新风作冷源消除室内负荷，没有风机盘管凝水问题和霉变问题。

4）系统的灵活性较好：易于改、扩建，尤其适用于格局多变的建筑，例如出租写字楼等。当室内参数改变或重新隔断时，只需要更换支管和末端装置，移动风口位置，甚至仅仅重新设定一下室内温控器即可。

（2）缺点　从用户的角度看，主要有：①缺少新风，室内人员感到憋闷；②房间内正压或负压过大导致房门开起困难；③室内噪声偏大。

从运行管理方面看，主要有：①系统运行不稳定，尤其是带"经济循环"的系统；②节能效果有时不明显。

此外，变风量系统还存在一些固有的缺点：①系统的初投资比较大；②对于室内湿负荷变化较大的场合，如果采用室温控制而又没有末端再热装置，往往很难保证室内湿度要求。

（3）变风量空调系统的使用场合　一般来说，有些建筑物采用变风量空气调节系统是合适的，这些建筑物是：负荷变化较大的建筑物（如办公大楼）、多区域控制的建筑物以及有公用回风通道的建筑物。

1）负荷变化较大的建筑物：由于变风量可以减少送风几何加热的能量（因为利用灯光及人员等热量），故负荷变化加大的建筑物可以采用变风量系统。若建筑物的玻璃窗面积比例小，外墙传热系数小，室内气候对室内影响较小，则不适用变风量系统，因为部分负荷时节约的能源较少。例如，办公大楼，一旦建筑物内有人员聚集和灯光开启，负荷就接近尖峰；人员离开和灯光关闭负荷就变小，因此，负荷变化大。再如图书馆或公共建筑，具有较大面积的玻璃窗和变化较大的负荷，也适合采用变风量系统，因为它的部分负荷的时间比较长。

2）多区域控制的建筑物：多区域控制的建筑物适合采用变风量系统。因为变风量系统在设备安装上比较灵活，故用于多区域时，比一般传统的系统更为经济。这些传统的系统是：多区系统、双管系统和单区屋顶空调器等。

3）有公用回风通道的建筑物：具有公用回风通道的建筑物可以成功地采用变风量系统。公用回风通道可以获得满意的效果，因为如采用多回风通道可能产生系统静压过低或过高的情形。一般来说，办公大楼和学校均可采用公用回风通道。然而，也有一些建筑物不适合应用，如医院中的隔离病房、实验室和厨房等，因为采用公用回风通道会造成空气的交叉感染。

3. VAV空调系统的构成　图6-44是一个典型的单风道变风量空调系统简图。在这个系统中，除了送回风机、末端装置、阀门及风道组成的风路外，还有5个反馈控制环路—室温控制、送风静压控制、送回风量匹配控制、新排风量控制及送风温度控制。

单风道VAV系统可分为

（1）普通型系统形式　在这一系统里，所有的末端均采用普通单风道型，对于同一系统只能同时送冷风或同时送热风。在供冷季节，当某个房间的温度低于设定值时，温控器就会调节变风量末端装置中的风阀开度减少送入该房间的风量。由于系统阻力增加，送风静压会升高。当超过设定值时，静压控制器通过调节送风机入口导叶角度或电动机转速减少系统的总送风量。送风量的减少导致送回风量差值的减少，送回风量匹配控制器会减少回风量以

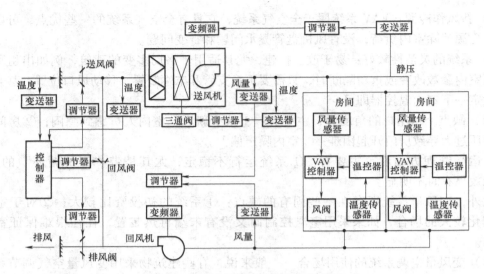

图 6-44　单风道变风量空调系统简图

维持设定值。风道压力的变化将导致新排风量的变化，控制器将调节新风、回风和排风阀来保持新排风量。在冬季，对于有内外区的建筑当房间的朝向不一致时，有可能某些房间需要供冷而另一些房间需要供热，该系统形式就很难满足要求。由此可以看出，这一系统对于满足某些建筑的使用要求时存在一定问题的。实际从使用上来看，它只是对定风量全空气系统不能控制各区域或房间温度的确定进行了解决，在各房间或区域同时进行冷、热切换的前提下，该系统可通过末端调整风量来控制区域温度。

　　因此，该系统适合于房间进深不大、各房间温度均要独立控制但负荷变化的趋势都较为接近的场所。在 VAV 系统中，该系统是投资最少的一种系统，这是该系统的独特优势。结合我国的实际情况，相信今后在我国仍是一种较常用的 VAV 系统形式。

　　（2）外区再热系统形式　这种系统形式与前一种系统并无多大的区别，但其外区的末端带有热水再热盘管，其热源为空调用热水，为此末端内需装有热水盘管。这一系统的特点是空调机组可以常年都送冷风，而在建筑外区的末端采用带再热盘管的单风道型末端设备。在冬季当外区需要供热时，末端热水盘管作用是提高送风温度。这一系统使得不同朝向的温度和外区温度都能得到较为精确地控制。就目前我国的实际情况来看，再热设备通常是采用热水盘管。

　　但是这一系统形式实际上使进入外区的空气先冷却后再进行加热处理，很显然在这一过程中存在冷热抵消，浪费能量。而且热水盘管进入室内，对管道布置也增加了难度。

　　（3）内、外区独立系统形式　这种方式中，各末端均采用普通单风道无再热型，设置两台空调机组分别服务于内区和外区，室内不再设热水盘管。空调机组水系统可以采用两管制系统，也可采用四管制系统形式。采用四管制系统时，内外区的空调机组同时有冷、热水供给，运行互不影响。如使用两管制系统，则内、外区空调机组在主水干管上应分开，即保证外区机组供热水时，内区机组仍可供冷水。这样可以使得系统在过渡季节里仍有较好的调节作用。在室外气候更冷的冬季过渡季和冬季，外区空调机组供热水，而内区可最大限度地利用室外新风这一天然冷源供冷直至需要一定的热水加热。这样做防止了再热型的冷、热抵消问题，节能效果好。

（4）双风道系统　这种系统均采用双风道型末端，其内区设计与前述的形式完全相同。外区通过调整冷、热风混合比，控制送风温度。该系统能获得很好的室内空气品质，可以说是在这几种系统中使用标准最高的，但显然这一系统形式投资较高。

三、变风量空调控制系统

图 6-45 是典型的 VAV 空调系统示意图，其主要特点就是在每个房间的送风入口处装一个 VAV 末端装置，该装置实际上是可以进行自动控制的风阀，以增大或减小送入室内的风量，从而实现对各个房间温度的单独控制。当一套全空气空调系统所带各房间的负荷情况彼此不同或各房间温度设定值不同时，VAV 是一种解决问题的有效方式。

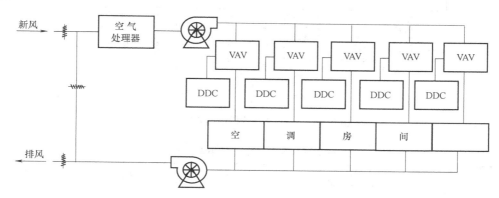

图 6-45　典型的 VAV 空调系统示意图

变风量空调系统能量平衡方程式为

$$G = Q/\left[1.01(T_n - T_0)\right]$$

由上式可知，当负荷 Q 或室内设定温度 T_n 变化时，保持送风量 G 不变，调节送风温度 T_0，或保持送风温度 T_0 不变（或微调），根据室内负荷 Q 的变化调节送风量 G，均能保持空调系统的能量平衡。

VAV 空调系统根据建筑结构和设计要求的不同有多种设计方案可供选择。如单风道或双风道，节流型或旁通型末端装置，末端是否有再加热（温控精度高时采用），送风管道静压控制方式（定静压或变静压）等。总之，只要送风量是随负荷变化而变化的系统，就统称为变风量空调系统。

1. 变风量空调机组监控设计

主要监控功能：①监测风的运行状态、气流状态、过载报警和手/自动状态，累计风机运行时间，控制风机起停，调节风机频率；②监测送风温度、回风温度、湿度。根据回风温度与设定值的比较差值调节电动水阀的开度，根据回风湿度与设定值的比较差值控制加湿阀的开闭；③监测室外空气温度、相对湿度；④监测过滤器两侧压差，超出设定值时，请求清洗服务；⑤当机组内温度过低时，防冻开关报警，停止风机运行，并关闭新风阀；⑥根据室内外焓差调节新风风阀开度，同时相应调节回风和排风风阀。

变风量空调机组监控原理图如图 6-46 所示，变风量空调机组监控点，如表 6-6 所示。

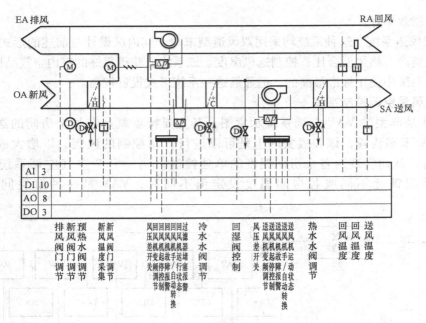

图 6-46　变风量空调机组监控原理图

表 6-6　变风量空调机组监控点

受控设备	数量	监控功能描述	输入		输出		传感器、阀门及执行机构等
			AI	DI	AO	DO	
	1 组	室外温度	1				室外温度传感器
	1 组	室外湿度	1				室外湿度传感器
		点数小计	2				
变风量风空调系统组合机组							
空调机组（双风机，四管制，带加湿系统）		送风温度	1				风道温度传感器
		回风温度	1				风道温度传感器
		回风湿度	1				风道湿度传感器
		过滤器堵塞报警		1			压差开关
		低温防冻报警		1			防冻开关
		送、回风机运行状态		2			
		送、回风机气流状态		2			压差开关
		送、回风机过载报警		2			
		送、回风机手/自动转换		2			
		送、回风机起/停控制				2	继电器线圈
		送、回风机变频调节			2		
		加湿阀开/关控制				1	加湿阀执行器
		新/回/排风调节			3		风阀执行器
		冷、热、预热盘管水阀调节			3		电动两通水阀及执行器
		点数小计	3	10	8	3	

2. 典型 VAV Box 的监控原理

主要监控功能：①通过室温实测值和设定值的差值，计算所需风量的设定值；按照风量实测值和设定值的差值，调节 VAV Box 的风阀；②反馈 VAV BMX 风阀的阀位。对于内置风量测量的末端装置，反馈通过 VAV Box 的实际风量值等。

VAV Box 的监控原理如图 6-47 所示。VAV Box 的监控点如表 6-7 所示。

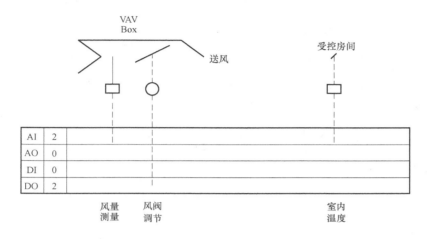

图 6-47　VAV Box 的监控原理

表 6-7　VAV Box 的监控点

受控设备	数量	监控功能描述	输入		输出		传感器、阀门及执行机构等
			AI	DI	AO	DO	
VAV Box	1 台	室内温度	1				室温传感器
		风量测量	1				空气流量传感器
		末端风阀调节				2	风阀执行器
		点数小计	2	0	0	2	

思考题与习题

1. 空调监控系统的特点是什么？

2. 空调监控系统的功能是什么？

3. 空调监控系统的形式有哪几种？

4. 如何实现全空气空调机组的监测控制？

5. 如何实现溴化锂冷水机组的自动控制？

6. 如何实现冷冻水系统与冷却水系统的监测与控制？

7. 如何实现冷却水系统和冷却塔的控制？

8. 如何实现水系统能量调节？

9. 如何实现空气处理机组的自动控制？

10. 如何实现风机盘管的自动控制?
11. 如何实现定风量空调系统的自动控制?
12. 如何实现变风量空调系统的自动控制?
13. 风机变频器控制的作用是什么?
14. 变风量控制系统风量控制的作用是什么?

第七章　火灾自动报警与控制

火灾是发生频率较高的一种灾害，在智能楼宇中存在大量的电气设备，其装修材料和内部陈设均可因人为的原因发生火灾，因此，火灾自动报警与控制是智能楼宇自动化系统的一个重要组成部分。

第一节　楼宇火灾自动报警系统概述

火灾自动报警系统是智能楼宇消防工程的重要组成部分，它的工作可靠、技术先进是控制火灾蔓延、减少灾害、及时有效扑灭火灾的关键。

一、火灾自动报警系统构成

1. 火灾自动报警系统的发展　火灾自动报警系统的发展可分为三个阶段：

（1）多线制开关量式火灾探测报警系统　这是第一代产品，目前基本上已处于被淘汰状态。

（2）总线制可寻址开关量式火灾探测报警系统　这是第二代产品，尤其是二总线制开关量式探测报警系统目前正被大量采用。

（3）模拟量传输式智能火灾报警系统　这是第三代产品。目前我国已开始从传统的开关量式的火灾探测报警技术，跨入具有先进水平的模拟量式智能火灾探测报警技术的新阶段，它使系统的误报率降低到最低限度，并大幅度地提高了报警的准确度和可靠性。

目前，火灾自动报警系统有智能型、全总线型以及综合型等，这些系统不分区域报警系统或集中报警系统，可达到对整个火灾自动报警系统进行监视。但是在具体工程应用中，传统型的区域报警系统、集中报警系统、控制中心报警系统仍得到较为广泛的应用。

2. 火灾自动报警系统构成　对于不同形式、不同结构、不同功能的建筑物来说，系统的模式不一定完全一样。应根据建筑物的使用性质、火灾危险性、疏散和扑救难度等按消防有关规范进行设计。

在结构上，一个火灾自动报警系统通常由火灾探测器、区域报警器、集中报警器等三部分组成，如图7-1所示。

图7-1中Y表示火灾探测器，安装于火灾可能发生的场所，将现场火灾信息（烟、光、温度）转换成电气信号，为区域报警器提供火警信号。

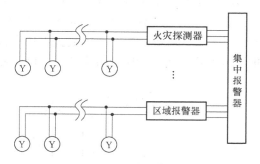

图7-1　火灾自动报警示意图

区域报警器是接受一个探测防火区域内的各个探测器送来的火警信号，集中控制和发出警报的控制器。

集中报警器一般设置在一个建筑物的消防控制中心室内，接收来自各区域报警器送来的火警信号，并发出声、光警报信号，起动消防设备。

图 7-2 为一个实用火灾自动报警灭火联动系统框图。系统主要由火灾探测器、手动报警按钮、火灾自动报警控制器、声光报警装置、联动装置（输出若干控制信号，驱动灭火装置、驱动排烟机、风机等）等构成。火灾自动报警控制器还能记忆和显示火灾与事故发生的时间及地点。

当火灾报警控制器的构成是针对某一监控区域时，这样的系统称为单级自动监控自动灭火系统。与单级自动监控系统相类似，由多个火灾报警控制器构成的针对多个监控区域的消防系统称为多级自动监控自动灭火系统，简称为多级自动监控系统或集中—区域自动监控系统。多级自动监控系统的结构框图如图 7-3 所示。

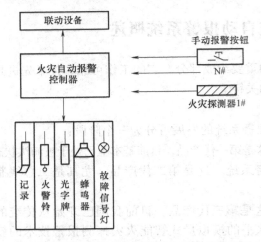

图 7-2 实用火灾自动报警灭火联动系统框图

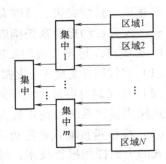

图 7-3 多级自动监控系统结构框图

二、火灾自动报警系统功能

火灾自动报警系统由于组成形式的不同，功能也有差别。其基本形式有：

1. 区域报警系统 对于建筑规模小，保护对象仅为某一区域或某一局部范围，常使用区域报警系统。系统具有独立处理火灾事故的能力。其系统构成框图如图 7-4 所示。

2. 集中报警系统 由于智能楼宇及其群体的需要，区域消防系统的容量及性能已经不能满足要求，因此，有必要构成火灾集中报警系统。火灾集中报警系统应设置消防控制室，集中报警系统及其附属设备应安置在消防控制室内。其报警系统框图如图 7-5 所示。

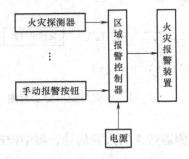

图 7-4 火灾区域报警系统构成框图

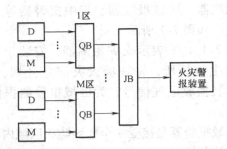

图 7-5 火灾集中报警系统框图

D—火灾探测器 JB—集中报警控制器

M—手动报警按钮 QB—区域报警控制器

该系统中的若干台区域报警控制器通常被设置在按楼层划分的各个监控区域内，一台集中报警控制器用于接收各区域报警控制器发送的火灾或故障报警信号，具有巡检各区域报警控制器和探测器工作状态的功能。该系统的联动灭火控制信号视具体要求，可由集中报警控制器发出，也可由区域报警控制器发出。

区域报警控制器与集中报警控制器在结构上没有本质区别。区域报警控制器只是针对某个被监控区域，而集中报警控制器则是针对多区域的、作为区域监控系统的上位管理机或集中调度机。

3. 消防控制中心报警系统　对于建筑规模大，需要集中管理的多个智能楼宇，应采用控制中心消防系统。该系统能显示各消防控制室的总状态信号，并负责总体灭火的联络与调度。

系统至少应有一台集中报警控制器和若干台区域报警控制器，还应联动必要的消防设备，进行自动灭火工作。一般系统控制中心室（又称消防控制室）安置集中报警控制器柜和消防联动控制器柜。消防灭火设备如消防水泵、排烟风机、灭火剂贮罐、输送管路及喷头等，安装在欲进行自动灭火的场所及其附近。其报警系统框图如图 7-6 所示。

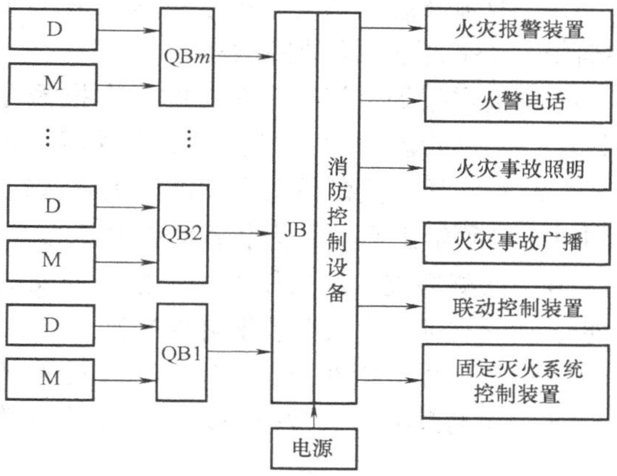

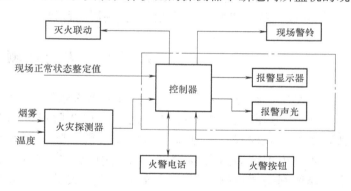

图 7-6　火灾消防控制中心报警系统框图

三、火灾自动报警系统工作原理

火灾自动报警系统工作原理如图 7-7 所示。安装在保护区的探测器不断地向所监视的现场发出巡测信号，监视现场的烟雾浓度、温度等火灾参数，并不断反馈给报警控制器。当反馈信号送到火灾自动报警系统的给定端，反馈值与系统给定值即现场正常状态（无火灾）时的烟雾浓度、温度（或温度上升速率）及火光照度等参数的规定值一并送入火灾报警控制器进行运算。与一般自动控制系统不同，火灾报警控制器在运算、处理这两个信号的差值时，要人为地加一段适当的延时。在这段延时时间内，对信号进行逻辑运算、处理、判断、确认。当发生火灾时，火灾自动报警系统发出声、光报警，显示火灾区域或楼层房号的地址编码，打印报警时间、地址等。同时向火灾现场发出警铃报警，在火灾发生楼层的上、下相邻层或火灾区域的相邻区域，也同时发出报警信号，以显示火灾区域。各应急疏散指示灯亮，指明疏散方向。只有确认是火灾时，火灾报警控制器才发出系统控制信号，驱动灭火设备，实现快速、准确灭火。

图 7-7　火灾自动报警系统工作原理

这段人为的延时（一般设计在 20～40s 之间），对消防系统是非常必要的。如果火灾未经确认，火灾报警控制器就发出系统控制信号，驱动灭火系统动作，势必造成不必要的浪费与损失。

为便于对火灾自动报警系统的分析与设计，对一些常用消防术语及名词作如下解释：

（1）火灾报警控制器 由控制器和声、光报警显示器组成，接收系统给定输入信号及现场检测反馈信号，输出系统控制信号的装置。

（2）火灾探测器 探测火灾信息的传感器。

（3）火灾正常状态 被监控现场火灾参数信号小于火灾探测器动作值的状态。

（4）故障状态 系统中由于某些环节不能正常工作而造成的故障必须给以显示，并尽快排除，这种故障称为故障状态。

（5）火灾报警 消防系统中的火灾报警分为预告报警及紧急报警。预告报警是指火灾刚处在"阴燃阶段"由报警装置发出的声、光报警。这种报警预示火灾可能发生，但不启动灭火设备。紧急报警是指火灾已经被确认的情况下，由报警装置发出的声、光报警。报警的同时，必须给出启动灭火装置的控制信号。

（6）探测部位 是指作为一个报警回路的所有火灾探测器所能监控的场所。一个部位只能作为一个回路接入自动报警控制器。

（7）部位号 指在报警控制器内设置的部位号，对应接入的探测器的回路号。

（8）探测范围 通常指一只探测器能有效可靠地探测到火灾参数的地面面积，即保护面积。

（9）监控区域号 监控区域也称报警区域，是系统中区域报警控制器的编号。

（10）火灾报警控制器容量 区域报警控制器的容量是指所监控的区域内最多的探测部位数；集中报警控制器的容量除指它所监控的最多探测部位数外，还指它所监控的最多"监控区域"数，即最多的区域报警控制器的台数。

第二节 火灾探测器

火灾探测器是火灾自动报警和自动灭火系统最基本和最关键的部件之一，对被保护区域进行不间断地监视和探测，把火灾初期阶段能引起火灾的参数（烟、热及光等信息）尽早、及时和准确地检测出来并报警。除易燃易爆物质遇火立即爆炸起火外，一般物质的火灾发展过程通常都要经过引燃、发展和熄灭三个阶段。因此，火灾探测器的选择原则是要根据被保护区域内初期火灾的形成和发展特点去选择有相应特点和功能的火灾探测器。

其中探测器的特点就包含了对环境条件、房间高度及可能引起误报的原因等因素的考虑。较灵敏的火灾探测器宜用于较大高度的房间。

一、火灾探测器的构造及分类

1. 探测器的构造 火灾探测器通常由敏感元件、电路、固定部件和外壳 4 部分组成。

1）敏感元件的作用是将火灾燃烧的特征物理量转换成电信号。凡是对烟雾、温度、辐射光和气体含量等敏感的传感元件都可以使用。它是探测器的核心部分。

2）电路的作用是将敏感元件转换所得的电信号进行放大并处理成火灾报警控制器所需

的信号，其电路框图如图 7-8 所示。

3）固定部件和外壳。它是探测器的机械结构。其作用是将传感元件、印制电路板、接插件、确认灯和紧固件等部件有机地连成一体，保证一定的机械强度，达到规定的电气性能，以防止其所处环境如光源、灰尘、气流、高频电磁波等干扰和机械力的破坏。

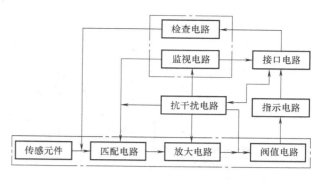

图 7-8　火灾探测器电路框图

2. 火灾探测器的分类　常用的方法是按探测器的结构造型、探测的火灾参数、输出信号的形式和使用环境等进行分类。

（1）按结构造型分类　按火灾探测器的结构造型分类，可分成点型和线型两大类。点型探测器是探测元件集中在一个特定点上，响应该点周围空间的火灾参数的火灾探测器。目前生产量最大，民用建筑中几乎均使用点型探测器。线型火灾探测器是一种响应某一连续线路周围的火灾参数的火灾探测器。线型探测器多用于工业设备及民用建筑中一些特定场合。

（2）按探测的火灾参数分类　根据探测火灾参数的不同，可以划分为感烟、感温、感光、可燃气体和复合式等几大类。

（3）按使用环境分类　按照安装场所的环境条件分类，主要有陆用型（主要用于陆地、无腐蚀性气体、温度范围为 $-10 \sim +50℃$、相对湿度在 85% 以下的场合中），船用型（其特点是耐温和耐湿，也可用于其他高温、高湿的场所），耐酸型，耐碱型，防爆型等。

（4）按其他方式分类　火灾探测器按探测到火灾信号后的动作是否延时向火灾报警控制器送出火警信号，可分为延时型和非延时型两种。火灾探测器按输出信号的形式分类，可分为模拟型探测器和开关型探测器。火灾探测器按安装方式分类，可分为露出型和埋入型。

二、感烟火灾探测器

感烟探测器是用于探测物质燃烧初期在周围空间所形成的烟雾粒子含量，并自动向火灾报警控制器发出火灾报警信号的一种火灾探测器。它响应速度快，能及早地发现火情，是使用量最大的一种火灾探测器。

感烟探测器从作用原理上分类，可分为离子型、光电型两种类型。

1. 点型感烟火灾探测器　点型感烟火灾探测器是对某一点周围空间烟雾响应的火灾探测器。

（1）离子感烟火灾探测器　离子感烟火灾探测器是对能影响探测器内电离电流的燃烧产物敏感的探测器。图 7-9 是一种离子感烟探测器的电路原理框图，它由内外电离室及信号放大、开关转换、故障自动监测、火灾模拟检测、确认灯等回路组成。

火灾发生时，烟雾进入外电离室，使外电离室两端电压发生变化，中央电极取出其电压变化量 ΔU，使信号放大回路动作。放大后的信号去触发开关回路。在向报警器输出报警信号的同时，也将点亮确认灯。开关回路一旦工作就自保持。若探测器与报警器之间出现断线，故障自动监测回路工作，并通过检查线使报警器发出断线故障信号。通过火灾模拟检查回路可做人工手动的远距离模拟火灾试验。当进行手动模拟火灾试验时，报警器在检查线上

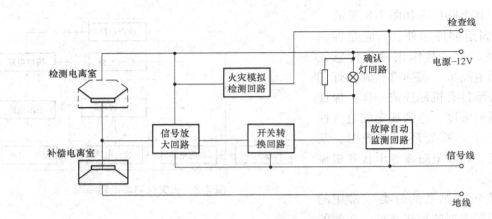

图 7-9　离子感烟探测器电路原理框图

加入一个高电平，使信号放大电路工作，并触发开关回路。这种检查试验，不但检查了传输线路是否有故障，而且对探测器的全部元器件及电路是否完好，报警器自身的各个环节工作是否正常都进行了全面检查，这是一种对整个火灾自动报警系统工作是否正常的全面检查。

在相对湿度长期较大、气流速度大、有大量粉尘和水雾滞留、可能产生腐蚀性气体、正常情况下有烟滞留等情形的场所，不宜选用离子感烟探测器。

（2）光电感烟火灾探测器　光电感烟探测器是利用火灾时产生的烟雾粒子对光线产生吸收遮挡、散射或吸收的原理并通过光电效应而制成的一种火灾探测器。光电感烟探测器可分为遮光型和散射型两种。主要由检测室、电路、固定支架和外壳等组成，其中检测室是其关键部件。

1）遮光型光电感烟火灾探测器

① 检测室。由光束发射器、光电接收器和暗室等组成，如图 7-10 所示。

② 工作原理。当火灾发生，有烟雾进入检测室时，烟粒子将光源发出的光遮挡（吸收），到达光敏元件的光能将减弱，其减弱程度与进入检测室的烟雾含量有关。当烟雾达到一定量，光敏元件接受的光强度下降到预定值时，通过光敏元件起动开关电路并经以后电路鉴别确认，探测器即动作，向火灾报警控制器送出报警信号。

③ 电路组成。光电感烟探测器的电路原理框图如图 7-11 所示。它通常由稳

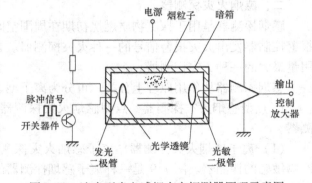

图 7-10　遮光型光电感烟火灾探测器原理示意图

压电路、脉冲发光电路、发光元件、光敏元件、信号放大电路、开关电路、抗干扰电路及输出电路等组成。

2）散射型光电感烟探测器：它是应用烟雾粒子对光的散射作用并通过光电效应而制作的一种火灾探测器。它和遮光型光电感烟探测器的主要区别在暗室结构上，而电路组成、

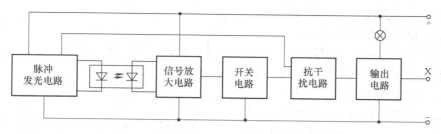

图 7-11 光电感烟探测器的电路原理框图

抗干扰方法等基本相同。由于是利用烟雾对光线的散射作用，因此，暗室的结构就要求光源 E（红外发光二极管）发出的红外光线在无烟时，不能直接射到光敏元件（光敏二极管）上。实现散射型的暗室各有不同，其中一种是在光源与光敏元件之间加入隔板（黑框），如图 7-12 所示。

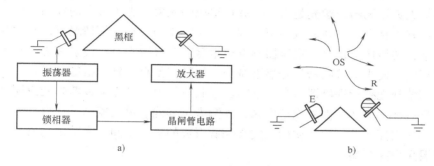

图 7-12　散射型光电感烟探测器结构示意图

a）结构图　b）工作原理示意图

　　无烟雾时，红外光无散射作用，也无光线射在光敏二极管上，二极管不导通，无信号输出，探测器不动作。当烟雾粒子进入暗室时，由于烟粒子对光的散（乱）射作用，光敏二极管会接收到一定数量的散射光，接收散射光的数量与烟雾含量有关，当烟的含量达到一定程度时，光敏二极管导通，电路开始工作。由抗干扰电路确认是有两次（或两次以上）超过规定水平的信号时，探测器动作，向报警器发出报警信号。光源仍由脉冲发光电路驱动，每隔 $3 \sim 4 \mathrm{s}$ 发光一次，每次发光时间约 $100 \mu \mathrm{s}$ 左右，以提高探测器抗干扰能力。

　　光电式感烟探测器在一定程度上可克服离子感烟探测器的缺点，除了可在建筑物内部使用，更适用于电气火灾危险较大的场所。使用中应注意，当附近有过强的红外光源时，可导致探测器工作不稳定。

　　在可能产生黑烟、有大量积聚粉尘、可能产生蒸汽和油雾、有高频电磁干扰、过强的红外光源等情形的场所，不宜选用光电感烟探测器。

　　2. 线型感烟火灾探测器　线型感烟探测器是一种能探测到被保护范围中某一线路周围烟雾的火灾探测器。探测器由光束发射器和光电接收器两部分组成。它们分别安装在被保护区域的两端，中间用光束连接（软连接），其间不能有任何可能遮断光束的障碍物存在，否则探测器将不能工作。常用的有红外光束型、紫外光束型和激光型感烟探测器三种，故而又称线型感烟探测器为光电式分离型感烟探测器。其工作原理如图7-13所示。

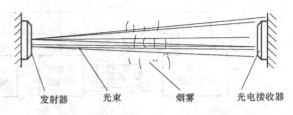

图7-13　线型感烟探测器的工作原理图

发射器　　光束　　烟雾　　光电接收器

在无烟情况下，光束发射器发出的光束射到光电接收器上，转换成电信号，经电路鉴别后，报警器不报警。当火灾发生并有烟雾进入被保护空间，部分光线束将被烟雾遮挡（吸收），则光电接收器接收到的光能将减弱，当减弱到预定值时，通过其电路鉴定，光电接收器便向报警器送出报警信号。

在接收器中设置有故障报警电路，以便当光束为飞鸟或人遮住、发射器损坏或丢失、探测器因外因倾斜而不能接收光束等原因时，故障报警电路要锁住火警信号通道，向报警器送出故障报警信号。接收器一旦发出火警信号便自保持，确认灯亮。

激光感烟火灾探测器，激光是由单一波长组成的光束，由于其方向性强、亮度高、单色性和相干扰性好等特点，在各领域中都得到了广泛的应用。在无烟情况下，脉冲激光束射到光电接收器上，转换成电信号，报警器不发出报警。一旦激光束在发射过程中有烟雾遮挡而减小到一定程度，使光电接收器信号显著减弱，报警器便自动发出报警信号。

红外光和紫外光感烟探测器是利用烟雾能吸收或散射红外光束或紫外光束原理制成的感烟探测器，具有技术成熟、性能稳定可靠、探测方位准确、灵敏度高等优点。

线型感烟火灾探测器适用于初始火灾有烟雾形成的高大空间、大范围场所。

三、感温火灾探测器

感温火灾探测器是对警戒范围内某一点或某一线段周围的温度参数敏感响应的火灾探测器。根据监测温度参数的不同，感温火灾探测器有定温、差温和差定温三种。探测器由于采用的敏感元件不同，又可派生出各种感温探测器。

与感烟火灾探测器和感光火灾探测器比较，感温火灾探测器的可靠性较高，对环境条件的要求更低，但对初期火灾的响应要迟钝些，报警后的火灾损失要大些。它主要适用于因环境条件而使感烟火灾探测器不宜使用的某些场所；并常与感烟火灾探测器联合使用组成与门关系，对火灾报警控制器提供复合报警信号。由于感温火灾探测器有很多优点，它是仅次于感烟火灾探测器使用广泛的一种火灾早期报警的探测器。

在可能产生明燃或者若发生火灾不及早报警将造成重大损失的场所，不宜选用感温火灾探测器；温度在0℃以下的场所，不宜选用定温火灾探测器；正常情况下温度变化较大的场所，不宜选用差温火灾探测器；火灾初期环境温度难以肯定时，宜选用差定温复合式火灾探测器。

1. 点型感温火灾探测器　点型感温火灾探测器是对警戒范围中某一点周围的温度响应的火灾探测器。

感温火灾探测器的结构较简单，关键部件是它的热敏元件。常用的热敏元件有双金属片、易熔合金、低熔点塑料、水银、酒精、热敏绝缘材料、半导体热敏电阻、膜盒机构等。感温火灾探测器是以对温度的响应方式分类，每类中又以敏感元件不同而分为若干种。

（1）定温火灾探测器　点型定温火灾探测器是一种对警戒范围中某一点周围温度达到

或超过规定值时响应的火灾探测器，当它探测到的温度达到或超过其动作温度值时，探测器动作向报警控制器送出报警信号。定温火灾探测器的动作温度应按其所在的环境温度进行选择。

1）双金属型定温火灾探测器：它是以具有不同热膨胀系数的双金属片为热敏元件的定温火灾探测器。

图7-14是一种圆筒状结构的双金属定温火灾探测器。它是将两块磷钢合金片通过固定块固定在一个不锈钢的圆筒形外壳内，在铜合金片的中段部位各安装一个金属触头作为电接点。由于不锈钢的热膨胀系数大于磷铜合金，当探测器检测到的温度升高时，不锈钢外筒的伸长大于磷铜合金片，两块合金片被拉伸而使两个触头靠拢。当温度上升到规定值时，触头闭合，探测器即动作，送出一个开关信号使报警器报警。当探测器检测到的温度低于规定值时，经过一段时间，两触头又分开，探测器又重新自动回复到监视状态。

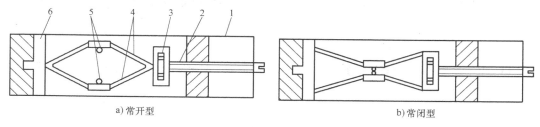

a) 常开型　　　　　　　　　b) 常闭型

图7-14　圆筒状结构的双金属定温火灾探测器
1—不锈钢管　2—调节螺栓　3、6—固定块　4—铜合金片　5—电接点

2）易熔金属型定温火灾探测器：它是一种能在规定温度值时迅速熔化的易熔合金作为热敏元件的定温火灾探测器。图7-15是易熔合金定温火灾探测器的结构示意图。

探测器下方吸热片的中心处和顶杆的端面用低熔点合金焊接，弹簧处于压紧状态，在顶杆的上方有一对电接点。无火灾时，电接点处于断开状态，使探测器处于监视状态。火灾发生后，只要它探测到的温度升到动作温度值，低熔点合金迅速熔化，释放顶杆，顶杆借助弹簧弹力立即被弹起，使电接点闭合，探测器动作。

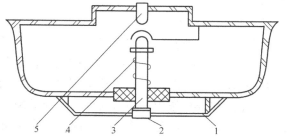

图7-15　易熔合金定温火灾探测器结构示意图
1—吸热片　2—易熔合金　3—顶杆
4—弹簧　5—电接点

另一类定温探测器属电子型，常用热敏电阻或半导体P-N结为敏感元件，内置电路常用运算放大器。电子型比机械型的分辨能力高，动作温度的准确性容易实现，适用于某些要求动作温度较低，而机械型又难以胜任的场合。机械型不需要配置电路、牢固可靠，不易产生误动作，价格低廉。工程中以上两种类型的定温火灾探测器都经常采用。

（2）差温及差定温火灾探测器

1）差温火灾探测器：它是对警戒范围中某一点周围的温度上升速率超过规定值时

响应的火灾探测器。根据工作原理不同，可分为电子差温火灾探测器、膜盒差温探测器等。

图 7-16 所示的是一种电子差温火灾探测器的原理图。它是应用两个热时间常数不等的热敏电阻 R_{t1} 和 R_{t2}，R_{t1} 的热时间常数小于 R_{t2} 的热时间常数，在相同温升环境下，R_{t1} 下降比 R_{t2} 快，当 $U_a > U_b$ 时，比较器输入 U_c 为高电平，点亮报警灯，并且输出报警信号。图 7-17 所示的是一种膜盒型差温火灾探测器内部结构示意图。

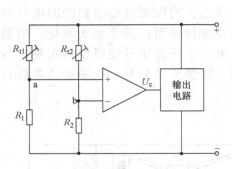 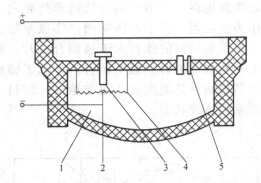

图 7-16　电子差温火灾探测器的原理图　　　图 7-17　膜盒型差温火灾探测器内部结构示意图

1—气室　2—动触点　3—静触点
4—波纹板　5—漏气孔

由于常温变化缓慢，温度升高时，气室内的气体压力增高，可以从漏气孔中泄放出去。但当发生火灾时，温升速率增高，气室内空气迅速膨胀来不及从漏气孔跑掉，气压推动波纹板，接通电接点，报警器报警。温升速率越大，探测器动作的时间越短。显然，差温火灾探测器特别适于火灾时温升速率大的场所。这是一种可恢复型的感温火灾探测器。

2）差定温火灾探测器：它兼有差温和定温两种功能，既能响应预定温度报警，又能响应预定温升速率报警的火灾探测器，因而扩大了它的使用范围。

在图 7-17 中只要另用一个弹簧片，并用易熔合金将此弹簧片的一端焊在吸热外罩上，就形成膜盒型差定温火灾探测器。其中，气室是差温的敏感元件，它在环境温度速率剧增时，其差温部分起作用；易熔元件是定温的敏感元件，当环境温度升高到易熔合金标定的动作温度时，该定温部分起作用，此时易熔合金熔化，弹簧片向上弹起，推动波纹膜片，使电接点接通。但这种作法的膜盒型差定温火灾探测器的定温部分动作后，其性能即失效，但差温部分动作后仍可反复使用。

图 7-18 是一种电子式差定温火灾探测器的电气原理图，它有三个热敏电阻和两个电压比较器。当探测器警戒范围的环境温度缓慢变化，温度上升到预定报警温度时，由于热敏电阻 R_{t3} 的阻值下降较大，使 $U_a' > U_b'$，比较器翻转，$U_c > 0$，使 V_2 导通，S_1 动作，点亮报警灯 HL，输出报警信号为高电平，这是定温报警。

当环境温度上升速率较大时，热敏电阻 R_{t1} 阻值比 R_{t2} 下降多，使 $U_a > U_b$ 时，比较器翻转，$U_c > 0$，使 V_2 导通，S_1 动作，点亮报警灯 HL，输出报警信号为高电平，这是差温报警。

2. 线型感温火灾探测器　线型感温火灾探测器是对警戒范围中某一线路周围的温度升

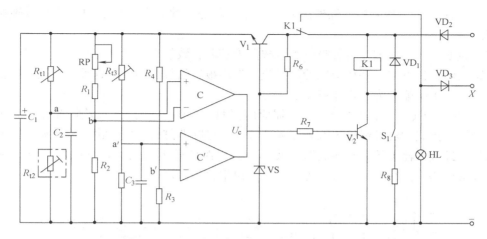

图 7-18　电子式差定温火灾探测器电气原理图

高敏感响应的火灾探测器,其工作原理和点型的基本相同。

线型感温火灾探测器也有差温、定温和差定温三种类型。定温型大多为缆式。缆式的敏感元件用热敏绝缘材料制成。当缆式线型定温探测器处于警戒状态时,两导线间处于高阻态。当火灾发生,只要该线路上某处的温度升高达到或超过预定温度时,热敏绝缘材料阻抗急剧降低,使两芯线间呈低阻态;或者热敏绝缘材料被熔化,使两芯线短路,这都会使报警器发出报警信号。缆线的长度一般为 100～500m。

线型感温火灾探测器也可用空气管作为敏感元件制成差温工作方式,称为空气管线型差温火灾探测器。利用点型膜盒差温火灾探测器气室的工作特点,将一根用铜或不锈钢制成的细管(空气管)与膜盒相接构成气室。当环境温度上升较慢时,空气管内受热膨胀的空气可从泄漏孔排出,不会推动膜片,电接点不闭合;火灾时,若环境温度上升很快,空气管内急剧膨胀的空气来不及从泄漏孔排出,空气室中压强增大到足以推动膜片位移,使电接点闭合,即探测器动作,报警器发出报警信号。

线型感温火灾探测器通常用于在电缆托架、电缆隧道、电缆夹层、电缆沟、电缆竖井等一些特定场合。

四、感光火灾探测器

感光火灾探测器又称为火焰探测器,它是一种能对物质燃烧火焰的光谱特性、光照强度和火焰的闪烁频率敏感响应的火灾探测器。它能响应火焰辐射出的红外、紫外和可见光。工程中主要用红外火焰型和紫外火焰型两种。

感光探测器的主要优点是:响应速度快,其敏感元件在接收到火焰辐射光后的几毫秒,甚至几个微秒内就发出信号,特别适用于突然起火无烟的易燃易爆场所。它不受环境气流的影响,是唯一能在户外使用的火灾探测器。另外,它还有性能稳定、可靠、探测方位准确等优点,因而得到普遍重视。在火灾发展迅速,有强烈的火焰和少量烟、热的场所,应选用火焰探测器。

在可能发生无焰火灾、在火焰出现前有浓烟扩散、探测器的镜头易被污染、探测器的"视线"(光束)易被遮挡、探测器易受阳光或其他光源直接或间接照射、在正常情况下有明火作业及 X 射线、弧光影响等情形的场所,不宜选用火焰探测器。

1. 红外感光火灾探测器　红外感光火灾探测器是一种对火焰辐射的红外光敏感响应的火灾探测器。

红外线波长较长，烟粒对其吸收和衰减能力较弱，致使有大量烟雾存在的火场，在距火焰一定距离内，仍可使红外线敏感元件感应，发出报警信号。因此，这种探测器误报少，响应时间快，抗干扰能力强，工作可靠。

图7-19为JGD—1型红外火焰探测器原理框图。JGD—1型红外火焰探测器是一种点型火灾探测器。火焰的红外线输入红外滤光片滤光，排除非红外光光线，由红外光敏管接收转变为电信号，经放大器1放大和滤波器滤波（滤掉电源信号干扰），再经内放大器2、积分器等触发开关电路，点亮发光二极管确认灯，发出报警信号。

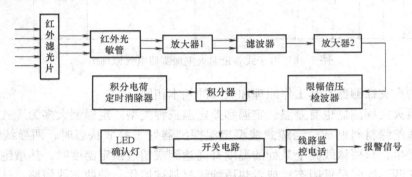

图7-19　JGD-1型红外火焰探测器原理框图

2. 紫外感光火灾探测器　紫外感光火灾探测器是一种对紫外光辐射敏感响应的火灾探测器。紫外感光探测器由于使用了紫外光敏管为敏感元件，而紫外光敏管同时也具有光电管和充气闸流管的特性，它具有响应速度快、灵敏度高的特点，可以对易燃物火灾进行有效报警。

由于紫外光主要是由高温火焰发出的，温度较低的火焰产生的紫外光很少，而且紫外光的波长也较短，对烟雾穿透能力弱，所以它特别适用于有机化合物燃烧的场合。例如，油井、输油站、飞机库、可燃气罐、液化气罐、易燃易爆品仓库等，特别适用于火灾初期不产生烟雾的场所（如生产储存酒精、石油等场所）。火焰温度越高，火焰强度越大，紫外光辐射强度也越高。

图7-20为紫外火焰探测器结构示意图。火焰产生的紫外光辐射，从反光环和石英玻璃窗进入，被紫外光敏管接收，变成电信号（电离子）。石英玻璃窗有阻挡波长小于185nm的紫外线通过的能力，而紫外光敏管接收紫外线上限波长的能力，取决于光敏管电极材质、温度、管内充气的成分、配比和压力等因素。紫外线试验灯发出紫外线，经反光环反射给紫外光敏管，用来进行探测器光学功能的自检。

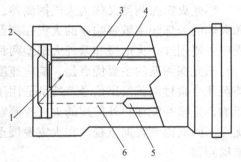

图7-20　紫外火焰探测器结构示意图
1—反光环　2—石英玻璃窗　3—光学遮护板
4—紫外光敏管　5—紫外线实验灯　6—紫外线

紫外火焰探测器对强烈的紫外光辐射响应时间极短，25ms即可动作。它不受风、雨、高气温等影响，室内外均可使用。

五、可燃气体火灾探测器

可燃气体包括天然气、煤气、烷、醇、醛、炔等。可燃气体火灾探测器是一种能对空气中可燃气体含量进行检测并发出报警信号的火灾探测器。它通过测量空气中可燃气体爆炸下限以内的含量，以便当空气中可燃气体含量达到或超过报警设定值时，自动发出报警信号，提醒人们及早采取安全措施，避免事故发生。可燃气体探测器除具有预报火灾、防火防爆功能外，还可以起监测环境污染的作用。和紫外火焰探测器一样，主要在易燃易爆场合中安装使用。

1. 催化型可燃气体探测器　催化型是用难熔的铂（Pt）金丝作为探测器的气敏元件。工作时，铂金丝要先被靠近它的电热体预热到工作温度。铂金丝在接触到可燃气体时，会产生催化作用，并在自身表面引起强烈的氧化反应（即所谓"无烟燃烧"），使铂金丝的温度升高，其电阻增大，并通过由铂金丝组成的不平衡电桥将这一变化取出，通过电路发出报警信号。

2. 半导体可燃气体探测器　这是一种用对可燃气体高度敏感的半导体元件作为气敏元件的火灾探测器，可以对空气中散发的可燃气体，如烷（甲烷、乙烷）、醛（丙醛、丁醛）、醇（乙醇）、炔（乙炔）等或气化可燃气体，如一氧化碳、氢气及天然气等进行有效的监测。

气敏半导体元件具有如下特点：灵敏度高，即使含量很低的可燃气体也能使半导体元件的电阻发生极明显的变化，可燃气体的含量不同，其电阻值的变化也不同，在一定范围内成正比变化；检测线路很简单，用一般的电阻分压或电桥电路就能取出检测信号，制作工艺简单、价廉，适用范围广，对多种可燃性气体都有较高的敏感能力；但选择性差，不能分辨混合气体中的某单一成分的气体。

图 7-21 是半导体可燃气体探测器的电路原理图。U_1 为探测器的工作电压，U_2 为探测器检测部分的信号输出，由 R_3 取出作用于开关电路，微安表用来显示其变化。探测器工作时，气敏半导体元件的一根电热丝先将元件预热至它的工作温度，无可燃气体时，U_2 值不能产生报警信号，微安表指示为零。在可燃气体接触到气敏半导体时，其阻值（A、B间电阻）发生变化，U_2 也随之变化，微安表有对应的气体含量显示，可燃气体含量一旦达到或超过预报警设定点时，U_2 的变化将使开关电路导通，发出报警信号。调节电位器 RP 可任意设定报警点。

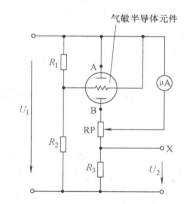

图 7-21　半导体可燃气体探测器电路原理图

可燃气体探测器要与专用的可燃气体报警器配套使用，组成可燃气体自动报警系统。若把可燃气体爆炸含量的下限（L·E·L）定为 100%，而预报的报警点通常设在 20% ~25%（L·E·L）的范围，则不等空气中可燃气体含量引起燃烧或爆炸，报警器就提前报警了。

除以上介绍的火灾探测器外，复合式火灾探测器也逐步引起重视和应用。复合式火灾探测器是一种能响应两种或两种以上火灾参数的火灾探测器。主要有感烟感温、感光感温、感光感烟火灾探测器等。

在工程设计中应正确选用探测器的类型，对有特殊工作环境条件的场所，应分别采用耐寒、耐酸、耐碱、防水、防爆等功能的探测器，才能有效地发挥火灾探测器的作用，延长其使用寿命，减少误报和提高系统的可靠性。

六、探测器种类的选择与数量的确定

探测器种类的选择应根据探测区域内的环境条件、火灾特点、房间高度、安装场所的气流状况等，选用其所适宜类型的探测器或几种探测器的组合。

1. 根据火灾特点、环境条件及安装场所确定探测器的类型　火灾受可燃物质的类别、着火的性质、可燃物质的分布、着火场所的条件、火载荷重、新鲜空气的供给程度以及环境温度等因素的影响。一般把火灾的发生与发展分为4个阶段。

前期：火灾尚未形成，只出现一定量的烟，基本上未造成物质损失。

早期：火灾开始形成，烟量大增，温度上升，已开始出现火，造成较小的损失。

中期：火灾已经形成，温度很高，燃烧加速，造成了较大的物质损失。

晚期：火灾已经扩散。

根据以上对火灾特点的分析，对探测器选择如下：

感烟火灾探测器作为前期、早期报警是非常有效的。凡是要求火灾损失小的重要地点，对火灾初期有阴燃阶段，即产生大量的烟和少量的热，很少或没有火焰辐射的火灾，如棉、麻织物的引燃等，都适于选用。

不适于选用的场所有：正常情况下有烟的场所，经常有粉尘及水蒸气等。液体微粒出现的场所，发火迅速、生烟极少及爆炸性场合。

离子感烟与光电感烟火灾探测器的适用场合基本相同，但应注意它们各有不同的特点。离子感烟火灾探测器对人眼看不到的微小颗粒同样敏感，例如人能嗅到的油漆味、烤焦味等都能引起探测器动作，甚至一些相对分子质量大的气体分子，也会使探测器发生动作。在风速过大的场合（例如大于6m/s），将引起探测器不稳定，且其敏感元件的寿命较光电感烟火灾探测器的短。

对于有强烈的火焰辐射而仅有少量烟和热产生的火灾，如轻金属及它们的化合物的火灾，应选用感光火灾探测器。但不宜在火焰出现前有浓烟扩散的场所及探测器的镜头易被污染、遮挡以及受电焊、X射线等影响的场所中使用。

感温型火灾探测器作为火灾形成早期（早期、中期）报警非常有效。因其工作稳定，不受非火灾性烟雾气尘等干扰。凡无法应用感烟火灾探测器、允许产生一定的物质损失、非爆炸性的场合都可采用感温型火灾探测器。特别适用于经常存在大量粉尘、烟雾、水蒸气的场所及相对湿度经常高于95%的房间，但不宜用于有可能产生阴燃火的场所。

定温型允许温度有较大的变化，比较稳定，但火灾造成的损失较大。在0℃以下的场所不宜选用。

差温型适用于火灾早期报警，火灾造成损失较小，但火灾温度升高过慢则无反应而漏报。差定温型具有差温型的优点而又比差温型更可靠，所以最好选用差定温型火灾探测器。

各种探测器都可以配合使用，如感烟与感温探测器的组合，宜用于大中型计算机房、洁净厂房以及防火卷帘设施的部位等处。对于蔓延迅速、有大量的烟和热产生、有火焰辐射的火灾，如油品燃烧等，宜选用三种探测器的配合。

　　总之，离子感烟火灾探测器具有稳定性好、误报率低、寿命长、结构紧凑等优点，因而得到广泛应用。其他类型的探测器，只在某些特殊场合作为补充才用到。例如，在厨房、发电机房、地下车库及具有气体自动灭火装置时，需要提高灭火报警可靠性而与感烟探测器联合使用的地方才考虑用感温火灾探测器。

　　（1）点型火灾探测器的适用场所（见表 7-1）　在工程实际中，在危险性大又很重要的场所，即需设置自动灭火系统或设有联动装置的场所，均应采用感烟、感温、火焰探测器的组合。

表 7-1　点型火灾探测器的适用场所一览表（举例）

序号	探测器类型 场所或情形	感烟		感温			火焰		说　明
		离子	光电	定温	差温	差定温	红外	紫外	
1	饭店、宾馆、教学楼、办公楼的厅堂、卧室、办公室等	○	○						厅堂、办公室、会议室、值班室、娱乐室、接待室等，灵敏度档次为中低，可延时；卧室、病房、休息厅、衣帽室、展览室等，灵敏度档次为高
2	计算机房、通信机房、电影电视放映室等	○	○						这些场所灵敏度要高或高中档次联合使用
3	楼梯、走道、电梯、机房等	○	○						灵敏度档次为高、中
4	书库、档案库	○	○						灵敏度档次为高
5	有电器火灾危险	○	○						早期热解产物，气溶胶微粒小，可用离子型；气溶胶微粒较大，可用光电型
6	气流速度大于 5m/s	×	○						
7	相对湿度经常高于 95% 以上	×				○			根据不同要求也可选用定温或差温
8	有大量粉尘、水雾滞留	×	×	○	○				
9	有可能发生无烟火灾	×	×	○	○	○			根据具体要求选用
10	在正常情况下有烟和蒸汽滞留	×	×	○	○	○			
11	有可能产生蒸汽和油雾		×						
12	厨房、锅炉房、发电机房、烘干车间等			○		○			在正常高温情况下，感温探测器的额定动作温度值可定得高些，或选用高温感温探测器
13	吸烟室、小会议室				○				若选用感烟探测器，则应选低灵敏度档次
14	汽车库				○	○			
15	其他不宜安装感烟型火灾探测器的厅堂和公共场所	×	×	○		○			
16	可能产生阴燃火或者若发生火灾不及早报警将造成重大损失的场所	○	○	×	×	×			
17	温度在 0℃ 以下			×					

（续）

序号	探测器类型 场所或情形	感烟		感温			火焰		说　明
		离子	光电	定温	差温	差定温	红外	紫外	
18	正常情况下温度变化较大的场所				×				
19	可能产生腐蚀性气体	×							
20	产生醇类、醚类、酮类等有机物质	×							
21	可能产生黑烟		×						
22	存在高频电磁干扰		×						
23	银行、百货店、商场、仓库	○	○						
24	火灾时有强烈的火焰辐射						○	○	如含有易燃材料的房间、飞机库、油库、海上石油钻井和开采平台；炼油列化厂等
25	需要对火焰作出快速反应						○	○	如镁和金属粉末的生产，大型仓库、码头
26	无阴燃阶段的火灾						○	○	
27	博物馆、美术馆、图书馆	○	○						
28	电站、变压器间、配电室	○	○				○	○	
29	可能发生无焰火灾						×	×	
30	在火焰出现前有浓烟扩散						×	×	
31	探测器的镜头易被污染						×	×	
32	探测器的"视线"易被遮挡						×	×	
33	探测器易受阳光或其他光源直接或间接照射						×	×	
34	在正常情况下有明火作业以及X射线、弧光等影响						×	×	

注：1. 符号说明：○—适合的探测器，应优先选用；×—不适合的探测器，不应选用；空白、无符号表示需谨慎使用。

2. 下列场所可不设火灾探测器：①厕所、浴室等；②不能有效探测火灾的场所；③不便维修、使用（重点部位除外）的场所。

（2）线型火灾探测器的适用场所

1）宜选用缆式线型定温火灾探测器的场所

① 计算机室、控制室的闷顶内、地板下及重要设施隐蔽处等。

② 开关设备、发电厂、变电站及配电装置等。

③ 各种传送带运输装置。

④ 电缆夹层、电缆竖井、电线隧道等。

⑤ 其他环境恶劣不适合点型火灾探测器安装的危险场所。

2）宜选用空气管线型差温火灾探测器的场所

① 不易安装点型火灾探测器的夹层、闷顶。

② 公路隧道工程。

③ 古建筑。

④ 大型室内停车场。

3）宜选用红外光束感烟火灾探测器的场所

① 隧道工程。

② 古建筑、文物保护的厅堂馆所等。

③ 档案馆、博物馆、飞机库、无遮挡大空间的库房等。

④ 发电厂、变电站等。

（3）可燃气体探测器的选择　下列场所宜选用可燃气体探测器：

1）煤气表房、煤气站以及大量存贮液化石油气罐的场所。

2）使用管道煤气或燃气的房屋。

3）其他散发或积聚可燃气体和可燃液体蒸气的场所。

4）有可能产生大量一氧化碳气体的场所，宜选用一氧化碳气体探测器。

2. 根据房间高度选择探测器　由于各种探测器的特点各异，其适于房间高度也不尽一致，为了使选择的探测器能更有效地达到保护的目的，表7-2列举了几种常用的探测器对房间高度的要求，供学习及设计参考。

表7-2　根据房间高度选择探测器

房间高度 h /m	感烟探测器	感温探测器			火焰探测器
		一级	二级	三级	
$12 < h \leqslant 20$	不适合	不适合	不适合	不适合	适合
$8 < h \leqslant 12$	适合	不适合	不适合	不适合	适合
$6 < h \leqslant 8$	适合	适合	不适合	不适合	适合
$4 < h \leqslant 6$	适合	适合	适合	不适合	适合
$h \leqslant 4$	适合	适合	适合	适合	适合

高出顶棚的面积小于整个顶棚面积的10%，只要这一顶棚部分的面积不大于1只探测器的保护面积，则该较高的顶棚部分同整个顶棚面积一样看待。否则，较高的顶棚部分应如同分隔开的房间处理。

在按房间高度选用探测器时，应注意这仅仅是按房间高度对探测器选用的大致划分，具体选用时尚需结合火灾的危险度和探测器本身的灵敏度档次来进行。若判断不准时，需作模拟试验后最后确定。

3. 探测器数量的确定　在实际工程中，房间大小及探测区大小不一，房间高度、棚项坡度也各异，那么怎样确定探测器的数量呢？规范规定，探测区域内每个房间应至少设置一只火灾探测器。一个探测区域内所设置探测器的数量应按下式计算：

$$N \geqslant S/(kA)$$

式中，N 是探测区域内所设置的探测器的数量，单位用"只"表示，N 应取整数（即小数进位取整数）；S 是探测区域的地面面积（m^2）；A 是探测器的保护面积（m^2），指一只探测器能有效探测的地面面积。由于建筑物房间的地面通常为矩形，因此，所谓"有效"探测的地面面积实际上是指探测器能探测到的矩形地面面积。探测器的保护半径 R（m）是指一只探测器能有效探测的单向最大水平距离；k 称为安全修正系数，对于重点保护建筑，k 取 0.7～0.9，对于非重点保护建筑，k 取 1。选取时还应根据设计者的实际经验，并考虑一旦发生火灾，对人身和财产的损失程度、火灾危险性大小、疏散及扑救火灾的难易程度及对社会的影响大小等多种因素。

对于一个探测器而言，其保护面积和保护半径的大小与其探测器的类型、探测区域的面积、房间高度及屋顶坡度都有一定的联系。表 7-3 以两种常用的探测器反映了保护面积、保护半径与其他参量的相互关系。

表 7-3　感烟、感温火灾探测器的保护面积和保护半径

火灾探测器的种类	地面面积 S/m^2	房间高度 h/m	探测器的保护面积 A 和保护半径 R					
			房顶坡度 θ					
			$\theta \leqslant 15°$		$15° < \theta \leqslant 30°$		$\theta > 30°$	
			A	R	A	R	A	R
感烟探测器	$\leqslant 80$	$\leqslant 12$	80	6.7	80	7.2	80	8.0
	> 80	$6 < h \leqslant 12$	80	6.7	100	8.0	120	9.9
		$\leqslant 6$	60	5.8	80	7.2	100	9.0
感温探测器	$\leqslant 30$	$\leqslant 8$	30	4.4	30	4.9	30	5.5
	> 30	$\leqslant 3$	20	3.6	30	4.9	40	6.3

七、探测器与系统的连接

探测器根据其适用环境、保护面积及有关规范进行布置后，通过其底座与系统进行连接。对于不同厂家生产的不同型号的探测器，其接线形式也不一样，从探测器到报警控制器的线数也有很大差别。

1. **两线制系统**　两线制属于多线制系统，也称 $n+1$ 线制，即一条公用地线，另一条则承担供电、选通信息与自检的功能。

探测器采用两线制时，可完成：电源供电故障检查、火灾报警、断线报警（包括接触不良、探测器被取走）等功能。

1）每个探测器各占一个部位时的接线方法如图 7-22 所示。

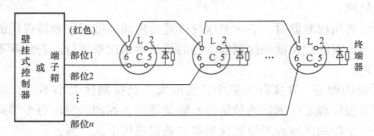

图 7-22　探测器各占一个部位时的接线方法

终端器为一个半导体硅二极管（2CK 或 2CZ 型）和一个电阻并联。凡是没有接探测器的区域控制器的空位，应在其相应接线端子上接上终端器。

2）探测器的并联。同一部位上，为增大保护面积，可以将探测器并联使用，这些并联

在一起的探测器仅占用一个部位号。不同部位的探测器不宜并联使用。探测器并联时，其底座配线是串联式配线连接，这样可以保证取走任何一只探测器时，火灾报警控制器均能报出故障。探测器并联时，其底座应依次接线，如图7-23所示。不应有分支线路，这样才能保证终端器接在最后一只底座的L2-L5两端，以保证火灾报警控制器的自检功能。

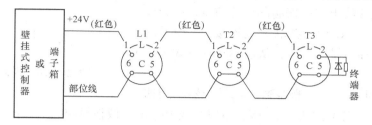

图7-23 探测器并联时的接线图

3）同一根管路内既有并联又有独立探测器时底座的接线方法，其混合连接如图7-24所示。

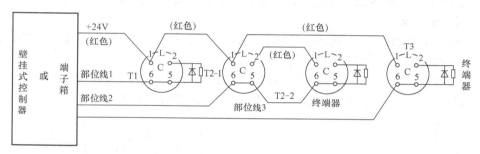

图7-24 探测器混合连接

2. 总线制系统 采用地址编码技术，整个系统只用几根总线，建筑物内布线极其简单，给设计、施工及维护带来了极大的方便，因此，被广泛采用。

值得注意的是，一旦总线回路中出现短路问题，则整个回路失效，甚至损坏部分控制器和探测器。为了保证系统正常运行和免受损失，必须采取短路隔离措施，如分段加装短路隔离器，如图7-25所示。短路隔离器用在传输总线上，对各分支作短路时的隔离作用。现在

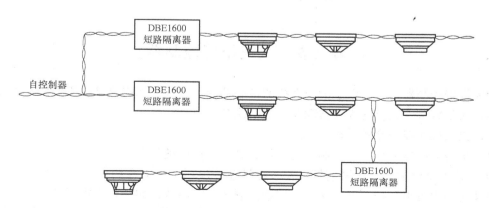

图7-25 短路隔离器的应用实例

有些探测器本身也具有短路隔离器的作用。

（1）四总线制　其连接方式如图7-26所示。4条总线为：P 线给出探测器的电源、编码、选址信号；T 线给出自检信号，以判断探测部位或传输线是否有故障；控制器从 S 线上获得探测部位的信息；G 为公共地线。P、T、S、G 均为并联方式连接，S 线上的信号对探测部位而言是分时的，从逻辑实现方式上看是"线或"逻辑。

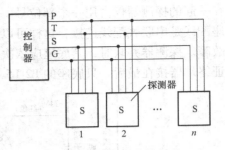

图 7-26　四总线制连接方式

由图7-26可见，从探测器到区域报警器只用四根全总线，另外一根 V 线为 DC 24V，也以总线形式由区域报警控制器接出来，其他现场设备也可使用。这样控制器与区域报警器的布线为 5 线，大大简化了系统，尤其是在大系统中，这种布线优点更为突出。

（2）二总线制　这是一种最简单的接线方法，用线量更少，但技术的复杂性和难度也提高了。二总线中的 G 线为公共地线，P 线则完成供电、选址、自检、获取信息等功能。二总线系统有树枝形和环形两种。

1）树枝形接线如图7-27所示，这种接线方式应用广泛，如果发生断线，可以报出断线故障点，但断点之后的探测器不能工作。

2）环形接线如图7-28所示，这种系统要求输出的两根总线再返回控制器另两个输出端子构成环形。这种接线方式如果中间发生断线，不影响系统正常工作。

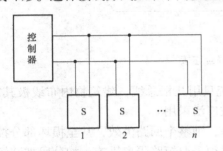

图 7-27　树枝形接线（二总线制）

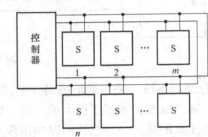

图 7-28　环形接线（二总线制）

第三节　火灾报警控制器

火灾报警控制器是智能楼宇消防系统的核心部分，可以独立构成自动监测报警系统，也可以与灭火装置构成完整的火灾自动监控消防系统。

一、火灾报警控制器的功能

火灾报警控制器将报警与控制融为一体，其功能可归纳如下：

1）迅速而准确地发送火警信号。安装在被监控现场的火灾探测器，当检测到火灾信号时，便及时向火灾报警控制器发送，经报警控制器判断确认，如果是火灾，则立即发出火灾声、光报警信号。其中光报警信号可显示出火灾地址及何种探测器动作等。光报警信号采用红色信号灯，光源明亮，字符清楚，一般要求在距光源 3m 处仍能清晰可见。声警信号一般采用警铃。

火灾报警控制器发送火灾信号，一方面由报警控制器本身的报警装置发出报警，同时也控制现场的声、光报警装置发出报警。

现代消防系统使用的报警显示常常分为预告报警的声光显示及紧急报警的声光显示。两者的区别在于预告报警是在探测器已经动作，即探测器已经探测到火灾信息。但火灾处于燃烧的初期，如果此时能用人工方法及时去扑灭火灾，而不必动用消防系统的灭火设备，对于"减少损失，有效灭火"来说，是十分有益的。

紧急报警则是表示火灾已经被确认，火灾已经发生，需要动用消防系统的灭火设备快速扑灭火灾。

实现两者的区别，最简单的方法就是在被保护现场安置两种灵敏度的探测器，其中高灵敏度探测器作为预告报警用；低灵敏度探测器则用作紧急报警用。

2) 火灾报警控制器在发出火警信号的同时，经适当延时，还能发出灭火控制信号，起动联动灭火设备。

3) 火灾报警控制器为确保其安全可靠长期不间断运行，还对本机某些重要线路和部件进行自动监测。一旦出现线路断线、短路及电源欠电压、失电压等故障时，及时发出有别于火灾的故障声、光报警。

4) 当火灾报警控制器出现火灾报警或故障报警后，可首先手动消除声报警，但光字信号继续保留。消声后，如果再次出现其他区域火灾或其他设备故障时，音响设备能自动恢复再响。

5) 火灾报警控制器具有火灾报警优先于故障报警的功能。当火灾与故障同时发生或者先故障而后火灾（故障与火灾不应发生在同一探测部位）时，故障声、光报警能让位于火灾声、光报警，即火灾报警优先。

区域报警控制器与集中报警控制器配合使用时，区域报警控制器应向集中报警控制器优先发出火灾报警信号，集中报警控制器立刻进行火灾自动巡回检测。当火灾消失并经人工复位后，如果区域内故障仍未排除，则区域报警控制器还能再发出故障声、光报警，表明系统中某报警回路的故障仍然存在，应及时排除。

6) 火灾报警控制器具有记忆功能。当出现火灾报警或故障报警时，能立即记忆火灾或事故地址与时间，尽管火灾或事故信号已消失，但记忆并不消失。只有当人工复位后，记忆才消失，恢复正常监控状态。火灾报警控制器还能起动自动记录设备，记下火灾状况，以备事后查询。

7) 可为火灾探测器提供工作电源。

二、火灾报警控制器结构与工作原理

1. 火灾自动报警系统构成原理　以微型计算机为基制的火灾自动报警系统，其报警系统如图 7-29 所示。火灾探测器和消防控制设备与微处理器间的连接必须通过输入/输出接口来实现。

数据采集器 DGP 一般多安装于现场，它一方面接受探测器来的信息，经变换后，通过传输系统送进微处理器进行运算处理；另一方面，它又接收微处理器发来的指令信号，经转换后向现场有关监控点的控制装置传送。显然，DGP 是微处理器与现场监控点进行信息交

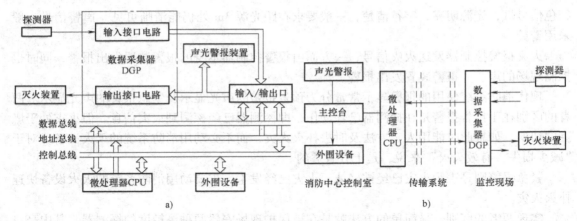

图 7-29　以微型计算机为基制的火灾自动报警系统
a）基本原理图　b）结构示意图

换的重要设备，是系统输入输出接口电路的部件。

传输系统的功用是传递现场（探测器、灭火装置）与微处理器之间的所有信息，一般由两条专用电缆线构成数字传输通道，它可以方便地加长传输距离，扩大监控范围。

对于不同型号的微机报警系统，其主控台和外围设备的数量、种类也是不同的。通过主控台可校正（整定）各监控现场正常状态值（即给定值），并对各监控现场控制装置进行远距离操作，显示设备各种参数和状态。主控台一般安装在中央控制室或各监控区域的控制室内。

外围设备一般应设有打印机、记录器、控制接口、警报装置等。有的还具有闭路电视监控装置，对被监控现场火情进行直接的图像监控。

2. 接口技术　接口电路包括输入接口电路和输出接口电路两种。

（1）开关量探测器输入接口电路　开关量探测器的信号输出有的是有接点的开关量信号（如手动报警按钮、机械式探测器），有的是无接点的开关量信号（如电子式探测器）。

有接点开关量探测器输入接口电路与微处理器的连接，如图 7-30 所示。

无触点开关量探测器输入接口电路与微处理器连接，如图 7-31 所示。

（2）模拟量探测器的输入接口电路　现采用的模拟量探测器接口电路一般包括前置放大、多路转换、采样保持、A/D 转换等，如图 7-32 所示。

图中多路转换器可对许多被监控现场的状态进行巡回检测。

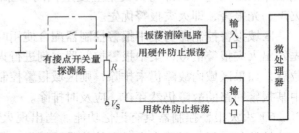

图 7-30　有接点开关量探测器输入接口
电路与微处理器的连接

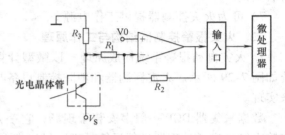

图 7-31　无触点开关量探测器输入接口
电路与微处理器的连接

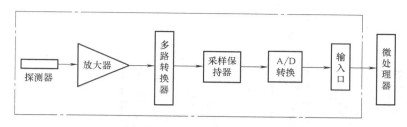

图 7-32　模拟量探测器的输入接口电路框图

（3）输出接口电路　微处理器的输出也是数字信号，如果系统的控制装置需要用模拟信号进行操作时，则应将数字信号通过适当的输出接口电路（D/A 转换器）还原成相应的模拟量，以驱动控制装置动作。但是在大多数系统中，都是利用微处理器输出的数字信号去控制一些继电装置，再由继电装置去开启灭火装置，如图 7-33 所示。

图 7-33　微处理器与控制装置（继电装置）的连接

3. 火灾自动报警系统的主要形式

可寻址开关量报警系统　图 7-34 所示为可寻址开关量报警系统。其主要特点是探测报警回路与联动控制回路分开。

1）火灾报警控制器主要特点是：

① 通过 RS 232 通信接口（三根线）与联动控制器进行通信，实现对消防设备的自动、手动。

② 通过另一组 RS 232 通道接口与计算机联机，实现对智能楼宇的平面图、着火部位等的 CRT 彩色显示。

③ 接收报警信号，最多有 8 对输入总线，每对输入总线可带探测器和节点型信号 127 个。

④ 最多有两对输出总线，每对输出总线可带 31 台重复显示屏。

⑤ 操作编程键盘能进行现场编程，进行自检和调看火警、断线的具体部位以及火警发生的时间和进行时钟的调整。

2）短路隔离器：用于二总线火灾报警控制器的输入总线回路中。一般每隔 10～20 只探测器或每一分支回路的前端安装短路隔离器，当发生短路时，隔离器可以将发生短路的这一部分与总线隔离，保证其余部分正常工作。

带编码的短路隔离器，内有二进制地址编码开关和继电器，可以现场编号。当发生短路时，能显示自身的地址和声、光故障报警信号，使继电器动作，与总线断开。此时，受控于该隔离器的全部探测器和节点型信号在控制器的地址显示面板上同样发出声、光故障信号。排除短路故障后，控制器必须"复位"，短路隔离器才能恢复正常工作。

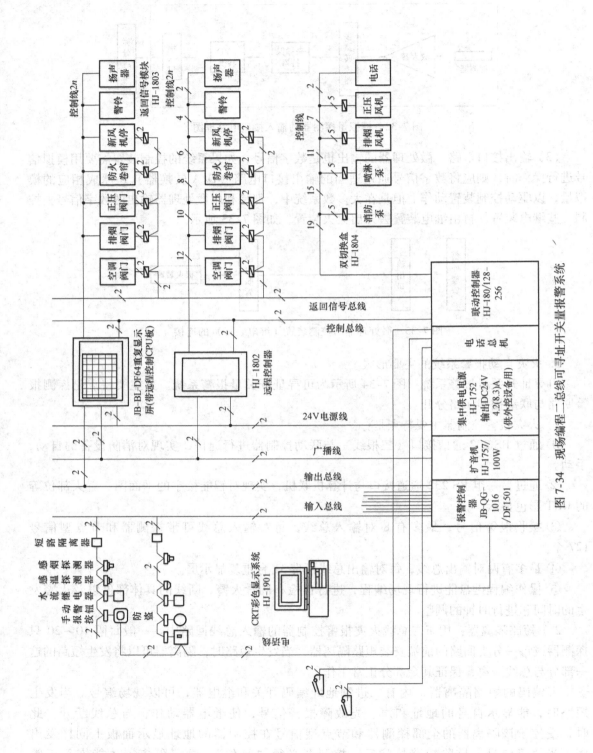

图 7-34 现场编程二总线可寻址开关量报警系统

3）系统输入模块：在二总线火灾报警控制器上作为输入地址的各类信号（如探测器、水流指示器、消火栓等），必须配备输入模块上二进制地址编码开关的拨号，可明显地在控制器或重复显示屏等具有地址显示的地方表示其工作状态。

该系统的优点还表现在同一房间的多只探测器可用同一个地址编码，不影响火情的探测，方便控制器信号处理。

但在每只探测器底座（编码底座）上单独装设地址编码（编码开关）的缺点是：

① 在安装和调试期间，要仔细检查每只探测器的地址，避免几只探测器误装成同一地址编码（同一房间内除外）。

② 编码开关本身要求较高的可靠性，以防止受环境（灰尘、腐蚀、潮湿）的影响。

③ 在顶棚或不容易接近的地点，调整地址编码较费时间，甚至不容易更换地址编码。

三、区域与集中火灾报警控制器

区域报警控制器与集中报警控制器在结构上没有本质区别，只是在功能上分别适应区域报警工作状态与集中报警工作状态。

1. 区域报警控制器

（1）区域报警控制器的基本单元

1）声光报警单元：它将本区域各个火灾探测器送来的火灾信号转换为报警信号，即发出声响报警，并在显示器上以光的形式显示着火部位。

2）记忆单元：其作用是记下第一次报警时间。

3）输出单元：一方面将本区域内火灾信号送到集中报警控制器显示火灾报警；另一方面向有关联动灭火子系统输出操作指令信号。输出单元输出信息指令的形式可以是电位信号，也可以是继电器触点信号。

4）检查单元：其作用是检查区域报警控制器与探测器之间连线出现断路、探测器接触不良或探测器被取走等故障。检查单元设有故障自动监测电路。当线路出现故障，故障显示黄灯亮，故障声报警同时动作。通常检查单元还设有手动检查电路，模拟火灾信号，逐个检查每个探测器工作是否正常。

5）电源单元：将220V交流电通过该单元转换为本装置所需要的高稳定度的直流电为24V、18V、10V、1.5V等，以满足区域报警控制器正常工作需要，同时向本区域探测器供电。

（2）区域报警控制器的主要技术指标及功能

1）供电方式：交流主电为 $AC\ 220(1\pm^{10\%}_{15\%})V$，频率为（$50\pm1$）Hz；直流备电为DC 24V，$3\sim20A\cdot h$，全封闭蓄电池。

2）监控功率与额定功率：分别指报警控制器在正常监控状态和发生火灾报警时的最大功率。例如，某火灾报警控制器监控功率小于等于10W，报警功率小于等于50W。

3）使用环境：指报警控制器使用场所的温度及相对湿度值。

4）容量：指报警控制器能监控的最大部位数。

5）系统布线数：指区域报警控制器与探测器、集中报警控制器之间的连接线数。

6）报警功能：指报警控制器确定有火灾或故障信号时，能将火灾或故障信号转换成声、光报警信号。

7）外控功能：区域报警控制器一般都设有若干对常开（或常闭）外控触点。外控触点动作，可驱动相应的灭火设备。

8）故障自动监测功能：当任何回路的探测器与报警控制器之间的连线断路或短路，探测器与底座接线接触不良，以及探测器被取走等，报警控制器都能自动地发出声、光报警，也即报警控制器具有自动监测故障的功能。

9）火灾报警优先功能：当火灾与故障同时发生，或故障在先火灾在后（只要不是发生在同一回路上），故障报警让位于火灾报警。当区域报警控制器与集中报警控制器配合使用时，区域报警控制器能优先向集中报警控制器发出火警信号。

10）系统自检功能：当检查人员按下自检按钮，报警控制器自检单元电路便分组依次对探测器发出模拟火灾信号，对探测器及其相应报警回路进行自动巡回故障检查。

11）电源及监控功能：区域报警控制器设有备用电源，同时还设有电源过流、过压保护，故障报警及电压监测装置等。

2. 集中报警控制器

（1）集中报警控制器基本单元　集中报警控制器一般是区域报警控制器的上位控制器，除具有区域报警控制器的基本单元外，还有其他一些单元。

1）声光报警单元：与区域报警控制器类似。但不同的是火灾信号主要来自各区域报警控制器，发出的声光报警显示火灾地址是区域（或楼层）、房间号。集中报警控制器也可直接接收火灾探测器的火灾信号而给出火灾报警显示。

2）记忆单元：与区域报警控制器相同。

3）输出单元：当火灾确认后，输出联动控制信号。

4）总检查单元：其作用是检查集中报警控制器与区域报警控制器之间的连接线是否完好，有无断路、短路现象，以确保系统工作安全可靠。

5）巡检单元：依次周而复始地逐个接收由各区域报警控制器发来的信号，即进行巡回检测，实现集中报警控制器的实时控制。图7-35表示了这种巡检方式的线路图。

6）电话单元：通常在集中报警控制器内设置一部直接与119通话的电话。

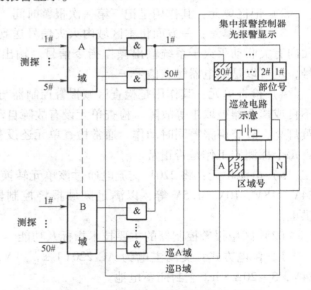

图7-35　集中报警控制器巡检方式图

7）电源单元：与区域报警控制器相同，但功率比区域报警控制器大。

（2）集中报警控制器的主要技术指标及功能　集中报警控制器在供电方式、使用环境要求、外控功能、监控功率与额定功率、火灾优先报警功能等与区域报警控制器类似。不同之处有：

1）容量：是指集中报警控制器监控的最大部位数及所监控的区域报警控制器的最

大台数。如某集中报警控制器控制的区域报警控制器为 60 个，而每个区域报警控制器监控的部位为 60 个，则集中报警控制器的容量为 $60 \times 60 = 3600$ 个部位，基本容量为 60。

2）系统布线数：指集中报警控制器与区域报警控制器之间的连线数。

3）巡检速度：指集中报警控制器在单位时间内巡回检测区域报警控制器的个数。

4）报警功能：集中报警控制器接收到某区域报警控制器发送的火灾或故障信号时，便自动进行火警或故障部位的巡检并发出声光报警。可手动按钮消音，但不影响光报警信号。

5）故障自动监测功能：能检查区域报警控制器与集中报警控制器之间的连线是否连接良好，区域报警控制器接口电子电路与本机工作是否正常。若发现故障，则集中报警控制器能立即发出声光报警。

6）自检功能：与区域报警控制器类似，当检查人员按下自检按钮，即把模拟火灾信号送至各区域报警控制器。若有故障，显示这一组的部位号，不显示的部位号为故障点。对各区域的巡检，有助于了解和掌握各区域报警控制器的工作情况。

第四节　灭 火 控 制

一、灭火控制概述

自动灭火一般分为自动喷水灭火系统和固定式喷洒灭火剂灭火系统两种。要进行灭火控制，就必须掌握灭火剂的灭火原理、特点及适用场所，使灭火剂与灭火设备相配合，消防系统的灭火能力才能得以充分发挥。

常用的灭火剂有水、二氧化碳（CO_2）、烟烙尽（INERGEN）、卤代烷，以及泡沫、干粉灭火剂等。

灭火剂灭火的方法一般有以下三种：①冷却法；②窒息法；③化学抑制法。

1. 水灭火系统　水是人类使用的最久、最得力的灭火介质。在大面积火灾情况下，人们总是优先考虑用水去灭火。水与火的接触中，吸收燃烧物的热量，而使燃烧物冷却下来，起到降温灭火的作用。水在吸收大量热的同时被汽化，并产生大量水蒸气阻止了外界空气再次侵入燃烧区，可使着火现场的氧（助燃剂）得以稀释，导致火灾由于缺氧而熄灭。在救火现场，由喷水枪喷出的高压水柱具有强烈的冲击作用，同样是水灭火的一个重要作用。

电气火灾、可燃粉尘聚集处发生的火灾、贮有大量浓硫酸和浓硝酸的场所发生的火灾等，都不能用水去灭火。

一些与水能生成化学反应的产生可燃气体且容易引起爆炸的物质（如碱金属、电石、熔化的钢水及铁水等），由它们引起的火灾，也不能用水去扑灭。

自动水灭火系统是最基本、最常用的消防设施。根据系统构成及灭火过程，基本分为两类，即室内消火栓灭火系统及室内喷洒水灭火系统。

（1）室内消火栓灭火系统　室内消火栓灭火系统由高位水箱（蓄水池）、消防水泵（加压泵）、管网、室内消火栓设备、室外露天消火栓以及水泵接合器等组成。室内消火栓设备由水枪、水带和消火栓（消防用水出水阀）等组成。

图 7-36 为室内消火栓灭火系统示意图。

高位水箱应充满足够的消防用水，一般规定贮水量应能提供火灾初期消防水泵投入前 10min 的消防用水。10min 后的灭火用水要由消防水泵从低位蓄水池或市区供水管网将水注入室内消防管网。

智能楼宇的消防水箱应设置在屋顶，宜与其他用水的水箱合用，让水箱中的水经常处于流动状态，以防止消防用水长期静止贮存而使水质变坏发臭。设置两个消防水箱时，用联络管在水箱底部将它们连接起来，并在联络管上安设阀门，此阀门应处在常开状态。

水箱下部的单向阀是为防止消防水泵起动后，消防管网的水不能进入消防水箱而设置的。

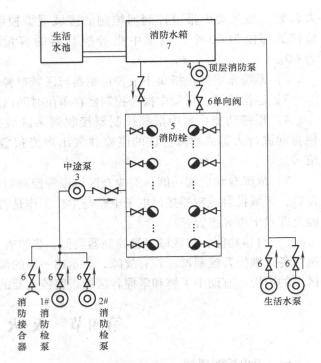

图 7-36　室内消火栓灭火系统示意图

为保证楼内最不利点消火栓设备所需的压力，满足喷水枪喷水灭火需要的充实水柱长度，常需要采用加压设备。常用的加压设备有两种：消防水泵和气压给水装置。采用消防水泵时，可用消火栓内设置消防报警按钮报警，并给出信号起动消防水泵。采用气压给水装置时，由于采用了气压水罐，所以水泵功率较小，可采用电接点压力表，通过测量供水压力来控制水泵的起动。

为确保由高位水箱与管网构成的灭火供水系统可靠供水，还需对供水系统施加必要的安全保护措施。例如，在室内消防给水管网上设置一定数量的阀门，阀门应经常处于开启状态，并有明显的启闭标志。同时阀门位置的设置还应有利于阀门的检修与更换。屋顶消火栓的设置，对扑灭楼内和邻近大楼火灾都有良好的效果，同时它又是定期检查室内消火栓供水系统供水能力的有效措施。消防接合器是消防车往室内管网供水的接口，为确保消防车从室外消火栓、消防水池或天然水源取水后安全可靠地送入室内供水管网，在消防接合器与室内管网的连接管上，应设置阀门、单向阀门及安全阀门，尤其是安全阀门可防止消防车送水压力过高而损坏室内供水管网。

在一些高层建筑中，为弥补消防水泵供水时扬程不足，或降低单台消防水泵的容量，以达到降低自备应急发电机组的额定容量，往往在消火栓灭火系统中增设中途接力泵。

在消火栓箱内的按钮盒内，通常是联动的一常开一常闭按钮触点，可用于远距离起动消防水泵。

（2）室内喷洒水灭火系统　我国《高层民用建筑设计防火规范》中规定，在高层建筑及建筑群体中，除了设置重要的消火栓灭火系统以外，还要求设置自动喷洒水灭火系统。根据使用环境及技术要求，该系统可分为湿式、干式、预作用式、雨淋式、喷雾式及水幕式等多种类型。

室内喷洒水灭火系统具有系统安全可靠，灭火效率高，结构简单，使用、维护方便，成本低且使用期长等特点。在火灾的初期，灭火效果尤为明显。

1）湿式喷洒水灭火系统：自动喷水灭火属于固定式灭火系统。它随时监视火灾，是最安全可靠的灭火装置，适用于温度不低于4°C（低于4°C受冻）和不高于对70°C（高于70°C失控，易误动作造成火灾）的场所。

湿式自动喷洒水灭火系统是由闭式洒水喷头、湿式报警阀、延迟器、水力警铃、压力开关（安在干管上）、水流指示器、管道系统、供水设施、报警装置及控制盘等组成，如图7-37所示，主要部件见表7-4，其相互关系如图7-38所示。

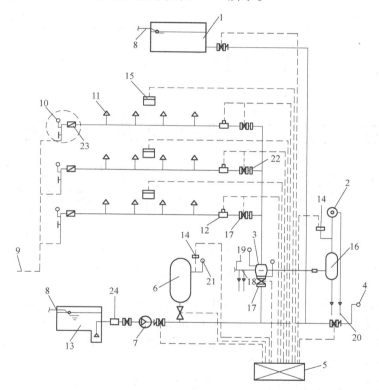

图 7-37　湿式自动喷洒水灭火系统示意图

表 7-4　主要部件表

编号	名称	用途	编号	名称	用途
1	高位水箱	贮存初期火灾用水	6	压力罐	自动起闭消防水泵
2	水力警铃	发出音响报警信号	7	消防水泵	专用消防增压泵
3	湿式报警阀	系统控制阀，输出报警水流	8	进水管	水源管
4	消防水泵接合器	消防车供水口	9	排水管	末端试水装置排水
5	控制箱	接收电信号并发出指令	10	末端试水装置	试验系统功能

（续）

编号	名称	用途	编号	名称	用途
11	闭式喷头	感知火灾，出水灭火	18	放水阀	试警铃阀
12	水流指示器	输出电信号，指示火灾区域	19	放水阀	检修系统时，放空用
13	水池	贮存 1h 火灾用水	20	排水漏斗（或管）	排走系统的出水
14	压力开关	自动报警或自动控制	21	压力表	指示系统压力
15	感烟探测器	感知火灾，自动报警	22	节流孔板	减压
16	延迟器	克服水压液动引起的误报警	23	水表	计量末端试验装置出水量
17	消防安全指示阀	显示阀门起闭状态	24	过滤器	过滤水中杂质

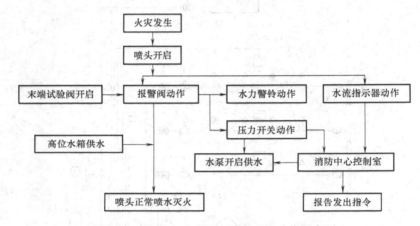

图 7-38　湿式自动喷洒水灭火系统动作程序图

　　湿式自动喷水灭火系统的原理是当发生火灾时，温度上升，喷头开启喷水，管网压力下降，报警阀后压力下降使阀门开启，接通管网和水源以供水灭火。管网中设置的水流指示器感应到水流动时，发出电信号。管网中压力开关因管网压力下降到一定值时，也发出电信号，起动水泵供水，消防控制室同时接到信号。

　　系统中水流指示器（水流开关）的作用是把水的流动转换成电信号报警的部件。其电接点即可直接起动消防水泵，也可接通电警铃报警。

　　在多层或大型建筑的自动喷水灭火系统中，在每一层或每分区的干管或支管的始端必须安装一个水流指示器。为了便于检修分区管网，水流指示器前宜装设安全信号阀。

　　封闭式喷头可以分为易熔合金式、双金属片式和玻璃球式三种。应用最多的是玻璃球式喷头，如图 7-39 所示。喷头布置在房间顶棚下边，与支管相连。在正常情况下，喷头处于封闭状态。火灾时，开启喷水是由感温部件（充液玻璃球）控制的，当装有热敏液体的玻璃球达到动作温度（57℃、68℃、79℃、93℃、141℃、182℃）时，球内液体膨胀，使内压力增大，玻璃球炸裂，密封垫脱开，喷出压力水。喷水后，由于压力降低，压力开关动作，将水压信号变为电信号向喷淋泵控制装置发出起动喷淋泵信号，保证喷头有水喷出。同时，流动的消防水使主管道分支处的水流指示器电接点动作，接通延时电路（延时 20～30s），通过继电器触点，发出声光信号给控制室，以识别火灾区域。所以闭式喷头具有探测火情、起动水流指示器、扑灭早期火灾的重要作用。

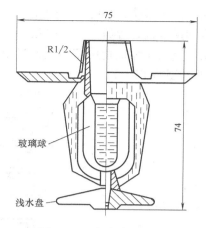

图 7-39　玻璃球式喷头

压力开关的原理是当湿式报警阀阀瓣开启后，其触点动作，发出电信号至报警控制箱，从而起动消防泵。报警管路上如果装有延迟器，则压力开关应装在延迟器之后。

湿式报警阀是湿式喷水灭火系统中重要的部件，它安装在供水立管上，是一种直立式单向阀，连接供水设备和配水管网，必须十分灵敏。当管网中即使有一个喷头喷水，破坏了阀门上下的静止平衡压力，就必须立即开启，任何迟延都会耽误报警的发生。当系统开启时，报警阀打开，接通水源和配水管；同时部分水流通过阀座上的环形槽，经信号管道送至水力警铃，发出音响报警信号。

湿式报警阀的作用是平时阀芯前后水压相等，水通过导向杆中的水压平衡小孔保持阀板前后水压平衡，由于阀芯的自重和阀芯前后所受水的总压力不同，阀芯处于关闭状态（阀芯上面的总压力大于阀芯下面的总压力）。发生火灾时，闭式喷头喷水，由于水压平衡小孔来不及补水，报警阀上面的水压下降，此时阀下水压大于阀上水压，于是阀板开启，向洒水管网及洒水喷头供水，同时水沿着报警阀的环形槽进入延迟器、压力继电器及水力警铃等设施，发出火警信号，并起动消防水泵等设施。

控制阀的上端连接报警阀，下端连接进水立管，是检修管网及灭火后更换喷头时关闭水源的部件。它应一直保持常开状态，以确保系统使用。

放水阀的作用是进行检修或更换喷头时放空阀后的管网余水。

警铃管阀门是检修报警设备，应处于常开状态。

水力警铃用于火灾时报警，宜安装在报警阀附近，其连接管的长度不宜超过 6m，高度不宜超过 2m，以保证驱动水力警铃的水流有一定的水压。

延迟器是一个罐式容器，安装在报警阀与水力警铃之间，用以防止由于水源压力突然发生变化而引起报警阀短暂开启，或对因报警阀局部渗漏而进入警铃管道的水流起一个暂时容纳作用，从而避免虚假报警。只有在火灾真正发生时，喷头和报警阀相继打开，水流源源不断地大量流入延迟器，经对 30s 左右充满整个容器，然后冲入水力警铃。

试警铃阀用于人工试验检查，打开试警铃阀泄水，报警阀能自动打开，水流应迅速充满延迟器，并使压力开关及水力警铃立即动作报警。

喷水管网的末端应设置末端试水装置，宜与水流指示器——对应，可用于对系统进行定期检查。

压力罐要与稳压泵配合，用来稳定管网内水的压力。通过装设在压力罐上的电接点压力表的上、下限接点，使稳压泵自动在高压力时停止和低压力时起动，以确保水的压力在设计规定的压力范围内，保证消防用水正常供应。

2）干式喷洒水灭火系统：适用于室内温度低于 4°C 或年采暖期超过 240 天的不采暖房间，或高于 70m 的建筑物、构筑物内。它是除湿式系统以外使用历史最长的一种闭式自动喷水灭火系统，如图7-40所示。主要由闭式喷头、管网、干式报警阀、充气设备、报警装置和供水设备等组成。平时报警阀后管网充以有压气体，水源至报警阀的管段内充以有压水。空气压缩机把压缩空气通过单向阀压入干式阀至整个管网之中，把水阻止在管网以外（即干式阀以下）。

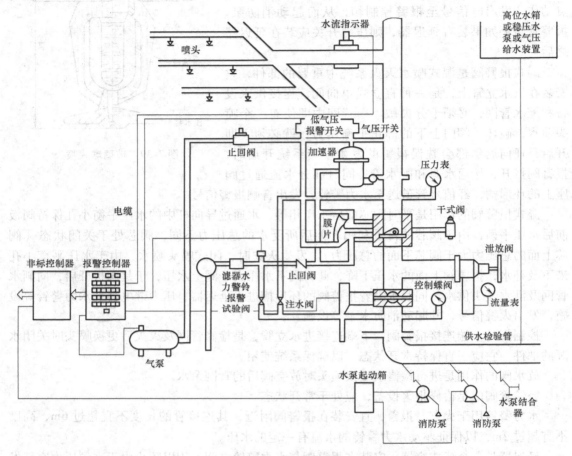

图7-40 干式喷洒水灭火系统组成示意图

系统工作原理是当火灾发生时，闭式喷头周围的温度升高，在达到其动作温度时，闭式喷头的玻璃球爆裂，喷水口开放。但首先喷射出来的是空气，随着管网中压力下降，水即顶开干式阀门流入管网，并由闭式喷头喷水灭火。

3）预作用喷灭火系统：该系统中采用了一套火灾自动报警装置，即系统中使用了感烟火灾探测器，使火灾报警更为及时。当发生火灾时，火灾自动报警系统首先报警，并通过外联触点打开排气阀，迅速排出管网内预先充好的压缩空气，使消防水进入管网。当火灾现场温度升高至闭式喷头动作温度时，喷头打开，系统开始喷水灭火。因此，在系统喷水灭火之前的预作用，不但使系统有更及时的火灾报警，同时也克服了干式喷水灭火系统在喷头打开后，必须先放走管网内压缩空气才能喷水灭火而耽误的灭火时间，也避免了湿式喷水灭火系统存在消防水渗漏而污染室内装修的弊病。

预作用喷水灭火系统由火灾探测系统、闭式喷头、预作用阀及充以有压或无压气体的管道组成。喷头打开之前，管道内气体排出，并充以消防水，其系统结构如图7-41所示。

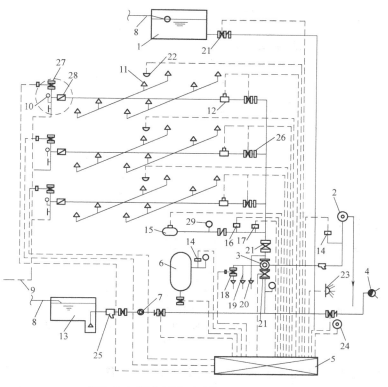

图7-41　预作用自动喷水灭火系统结构

1—高位水箱　2—水力警铃　3—预作用阀　4—消防水泵接合器　5—控制箱　6—压力罐　7—消
防水泵　8—进水管　9—排水管　10—末端试水装置　11—闭式喷头　12—水流指示器　13—水池
14、16、17—压力开关　15—空气压缩机　18—电磁阀　19、20—截止阀　21—消防安全指示阀
22—探测器　23—电铃　24—紧急按钮　25—过滤器　26—节流孔板
27—排气阀　28—水表　29—压力表

预作用系统原理是当发生火灾时，探测器探测后，通过报警控制器发出火警信号，并由其外控触点使电磁阀得电开启（或由手动开启），预先开启排气阀，排出管网内的压缩空气，起动预作用阀使管网内充满水。当火灾现场温度使闭式喷头动作时，即刻喷淋灭火。

预作用喷水灭火系统集中了湿式与干式灭火系统的优点，同时可以做到及时报警，因此，在智能楼宇中得到越来越广泛的应用。

4）雨淋喷水灭火系统：该系统采用开式喷头，开启式喷头无温感释放元件，按结构有双臂下垂型、单臂下垂型、双臂直立型和双臂直立型等4种。当雨淋阀动作后，保护区上所有开式喷头便一起自动喷水，大面积均匀灭火，效果十分显著。但这种系统对电气控制要求较高，不允许有误动作或不动作现象。此系统适用于需要大面积喷水灭火并需要快速制止火灾蔓延的危险场所，如剧院舞台、大型演播厅等。

雨淋喷水灭火系统由高位水箱、喷洒水泵、供水设备、雨淋阀、管网、开式喷头及报警器、控制箱等组成，如图7-42所示。

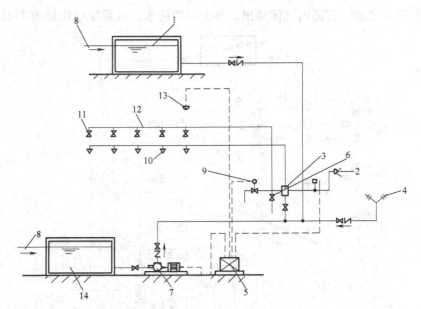

图 7-42　由雨淋阀组成的雨淋喷水灭火系统
1—高位水箱　2—水力警铃　3—雨淋阀　4—水泵接合器　5—电控箱　6—手动阀
7—水泵　8—进水管　9—电磁阀　10—开式喷头　11—闭式喷头
12—传动管　13—火灾探测器　14—水池

该系统在结构上与湿式喷水灭水系统类似，只是该系统采用了雨淋阀而不是湿式报警阀。如前所述，在湿式喷水灭火系统中，湿式报警阀在喷头喷水后便自动打开，而雨淋阀则是由火灾探测器起动、打开，使喷淋泵向灭火管网供水。因此，雨淋阀的控制要求自动化程度较高，且安全、准确、可靠。

发生火灾时，被保护现场的火灾探测器动作，起动电磁阀，从而打开雨淋阀，由高位水箱供水，经开式喷头喷水灭火。当供水管网水压不足，经压力开关检测并起动消防喷淋泵，补充消防用水，以保证管网水流的流量及压力。为充分保证灭火系统用水，通常在开通雨淋阀的同时，就应当尽快起动消防水泵。

雨淋喷水灭火系统中设置的火灾探测器，除能起动雨淋阀外，还能将火灾信号及时输送至报警控制柜（箱），发出声、光报警，并显示灭火地址。因此，雨淋喷水灭火系统还能及早地实现火灾报警。灭火时，压力开关、水力警铃（系统中未画出）也能实现火灾报警。

5）水幕系统：该系统的开式喷头沿线状布置，将水喷洒成水帘幕状，发生火灾时主要起阻火、冷却、隔离作用，是不以灭火为主要直接目的的一种系统。该系统适用于需防火隔离的开口部位，如舞台与观众之间的隔离水幕、消防防火卷帘的冷却等。

水幕系统由火灾探测报警装置、雨淋阀（或手动快开阀）、水幕喷头、管道等组成，如图 7-43 所示。控制阀后的管网，平时管网内不蓄水，当发生火灾时，自动或手动打开控制阀门后，水才进入管网，从水幕喷头喷水。

当发生火灾时，探测器或人发现后，电动或手动开启控制阀（可以是雨淋阀、电磁阀、手动阀门），管网中有水后，通过水幕喷头喷水，进行阻火、隔火、冷却防火隔断物等。

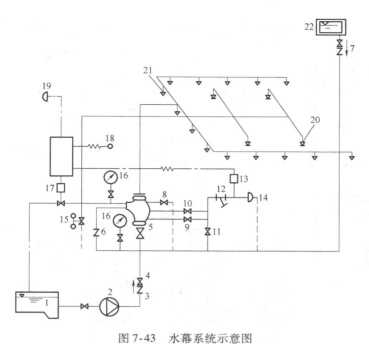

图 7-43　水幕系统示意图

1—水池　2—水泵　3、6—止回阀　4—阀门　5—供水闸阀　7—雨淋阀
8、11—放水阀　9—试警铃阀　10—警铃管阀　12—滤网　13—压力
开关　14—水力警铃　15—手动快开阀　16—压力表　17—电磁阀
18—紧急按钮　19—电铃　20—感温玻璃球喷头
21—开式水幕喷头　22—水箱

6）水喷雾灭火系统：该系统属于固定式灭火设施，根据需要可设计成固定式和移动式两种装置。移动式喷头可作为固定装置的辅助喷头。固定式灭火系统的起动方式，可设计成自动和手动控制系统，但自动控制系统必须同时设置手动操作装置。手动操作装置应设在火灾时容易接近便于操作的地方。

水喷雾灭火系统由开式喷头、高压水给水加压设备、雨淋阀、感温探测器、报警控制盘等组成，如图 7-44 所示。

水的雾化质量的好坏与喷头的性能及加工精度有关。如供水压力增高，水雾中的水粒变细，有效射程也增大，考虑到水带强度、功率消耗及实际需要，中速水雾喷头前的水压一般为 0.35～0.8MPa。

该系统用喷雾喷头把水粉碎成细小的水雾滴之后喷射到正在燃烧的物质表面，通过表面冷却、窒息以及乳化、稀释的同时作用实现灭火。由于水喷雾具有多种灭火机理，使其具有适用范围广的优点，不仅可以提高扑灭固体火灾的灭火效率，同时由于水雾具有不会造成液体火飞溅、电气绝缘性好的特点，在扑灭可燃液体火灾、电气火灾中均得到了广泛的应用。

2. 气体自动灭火系统　气体自动灭火系统适用于不能采用水或泡沫灭火的场所。根据使用的不同气体灭火剂，固定式气体自动灭火系统可分为二氧化碳、卤代烷及烟烙尽气体等灭火系统等。

（1）二氧化碳灭火系统　二氧化碳灭火的基本原理是依靠对火灾的窒息、冷却和降温作用。二氧化碳挤入着火空间时，使空气中的含氧量明显减少，使火灾由于助燃剂（氧气）

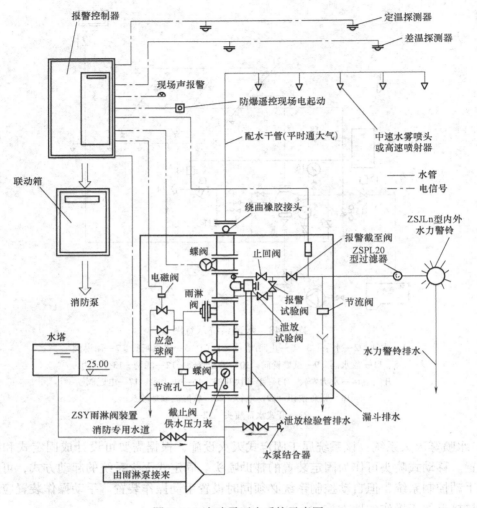

图 7-44　水喷雾灭火系统示意图

的减少而最后"窒息"熄灭。同时，二氧化碳由液态变成气态时，将吸收着火现场大量的热量，从而使燃烧区温度大大降低，同样起到灭火作用。

由于二氧化碳灭火具有不玷污物品、无水渍损失、不导电及无毒等优点，二氧化碳被广泛应用在扑救各种易燃液体火灾、电气火灾以及智能楼宇中的重要设备、机房、电子计算机房、图书馆、珍宝库、科研楼及档案楼等发生的火灾。

二氧化碳气体在常温、常压下是一种无色、无味、不导电的气体，不具腐蚀性。二氧化碳比空气重，密度比空气大，从容器放出后将沉积在地面。二氧化碳对人体有危害，具有一定毒性，当空气中的二氧化碳含量在 15%（体积分数）以上时，会使人窒息而死亡。固定式二氧化碳灭火系统应安装在无人场所或不经常有人活动的场所，特别注意要经常维护管理，防止二氧化碳的泄漏。

按系统应用场合，二氧化碳灭火系统通常可分为全充满二氧化碳灭火系统及局部二氧化碳灭火系统。

1）全充满二氧化碳系统：所谓全充满二氧化碳系统也称全淹没二氧化碳系统，是由固定在某一特定地点的二氧化碳钢瓶、容器阀、管道、喷嘴、控制系统及辅助装置等组成。此系统在火灾发生后的规定时间内，使被保护封闭空间的二氧化碳含量达到灭火含量，并使其均匀充满整个被保护区的空间，将燃烧物体完全淹没在二氧化碳中。

全充满二氧化碳系统在设计、安装与使用上都比较成熟，因此，它是一种应用较为广泛的二氧化碳灭火系统。

管网式结构或称固定式结构是全充满二氧化碳灭火系统的主要结构形式。这种管网式灭火系统按其作用的不同，可分为单元独立型及组合分配型。

① 单元独立型灭火系统。该系统是由一组二氧化碳钢瓶构成的二氧化碳源、管路及喷嘴（喷头）等组成，主要负责保护一个特定的区域，且二氧化碳贮存装置及管网都是固定的。其灭火系统如图7-45所示。

发生火灾时，火灾探测器将火灾信号送至控制盘6，控制盘驱动报警器4发出火灾声、光报警，并同时驱动电动起动器7，打开二氧化碳钢瓶，放出二氧化碳，并经喷嘴将二氧化碳喷向特定保护区域，系统中设置的手动按钮起动装置供人工操作报警并起动二氧化碳钢瓶，实现灭火。压力继电器用以监视二氧化碳管网气体压力，起保护管网的作用。

② 组合分配型灭火系统。该系统同样是由一组二氧化碳钢瓶构成的二氧化碳源、管路及开式喷头等构成，其负责保护的区域是两个以上多区域。因此该系统在结构上与单元独立型有所不同，其主要特征是在二氧化碳供给总路干管上需分出若干路支管，再配以选择阀，可选通各自保护的封闭区域的管路，其灭火系统如图7-46所示。

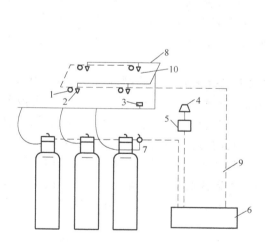

图7-45　单元独立型灭火系统

1—火灾探测器　2—喷嘴　3—压力继电器
4—报警器　5—手动按钮起动装置　6—控
制盘　7—电动起动器　8—二氧化碳输气
管道　9—控制电缆线　10—被保护区

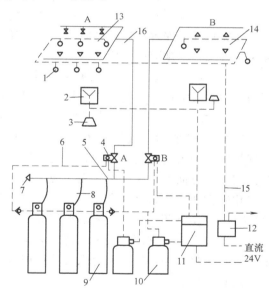

图7-46　组合分配型二氧化碳灭火系统

1—火灾探测器　2—手动按钮起动装置　3—报
警器　4—选择阀　5—总管　6—操作管控制盘
7—安全阀　8—连接管　9—贮存容器　10—起
动用气体容器　11—报警控制装置　12—控制盘
13—被保护区1　14—被保护区2　15—控制
电缆线　16—二氧化碳支管

　　组合分配型二氧化碳灭火系统的工作原理与单元独立型相同，火灾区域内由火灾探测器负责报警并起动二氧化碳钢瓶，开启通向火灾区域的选择阀，喷出二氧化碳扑灭火灾，系统同样也配有手动操作方式。

　　对于全淹没系统，由于被保护区域是封闭型区域，所以在起火后，利用二氧化碳灭火必须将被保护区域的房门、窗以及排风道上设置的防火阀全部关闭，然后再迅速起动二氧化碳灭火系统，以避免二氧化碳灭火剂的流失。在封闭的被保护区内充以二氧化碳灭火剂时，为确保灭火需要的二氧化碳含量，还必须设置一定的保持时间，即为二氧化碳灭火提供足够的时间（通常认为最少1h），切忌释放二氧化碳不久，便大开门窗通风换气，这样很可能会造成死灰复燃。

　　在被保护区内，为实现快速报警与操作，必须设置一定数量的火灾探测器及人工报警装置（手动按钮）及其相应的报警显示装置。二氧化碳钢瓶应根据被保护区域需要设置，且应将其设置在安全可靠的地方（如钢瓶间）。管道及多种控制阀门的安装也应满足《高层民用建筑设计消防规范》中的有关规定。

　　2）局部二氧化碳灭火系统：该系统的构成与全淹没式灭火系统基本相同，只是灭火对象不同。局部二氧化碳灭火系统主要针对某一局部位置或某一具体设备、装置等。其喷嘴位置要根据不同设备来进行不同的排列，每种设备各自有不同的具体排列方式，无统一规定。原则上，应该使喷射方向与距离设置得当，以确保灭火的快速性。

　　3）二氧化碳灭火系统自动控制：该系统的自动控制包括火灾报警显示、灭火介质的自动释放灭火以及切断被保护区的送、排风机、关闭门窗等的联动控制。

　　火灾报警由安置在保护区域的火灾报警控制器实现，灭火介质的释放同样由火灾探测器控制电磁阀，实现灭火介质的自动释放。系统中设置两路火灾探测器（感烟、感温），两路信号形成"与"的关系，当报警控制器只接收到一个独立火警信号时，系统处于预警状态；当两个独立火灾信号同时发出，报警控制器处于火警状态，确认火灾发生，自动执行灭火程序。再经大约30s的延时，自动释放灭火介质。

　　以图7-47所示二氧化碳灭火系统为例，说明灭火系统中的自动控制过程。发生火灾时，被保护区域的火灾探测器探测到火灾信号后（或由消防按钮发出火灾信号），驱动火灾报警控制器，一方面发出火灾声、光报警，同时又发出主令控制信号，起动容器上的电磁阀开启二氧化碳钢瓶，灭火介质自动释放，并快速灭火。与此同时，火灾报警控制器还发出联动控制信号，停止空调风机、关闭防火门等，并延时一定时间，待人员撤离后，再发送信号关闭房间，还应发出火灾声响报警。待二氧化碳喷出后，报警控制器发出指令，使置于门框上方的放气指示灯点亮，提醒室外人员不得进入。火灾扑灭后，报警控制器发出排气指示，说明灭火过程结束。

　　二氧化碳灭火系统的手动控制也是十分必要的。当发生火灾时，用手直接开启二氧化碳容器阀或将放气开关拉动，即可喷出二氧化碳，实现快速灭火。

　　装有二氧化碳灭火系统的保护场所（如变电所或配电室），一般都在门口加装选择开关，可就地选择自动或手动操作方式。当有工作人员进入里面工作时，为防止意外事故，即避免有人在里面工作时喷出二氧化碳影响健康，必须在入室之前把开关转到手动位置。离开时关门之后回归自动位置。同时也为避免无关人员乱动选择开关，宜用钥匙型转换开关。

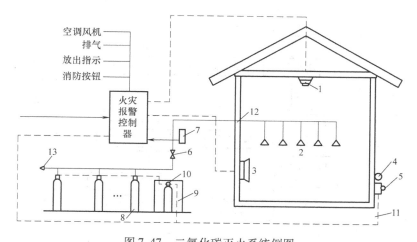

图 7-47　二氧化碳灭火系统例图

1—火灾探测器　2—喷头　3—警报器　4—放气指示灯　5—手动起动按钮
6—选择阀　7—压力开关　8—二氧化碳钢瓶　9—起动气瓶　10—电磁阀
11—控制电缆　12—二氧化碳管线　13—安全阀

　　二氧化碳灭火系统的功能及动作原理框图如图 7-48 所示。

　　（2）卤代烷灭火系统　卤代烷是以卤素原子取代烷烃分子中的部分氢原子或全部氢原子而得到的一类有机化合物的总称。一些低级烷烃的卤代物具有不同程度的灭火能力。我们常将这些具有灭火能力的低级卤代烷统称为卤代烷灭火剂。常用的两种卤代烷灭火剂化学表达式及代号分别为

二氟一氯一溴甲烷　　　　　CF_2ClBr　　　　　　1211
三氟一溴甲烷　　　　　　　CF_3Br　　　　　　　1301

　　卤代烷灭火剂不是依赖所谓的物理性冷却、稀释或覆盖隔离作用灭火，却有异常的优良灭火功能。卤代烷灭火剂的灭火是一种化学性灭火，灭火速度是非常快的，大约是二氧化碳的六倍。一般认为，燃烧是物质激烈的氧化过程，在这个过程中产生中间体，构成燃烧链，才使得这一过程进行得异常迅速，卤代烷的灭火作用，就在于它在高温时热分解后产生另一种中间体去中断（断裂）原来的燃烧链而抑制燃烧，使燃烧过程中的化学链锁反应中断而扑灭火灾。

　　在工程应用中，灭火剂的毒性是人们最关心的问题之一。只要按照规范设计，严格安全措施，卤代烷对人体的危害是完全可以避免的。因此，卤代烷的毒性并不妨碍它的实际使用价值。

　　卤代烷灭火剂具有灭火效率高、速度快、灭火后不留痕迹（水渍）、电绝缘性好、腐蚀性极小、便于贮存且久贮不变质等优点，是一种性能十分优良的灭火剂。

　　卤代烷灭火剂的临界压力较小，在系统中可以用贮存容器作液态贮存，使用方便；沸点低，常温下只要灭火剂被释放出来，就会成为气体状态，属于气体灭火方式；饱和蒸气压力低，不能快速地从系统中释放出来，需要增加气体加压工作。卤代烷灭火剂液化后成为无色透明，气化后略带芳香味。

　　卤代烷灭火剂适合于扑救各种易燃液体、气体和电气设备火灾，而不适用扑救活泼金属、金属氢化物及能在惰性介质中由自身供氧燃烧的物质的火灾。固体纤维物质火灾需要采

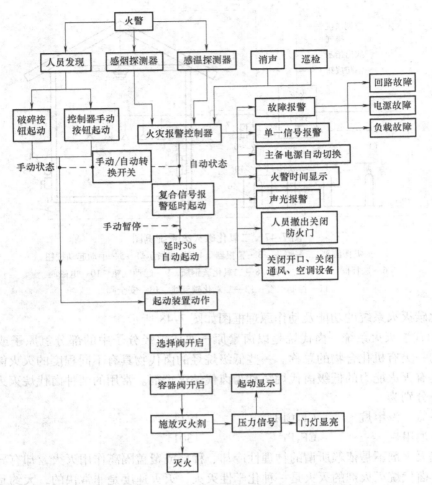

图 7-48　二氧化碳灭火系统的功能及动作原理框图

用含量较高的卤代烷灭火剂。

固定管网形式卤代烷灭火系统的构成与二氧化碳灭火系统基本一样，也分为单元独立型和组合分配型。可以认为，单元独立型是组合分配型中最简单的情况，但组合分配型又不是单元独立型的简单组合。

卤代烷灭火系统也可以针对某一具体部位作局部应用方式灭火，还可以将无管网灭火装置以悬挂方式就地灭火。

卤代烷灭火剂在常温下的饱和蒸气压力较低，且随温度下降而急剧下降，需要加压使用，这样就可以保证灭火剂在很短时间内（不超过10s）从贮存容器排出，经管道、喷嘴快速排出，迅速灭火。

贮压系统的增压气体规定用氮气，而不能用空气或二氧化碳。临时加压系统只有在系统动作时，增压气体才与卤代烷短时接触，允许用二氧化碳作增压气体。

全淹没是卤代烷灭火系统最主要和应用最成功的形式，其系统的组成灵活，适用范围很广，它可以由管网式灭火系统或无管网灭火装置实现，对大小房间都应用。

由于卤代烷灭火剂从喷嘴释放出来后呈气态，因此，可以对封闭的保护区采用全淹没方式灭火。全淹没灭火要来灭火剂与空气均匀混合，充满（淹没）整个保护区的空间，这个混合气体不但要求达到规定的灭火浓度，还要让这个灭火浓度维持一段时间，以这种方式来扑灭保护区内任意部位发生的火灾。

1）组合分配型灭火系统：图 7-49 是 1211 组合分配型灭火系统构成图。该系统由监控系统、灭火剂和释放装置、管道及喷嘴等组成，用一套贮存装置对两个保护区进行全淹没方式灭火。每个保护区对应一个管网、一个选择阀、一个起动气瓶、若干个主瓶及辅瓶（未画出），贮瓶通过软管与集流管相连。

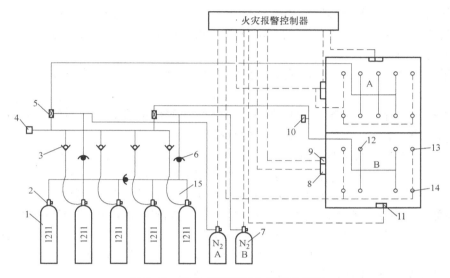

图 7-49　组合分配型灭火系统示意图

1—贮存容器　2—容器阀　3—液体单向阀　4—安全阀　5—选择阀　6—气体单向阀　7—起动气瓶
8—施放灭火剂显示灯　9—手动操作盘　10—压力信号器　11—声报警器　12—喷嘴
13—感温火灾探测器　14—感烟火灾探测器　15—高压软管

当 A 区发生火灾时，A 区的任一个（或几个）感烟和感温火灾探测器均动作，报警控制器接收到这两个独立火灾信号后，处于复合火警状态，在报警控制器上有对应 A 区火警状态的光显示，并伴有火警声信号，时钟显示停止并记录下复合火警信号输入时间。报警控制器（或通过灭火控制盘）在接到复合火警信号时刻进入灭火程序：首先非延时起动相关部位的联动设备；经过延时，报警控制器或联动控制盘向起动气瓶 A 发出灭火指令，用 24V 直流电压将其瓶头阀中的电爆管引爆。从起动气瓶 A 释放出的高压氮气通过操作气路先将左边的分配阀开启，然后由左边的气体单向阀引导，将全部（5 个）贮瓶上的气动瓶头阀打开，释放 1211 灭火剂。液态的 1211 在高压氮气的作用下，由高压软管和液体单向阀引导，进入集流管，通过已打开的分配阀 A，流向 A 区的管网，以一定的压力由喷嘴向 A 区喷射 1211 灭火剂扑灭 A 区火灾。A 区的释放灭火剂指示灯由 A 区管路上的压力信号发生器触点动作而接通。10～20min 后，打开通风系统经过换气后，人员方可进入 A 区。

系统中的容器阀安装在贮瓶瓶口上，故又称瓶头阀，贮存容器通过它与管网系统相连是灭火剂及增压气体进、出贮存容器的可控通道、容器阀平时封住瓶口不让灭火剂及增压气体泄漏；火灾时便迅速开启，顺利地排放灭火剂。具有封存、释放、加注（充装）超压排放等功能，是系统的重要部件之一。

压力信号发生器是灭火系统的专用元件，可将管道内的压力转换成电信号，实际上是一种压力开关，可作为灭火剂在流动时间内向控制中心作信号反馈用，也可安装在分配阀以后的泄放主管道上作为控制释放灭火剂指示灯用。

安全阀是一种安全泄压装置，在系统正常释放灭火剂时不起作用，安装时泄口不得朝向有人员可能接近的方向。

起动气瓶在灭火剂贮存容器使用气动式瓶头阀和分配阀的系统中要用起动气瓶（气启动器）来提供开启瓶头阀和选择阀的起动气源。瓶头阀上的手柄作为当电爆或电磁阀失效或紧急情况时手动操作用。

灭火系统的喷嘴为开式，有液流型、雾化型及开花型三种，可根据灭火剂的特点及使用要求选用。

卤代烷灭火系统灭火程序与 CO_2 类似，灭火剂从贮存容器的容器阀到喷出的时间也不得超过 10s，并根据火场的情况，保持足够的浸渍时间，达到彻底灭火。

这种系统只要改变贮瓶的个数及单向阀的连接关系，设置相应数量的选择阀及管网，就可用于不同数量及体积大小不同的保护区；改变瓶头阀及喷嘴型号，就可用于其他灭火剂（如 CO_2、烟烙尽等）的固定灭火装置，从而提高了系统的通用性及经济性。

2）局部应用系统：它是由灭火装置直接、集中地向燃烧着的可燃物体喷射灭火剂的系统，局部应用系统对灭火装置喷射的灭火剂要求能直接穿透火焰，在到达燃烧物体的表面时，要达到一定的灭火强度（即每平方米燃烧面积，在单位时间内，需要供给的灭火剂量），并且还要将灭火强度维持一定时间，才能有效地将火扑灭。

3）无管网灭火装置：它是一种将灭火剂贮存容器、控制和释放部件组合在一起的灭火装置，一般有立（柜）式和悬挂式。立式有临时加压和预先加压方式，悬挂式均匀预先加压方式。它们可以作全淹没或局部应用方式灭火。立式可以放在保护区内，也可以放在保护区外使用，悬挂式通常是放在保护区内使用。需要时（如作局部应用），可将喷嘴接在一根短管上使用或对准灭火对象，使用很灵活。无管网灭火装置的控制，除了常用的电动、气动和手动方式外，还有用定温方式控制（悬挂式网），其动作原理与自动喷淋系统中喷头动作类似，用一个感温敏感的部件封住喷嘴，只要房间温度达到预定值，便会自动喷射灭火剂。

（3）烟烙尽气体灭火系统 烟烙尽是自然界存在的氮气、氩气和二氧化碳气体的混合物，不是化学合成品，是无毒的灭火剂，也不会因燃烧或高温而产生腐蚀性分解物。烟烙尽气体按氮气 52%、氩气 40%、二氧化碳 8% 比例进行混合，是无色无味的气体，以气体的形式储存于贮存瓶中。它排放时不会形成雾状气体，人们可以在视觉清晰的情况下安全撤离保护区。由于烟烙尽的密度与空气接近，不易流失，有良好的浸渍时间。

烟烙尽灭火系统是采用排放出的气体将保护区域内的氧气含量降低到不可以支持燃烧，从而达到灭火的目的。简单地说，如果大气中的氧气含量降低到 15% 以下，大多数普通可燃物都不会燃烧。若喷放烟烙尽使氧气含量下降控制在 10% ~15% 左右，而二氧化碳的含量会提高 2% ~5%，就能达到灭火的要求。烟烙尽灭火迅速，在 1min 内就能扑灭火灾。

烟烙尽气体对火灾采取了控制、抑制和扑灭的手段。在开始喷放的10s内，在保护区内的含氧量已可下降至制止火势扩大的阶段，这时火情已受控。在含氧量下降的过程中，火势会迅速减弱，即受到抑制。在经过控制、抑制过程后，火苗完全扑灭。同时由于烟烙尽和空气分子结构接近，因此，只要维持保护区继续密闭一段时间，以其特优的浸渍时间防止复燃。另外，虽然在保护区内的二氧化碳相对提高，对于身陷火场的人，仍能提供足够的氧气。因此，烟烙尽可以安全地用于有人工作的场所，并能有效地扑灭保护区的火灾。但是一定要意识到，燃烧物本身产生的分解物，特别是一氧化碳、烟和热及其他有毒气体，会在保护区产生危险。

烟烙尽气体不导电，在喷放时没有产生温差和雾化，不会出现冷凝现象，其气体成分会迅速还原到大气中，不遗留残渍，对设备无腐蚀，可以马上恢复生产。烟烙尽一般用来扑灭可燃液体、气体和电气设备的火灾，在有危险的封闭区，需要干净、不导电介质的设备时，或不能确定是否可以清除干净的泡沫、水或干粉的情况下，使用烟烙尽灭火很有必要。

对于涉及以下方面火灾，不应使用烟烙尽：

1）自身带有氧气供给的化学物品，如硝化纤维。

2）带有氧化剂如氨酸钠或硝酸钠的混合物。

3）能够进行自热分解的化学物品如某些有机过氧化物。

4）活泼的金属。

5）火能迅速深入到固体材料内部的。

在合适的浓度下，用烟烙尽可以很快地扑灭固体和可燃液体的火灾。但是在扑灭气体火灾时，要特别考虑爆炸的危险，可能的话，在灭火以前或灭火后尽快将可燃的气体隔开来。

烟烙尽是自然界存在的气体混合物，不会破坏大气层，是卤代烷灭火剂的替代品。

烟烙尽气体灭火系统一般设计为固定管网全淹没方式，系统由监控系统、气源贮瓶和释放装置、管道及开式喷头等组成。贮存瓶阀设计成可用电磁起动器，现场手动起动或气动起动的快速反应阀。系统构成可以是组合分配型或单元独立型，尽管烟烙尽气体灭火系统速度快，但必须保证灭火时保护区有足够的气体含量和浸渍时间，以确保灭火效果。

烟烙尽气体灭火系统的功能及动作原理与管网式二氧化碳、卤代烷等全淹没系统基本相似，不再赘述。

二、联动控制

自动消防联动设备有排烟口上的排烟阀，有用于防火分隔的通道上的防火门及防火卷帘门，有用于通风或排烟管道中的防火阀，有抽风的排烟风机，有喷水灭火的消防水泵等。这些防火、排烟、灭火等设备，在自动火灾报警消防系统中都有自动和手动两种方式，使其动作发挥消防作用。自动方式一般是接受来自火灾报警控制器的火灾报警联动信号，使电磁线圈通电，电磁铁动作，牵引设备开启或闭合，或者是由联动控制信号使继电器或接触器线圈通电动作，起动消防水泵或排烟风机工作。

1. 防排烟系统　图7-50是机械防排烟系统框图。从图中可以看出，被联动的消防设备动作后，大多都有供监测用的应答信号返回控制室，点亮动作指示灯。火灾发生时，应在起动防排烟设备的同时，关停空调机和送风机。火灾报警消防联动时，排烟口应自动打开，排烟机自动起动，防火门和防火阀自动关闭，安全出口自动开锁打开，空调机和送风机自动关机。

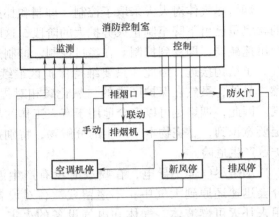

图 7-50　机械防排烟系统框图

图 7-51 为排烟系统安装示意图。从该图中可以进一步清楚地看出排烟阀的安装位置和作用。从图中还可以明白地看到防火阀的安装位置和作用。在由空调控制的送风管道中安装的两个防烟防火阀，在火灾时，应该能自动关闭，停止送风。在回风管道回风口处安装的防烟防火阀，也应在火灾时能自动关闭。但在由排烟风机控制的排烟管道中安装的排烟防火阀，在火灾时则应打开排烟。在防火分区入口处安装的防火门，在火灾警报发出后应能自动关闭。

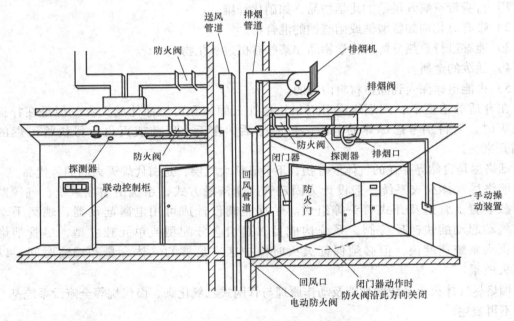

图 7-51　排烟系统安装示意图

图 7-52 为防火门电气控制电路。主电路中，火灾报警控制器中的消防联动触头 KJ（常开）在火灾发生时闭合，接通防火门电磁铁线圈 YA 电路，电磁铁动作，拉开电磁锁销（或拉开被磁铁吸住的铁板），防火门在自身门轴弹簧的作用下而关闭。当防火门关闭时，会压住（或碰触）微动行程开关 SG 的动触头，使常闭触点打开，常开触点闭合，接通控制电路中的信号灯 HL，作为防火门关闭的回答信号。从控制电路中可以看出，防火门的控制电磁铁线圈 YA，也可由手动按钮 SB 控制，关闭防火门。

防火阀与排烟阀电磁铁线圈的控制电路与图 7-52 类似，动作原理相同，不再重述。排烟风机的控制电路如图 7-53 所示。主电路通入三相交流 380V 电源（应为专用消防电源），

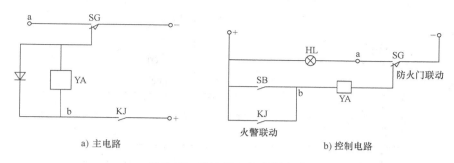

a) 主电路   b) 控制电路

图 7-52   防火门电气控制电路

控制电路中 SA 为具有三个状态的转换开关，图示位置为停车状态。当 SA 转到自动位置时，只要联动触点 SG1 闭合（火灾时），则接触器 KM 线圈通电动作，其常开触点闭合，排烟风机起动运行。SG1 联动触点是排烟阀打开时触动的微动开关上的常开触点（火灾时闭合）。SG2 联动触点是通风管路中的防火阀联动的微动开关上的常闭触点。火灾时，防火阀关闭，微动开关复位，常闭触点闭合。当 SA 转到手动位置时，按常开按钮 SB，接触器 KM 线圈通电动作，排烟风机起动运行。按动停止按钮 SBS 时，排烟风机停转。HL 是排烟风机通电工作时的指示灯。图中转换开关 SA 及按钮 SB、SBS、动作应答指示灯 HL 也可安装在消防控制室内的工作台上。

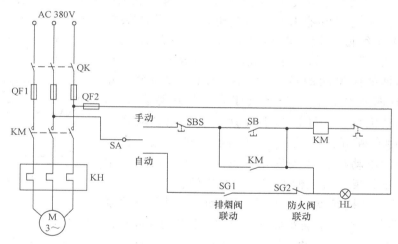

图 7-53   排烟风机的控制电路

图 7-54 为防火卷帘门控制电路。主电路使用两个接触器 1KM 和 2KM，分别控制卷帘门电动机正转（卷帘门下降）和反转（卷帘门回升）。火灾时，来自火灾报警控制器的感烟联动常开触点 1KJ 自动闭合，中间继电器 KA 线圈通电动作，其常开触点闭合，指示灯 HL 的声响警报器 HA 发出声光报警。还可以利用 KA 的一个常开触点作为防火卷帘门动作的回答信号，返回给消防控制室，使相应的应答指示灯点亮（图中未画出）。利用 KA 的常开触点 KA 的闭合，接触器 1KM 线圈通电动作，其常开触点闭合，电动机转动，带动卷帘门下降，当卷帘门下降碰触到行程开关 1SG 时，其常开触点闭合。卷帘门继续下降到距地面 1.3m 处时，碰触到微动行程开关 2SG，其常开触点闭合

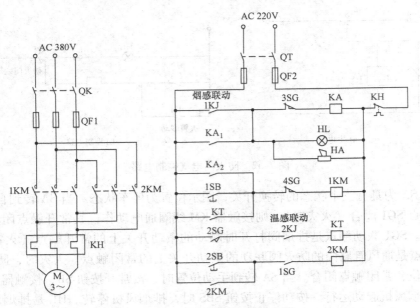

图 7-54 防火卷帘门控制电路

（但时间继电器 KT 还没有通电），卷帘门继续下降很快会碰触到微动行程开关 3SG，其

常闭触点断开，中间继电器 KA 线圈断电，其常开触头打开，接触器 1KM 线圈断电，电动机停转，卷帘门停止下降，人员可以从门下部疏散撤出，如图 7-55 所示。当来自火灾报警控制器的感温联动触点 2KJ 闭合时，时间继电器 KT 线圈通电延时动作，其常开触点闭合，使接触器 1KM 线圈通电，电动机转动，卷帘门下降到位，碰触微动开关 4SG，其常闭触点断开，接触器 1KM 线圈断电，电动机停转。如果选用的微动行程开关质量不好，动作不可靠，常会使卷帘门刹车失灵，甚至使卷帘门运行出轨。

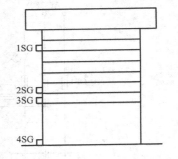

图 7-55 防火卷帘门

按动按钮 2SB，接触器 2KM 线圈通电动作，其常开触点闭合，电动机反转运行，带动卷帘门上升。当上升到顶部时，碰触微动开关 1SG，其常开触点断开，2KM 线圈断电，电动机停转，门停止上升。当按手动控制按钮 1SB 时，可以手动控制卷帘门下降。

2. 自动消防给水设备的控制　自动消防给水系统的水源有消防水池、消防水箱、消防水泵直接供水等。消防水泵应设有功率不小于消防水泵的备用泵。消防水泵在火灾供水灭火时，其消防水流不应进入消防水箱，以免分散水压，造成消防水流不足。

（1）消火栓泵的控制　消火栓水泵的远距离起动，常用消控中心发出的联动控制信号或消火栓按钮开关信号进行启动。消火栓按钮的操作电源应采用安全电压，其开关信号不能直接用于起动水泵，必须通过隔离转换，方可接入 220V 或 380V 的水泵控制电路中。

平时无火灾时，消火栓箱内按钮盒的常开触点处于闭合状态，常闭触点处于断开状态。

需要灭火时，击碎按钮盒的玻璃小窗，按钮弹出，常开触点恢复断开状态，常闭触点恢复闭合状态，接通控制线路，起动消防水泵。同时在消火栓箱内还装设限位开关，无火灾时，该限位开关被喷水枪压住而断开。火灾时，拿起喷水枪，限位开关动作，水枪开始喷水，同时向消防中心控制室发出该消火栓已工作的信号。

对消火栓泵的自动控制，应满足如下要求：

1）消防按钮必须选用打碎玻璃起动的按钮，为了便于平时对断线或接触不良进行监视和线路检测，消防按钮应采用串联接法。

2）消防按钮起动后，消火栓泵应自动起动投入运行，同时应在建筑物内部发出声光报警。在控制室的信号盘上也应有声光显示，并应能表明火灾地点和消防泵的运行状态。

3）为防止消防泵误起动使管网水压过高而导致管网爆裂，需加设管网压力监视保护，水压达到一定压力时，压力继电器动作，使消火栓泵停止运行。

4）消火栓工作泵发生故障需要强投时，应使备用泵自动投入运行，也可以手动强投。

5）泵房应设有检修用开关和起动、停止按钮，检修时，将检修开关接通，切断消火栓泵的控制回路，以确保维修安全，并设有有关信号灯。

消防水泵的控制电路形式很多，图7-56所示的全电压起动的消火栓泵控制电路，它是常用的一种。

图中KBP为管网压力继电器；KSL为低位水池水位继电器；QS3为检修开关，SA为转换开关。其工作原理如下：

1）1号为工作泵，2号为备用泵。将QS4、QS5合上，转换开关SA转至左位，即"1自2备"，检修开关QS3放在右位，电源开关QS1合上，QS2合上，为启动做好准备。

下面就消防水泵的起、停控制进行详细介绍。

如果某楼层出现火情，用小锤将该楼层的消防按钮玻璃击碎，其内部按钮因不受压而断开，给出报警和水泵起动信号，KJ由闭合变为断开（KJ是联动信号或消火栓按钮开关转换来的控制信号），使中间继电器KA1线圈失电，时间继电器KT3线圈通电，经延时KT3常开触点闭合，使中间继电器KA2线圈通电，接触器KM1线圈通电，消防泵电动机M1起动运转，进行灭火，信号灯HL2亮。

如果1号出现故障，2号自动投入过程：出现火情时，设KM1机械卡住，其触点不动作，使时间继电器KT1线圈通电，经延时后KT1触点闭合，使接触器KM2线圈通电。2号泵电动机起动运转，信号灯HL3亮。

2）其他状态下的工作情况。如果需要手动强投时，将SA转至"手动"位置，按下SB3（SB4），KM1通电动作，1号泵电动机运转。如果需要2号泵运转时，按SB7（SB8）即可。

当管网压力过高时，压力继电器KBP闭合，使中间继电器KM3通电动作，信号灯HL4亮，警铃HA响。

当低位水池水位低于设定水位时，水位继电器KSL闭合，中间继电器KA4通电，同时信号灯HL5亮，警铃HA响。

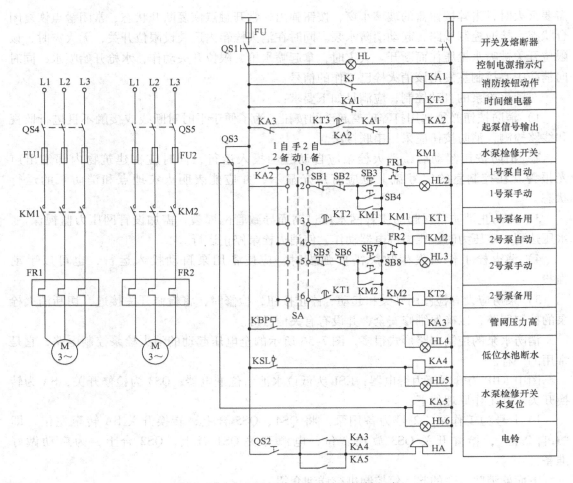

图 7-56　全电压起动的消火栓泵控制电路

当需要检修时，将 QS3 至左位，中间继电器 KA5 通电动作，同时信号灯 HL6 亮，警铃 HA 响。

消防水泵的远距离控制还可由消防控制中心发出主令控制信号控制消防水泵的起停，也可由在高位水箱消防出水管上安装的水流报警起动器控制消防水泵的起停。

（2）自动喷洒水灭火系统水泵的控制　在智能楼宇及建筑群体中，每座楼宇的喷水系统所用的泵一般为 2～3 台。采用两台泵时，平时管网中压力水来自高位水箱，当喷头喷水，管道里有消防水流动，使系统中的压力开关动作，向消防控制中心发出火警信号。此时，水泵的起动可由压力开关或来自消防控制中心的联动信号起动，向管网补充压力水。

喷淋泵控制电路也可采用图 7-56，图中 KJ 为压力开关或联动控制信号。发生火灾时，KJ 由闭合变为断开，起动水泵。

采用 4 台消防泵的自动喷水系统也比较常见，其中两台为压力泵，两台为恒压泵。恒压泵也是一台工作一台备用，一般功率很小，在 5kW 左右，常与气压罐等配合使用，使消防管网中水压保持在一定范围之内。

第五节　智能消防系统

在智能火灾报警系统中，控制主机（报警控制器）和子机（火灾探测器）都具有智能功能，即它们都设置了具有"人工神经网络"的微处理器。子机与主机可进行双向（交互式）智能信息交流，使整个系统的响应速度及运行能力空前提高，误报率几乎接近为零，确保了系统的高灵敏性和高可靠性。

智能火灾报警系统由智能探测器、智能手动按钮、智能模块、探测器并联接口、总线隔离器、可编程继电器卡组成。系统采用模拟量可寻址技术，使系统能够有效地识别真假火灾信号，防止误报，提高相同信噪比下的灵敏度。

一、智能型火灾探测器

智能型火灾探测器实质上是一种交互式模拟量火灾信号传感器，具有一定的智能。它对火灾特征信号直接进行分析和智能处理，将所在环境收集的烟雾含量或温度随时间变化的数据，与内置的智能资料库内有关火警状态资料进行分析比较，作出恰当的智能判决，决定收回来的资料是否显示有火灾发生，从而作出报警决定。一旦确定为火灾，就将这些判决信息传递给控制器，控制器再做进一步的智能处理，完成更复杂的判决并显示判决结果。

由于探测器有了一定的智能处理能力，因此，控制器的信息处理负担大为减轻，可以实现多种管理功能，提高了系统的稳定性和可靠性。并且，在传输速率不变的情况下，总线可以传输更多的信息，使整个系统的响应速度和运行能力大大提高。由于这种分布智能报警系统集中了上述两种系统中智能的优点，已成为火灾报警的主体，得到最广泛的应用。

智能型火灾探测器一般具有以下特点：

1）报警控制器与探测器之间连线为二总线制（不分极性）。

2）模拟量探测器及各种接口器件的编码地址由系统软件程序决定（可以现场编程调定）。探测器内及底座内均无编码开关，控制器可根据需要操作命名或更改器件地址。

3）系统中模拟量探测器底座统一化、标准化，极大地方便了安装与调试。

4）有高的可靠性与稳定性。模拟量探测器一般具有抗灰尘附着、抗电磁干扰、抗温度影响、抗潮湿、耐腐蚀等特点。

5）每种工作原理的传感器都要求有专门适合的软件。感烟、感温、感光（火焰）、可燃气体等不同类型的探测器，应配合研制不同的计算机软件。这就是说需要传输的信号不仅有模拟量探测器的地址，而且有烟雾含量、温度、红外线（紫外线）、可燃气体含量等工作原理方面的信号也要传输，因此，需要不同的数字滤波软件。

6）模拟量探测器输出的火灾信息是与火灾状况（烟浓度变化、温度变化等）成线性比例变化的。探测器能够按预报、火灾发报、联动警报三个阶段传送情报。探测器变脏、老化、脱落等故障状态信息也可以传送到报警控制器，由控制器检测识别出来，发出故障警报信号，如图 7-57 所示。图中曲线是以光电感烟探测器为例画出的。烟浓度是按试验烟雾的光学测量长度（约 1m）内烟粒子含量的百分数表示的。在烟的含量低于约 4%/m 时，探测

244

器主要输出故障检测信号；当输出的模拟量信号低于约 4 时，为探测器脱落断线检测信号；当烟的含量低于约 1%/m，并且输出的模拟量信号上升到约 8 以上时，则输出灰尘污垢严重的故障检测信号。当烟的含量大于约 4%/m，并且输出的模拟量信号上升到约 22 以上时，则为火灾预报警信号（只在消防控制室内报警，不向外报警）。当烟的含量达到约 10%/m 以上，并且输出的模拟量信号上升到约 32 以上时，则发出火灾警报（向火灾区域及邻近区域）。当烟的含量达到约 15%/m 以上，并且输出的模拟量信号上升到约 46 以上时，则为联动消防警报信号，自动起动喷淋设备或其他灭火设备进行现场灭火。

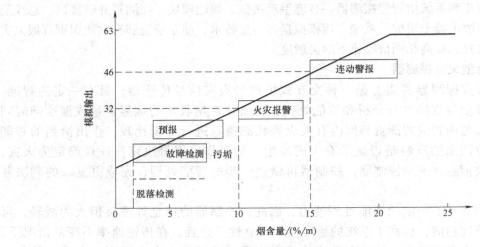

图 7-57　模拟量探测器的传输特性

7）模拟量探测器灵敏度可以灵活设定，实行与安装场所、环境、目的（自动火灾报警或联动消防用等）相吻合的警戒。

8）用一片高度集成化的单片集成电路取代以往的光接收电路、放大电路、信号处理电路，各个电路之间的连接线路距离非常短，使探测器不仅不受外界噪声的影响，而且耗电量也降低。

9）具有自动故障测试功能，是先进的模拟量探测器的又一个特点。无须加烟或加温测试，只要在报警控制器键盘上按键，即可完成对探测器的功能测试。对于不好进入的、难以检测的高天花板等处的探测器，都可以在这种灵活的自动故障测试系统中完成功能测试任务。测试精度超过人工检测精度，提高了系统的维护水平，降低了维护检查费用。

二、模拟量报警控制器

传统火灾报警系统，探测器的固定灵敏度会由于探测器变脏、老化等原因，产生时间漂移，而影响长期工作制的探测系统的报警准确率。

在智能火灾报警系统中，智能型火灾报警控制器处理的信号是模拟量而不是开关量，能够对由火灾探测器送来的模拟量信号，根据监视现场的环境温度、湿度以及探测器本身受污染等因素的自然变化调整报警动作阈值，改变探测器的灵敏度，并对信号进行分析比较，做出正确判断，使误报率降低甚至消除误报。

要达到上述要求，必须用复杂的信号处理方法、超限报警处理方法、数字滤波方法、模数数字逻辑分析方法等，经过硬件、软件结合的智能控制系统来消除误报。

来自现场的火灾现象、虚假火灾现象及其他干扰现象，都作用在模拟量探测器中的感烟或感温敏感元件上，产生模拟量传感信号（非平稳的随机信号），经过频率响应滤波器和 A/D 转换等数字逻辑电路处理后，变为一系列数字脉冲信号传送给火灾报警控制器。再经过控制器中的微型计算机复杂的程序数字滤波信号处理过程。对无规律的火灾传感器的信号进行分析，判断火灾现象已经达到的危险程度。火灾判断电路将危险度计算电路算出的数据去与预先规定的报警参考值（标准动作阈值）比较，当发现超过报警参考值时，便立即发出报警信号，驱动报警电路发出声、光报警。

为了消除噪声干扰信号的影响，在报警控制器中还安装了消除干扰噪声的滤波电路，以消除脉冲干扰信号。

图 7-58 是一种模拟量火灾报警系统工作过程示意图。

三、现场总线在火灾报警控制系统中的应用

由于采用了交互式智能技术，火灾报警系统中每个现场部件均自带微处理器，控制器与探测器之间能够实现双向通信，这种分布式计算机控制系统为现场总线技术的应用提供了必要的条件，火灾报警控制系统可随时根据系统运行状态对各个探测器的火灾探测逻辑进行调整，准确地分辨真伪火情。

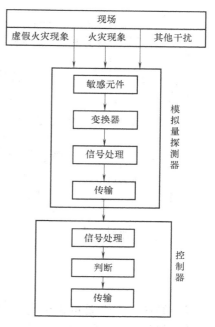

图 7-58　模拟量火灾报警系统工作过程示意图

火灾报警控制系统可采用全总线方式实现报警与联动控制，在必要时也可采用多线制方式结合使用，以满足各种要求。在进行系统设计时，首先应计算系统容量点数（探测、报警、控制设备数量），并考虑建筑结构布局，确定所需各类探测器、手报、模块数量，进一步确定回路数量，控制器和各种功能卡的数量及布线方式。

总线网络可以有不同形式的连接，以适应网络扩展的需求，可采用星形连接、环形连接等，并且在环形总线上根据需要接入支路。而且网络系统还可以连入其他系统，如楼宇自控系统。但目前我国消防体制还不允许将消防系统与其他系统连接。

图 7-59 为 S1151 系统控制器与现场部件之间的通信数据总线接线框图，并具有以下特点：

1）布线系统灵活，采用两总线环形布线。但在特殊情况下，如改造工程，可以采用非环形布线方式。

2）具有自适应编址能力，无须手动设置地址，从而没有混淆探测器的危险。

3）自动隔离故障，每个现场部件中均设有短路隔离功能，且探测回路采用环行两总线，发生短路时，短路点被自动隔开，确保系统完全正常运行。

4）全中文显示及菜单操作，事故和操作数据资料自动存储记忆，可供随时查阅。系统设定不同的操作级别，各级人员都有自己的操作范围。

5）联动方式灵活可靠，联动设备可通过总线模块联动，也可通过控制器以多线形式对重要设备进行联动。

6）具有应急操作功能，系统中控制器和功能卡均采用双 CPU 技术，在主 CPU 故障的情况下，仍能确保正确火灾报警功能，系统可靠性极高。

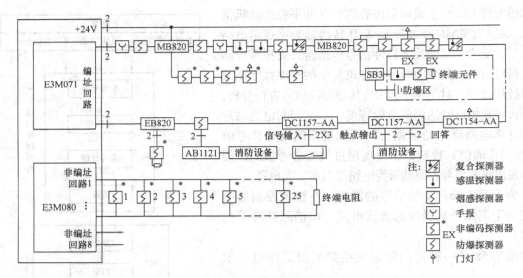

图 7-59　总线接线框图

7）系统根据需要可以进行扩展，在总地址容量范围内可扩展回路数，方便了工程设计、施工与运行管理。为了满足工程的实际需要，还可以进行灭火扩展、输入/输出扩展、网络扩展、火灾显示盘扩展等功能扩展，如搭积木一般方便。

系统可接入计算机平面图形管理系统（即 CRT 系统），实现图形化操作和管理，还可将本系的信息提供给其他系统，如楼宇自动化系统等，也可将其他系统的信息引至本系统中。

现给出 S1511 火灾自动报警及联动系统部分应用实例，其连线图如图 7-60 所示，平面

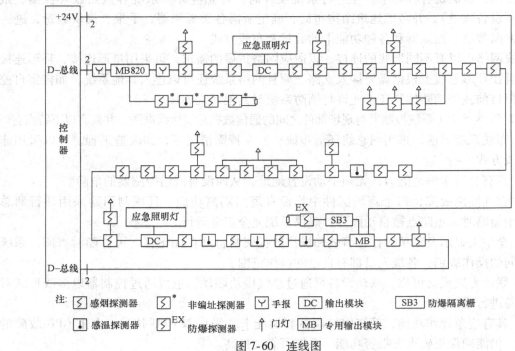

图 7-60　连线图

图如图 7-61 所示，系统图如图 7-62 所示。

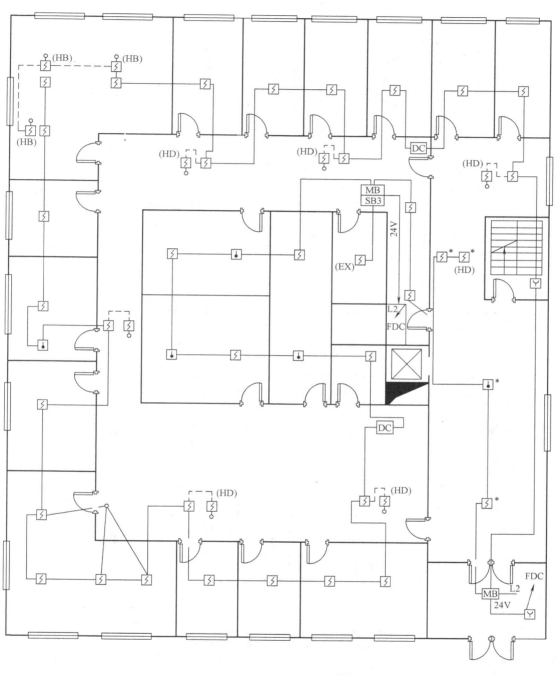

回路	(HD)吊顶	⚡ 感烟探测器	⚡* 非编址探测器	DC	DC1154-AA输入模块
支路	(HB)复式结构	🌡 感温探测器	⚡ 防爆探测器	MB	MB820专用输入模块
---	FDC控制器	Y 手报	EX	SB3	防爆隔离栅

图 7-61　平面图

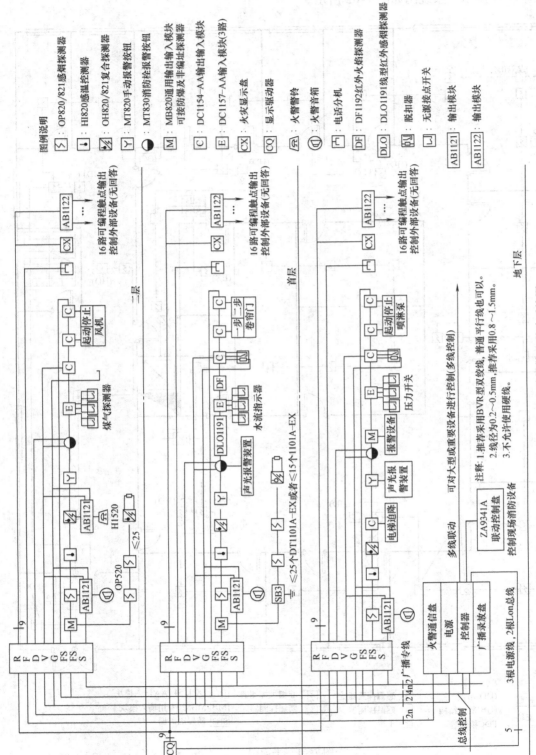

图 7-62　火灾自动报警及联动系统图

第六节　火灾自动报警与控制的工程设计

通常火灾自动报警与控制系统的设计有两种方案：一种是消防报警系统与消防联动系统合二为一；另一种是消防报警系统与消防联动系统各自独立。

火灾自动报警与控制的工程设计一般分为两个阶段，即方案设计阶段和施工图设计阶段。第一个阶段是第二个阶段的准备、计划、选择方案的阶段，第二阶段是第一阶段的实施和具体化阶段。一项优秀设计不仅是工程图纸的精心绘制，而且更要重视方案的设计、比较和选择。

一、基本设计要求

1. 设计依据　工程设计应按照上级批准的内容进行，应根据建设单位（甲方）的设计要求和工艺设备清单去进行设计。如果建设单位提供不了必要的设计资料，设计者可以协助甲方调研编制，然后经甲方确认，作为甲方提供的设计资料。

设计者应摘录列出与火灾报警消防系统设计有关的文件"规程"和"规范"及有关设计手册等资料的名称，作为设计依据。

按照我国消防法规的分类大致有 5 类：即建筑设计防火规范、系统设计规范、设备制造标准、安全施工验收规范及行政管理法规。设计者只有掌握了这 5 大类的消防规范和法规，在设计中才能应用自如、准确无误。

2. 设计原则　设计原则应该安全可靠，使用方便，技术先进，经济合理。精心设计，认真施工，把好设计与施工质量关，才能成就优质的百年大业工程。

3. 设计范围　根据设计任务要求和有关设计资料，说明火灾报警及消防项目设计的具体内容及分工（当有其他单位共同设计时）。

二、方案设计

进行方案设计之前，应详细了解建设单位对火灾报警消防的基本要求，了解建筑的类型、结构、功能特点、室内装饰与陈设物品材料等情况，以便确定火灾报警与消防的类型、规模、数量、性能等特点。具体设计步骤如下：

1. 确定防火等级　防火等级一般分为重点建筑防火与非重点建筑防火两个等级。重点建筑也就是一类建筑，包括高级住宅、19 层及其以上的普通住宅、医院、百货商场、展览楼、财贸金融楼、电信楼、广播楼、省级邮政楼、高级旅馆、高级文化娱乐场所、重要办公楼及科研楼、图书馆、档案楼、建筑高度超过 50m 的教学楼和普通旅馆、办公楼、科研楼、图书馆、档案楼等。二类建筑即非重点防火建筑，包括 10 层至 18 层的普通住宅，建筑高度不超过 50m 的教学楼和普通旅馆、歌舞厅、办公楼、科研楼、图书楼、档案楼、省级以下邮政楼等。应该根据建筑物的使用性质、火灾危险性、疏散和扑救难度等来确定建筑物的防火等级。

2. 确定供电方式和配电系统　火灾自动报警系统是以年为单位长期连续不间断工作的自动监视火情的系统。因此，应采用双路供电方式，并应配有备用电源设备（蓄电池或发电机），以保证消防用电的不间断性，如图 7-63 所示。消防电源应是专用、独立的，应与正常照明及其他用电电源分开设置。火灾时，正常供电负荷电源被断掉

（必须切断正常电源），仅保留消防供电电源工作。因此，所有与火灾报警及消防有关的设备和器件，都应由消防电源单独供电，而不能与正常照明及其他用电电源混用。

3. 划分区域　划分防火分区（报警区域）、防排烟系统分区、消防联动管理控制系统，确定控制中心、控制屏、台的位置和火灾自动报警装置的设置。

4. 确定火灾警报、通信及广播系统　应根据工程特点及经济条件（资金情况）来确定规范和类型。

5. 设置标志　设置分区标志、疏散诱导标志及事故照明等的位置、数量及安装方式。应该根据防火分区和疏散路线、标志符号、标准规定等来考虑确定。

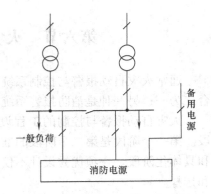

图 7-63　消防电源供电方式

6. 与其他系统配合　应与土建、暖通、给排水等专业密切配合，以免设计失当，影响工程设计进度和质量。设计者应在总的防火规范指导下，在与各专业密切合作的前提下，进行火灾报警与控制的工程设计。

表 7-5 为工程设计项目与电气专业配合关系表。电气系统设计内容应与工程项目内容紧密配合，并与之相适应，才能有效地保证整个工程设计质量。表中建筑构件耐火极限是指在燃烧中耐火烧的时间值。分为一级耐火构件和二级耐火构件，耐火极限从 0.5h 到 4h 不等。吊顶耐火极限只有 0.25h。

表 7-5　工程设计项目与电气专业配合关系

序号	设计项目	电气专业配合内容
1	建筑物高度	确定电气防火设计范围
2	建筑防火分类	确定电气消防设计内容和供电方式
3	防火分区	确定区域报警范围、选用探测器种类
4	防烟分区	确定防排烟系统控制方案
5	建筑物室内用途	确定探测器形式类别和安装位置
6	构造耐火极限	确定各电气设备设置部位
7	室内装修	选择探测器形式类别、安装方法
8	家具	确定保护方式、采用探测器类型
9	屋架	确定屋架探测方法和灭火方式
10	疏散时间	确定紧急疏散标志、事故照明时间
11	疏散路线	确定事故照明位置和疏散通路方向
12	疏散出口	确定标志灯位置，指示出口方向
13	疏散楼梯	

（续）

序号	设计项目	电气专业配合内容
14	排烟风机	确定控制系统与联锁装置
15	排烟口	确定排烟风机联锁系统
16	排烟阀门	
17	防火卷帘门	确定探测器联动方式
18	电动安全门	
19	送回风口	确定探测器位置
20	空调系统	确定有关设备的运行显示及控制
21	消火栓	确定人工报警方式与消防泵联锁控制
22	喷淋灭火系统	确定动作显示方式
23	气体灭火系统	确定人工报警方式、安全起动和运行显示方式
24	消防水泵	确定供电方式及控制系统
25	水箱	确定报警及控制方式
26	电梯机房及电梯井	确定供电方式、探测器的安装位置
27	竖井	确定使用性质，采取隔离火源的各种措施，必要时放置探测器
28	垃圾道	设置探测器
29	管道竖井	根据井的结构和性质，采取隔离火源的各种措施，必要时放置探测器
30	水平输送带	穿越不同防火区，采取封闭措施

三、施工图设计

方案设计完成后，根据项目设计负责人及消防主管部门的审查意见，进行调整修改设计方案，之后便可开始施工图的设计。在设计过程中，要注意与各专业的配合。

1. 绘制总平面布置图及消防控制中心、分区示意系统图、消防联动控制系统图　对于一栋高层建筑来说，不可能在一张图上把各楼层平面图都画出来。当各楼层结构、用途不同时，应分别画出各楼层平面图。当然，如果几个楼层结构、用途都相同时，便可以由同一张平面图代表，在图上注明该图适应哪些层。图 7-64 是一层火灾报警广播平面图的例子。该层中一般安置消防控制中心室。图中引线全部是二总线制。1 号箱为火灾报警控制器，2 号箱为火灾广播控制柜，SM 为手动报警按钮。探测器都是模拟量感烟探测器，由软件程序现场编址。WC 表示沿墙暗敷。

2. 绘制各层消防电气设备平面图　类似于图 7-64，可以再画出消防联动设备（或单独图）。

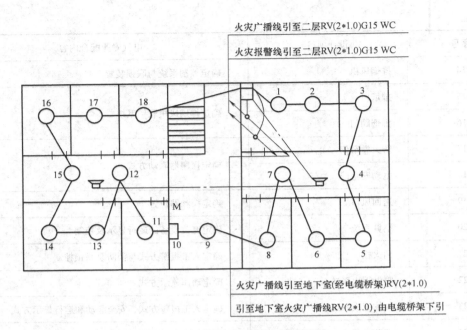

火灾广播线引至二层RV(2*1.0)G15 WC

火灾报警线引至二层RV(2*1.0)G15 WC

火灾广播线引至地下室(经电缆桥架)RV(2*1.0)

引至地下室火灾广播线RV(2*1.0),由电缆桥架下引

图 7-64　一层火灾报警广播平面图

3. 绘制探测器布置系统图　该图中应包括地上地下各层探测器布置数量、类型及连线数，连接非编码探测器模块、控制模块，手动报警按钮的数量及连线数，在各层电缆井口处从有层分线箱。系统图应与平面图对应符合。

4. 绘制区域与集中报警系统图　该图也可与探测器布置系统图联合画出。如果不设区域报警器时，则应画出各层显示器及其连接线数。

5. 绘制火灾广播系统图　该图应单独画出，图中包括广播控制器（柜）、各层扬声器数量、连线数、分线箱等。

6. 绘制火灾事故照明平面布置图　应分楼层画出位置和数量。

7. 绘制疏散诱导标志照明系统图　该图应分层画出标志灯、事故照明灯的数量及连线数。

8. 绘制电动防火卷帘门控制系统图　图中包括各层卷帘门的数量及连线数、控制电路等。

9. 绘制联动电磁锁控制系统图　电磁锁是电磁铁机构，防火阀、排烟阀、排烟口、防火门等消防设备中都有该控制机构。图中应画出各层器件的数量及连线数。应经过各层分线箱接线。

10. 绘制消防电梯控制系统图　图中包括控制电路、电梯数及连线数。

11. 绘制消防水泵控制系统图　图中包括水泵起、停控制电路的数量及连线数。

12. 绘制防排烟控制系统图　图中包括排烟风机控制电路的数量及连接线。

13. 绘制消防灭火设备控制图　图中包括灭火设备的类型、数量、连线数、控制电路等。

14. 绘制消防电源供电系统图、接线图　所有上面各项报警消防设备的电源，都取自专用消防电源，所以各图均应注明引入电源取自消防电源，而不能与普通电源混用。

除以上各图外，必要时还应画出安装详图，或参考《建筑电气安装工程图集》中的做法。

四、设计实例

1. 工程概况（见图7-65） 某综合楼共18层，1~4层为商业用房，每层在商业管理办公室设区域报警控制器或楼层显示器；5~12层是宾馆客房，每层服务台设区域报警控制器；13~15层是出租办公用房，在13层设一台区域报警控制器警戒13~15层；16~18层是公寓，在16层设一台区域报警控制器。全楼共18层，按用途及要求设置了14台区域报警控制器或楼层显示器和一台集中报警控制器及联动控制装置。本工程采用上海松江电子仪器厂生产的JB-QB-DF1501型火灾报警控制器，是一种可编程的两总线制通用报警控制器。

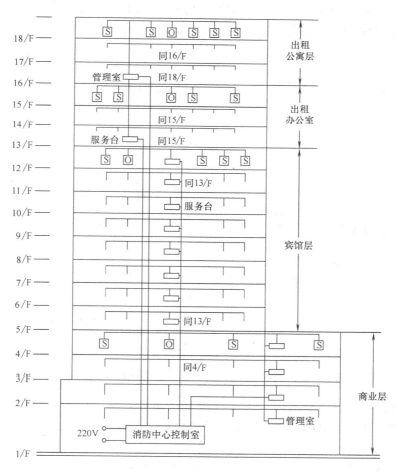

图 7-65　宾馆、商场综合楼自动报警系统示意图

选用一台立柜式二总线制报警控制器作集中报警器：有8对输入总线，每对输入总线可并联127个（总计8×127＝1016个）编码底座或模块（烟感、温感探测器及手动报警开关等）；2对输出总线，每对输出总线可并联32台重复显示器（总计62台）；通过RS-232通

信接口（三线），将报警信号送入联动控制器，以实现对建筑物内消防设备的自动、手动控制；内装有打印机，可通过 RS-232 通信接口与 PC258 联机，用彩色 CTR 图形显示建筑的平面图和立面图，并显示着火部位，并有中西文注释。

每层设置一台重复显示屏，可作为区域报警控制器，显示屏可进行自检，内装有 4 个输出中间继电器，每个继电器有输出触点四对（触点容量 ~220V，2A），共计 16 对触点。根据需要，可以控制消防联动设备，控制方式由屏内联动控制器发出的控制总线控制。

消防广播系统采用一台定压式 120V、150W 扩音机一台，也可根据配接的扬声器数量而定。

消防电话系统选用一台电话总机，其容量可根据每层电话数量而定，每部电话机占用一对电话线，电话插孔可单独安装，也可以和手动按钮组合装在一起。

2. JB-QB-DF1501 型火灾报警控制器系统　系统配置示意图如图 7-66 所示。

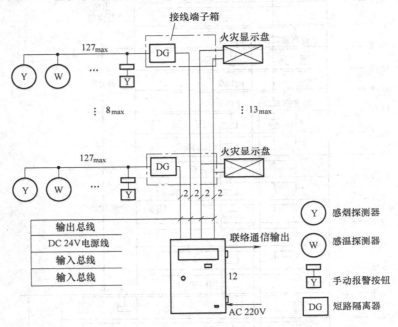

图 7-66　JB-QB-DF1501 型火灾报警控制器系统配置示意图

3. 火灾报警及联动控制系统　当需要进行联动控制时，JB-QB-DF1501 型报警控制器可与 HJ-1811 型（或 HJ-1810 型）联动控制器构成火灾报警及联动系统，如图 7-67 所示。

4. 中央/区域火灾报警联动系统　当一台 1501 型火灾报警器容量不足时，可采用中央/区域机联机通信的方法，组成中央/区域机报警系统，如图 7-68 所示（其报警点最多可达 1016×8 个点）。

5. 平面布置图　火灾报警及联动系统平面图仅画一张示意图。

综上是设计实例，在消防工程的设计中，采用不同厂家的不同产品，就有不同的系统图，其线制也各异，应注意掌握。

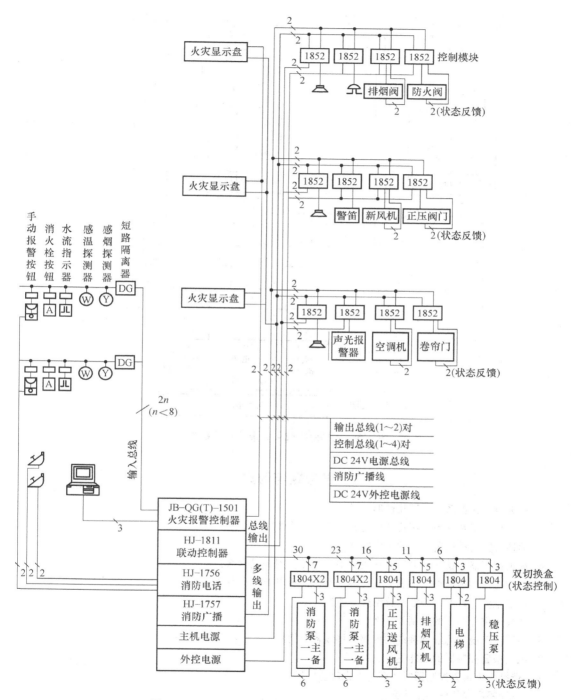

图 7-67　JB-QB-DF1501 型与 HJ-1811 型火灾报警及
联动控制系统示意图

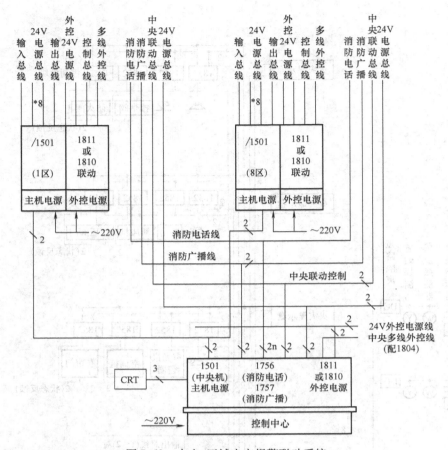

图 7-68　中央/区域火灾报警联动系统

思考题与习题

1. 火灾自动报警系统有哪几种形式?

2. 火灾自动报警系统由哪几部分构成? 各部分的作用是什么?

3. 简述火灾自动报警系统的工作原理。

4. 火灾探测器有哪些类型? 各自的使用（检测）对象是什么?

5. 线型与点型感烟火灾探测器有哪些区别? 各适用于什么场合?

6. 何谓定温、差温、差定温感温探测器?

7. 选择火灾探测器的原则是什么?

8. 多线制系统和总线制系统的探测器接线各有何特点?

9. 火灾报警控制器的功能是什么?

10. 选择火灾报警控制器时主要应考虑哪些问题?

11. 总线隔离器的作用是什么?

12. 什么是探测区域? 什么是报警区域?

13. 通过对几种类型的喷洒水灭火系统的分析比较，说明它们的特点及应用场合。

14. 简述湿式喷洒水灭火系统的灭火过程，并画出系统结构示意图。

15. 简述二氧化碳（CO_2）灭火系统的构成特点及应用场合。

16. 简述二氧化碳灭火系统的灭火原理及灭火过程。

17. 简述卤代烷全淹没系统的灭火原理及灭火过程。

18. 简述烟烙尽全淹没系统的灭火原理及灭火过程。

19. 消防设备供电有何要求?

20. 防火卷帘为什么分为两步下放? 自动下放的一、二步指令由谁发出,一、二步下放的停止指令由谁发出?

21. 智能探测器的特点是什么?

22. 模拟量火灾报警控制器的特点是什么?

23. 消防设计的内容有哪些?

24. 平面图、系统图应表示哪些内容?

第八章　楼宇安全防范技术

安全问题是全社会共同关注的一件大事，因此，安全防范（简称安防）是各行业，尤其是具有潜在危险的高风险行业所必须重视的一项工作。安防自动化系统（Security Automation System，SAS），也称建筑安全（技术）防范系统。它是智能建筑系统的一个主要子系统。涉及范围很广，闭路电视监控和防盗报警系统是其中两个最主要的组成部分。一般共有6个系统组成，主要功能如下：

1. 视频监控系统　视频监视系统（CCTV）的主要任务是对建筑物内重要部位的事态、人流等动态状况进行宏观监视、控制，以便对各种异常情况进行实时取证、复核，达到及时处理的目的。

2. 防盗报警系统　对重要区域的出入口、财务及贵重物品库的周界等特殊区域及重要部位，需要建立必要的入侵防范警戒措施。

3. 通道控制（门禁）系统　对建筑物内通道、财务与重要部位等区域的人流进行控制，还可以随时掌握建筑物内各种人员出入活动情况。

4. 巡更系统　安保工作人员在建筑物相关区域建立的巡更点，按所规定的路线进行巡逻检查，以防止异常事态的发生，便于及时了解情况，加以处理。

5. 停车场管理系统　对停车库/场的车辆进行出入控制、停车位与计时收费管理等。

6. 访客对讲（可视）、求助系统　也可称为楼宇保安对讲（可视）、求助系统，适用于高层及多层公寓（包括公寓式办公楼）、别墅住宅的访客管理，是保障住宅户安全的必备设施。

第一节　视频监控系统

视频监控系统是安防体系中的一个最重要组成部分，是一种先进的、防范能力极强的综合系统，它可以通过遥控摄像机及其辅助设备（镜头、云台等）直接观看被监视场所的一切情况，可以把被监控场所的图像内容、声音内容同时传递到监控中心，对被监控场所的情况一目了然。同时，闭路电视监控系统还可以与防盗报警等其他安全技术防范体系联动运行，使防范能力更加强大，特别是近几年来，多媒体技术的发展以及计算机图像文件处理技术的发展，使电视监控系统在实现自动跟踪、实时处理等方面有了长足发展，从而使电视监控系统在整个安全技术防范体系中具有举足轻重的作用。电视监控系统的另一特点是它可以把被监控场所的图像及声音全部或部分地记录下来，这样就为日后对某些事件的处理提供方便条件及重要依据。画面处理器和长延时录像机可用一盘或几盘普通记录长度的录像带，实现对多个被监控画面长达几天时间的连续记录，如今又推出了硬盘录像机，使得监控手段更加先进、更加方便。总之，电视监控系统已成为各单位安全生产及保卫工作中不可缺少的重要组成部分。

视频监控系统是安防系统的重要组成部分，它是一种防范能力较强的综合系统。视频监控以其直观、方便、信息内容丰富而广泛应用于许多场合。在国内外市场上，主要推出的是数字控制的模拟视频监控和数字视频监控两类产品。前者技术发展已经非常成熟且性能稳定，并得到广泛应用，特别是在大、中型视频监控工程中的应用尤为广泛；后者是新近崛起的以计算机技术及图像视频压缩为核心的新型视频监控系统，该系统解决了模拟系统部分弊端而迅速崛起，但仍需进一步完善和发展。

一、视频监控系统的基本结构

电视是利用无线电电子学的方法即时地显示并能即刻远距离传送活动图像的一门科学技术，其最大特点是可以把远距离的现场景物即时地"有声有色"地展现在我们眼前。

1. 电视传像基本原理　传像过程是"光信号"与"电信号"的相互转换过程，如图8-1所示。

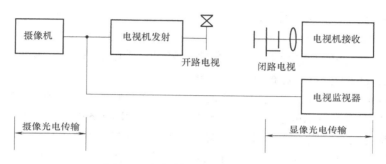

图8-1　电视传像基本原理示意图

涉及的电视系统一般为闭路电视系统：

$$
闭路电视系统\begin{cases}
工业电视（ITV）\\
教育电视（ETV）\\
医用电视（MTV）\\
电视电话\\
共用开线电视（CATV）\\
业务用电视监控系统
\end{cases}
$$

2. 电视监控系统的应用　应用广泛，如大型活动场所、商业经营单位、金融系统、文物保护单位、工厂、小区、交通要道、油田、森林、库场、宾馆、监狱、看守所、医院等。

3. 电视监控系统的特点　其特点有：①实时性；②高灵敏性；③监视空间大；④便于隐蔽和遥控；⑤方便、经济；⑥可将非可见光（如红外、紫外、X射线等）图像信息转换为可见光信息；⑦长期有效性。

（1）视频监控系统的三个发展阶段　视频监控系统经历了本地模拟信号视频监控系统、基于PC的多媒体监控系统、基于Web服务器的远程视频监控系统三个发展阶段。

1）本地模拟信号视频监控系统：本地模拟信号视频监控系统主要由摄像机、视频矩阵、监视器、录像机等组成，利用视频传输线将来自摄像机的视频连接到监视器上，利用视频矩阵主机，采用键盘进行切换和控制，采用使用磁带的长时间录像机进行录像；远距离图像传输采用模拟光纤，利用光端机进行视频传输。

在20世纪90年代初期，主要是以模拟设备为主的闭路电视监控系统，称为第一代模拟监控系统。图像信息采用视频电缆，以模拟方式传输，一般传输距离不太远，主要应用于小范围内的监控，监控图像一般只能在控制中心观看。

传统的模拟闭路电视监控系统有很多局限性：有线模拟视频信号的传输对距离十分敏感；有线模拟视频监控无法联网，只能以点对点的方式监视现场，并且使得布线工程量极大；有线模拟视频信号数据的存储会耗费大量的存储介质（如录像带）；查询取证时十分繁琐。

2）基于 PC 的多媒体监控系统：20 世纪 90 年代中期，基于 PC 的多媒体监控随着数字视频压缩编码技术的发展而产生。系统在远端有若干个摄像机、各种检测和报警探头与数据设备，获取图像信息，通过各自的传输线路汇接到多媒体监控终端上，然后再通过通信网络，将这些信息传到一个或多个监控中心。监控终端机可以是一台 PC，也可以是专用的工业控制机。

这类监控系统功能较强，便于现场操作；但稳定性不够好，结构复杂，视频前端（如 CCD 等视频信号的采集、压缩、通信）较为复杂，可靠性不高；功耗高，费用高；需要有多人值守；同时，软件的开放性也不好，传输距离明显受限。PC 也需专人管理，特别是在环境或空间不适宜的监控点，这种方式不理想。

3）基于 Web 服务器的远程视频监控系统：20 世纪 90 年代末，随着网络技术的发展，基于嵌入式 Web 服务器技术的远程网络视频监控，而产生网络视频监控技术。其主要原理是：视频服务器内置一个嵌入式 Web 服务器，采用嵌入式实时操作系统。摄像机等传感器传送来的视频信息，由高效压缩芯片压缩，通过内部总线传送到内置的 Web 服务器。网络上用户可以直接用浏览器观看 Web 服务器上的图像信息，授权用户还可以控制传感器的图像获取方式。这类系统可以直接连入以太网，省掉了各种复杂的电缆，具有方便灵活、即插即看等特点，同时，用户也无须使用专用软件，仅用浏览器即可。

基于嵌入式技术的网络数字监控系统不需处理模拟视频信号的 PC，而是把摄像机输出的模拟视频信号通过嵌入式视频编码器直接转换成 IP 数字信号。嵌入式视频编码器具备视频编码处理、网络通信、自动控制等强大功能，直接支持网络视频传输和网络管理，使得监控范围达到前所未有的广度。除了编码器外，还有嵌入式解码器、控制器、录像服务器等独立的硬件模块，它们可单独安装，不同厂家设备可实现互连。

数字化视频监控的优点是克服了模拟闭路电视监控的局限性：数字化视频可以在计算机网络（局域网或广域网）上传输图像数据，不受距离限制，信号不易受干扰，可大幅度提高图像品质和稳定性；数字视频可利用计算机网络联网，网络带宽可复用，无须重复布线；数字化存储成为可能，经过压缩的视频数据可存储在磁盘阵列中或保存在光盘中，查询十分简便快捷。

从以前的模拟监控到现在的数字监控；从落后的现场监控到先进的远程监控；从有人值守监控到现在的无人值守监控，视频监控正朝着数字化、网络化、规模化方向蓬勃发展。

当然，目前仍存在不少问题，如图像质量问题、安全问题、服务质量等都是需要进一步探讨的课题。相对于其他 IT 业务，视频监控业务显得比较年轻，视频监控市场目前也尚未出现能够控制整个市场的领导者。以上事实表明，视频监控市场将会是一个很有发展潜力的市场。

4. 视频监控系统的组成　闭路电视监控系统的主要功能是对现场实况进行监视。它使管理人员在控制室中能观察到所有重要地点的情况，将监测区的情况以图像方式实时传送到管理中心，值班人员通过主控显示器可以随时了解这些重要场所的情况。

典型的电视监控系统主要由前端设备和后端设备组成，其中后端设备可进一步分为中心控制设备和分控制设备。前、后端设备有多种构成方式，它们之间的联系（也可称作传输系统）可通过电缆、光纤或微波等多种方式来实现。电视监控系统由摄像机部分、传输部分、控制部分以及显示和记录部分4部分组成。在每一部分中，又含有更加具体的设备或部件，如图8-2所示。

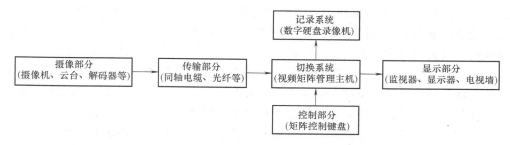

图8-2 视频监控系统的组成原理图

1）摄像部分：摄像部分是电视监控系统的前沿部分，是整个系统的"眼睛"。它布置在被监视场所的某一位置上，使其视场角能覆盖整个被监视的各个部位。有时，被监视场所面积较大，为了节省摄像机所用的数量、简化传输系统及控制与显示系统，在摄像机上加装电动的（可遥控的）可变焦距（变倍）镜头，使摄像机所能观察的距离更远、更清楚；有时还把摄像机安装在电动云台上，通过控制台的控制，可以使云台带动摄像机进行水平和垂直方向的转动，从而使摄像机能覆盖的角度、面积更大。总之，摄像机就像整个系统的眼睛一样，把它监视的内容变为图像信号，传送给控制中心的监视器上。由于摄像部分是系统的最前端，并且被监视场所的情况是由它变成图像信号传送到控制中心的监视器上，所以，从整个系统来讲，摄像部分是系统的原始信号源。因此，摄像部分的好坏以及它产生的图像信号的质量将影响着整个系统的质量。从系统噪声计算理论的角度来讲，影响系统噪声的最大因素是系统中的第一级的输出（在这里即为摄像机的图像信号输出）信号信噪比的情况。所以，认真选择和处理摄像部分是至关重要的。如果摄像机输出的图像信号经过传输部分、控制部分之后到达监视器上，那么到达监视器上的图像信号信噪比将下降，这是由于传输及控制部分的线路、放大器、切换器等又引入了噪声的缘故。

除了上述的有关讨论之外，对于摄像部分来说，在某些情况下，特别是在室外应用的情况下，为了防尘、防雨、抗高低温、抗腐蚀等，对摄像机及其镜头还应加装专门的防护罩，甚至对云台也要有相应的防护措施。

2）传输部分：传输部分就是系统的图像信号通路。一般来说，传输部分单指的是传输图像信号。但是，由于某些系统中除图像外，还要传输声音信号，同时，由于需要有控制中心通过控制台对摄像机、镜头、云台、防护罩等进行控制，因而在传输系统中还包含有控制信号的传输。所以，我们这里所讲的传输部分，通常是指所有要传输的信号形成的传输系统的总和。

如前所述，传输部分主要传输的内容是图像信号。因此，重点研究图像信号的传输方式及传输中有关问题是非常重要的。对图像信号的传输，重点是要求在图像信号经过传输系统后，不产生明显的噪声、失真（色度信号与亮度信号均不产生明显的失真），保证原始图像信号（从摄像机输出的图像信号）的清晰度和灰度等级没有明显下降等。这就要求传输系统在衰减方面、引入噪声方面、幅频特性和相频特性方面有良好的性能。

在传输方式上，目前电视监控系统多半采用视频基带传输方式。在摄像机距离控制中心较远的情况下，也有的采用射频传输方式或光纤传输方式。对以上这些不同的传输方式，所使用的传输部件及传输线路都有较大的不同。

3）控制部分：控制部分是整个系统的"心脏"和"大脑"，是实现整个系统功能的指挥中心。控制部分主要为总控制台（有些系统还设有副控制台）。总控制台中主要的功能有：视频信号放大与分配、图像信号的较正与补偿、图像信号的切换、图像信号（或包括声音信号）的记录、摄像机及其辅助部件（如镜头、云台、防护罩等）的控制（遥控）等。在上述的各部分中，对图像质量影响最大的是放大与与分配、较正与补偿、图像信号的切换三部分。在某些摄像机距离控制中心很近或对整个系统指标要求不高的情况下，在总控制台中往往不设校正与补偿部分。但对某些距离较远或由于传输方式的要求等原因，校正与补偿是非常重要的。因为图像信号经过传输之后，往往其幅频特性（由于不同频率成分到达总控制台时，衰减是不同的，因而造成图像信号不同频率成分的幅度不同，此称为幅频特性）、相频特性（不同频率的图像信号通过传输部分后产生的相移不同，此称为相频特性）无法绝对保证指标的要求，所以在控制台上要对传输的图像信号进行幅频和相频的校正与补偿。经过校正与补偿的图像信号，再经过分配和放大，进入视频切换部分，然后送到监视器上。总控制台的另一个重要方面是能对摄像机、镜头、云台、防护罩等进行遥控，以完成对被监视的场所全面、详细的监视或跟踪监视。总控制台上设有录像机，可以随时把发生情况的被监视场所的图像记录下来，以便事后备查或作为重要依据。目前，有些控制台上设有一台或两台"长延时录像机"，可以对某些非常重要的被监视场所的图像连续记录，而不必使用大量的录像带。还有的总控制台上设有"多画面分割器"，如4画面、9画面、16画面等。也就是说，通过这个设备，可以在一台监视器上同时显示出4个、9个、16个摄像机送来的各个被监视场所的画面，并用一台常规录像机或长延时录像机进行记录。上述这些功能的设置，要根据系统的要求而定。

目前，生产的总控制台，在控制功能上，控制摄像机的台数上往往都做成积木式的，可以根据要求进行组合。另外，在总控制台上还设有时间及地址的字符发生器，通过这个装置可以把年、月、日、时、分、秒都显示出来，并把被监视场所的地址、名称显示出来。在录像机上可以记录，为以后的备查提供了方便。

总控制台对摄像机及其辅助设备（如镜头、云台、防护罩等）的控制一般采用总线方式，把控制信号送给各摄像机附近的"终端解码箱"，在终端解码箱上将总控制台送来的编码控制信号解出，成为控制动作的命令信号，再去控制摄像机及其辅助设备的各种动作（如镜头的变倍、云台的转动等）。在某些摄像机距离控制中心很近的情况下，为节省开支，也可采用由控制台直接送出控制动作的命令信号，即"开、关"信号。总之，根据系统构成的情况及要求，可以综合考虑，以完成对总控制台的设计要求或订购要求。

4）显示部分：显示部分一般由几台或多台监视器（或带视频输入的普通电视机）组成。它的功能是将传送过来的图像一一显示出来。在电视监视系统中，特别是在由多台摄像机组成的电视监控系统中，一般都不是一台监视器对应一台摄像机进行显示，而是几台摄像机的图像信号用一台监视器轮流切换显示。这样做一是可以节省设备，减少空间的占用；二是没有必要——对应显示。因为被监视场所的情况不可能同时发生意外情况，所以平时只要隔一定的时间（比如几秒、十几秒或几十秒）显示一下即可。当某个被监视的场所发生情况时，可以通过切换器将这一路信号切换到某一台监视器上一直显示，并通过控制台对其遥控跟踪记录。所以，在一般的系统中通常都采用4∶1、8∶1、甚至16∶1的摄像机对监视器的比例数设置监视器的数量。目前，常用的摄像机对监视器的比例数为4∶1，即4台摄像机对应一台监视轮流显示，当摄像机的台数很多时，再采用8∶1或16∶1的设置方案。另外，由于"画面分割器"的应用，在有些摄像机台数很多的系统中，用画面分割器把几台摄像机送来的图像信号同时显示在一台监视器上，也就是在一台较大屏幕的监视器上，把屏幕分成几个面积相等的小画面，每个画面显示一个摄像机送来的画面。这样可以大大节省监视器，并且操作人员观看起来也比较方便。但是，这种方案不宜在一台监视器上同时显示太多的分割画面，否则会使某些细节难以看清楚，影响监控的效果。

为了节省开支，对于非特殊要求的电视监控系统，监视器可采用有视频输入端子的普通电视机，而不必采用造价较高的专用监视器。监视器（或电视机）的屏幕尺寸宜在 $14 \sim 18in$（$1in \approx 25.4mm$）之间，如果采用了"画面分割器"，可选用较大屏幕的监视器。

放置监视器的位置应适合操作者观看的距离、角度和高度，一般是在总控制台的后方，设置专用的监视架子，把监视器摆放在架子上。

监视器的选择，应满足系统总的功能和总的技术指标的要求，特别是应满足长时间连续工作的要求。

二、视频监控系统的几种模式

1. 模拟和数字混合视频监控系统　视频监控系统结合模拟和数字的共同特点，发挥其各自的优势，并互补各自的缺陷，采用了矩阵系统的输入、联网方式和硬盘录像机的录像功能。矩阵键盘控制图像切换、联网，硬盘录像机保证效果的录像，如图8-3所示。在数字设备方面，设计使用最新的高清晰嵌入式硬盘录像机对现场图像进行24h不间断录像。使用系统总控主机，通过专用软件以电子地图操作方式来实现数字图像预览，录像回放，前端设备远程控制，录像机参数设置，检测系统状态检测等各种控制功能。在模拟设备方面则使用先进的智能视频矩阵系统以及大屏幕监视器，并配合视频分配器、视频切换器等模拟设备，全面实现各种复杂的图像切换，分割显示功能。

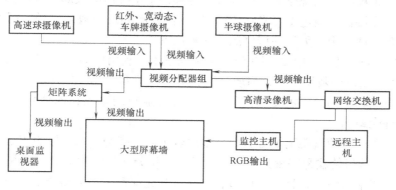

图8-3　视频监控系统结构图

（1）前端系统　根据应用范围和现场实际情况，系统可选用全方位球形—体化高速摄像机、枪式固定定焦摄像机两种。全方位球形—体化高速摄像机内置摄像机变焦镜头云台解码器为一体，不仅外形美观功能完善且使用方便；固定定焦摄像机是最简单的一种组合，由彩色摄像机 + 定焦镜头 + 室外防护罩组合。

1）一体化室外高速球机：球机由多个外形底盒、一个具有变焦镜头的高分辨率、低照度的彩色球驱动器和编程软件组成。具有 22 倍光学 + 18 倍电子变焦，水平分辨率 480 线，可连接多达 255 个摄像机最低照度 0.02lx，并可提供上、下、左、右变焦、聚焦（手动、自动均可）、预置点、限位扫描、自动巡航、花样扫描等，还具有 80 个预置位，最多连接 16 位字符标题，VPDI-622 球机的速度可从平面很快达到 250°/s 的快速移动再到 0.1°/s 的慢速移动，系统功能转动 360°并有"自动翻转"的功能，以便对直接经过球下的任何物体进行观察。

2）室外固定定焦摄像机　选用摄像机组合，固定摄像机由彩色摄像机配自动光圈镜头和室内外防护罩支架组合。彩色摄像机最低照度达到 0.03lx、超高灵敏度、可用直流/视频驱动自动光圈镜头、有 DC12V/AC24V 电源供选择、水平分辨率为 480 线，除此之外，VPC31SH 还具有外形美观体积小的特点。自动光圈定焦镜头采用自动光圈定焦镜头。该镜头的范围从宽视野的 2.8mm 镜头到正常视野的 12mm 镜头不等，并设有防护罩使摄像机在有灰尘、雨水、高低温等情况下正常使用，如图 8-4 所示。

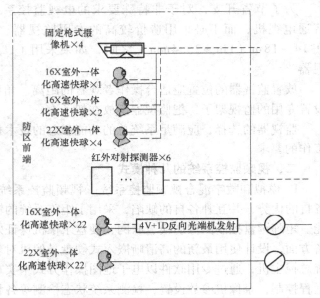

图 8-4　视频监控前端系统示意图

（2）传输系统　当系统传输距离（一般在 600m 左右）采用同轴电缆以及视频放大器来传输视频信号，通过控制电缆来传输对前端的控制信号。当超过以上距离时，系统需通过光纤进行传输，本系统前端大部分点位都是通过光纤传输到监控中心。光端机可通过 1 根光纤传输 40km 的视频和反向数据信号，因为光端机的发射端可直接安装到球机中，无须外接电源。接收机可用机架安装。

4 路视频和 1 路数据光端机采用 8 位数字编码技术，利用标准的 9/125μm 单模光纤传输 4 路视频信号及 1 路反向数据信号，高质量的视频传输效果符合 EIA RS250C 中程视频传输的标准，全彩色兼容，用户不需要调试，每一个独立通道的电源和视频数据状态有 LED 指示。采用金属外壳结构。

如果摄像机离中心位置距离不等，而且都比较远时，点与点的位置也很远，应选用 1 路视频 + 1 路数据光端机传输每路视频图像；摄像机点位分布较集中时，可选用多台前端球型摄像机共用一套光端机设备，这样可以节省光端机和光缆数量。离监控中心较近，采用同轴电缆直接传输视频信号。固定枪式摄像机分布在监控中心的周界，因此可直接通过同轴电缆传输信号到监控中心。一般情况下，视频监控与防盗报警联动，因此，可将红外对射报警探测器也分布监控地区的周界，可通过报警线缆直接传输到监控中心。

（3）监控中心　系统的所有功能完成和功能设置及功能实现都通过监控中心配置来完成。因此，监控中心的配置成为系统的关键，以往系统图像进矩阵主机处理后输出到监视器中，通过矩阵控制器将前端摄像机捕捉的内容进行切换并在监控器中显示，矩阵无法做到分割显示，无法做到对图像的录像功能，若要同一监视器分割显示多路图像或对图像进行录像，需增加其他设备来完成这些功能。监控中心采用矩阵主机切换图像，硬盘录像机录像及分割图像，采用矩阵键盘切换控制图像等。切换所有的图像显示在监视器组成的电视墙中，如图8-5所示。

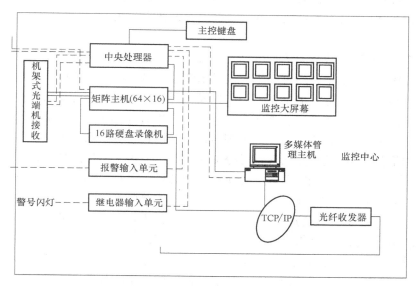

图8-5　视频监控系统监控中心示意图

1）矩阵主机：①基于微处理器的全交叉点视频矩阵，高密度结构支持单机箱32路输出；②单个CPU系统可以控制最大2048路、摄像机输入以及512路监视器输出；③使用网络接口单元（最多24个节点）可以达到近乎无限制的扩展；④CPU上有18个通信口（可扩展到120个）；⑤前面板显示系统诊断LED指示闪存技术方便了系统维护和升级；⑥通过逻辑号选择摄像机和优先级操作；⑦键盘可以控制VCR和多画面处理器，内置的视频丢失报警，基于Windows操作系统的对用户友好的系统管理软件；⑧ASCII数据接口可连接出入口控制系统及其他基于计算机的系统；⑨可编程的强大宏命令；⑩可以在TCP/IP网络上远程观看和控制，可连接数字化视频录像机（DVR）；⑪内置视频丢失报警，系统自动诊断；⑫基于DOS或Windows系统管理软件，可配中文多媒体。

2）16路硬盘录像机：工控型数字硬盘录像机采用MPEG-4视频压缩标准编码，同时支持16路实时录像和1路检索回放，支持三种操作：同时记录、回放和观看/控制实时图像；具有连续记录、编程记录、报警记录、移动检测记录电子地图、可及时直观的追踪各位置信息；可支持5个客户端。

3）多媒体管理主机：多媒体管理软件用于控制矩阵主机、报警设备、前端球机控制、管理整套系统。本系统具有灵活的客户端使用共享资源,在系统地图上直接拖放摄像机标号到显示窗口显示实时图像。通过鼠标、键盘直接控制球机,对云台全方位(上下、左右)移动及镜头变倍与变焦控制;多媒体管理系统可将摄像机、监视器、矩阵、ALM、REL、智能球机等通过网络无缝连接。除了对摄像机的选择和控制外,多媒体网络视频监控系统还允许切换摄像机到系统中其他的监视器上,通过网络独立浏览任何一路或多路视频信号及音频信号。

4)图像显示:能产生清晰的高质量的图像和提供系统的需求,这种监视器也适合延时及事件报警 VCR 系统和彩色视频多画面处理器。

① 显示系统功能:监控中心已配置屏幕墙,屏幕墙上安装专业彩色监视器。另外,监控中心的操作台上还配置有专业监视器。这些监视设备组成系统后端的显示单元,以实现模拟图像实时监视的功能。

由于系统前端监控点数量大于显示单元数量,所以,需要采用自动或手动切换方式显示图像。本系统中所有显示单元均可用于切换显示图像信号,可任意切换或是顺序编组循环切换系统中所有前端图像。除了屏幕墙外,监控操作台上的监视器也可显示切换图像。

系统具有单画面自动巡视、多画面自动巡视、自编程序列巡视、单画面手动切换显示、多画面手动切换显示、编程成组切换显示等多种显示模式,可以满足各种监控显示需求。

数字图像信息:每路监控点图像都可叠加时间信息、中文监控点位置信息,在图像实时预览和回放录像资料时方便确定监控图像所对应的现场位置和时间信息。另外,图像上还可直接叠加硬盘容量信息、像状态、录像模式、巡检模式等各种附加信息,通过监控图像上叠加的各种信息,值班人员可以方便地从众多图像中迅速锁定自己需要监看的图像,通过数字图像上叠加的系统信息,还能够及时了解到系统各模组的运行状况。

② 显示设备配置:监控中心配置 8 台 32″彩色液晶电视及 1 台大屏幕 46″液晶电视,配置的视频切换矩阵实现了全面的模拟图像显示功能。监控中心的监控电视墙均选用多孔屏幕墙,如图 8-6 所示。

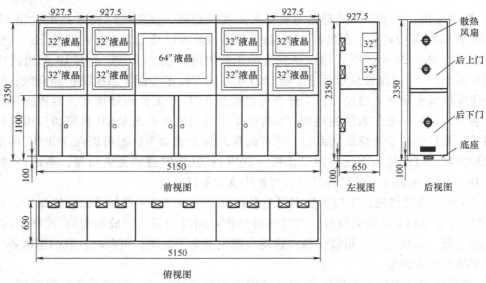

图 8-6 视频监控系统监控显示设备安装示意图

系统能够同时显示多路模拟图像，同时还具有单画面自动巡视、多画面自动巡视、自编程序列巡视、单画面手动切换显示、多画面手动切换显示、编程成组切换显示等多种显示模式，可以满足各种监控显示需求。

③ 视频分配：一路视频信号只能对应一个终端设备，若想一台摄像机的图像传送给多个终端图像显示或处理设备，需要选用视频分配器。因为并联视频信号衰减较大，送给多个输出设备后由于阻抗不匹配等原因，图像会严重失真，线路也不稳定。视频分配器除了阻抗匹配，还有视频增益，使视频信号可以同时送给多个输出设备而不受影响。

5）报警输入单元和报警输出单元：用于前端报警探测器的输入和继电器的输出，每台设备能做到 64 路，报警输入单元和报警输出单元能与矩阵主机做到联动功能，图像与报警信号的联动。

（4）公安局指挥中心　公安局指挥中心与智能建筑视频监控中心的连接是通过网络来连接的，公安局指挥中心设有一套多媒体管理软件分控软件，分控软件由主控软件来授权控制，功能与主控软件基本一致，只是权限低于主控软件，在公安局指挥中心主要起指挥调度的作用，并与智能建筑监控中心保持联系。公安局指挥中心构成的示意图如图 8-7 所示。

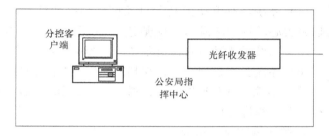

图 8-7　公安局指挥中心构成的示意图

在公安局指挥中心除服务器和计算机外，还必须有多媒体客户端管理软件，客户端支持 4 路视频图像，从服务器下载地图文件；当有报警时，系统自动切换到报警地图等。

（5）系统功能

1）系统可设置操作员权限，被授权的操作员具有不同的操作权限、监控范围和系统参数。操作员可在系统的任一键盘输入操作密码，对其操作权限所对应范围内的设备进行操作和图像调用。

2）系统所有功能均通过软件编程实现，为操作者带来更多的方便和灵活性。

3）系统支持用户编程操作，可以用一个指令完成多个复杂命令的自动快速运行。这些指令集可以由用户直接编程、存储和运行。通过主控键盘可以对系统进行参数初始化设置，并可根据需要随时修改参数设置。

4）操作员可以对整个系统进行逻辑编程，对系统的各种状态进行检测和响应，如控制输出状态、视频故障状态、时间、日期、操作员登录、计时器状态以及其他系统变量等。

5）系统可以设置安全巡更路线，使切换序列可以跟踪保安人员的巡逻过程。

6）系统可以对视频显示顺序进行动态编排，不拘泥于物理输入顺序，为系统管理提供方便。

7）系统可以对视频输入进行编组，用以对各组不同视频的显示及操作进行组别限制。

8）系统可分不同的阈值对摄像机的全部或部分视频信号和同步信号的丢失进行检测，当有视频丢失情况发生时则发出报警信号。

9）系统提供网络接口和串行接口，以便与不同厂家的产品进行集成和联网。接口符合IEEE-802等工业标准。

10）抓拍报警画面。当报警发生时，报警联动的摄像机图像能冻结在多媒体计算机上，并可通过操作不断逐帧调取冻结的定格，选择到理想的冻结画面时，可进行帧存储或帧打印。

11）系统支持分别以摄像机、操作键盘、监视器、操作员口令为优先的操作优先级。

12）系统每个模块均有指示灯以显示其工作状态，并可通过系统自检软件对系统进行自检。通过主控键盘和视频矩阵切换器可以对系统的工作状态进行监视，对故障进行检测。

13）系统的所有模块插板均可在线插拔，使整个系统可以不停机地进行在线维护。

14）系统具有手动控制和自动控制两种功能。人工通过控制键盘可以选择视频图像，可以将关心的视频图像显示在规定的监视器上，可以控制摄像机的指向、镜头焦距等。

15）系统采用硬盘录像机录像，系统可以定时或实时记录监视目标的图像或数据。

16）系统具有扩展功能，视频矩阵切换器的输入和输出端口应留有余量。

17）系统应具有自检功能，通过主键盘和视频矩阵切换器可以对系统的工作状态进行监视，对故障进行检测。

2. 数字视频监控系统

（1）系统结构 IP网络监控系统是将远端现场的视频、音频信号数字化，并进行相应的压缩处理，同时具有IP网络传输和控制功能的集图像、语音数字压缩处理技术和网络通信传输技术相结合的视听网络监控一体化解决方案。它允许网上用户通过网络对远端的摄像机图像进行浏览、播放和控制。

视频监控系统以用户的IP网络为基础，利用用户的综合布线系统分布监控点，可以采用数字光处理（DLP）墙或PC监视器观看监视画面。系统集成度高，前端设备直接把视频信号、控制信号转换为IP数据包，在IP网络上传输数字视频信号（可通过网桥和路由器完成跨局域网的访问），系统可靠性强、操作简单、应用范围广，其组成结构如图8-8所示。

本系统可以根据功能分成：监控终端、监控服务器。监控终端可以将PAL制式或NTSC制式的视频信号打包基于MPEG-4编码格式的IP数据包连接到计算机网络中。监控服务器把打包成的IP视频数据显示在DLP墙或者监视器上。系统管理员通过数据接口方便地实现外部组件（例如云台转动、摄像机变焦、视音频切换矩阵切换）的远端控制。

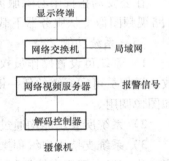

图8-8 数字视频监控系统的组成结构

（2）组网方法 利用光缆线路，可以在已建成的局域网上利用一定的带宽传送视频图像至智能建筑群视频监控中心，监控中心使用一台网络交换机，后接监控服务器。

数字视频监控系统采用了嵌入式视频Web服务器方式，视频服务器内置一个嵌入式Web服务器，采用嵌入式实时多任务操作系统。摄像机送来的视频信号数字化后由高效压缩芯片压缩，通过内部总线送到内置的Web服务器，网络上用户可以直接用浏览器观看

Web 服务器上的摄像机图像，授权用户还可以控制摄像机、云台、镜头的动作或对系统配置进行操作。

嵌入式视频 Web 服务器监控系统与其他监控系统的比较有如下特点：①布控区域广阔嵌入式视频 Web 服务器监控系统的 Web 服务器直接连入网络，没有线缆长度和信号衰减的限制，同时网络是没有距离概念的，彻底抛弃了地域的概念，扩展了布控区域；②系统具有几乎无限的无缝扩展能力；③可组成非常复杂的监控网络；④性能稳定可靠，无须专人管理；⑤当监控中心需要同时观看多个摄像机图像时，对网络带宽就会有一定的要求。

前端一体化、视频数字化、监控网络化、系统集成化是视频监控系统公认的发展方向，而数字化是网络化的前提，网络化又是系统集成化的基础。所以，视频监控发展的两个最大的特点是数字化和网络化。图 8-9 和图 8-10 是两种常见的数字视频监控系统结构图。

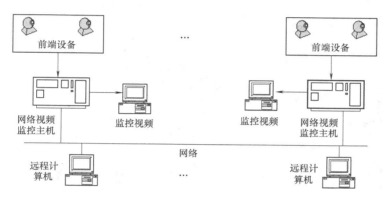

图 8-9　数字视频监控系统结构图之一

（3）前端部分-高清网络摄像机　前端摄像机应采用 500 万像素的高分辨率图像传感器输出两百万像素（1920×1080 Pixel）的压缩视频，使画面更加细腻，以更大的可视范围带来更震撼的视频画质。由于采用标准 H.264 压缩，可以在较低码流下实现全高清实时监控画面。应采用高分辨率逐行扫描 CMOS 图像传感器，可提供给用户卓越的图像品质。与普通的摄像机相比，它能够让用户看到更大的区域和更清晰的图像。视频输出采用逐行扫描，可以有效地避免普通隔行扫描摄像机图像的运动模糊和撕裂等问题，画面更加细腻感人。网络摄像机可以支持多种分辨率图像压缩及传输格式：Full HD/1080P（1920×1080 Pixel）、HD/720P（1280×720 Pixel）、Full D1（720×576 Pixel）、4CIF（704×576 Pixel）、VGA（640×480 Pixel）、CIF（352×288 Pixel）。

（4）前端组成　前端（视频采集现场）主要由摄像机、云台、视频编码设备、报警探头、告警设备及设备间的连接线缆组成。

系统前端的作用是根据要求实时采集现场的视音频信号、告警信号，并将模拟视音频信号及告警信号编码成数字信号，将压缩编码后的视频码流，通过 IP 网络发送到中心服务平台，将视频码流分发给 PC 客户端，同时由前端保存历史录像资料或可通过中心平台的存储系统保存前方图像。通过 IP 数据网络，监控中心值班人员及部门领导即可实时观看监控图像或点播回放历史图像。

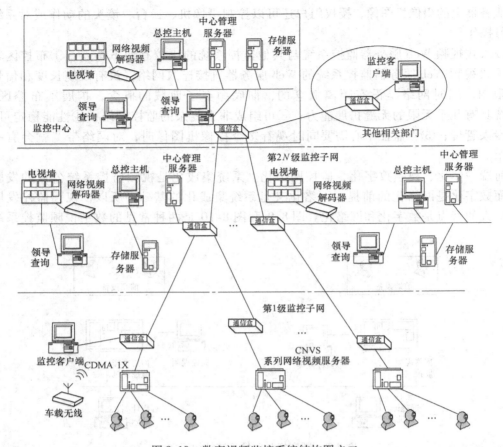

图 8-10　数字视频监控系统结构图之二

对前端设备要求：

1）视频服务器支持 RS 232 串口，并提供透明串口通道功能，支持环境采集设备。

2）视频服务器可外接多种告警探测器，包括红外、烟感、门禁、温感、紧急探测按钮、玻璃破碎等。视频服务器将告警信息上传到中心平台，根据用户通过客户端的告警联动设置，触发相应的告警联动，当告警设备探测到异常情况时，系统会产生告警，通过告警联动设置，系统会自动将图像进行告警录像，并发出告警声音。

3）在线缆选择上，采用 RVV75 – 5 型专用视频传输电缆将摄像机的监视信号传至视频服务器。摄像机电源线采用 RVV2 × 1 型铜芯软电缆。控制信号线采用 RVVP2 × 0.5 屏蔽双绞线。

（5）系统功能

1）视频监视

① 视音频采集：在保证实时性和图像质量的前提下，由于采用成熟的 MPEG4/H. 264 图像解码技术能够传输高清晰的图像，图像可达到 4/8/12/16/32 路同步视音频采集、压缩、存储、网络传输、播放，标准分辨率 352 × 288 px 最高清晰度可达 704 × 576 px 实时，传输速率可以在 1 ~ 25 帧/s 间根据网络情况自适应变化；每路每小时只需 60 ~ 180M 硬盘空间（包括视音频），网络传输所需带宽 64Kbit/s ~ 2Mbit/s 可调。

② 多画面显示：客户端监控视频窗口可进行自由切换选择 1、4、6、8、9、16、32、64 画面同屏幕显示；某路视频放大到单画面显示；将视频显示区域进行全屏显示；排列各个画面的显示位置等操作。

③ 云镜控制：云镜控制可实现云台左、右、上、下方向转动，自动巡视；控制镜头变焦、聚焦、光圈调节；控制灯光、雨刷等辅助设备等功能。

④ 画质调节：可以调节当前视频窗口图像的亮度、色彩、对比度、饱和度。

⑤ 画面轮巡：系统具备视频自动巡视功能，在可设定的间隔时间内对全部前端监控点进行图像巡查，参与巡查对象可以任意选定，并可设置切换间隔时间。

⑥ 预置位：系统可控制高速球机预置位定义、存储和调用，并可按预置位序列进行巡视，快捷地实现多地点远程控制。

⑦ 字幕叠加：可在每路图像上，叠加地点名称和时间。

⑧ 同时支持 B/S 和 C/S 方式访问。

2）报警功能

① 故障报警：可识别"设备断线"、"设备连线"等报警类型，并可通过声音、灯光等设备进行输出。

② 移动侦测报警：可选定固定的监控区域，自动识别并可联动报警，且识别的灵敏度可任意调节。

③ 报警输入报警：具有"温度"、"火警"、"烟感"、"红外"、"移动侦测"、"开关量输入"等多种报警输入。

④ 系统具有接警优先功能，当有警情传来时，系统自动终止其他任何工作，优先处理报警信息。

⑤ 系统具有报警检验、应答确认、复核功能。

⑥ 系统具备报警信息联动控制功能，当其中一个报警器出现警情时，系统可根据事先设置好的规则触发相应动作，包括起动图像录制、起动报警输入、声光提示管理员、发送短信、自动电话呼叫、弹出现场视频。

⑦ 报警信息可存储、网络传输、查询，为日后协助公安机关破案提供帮助。

3）录像回放

① 录像存储：系统提供定时录像、报警录像、手动录像和移动侦测录像 4 种录像策略；可设定录像的压缩率、帧速和保存时间；支持前端存储、本地存储和服务器集中存储等。

② 图片抓拍：实现手动抓拍、报警触发抓拍图片功能。

③ 录像检索：录像记录可在所有监控终端上以具检索权限的用户名登录后进行检索，录像检索可根据不同查询条件如日期、监控地点和报警类型检索录像记录。

④ 录像回放：检索到的图像记录可以实际尺寸或全屏方式回放，播放速度速度可按照正常、快速、慢速回放。

⑤ 可根据系统最大容量设定存储时间，超过存储时间资料按时间顺序自动循环覆盖。

4）资料查询

① 历史视频查询：录像检索可根据不同查询条件如日期、监控地点和报警类型检索录像。

② 报警信息查询：可根据日期、监控地点等条件查询报警信息。

③ 日志查询：可查询"前端连接"、"用户操作"、"节点配置"、"用户配置"、"系统运行"等日志信息。

④ 服务器状态查询：可查看服务器的运行状态、磁盘使用、网络通信和进程等信息。

5）电视墙投放：如果监控画面的数量远远超过了电视墙上监视器的数量，系统可提供电视墙轮巡画面的功能，并在指定的时间内在电视墙上轮流显示所有的感兴趣的画面。系统中的数字矩阵提供了该功能，数字矩阵负责将数字视频网络管理服务器转发的数字压缩图像还原成模拟图像，分别显示在多台监视器或大屏幕上。

6）系统管理

① 用户管理：可进行多用户账号的开户、修改、删除、密码修改等维护操作。

② 权限管理：可设定管理员和普通用户等多个等级管理权限，非授权用户不能登录系统。

③ 设备管理：可对前端设备参数进行远程修改、设置、系统重启等维护操作。

④ 系统锁定：设密码（锁定）使系统处于无法操作状态，输密码（解锁）使用系统时需要输入当前登录用户的密码。

7）电子地图：通过电子地图服务可方便察看各监控现场，直观显示前端点部署位置，用户可以在示意图上直接单击摄像机图标，观看该摄像机的图像。

8）Web 浏览：提供 WWW 服务，使授权用户在网络的任何地方都可以通过 WWW 方式实时察看监控点情况；服务器可以进行单播或多播数据转发。

9）系统网管子功能设计：系统中所有设备加电后自动向中心平台注册，报告自己的运行参数、负载情况、故障及报警信息。同时通过"心跳"信息不间断地向中心平台重复报告新的运行参数。中心平台保持全系统唯一完整的一份设备数据从而使系统可以动态感知各个设备的工作状态。保证系统中所有设备能够被实时远程进行控制维护和状态显示。提高了系统设备的可维护性，降低了故障检测环节和时间。

通过客户端可以显示系统各节点设备、前端、存储的组织结构图，单击具体的设备可以显示其运行状态和当前配置，并可实时显示其存储空间的占用情况以及网络的连接状况。可以远程对各前端设备和存储设备进行各项配置操作，如修改其配置、重新启动等。

在各前端设备和存储设备出现故障时能自动告警，并对出现故障的原因进行检测，自动判断出其故障类型，如设备故障或者网络故障等。

10）安全性设计：视频监控系统的安全性除了基本的防攻击、防非法侵入、防病毒等要求之外，还需要保证只有合法用户可以访问和使用网络视频监控系统提供的服务，保证用户只能管理自己的前端设备，查看有权限使用的监控点的视频监控图像；保证用户保存在系统中的视频文件的安全，不会被其他用户甚至是系统管理员私自查看。

为实现上述要求，网络视频监控业务运营管理系统中设计完善的安全性机制，从多方面保证系统的安全性。

① 认证机制：用户访问网络视频监控业务运营系统时都将进行身份认证，用户输入用户名和密码后，中心服务器中的认证子系统对其进行验证，以判断用户是否有权使用此系统。认证系统对用户进行安全认证，身份验证的资料来源服务器的数据库，服务器的数据库管理着网络视频监控系统中所有用户的身份资料。用户使用用户名和密码正确登录门户系统后，门户系统将会维护该用户的会话信息，用户由此使用系统提供的网络视频监控服务。高

效的认证机制使非法用户无权使用网络视频监控系统。

② 数据安全：网络视频监控系统数据的安全性包括用户视音频信息的安全性和监控用户信息的安全性。

对于视频流的加密过于耗费芯片资源，加密费用过高，目前不建议大规模使用（对于一些特殊的监控应用可以考虑使用）。因此，目前可行的做法是在网络视频监控承载层面进行一定程度的隔离措施，如应用专线、划分 VPN、VLAN 或者其他手段保证用户业务流的安全。

对于网络视频监控的客户或认证信息，采取加密的办法来保证信息的安全。

③ 网络安全：对于监控实时要求较高的应用，可以在承载网络上，采用传输层的机制保证网络传输的安全性，如利用 VPN、VLAN 等机制隔离网络视频监控流量和其他流量。

在网络连接上，每一个监控采集的出口网络连接应有两个不同方向，以建立两条路由进行备份。

④ 系统安全：当网络内其他用户访问 DVR 主机时，通过服务器进行连接，这样就相当于将 DVR 主机隐藏在服务器之后，使 DVR 主机不容易被攻击，增加了数据的安全性。

11）系统存储：根据用户视频监控系统实际情况可分别提供三种不同类型的视频存储方案：集中存储方案、本地存储方案、前端存储。

① 集中存储方案（服务器存储）：将数据集中保存在监控中心机房，由监控中心机房进行统一备份，此方案易于扩充存储空间，数据存储的安全性和可靠性高。如果大容量的存储空间扩充，可以外接磁盘存储系统，但对系统能力有较高要求，系统造价较高。

② 前端存储方案：前端存储方案将数据保存在前端视频编码设备上，由前端进行录像资料备份；同时结合前端集中存储方式，可将录像数据上传至中心平台。前端存储具有对传输网络的无依赖性，可有效降低网络状况对视频录像的影响。本次项目建议采用前端存储。

③ 客户端存储方案：可以在客户端对实时监控图像进行保存，主要便于对突发性事件及时存储备份。可以作为以上两种存储方式的辅助存储。

（6）数字视频监控系统的关键技术

1）视频压缩技术：视频图像的信息量是巨大的，而实际的网络带宽十分有限。因此，视频压缩技术数字化是压缩技术的关键。目前，视频采用的压缩标准有

① 静止图像压缩技术：JPEG、M-JPEG。采用小波变换技术及运用帧内处理技术。静止图像较清晰，但对连续运动图像，文件占用的带宽和硬盘都很大。

② 运动图像压缩技术：MPEG-1、MPEG-2、H.263、MPEG-4。

MPEG-2 采用了帧内和 PB 帧（一种图像格式）的帧间技术，图像的压缩率优于静止图像压缩。MPEG-2 是基于结构的压缩技术，故而使用专用硬件，使得算法固定。另外，网络传输时占用带宽较高，不能适应传输速率不等的各种网络的一致访问，网络容错性差。

H.263 甚低比特率视频编解码标准，除了沿用帧内技术和帧间技术外，还采用了其他较先进的技术，而且算法可扩展，可应用于不同的网络传输速率，解决了网络的容错性问题。

MPEG-4 采用基于内容的编码算法，以及多种变换，可获得更小的硬盘空间，更高的清晰度。特别是其对对象分离的控制，交互性、重用性更强，基于内容的分级扩展，保证了同时在低高带宽下的最佳画面质量。

2）存储技术：存储技术是网络视频监控系统非常重要的指标。这些监控数据需进行更

长时间的存储、调度，并为日后的历史资料检索、回放等提供服务。用户可以通过系统提供的软件检索界面，对某路或某个时间段的历史监控录像进行检索、回放。数字化的监控系统的存储架构是将数据进行集中并通过现有的 SAN 作为视频服务器的存储部分，每个节点可以通过 FC 交换机直接访问所有的数据而不需要经过其他节点，因此，所有的数据对所有的节点来说已经是共享的了，数据的读取可以不通过节点之间的内部高速互联网络。这种方式的好处就是可以将节点从数据存储管理的负担中解脱出来，实现数据处理和数据存储的分离，同时对节点间的内部通信带宽不需要占用，如图 8-11 所示。

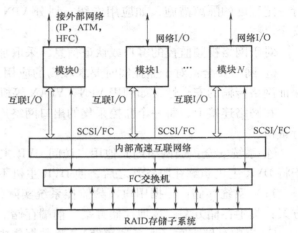

图 8-11　集中式存储模型

3）网络传输技术：根据网络视频传输的实际需求和特点，在实现传输协议的基础上，实现音视频数据的网络传输，保证数字网络视频的质量，为整个系统的广泛应用奠定基础。

3. 基于嵌入式视频服务器的网络化数字视频监控系统　网络数字监控就是将传统的模拟视频信号转换为数字信号，通过计算机网络来传输，通过智能化的计算机软件来处理。

系统将传统的视频、音频及控制信号数字化，以 IP 包的形式在网络上传输，实现了视频/音频的数字化、系统的网络化、应用的多媒体化以及管理的智能化。基于嵌入式技术的远程网络视频监控主要的原理是：网络摄像机内置一个嵌入式芯片，采用嵌入式实时操作系统。摄像机传送来的视频信号数字化后由高效压缩芯片压缩，通过网络总线传送到 Web 服务器。网络上用户可以直接用浏览器观看 Web 服务器上的摄像机图像，授权用户还可以控制摄像机云台镜头的动作或对系统配置进行操作。常见的网络化数字视频监控系统如图8-12所示。

网络化数字视频监控系统与传统的视频监控有着本质的区别，实现了真正的数字化网络传输图像和声音，具有强大的可扩展性，在网络可以到达的任意地点，都可以安装前端设备以达到视频传输的目的。与模拟监控系统相比，大大减少了扩容系统所需费用。

高性能的硬件产品和功能强大的管理软件共同组成了网络视频监控系统。数字视频监控系统将四画面分割、

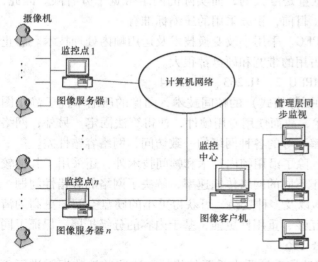

图 8-12　常见的网络化数字视频监控系统

多画面混合、远程访问、视频图像的记录全部集成数字视频服务器中。有了它，视频摄像机只需要直接连到数字视频服务器的接口即可，比模拟系统需要安装多个设备和通过电缆互连进行配置要容易许多。

数字视频监控系统提供远程访问能力，这意味着从世界上任何有通信线路的地方，用户能够通过一个网络连接到他们的数字视频服务器，从而能在他们选择的计算机上观看到所需的视频图像，连接的网络既可是局域网也可是广域网，也可以是一个通过电话线的拨号网络（一个 Modem 连接到单台计算机或连接到 Internet）。而模拟系统则是不可能远程观看到视频图像的。数字视频监控系统的另一个优点是取消了视频录像带。与记录在视频录像带上不同，数字视频监控系统是将视频图像记录在视频服务器中的计算机硬磁盘上，其最大优点是既能够提高存储图像的清晰度又能够快速检索到所存储的图像。

（1）实现方法　把视频压缩集成到一个体积很小的设备内，可以直接连入以太网，达到即插即看，省掉各种复杂的电缆，安装方便（仅需设置一个 IP 地址），用户的使用也简单，仅需操作软件。若是可控的监视点，移动云台和镜头经解码器与网络摄像机相连，然后，网络摄像机与交换机相连或直接与计算机相连；若是固定监视点，则可直接将网络摄像机连到网络上，再由已安装监控软件的主机进行监控。

（2）特点　成本低：到目前为止，普通网络图像解决方案通常都需要复杂的系统，涉及 PC、附加软件和硬件、工作站，有时还需视频电缆系统。有了网络摄像机，宽带网络立刻成了监控图像的线路，不需要一些不必要的其他设备和安装的投入。

即插即看的解决方案：网络摄像机具备了所有需要用来建立远程监控系统的构件。它采用标准的内置软件以及需要的任何平台。只需要接入以太网，分配一个地址，就可以随时用浏览器观察远程传输过来的图像。

良好的高性能：网络摄像机令人称道的是它的视频监控能力和其独特的高性能的处理芯片，能够在 10M 网络上以 30 帧/s 的速度传送高质量的动态图像，并支持多用户同时访问。当触发报警时，它可以自动存储报警前后一定时间段内的活动图像。

免维护：网络摄像机本身独立工作，处在远端机房无人值守的网络摄像机无须像计算机这些设备必须维护，大大提高整个系统的可靠性。

外围设备的接入灵活：网络摄像机可以方便地接入其他安防设备，如温度、湿度、烟感、入侵等报警器；同时可以连动灯光、警号、锁具等动作设备，使得它可以方便地组成一套功能强大的安防系统。

网络化数字视频监控系统要解决的两大技术：一是视频数据的压缩和解压缩，视频图像的信息量是巨大的。例如，1 幅 640×480 中分辨率的彩色图像（24bit/像素），其数据量为 0.92MB，如果以 30 帧/s 的速度播放，则视频信号的数码率高达 27.6Mbit/s。显然，视频压缩技术数字化是压缩技术的关键；二是视频数据的实时传输技术。数字视频远程监控系统的数据通信有以下特点：

实时性：视频数据属于实时数据必须实时处理，例如，实时压缩、解压缩、传输、同步。

分布性：现场图像采集和发送主机和图像接收显示主机位于不同地点，通过计算机局域网或广域网连接，如图 8-13 所示。

同步性：尽管视频信息具有分布性，但在用户终端显示时必须保持同步，另外，声音与视频也必须保持同步。

4. 无线视频监控系统　无线视频监控解决方案通过 CDMA 1x 数据网络传输视频监控信息，无须铺设网络电缆，可迅速方便地在各种需要的地方部署数字摄像设备，建立新的视频监控系统或对现有的视频监控系统进行扩展，具有很强的灵活性和可扩充性。视频数据通过 CDMA 1x 无线网络进行传输，可以提供高质量视频监控，并且监控范围更加广泛。

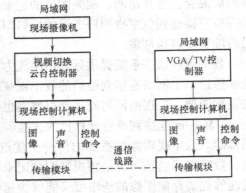

图 8-13　数据处理步骤图

无线视频监控系统采用中国联通 CDMA 网络，此网络可提供互联网无线 IP 连接，在中国联通的 CDMA 业务平台上构建行驶车辆无线视频监测系统，可以实时监测汽车行驶中的情况，此系统具有可充分利用现有网络、缩短建设周期、降低建设成本的优点，而且设备安装方便、维护简单。CDMA 无线视频监控系统具备如下优点：

1）可对各监测点仪器设备进行远程监控：通过 CDMA 还可实现对监视设备的控制，如云台的控制功能。

2）建设成本低：由于采用 CDMA 公网平台，无须建设无线网络，只需安装好设备就可以，建设成本低。

3）监控范围广：构建具有移动特性的列车监视系统要求数据通信覆盖范围广，扩容无限制，接入地点无限制，能满足山区、乡镇和跨地区的接入需求。

4）具有良好的可扩展性：可灵活方便地进行安装部署，提供高可靠性，保证不间断的视频监控。

5）通信费用低：采用流量计费或包月计费方式，运营成本低。

（1）系统结构图　如图 8-14 所示，无线视频监控系统主要由视频信息采集系统、无线传输系统、监控管理中心三部分组成。

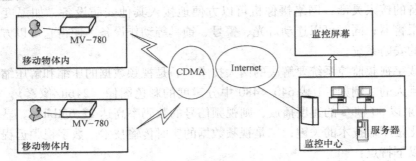

图 8-14　无线视频监控系统示意图

（2）系统结构

1）视频信息采集系统——网络摄像机：前端的网络摄像机作为整个系统的"眼睛"，采用了灵活的配置模式，如普通或电动镜头，可远程调整、控制摄像头的焦距、聚焦、光圈等（视所用镜头而定）；红外夜视功能，可自动感知周围环境光线，在夜间或光线较暗时仍能保证视频的清晰度；全方位云台，可载摄像机水平旋转 360°、俯仰 50°，有效避免出现监控死角（视所用云台而定）。

摄像机内置有 WiFi 模块，可自动搜索监控服务器，并与之建立连接。此种设计便于增加或减少监控点或防区：当要在现有防区增加监控点时，只需在增加的监控点部署网络摄像机，新部署的摄像机在自动搜索监控服务器并与之建立连接后，即可将增加的监控点加入到现有的防区中。当要增加新的防区时，也只需在新防区部署网络摄像机，在网络摄像机与监控服务器成功建立连接后，新防区即部署完毕，并入现有防区监控体系。整个过程无须做复杂的配置。

在长途汽车站，视频采集终端负责采集视频信号、报警信号，并执行远程控制命令，如控制云台的转动和摄像机镜头等；视频采集终端通过 CDMA lx 通信设备与视频服务器进行通信，交换视频、报警和控制数据。

根据各监控点的具体情况，在各监控点（每辆汽车上）安装相应的摄像头（可选择带云台的摄像头），用于各监控点实时视频信号采集。云台可以由控制中心的计算机控制。用户可对摄像机进行水平 360°、垂直 90° 及变焦控制。

为充分保证每个监控点的带宽，采用 H. 264 的编码标准，带宽占用较低，并可实现图像的优质传输和存储，而且传输距离较远，适用于广阔区域的监控。

2）无线传输系统：在长途汽车站，无线传输系统负责将采集系统采集的信息，使用 CDMA 1x 无线网络，采用点对多点方式建立覆盖监控领域的无线带网络，传输高质量的 H. 264 视频流。

产品具有不限空间、时间的限制，低时延（对视频应用非常关键）特点，可以提供高效和经济的视频传输解决方案。可以将不同地点的现场视频信息通过无线通信手段传送到监控中心，支持采用 H. 264 数字视频流稳定可靠地进行传输，能够保证视频流的稳定持续传输，并且不受山川、河流、桥梁道路等复杂地形限制。

3）监控管理中心——Servers：监控管理中心负责接收各监控点（每辆汽车）通过 CDMA 1x 网络传输过来的视频信息，在调度中心有视频服务器，它负责管理每辆汽车的视频采集终端，并为局域网上的监控终端提供视频服务。

监控管理中心负责接收各监控点通过 CDMA 1x 网络传输过来的视频信息，控制中心可以通过监视器显示各现场监控点的图像信息，并进行数码录像，用户登录管理，控制信号的协调。视频数据可同时存入存储服务器，进行录像的存储、检索、回放、备份、恢复等。监控人员可以通过计算机访问存储服务器查询回放视频录像。

现场传回的视频图像转化为数字信号存储在硬盘录像机上，可方便快捷地实现资料的存储、更新、查询、备份，为交通违章处理等执法工作提供依据。

① 监控服务器：监控服务器在整个系统中处于核心地位，负责对防区的视频进行分析、处理和存储，以供本地或客户端的远程使用。相比较而言，监控服务器可通过系统软件，在不增加任何额外设备的情况下，实现以往传统监控系统需要视频分配器、音频视频切换器、画面分割器、多画面处理器、多媒体控制等设备才能实现的功能，不仅极大地降低了投入成本，而且省去了这些设备的维护成本。同时，监控服务器可以通过配置丰富的硬件接口，实现数据的冗余备份，或外接大屏幕拼接系统等扩展应用。

除了在监控服务器上直接进行本地操作外，本系统还能以客户端通过有线或无线网络与监控服务器建立连接，实现远程操作。因此，监控服务器的另一作用是对客户端的管理。监控服务器对客户端实施安全认证制度，客户端与监控服务器建立连接必须通过授权认证才能完成，否则不能与监控服务器建立连接，以提高系统安全性。不同的客户端有不同的应用需求，为便于服务器端对客户端应用的支持，监控服务器端采用了模块化设计，通过增加相应的功能模块来满足客户端的不同应用需求。

② 客户端：本系统支持的客户端，不仅限于终端计算机，用户还可以使用任何能连接互联网的终端设备作为客户端。客户端在登录监控服务器时，需通过授权验证，然后才能执行远程遥控或查看监控视频等操作。因此，保证了客户端的通用性与安全性，方便客户端随时随地了解监控情况。

（3）太阳能对无线通信和视频监控系统供电　根据客户需要可以用太阳能对无线通信和视频监控系统供电，即在供电方式上采用太阳能供电，传输方式上采用国际标准 801.11a OFDM 无线技术。采用太阳能供电无线通信和视频监控系统可以摆脱山地、森林、河流、开阔地等特殊地理环境的限制，无须考虑电源线及通信光缆的布线和施工问题，彻底解决布线工程周期长，施工成本高昂甚至根本无法实现的困难。

太阳能供电的无线通信和视频监控系统优点为：①采用太阳能独立供电，无线传输，彻底无线化；②组件灵活，小巧，方便安装与组网；③交直流供电方式，满足多种负载用电的需要；④安全性好，维护费用少，造价低。其系统示意图、信号发送部分、信号接收部分分别如图 8-15、图 8-16、图 8-17 所示。

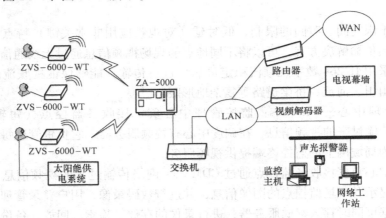

图 8-15　太阳能供电的视频监控系统示意图

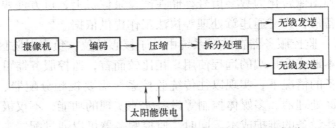

图 8-16　太阳能供电的视频监控系统信号发送部分

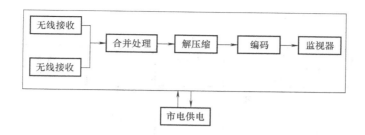

图 8-17　太阳能供电的视频监控系统信号接收部分

第二节　几种主要的安防系统

一、入侵报警系统

入侵报警是指在建筑物内外的重要地点和区域布设探测装置，一旦受到非法入侵，系统会自动检测到入侵事件并及时向有关人员报警，同时，启动电视监视系统对入侵现场进行录像。如果防范区域是建筑物的边界，也称周界防盗系统。

入侵报警系统通常由探测器（又称防盗报警器）、传输通道和报警控制器三部分构成。其常见的结构如图 8-18 所示。

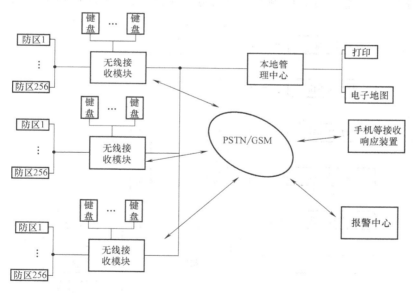

图 8-18　入侵报警系统结构图

1. 入侵探测与报警技术　防盗报警系统可有多种构成模式。声光指示、编程装置、信号通信接口可为分离部件，也可为组合或集成部件。探测器与控制器之间、控制器与远程中心的信号传输可以采用有线或/和无线传输方式。有线中又有总线、分线之分等。常用的防盗报警系统应包括前端设备、传输设备和控制设备、显示设备、处理设备、记录设备等，如

图 8-19 所示。

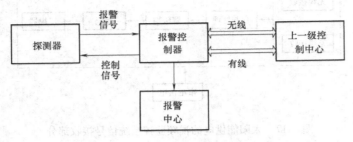

图 8-19　报警系统结构框图

前端设备主要指各类探测器、紧急报警装置，是报警系统的关键设备。报警系统的作用发挥与否主要是依靠前端设备。要熟悉了解防盗报警系统首先要掌握了解各类前端设备的性能、特点、安装注意点等内容，在此基础上才能正确地分析一套防盗报警系统的合理性，评估系统的误报警和漏报警。

防盗报警系统传输设备包括主要电缆或数据采集和处理器（或地址编解码器/发射接收装置）；控制设备包括控制器或中央控制台，控制器/中央控制台包含控制主板、电源、声光指示、编程、记录装置以及信号通信接口等。

防盗报警系统的探测器有各种防范现场的探头：主动式探测器、被动式探测器、火灾探测器、煤气探测器、振动探测器、玻璃破碎探测器等，常见报警系统配置图如图8-20所示。

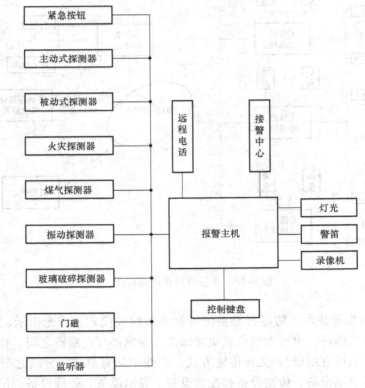

图 8-20　常见报警系统配置图

入侵探测报警系统的基本要求：

灵敏度和探测范围：反应快慢和探测距离。

误报率低：错误报警率。

漏报率低：没报警率。

防破坏保护：人为破坏要报警。

电源适用范围：在指定范围内应正常工作。

电源功耗：耗电量大小。

备用电源：应急电源。

稳定性要求：正常环境下连续工作的状态不变。

抗干扰要求：抗电磁干扰。

2. 入侵探测器　入侵探测器是专门用来探测入侵者的移动或其他动作的由电子及机械部件所组成的装置。入侵探测器种类很多，按照不同的分类标准有着不同的种类：①按用途分有户内、户外、周界、重点；②按原理分有微波、红外、开关、声波、电场感应、视频、双鉴技术；③按警戒范围分有点控、线控、面控、空间控制；④按工作方式分有主动、被动；⑤按输出开关信号分有常开、常闭。

（1）微波探测器　微波探测器是一种波长很短的电磁波，它的工作原理是利用目标的多普勒效应。多普勒效应是指当发射源和被测目标之间有相对径向运动时，接收到的信号频率将发生变化。人体在不同的运动速度下产生的多普勒频率是音频段的低频。所以，只要检出这个多普勒频率就能获得人体运动的信息，达到检测运动目标的目的，完成报警传感功能。

它有其自身的特点：波长为 1mm～1dm；频率为 300MHz～300GHz；直线传播易反射；波段宽；设备小；低频理论不适用；对非金属（木、玻璃、墙、塑料）有穿透力。

微波探测器有雷达式微波探测器、微波墙式探测器两种。

1）雷达式微波探测器：它是利用无线电波的多普勒效应实现对运动目标的探测。其组成结构框图如图 8-21 所示。基本原理为：天线发射连续的微波信号频率 f 当遇到固定目标时，反射回来的频率为 f，当遇到移动目标时，反射回来的频率为 $f \pm f_1$。经混频、放大、滤波取出与人体移动速度对应的多普勒频移信号报警。

图 8-21　雷达式微波探测器的组成结构框图

雷达式微波探测器有立体防范、覆盖 60°～95°、控制面积几十～几百平方米、对非金属物质有穿透性等主要特点，其安装时要注意：探头不能对准移动体、振动体（门窗）；监控区不能有金属物；探测器不应对着大型金属物体；不能对灯；属于室内型，安装两台以上发射频率不同（一般相差 25MHz 左右）。

2）微波墙式探测器：它是将收发设备分开放置，利用场干扰原理或波阻断原理实现对运动目标的探测，长达几百米，宽 2～4m，高 3～4m，厚 0.5～2.5m。其组成结构框图如图 8-22 所示。

微波墙式探测器适用露天仓库、施工现场、飞机场、监狱或博物馆等大楼墙外的室外周界防范，它具有省电、工作可靠、误报率低、可全天候工作等特点。使用备用电源可延长电池的使用寿命。安装时要注意选择比较开阔平坦和直线性较好的环境，户外使用时，可根据防范区域形状进行组合，如图8-23安装所示。

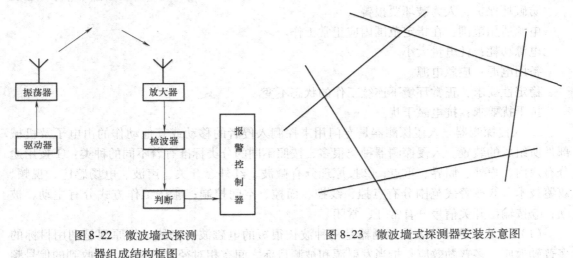

图8-22　微波墙式探测　　　　　　　图8-23　微波墙式探测器安装示意图
器组成结构框图

（2）主动红外探测器　主动红外探测器能够探测光束是否被遮断。目前，用得最多的是红外线对射式。由一个红外线发射器和一个接收器以相对方式布置组成。当非法入侵者横跨门窗或其他防护区域时，挡住了不可见的红外光束，从而引发报警，其结构如图8-24所示。为防止非法入侵者可能利用另一个红外光束来瞒过探测器，所以，探测器的红外线必须先调制到指定的频率再发送出去，而接收器也必须配有频率与相位鉴别电

图8-24　主动红外探测器结构原理图

路来判别光束的真伪或防止日光等光源的干扰，一般较多被用于周界防护探测器。该探测器是用来警戒院落周边最基本的探测器。

主动红外探测器的主要特点有：隐蔽性好；采用感应控制的大型光学系统，适用雨、雾、雪等恶劣天气；具有上下光学镜片同时调整机构，使得调整更快、更方便、更准确；光轴水平调整角度180°，垂直方向10°。主动式红外探测器安装使用要点：属于线控型探测器，控制范围为线状分布；监控距离百米以上，最短遮光时间通常0.02s左右触发报警；用于室内工作可靠性较高，用于室外最好选双鉴技术；可因环境不同随意配置，使用起来灵活方便。

主动红外探器的防范布局方式有以下几种：①对向型安装（见图8-25）；②多光束组合安装方式（见图8-26）；③四组红外收、发机安装方式（见

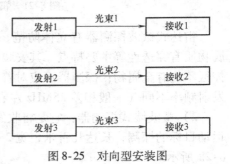

图8-25　对向型安装图

图 8-27）；④反向型安装方式（见图 8-28）；⑤警戒网式安装方式（见图 8-29）。

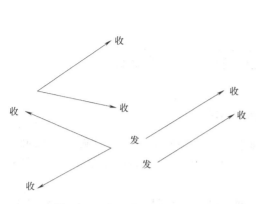

图 8-26　多光束组合安装图

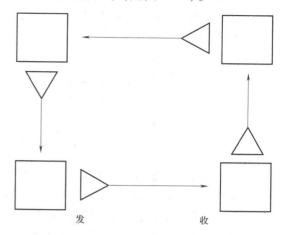

图 8-27　四组红外收、发机构安装图

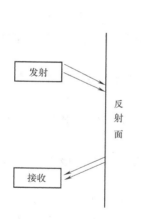

图 8-28　反向型安装图

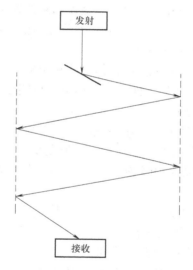

图 8-29　警戒网式安装图

（3）被动红外探测器　被动式红外探测器，又称热感式红外探测器，它的特点是不需要附加红外辐射光源，本身不向外界发射任何能量，而是探测器直接探测来自移动目标的红外辐射，因此，才有被动式之称。任何物体，包括生物和矿物体，因表面温度不同都会发出强弱不同的红外线，各种不同物体辐射的红外线波长也不同，人体辐射的红外线波长是在 $10\mu m$ 左右，而被动式红外探测器件的探测波是范围在 $8 \sim 14\mu m$，因此，能较好地探测到活动的人体跨入禁区段，从而发出警戒报警信号。被动式红外探测器按结构、警戒范围及探测距离的不同可分为单波束型和多波束型两种。单波束型采用反射聚焦式光学系统，其警戒视角较窄一般小于 5°，但作用距离较远（可达百米）。多波束型采用透镜聚集式光学系统，用于大视角警戒，可达 90°，作用距离一般只有几米到十几米。一般用于对重要出入口入侵警戒及区域防护。

被动红外探测器的组成及基本工作原理：由光学系统、热传感器及报警控制器组成，通过红外传感器探测人体红外辐射，转换成电信号，经处理送往控制器报警，如图 8-30 所示。

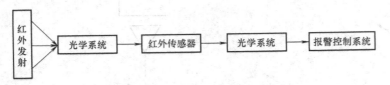

图 8-30　被动红外探测器结构图

被动红外探测器的主要特点及安装使用要点：属于空间形探测器、隐蔽性好，功耗低；穿透性差，防区不应有障碍物，避免探测盲区；红外探头不能对准发热体；基本属于室内型；同一室内安装时，相互间不产生干扰。

（4）开关式探测器　开关式探测器主要利用开关通、断控制报警（点控），主要有以下几种类型：

1）磁控开关：由永久磁铁和磁控管组成，靠开、关门窗来实现通、断报警。安装时要嵌入、平行、端对端，分别安装在门框窗框和活动门窗上，注意钢铁门和木门开关在使用中的不同以及安装间隙。

2）微动开关：由按钮和簧片组成，靠外力作用在按钮上实现报警。微动开关安装在门窗合页处、物体下面、金属体上；可明装和暗装；解除报警要人工复位，安装在易接触的地方，注意隐蔽。

3）拉线开关：由磷铜细线、金属环与触发电路组成，靠铜线拉环触发报警。拉线开关主要安装在门上，注意铜线和尼龙线的磨损。

4）窗箔：由金属丝、条、导电膜和触发电路组成，靠金属断裂报警，安装时要注意隐蔽。

5）压力开关：由一层密封橡皮或塑料和一个开关组成，靠压力报警。一般安装在窗台、大厅、楼道、楼梯、贵重物前，注意安装处不能潮湿。

（5）声探测器　声探测器是利用声波来起动报警的一种探测器。声波产生要有两个条件：一是要有产生声源的振动体；二是要有能够传播这种振动形式的空气、水等弹性介质。

声探测器主要有两类：①可闻声探测器，频率范围为 20～20000Hz；②不可闻声探测器，超声波高于 20000Hz，次声波低于 20Hz。

1）波探测器：超声波探测器有两种类型：多普勒型和声场型。多普勒型超声波探测器由发射机超声波换能器、接收机超声波换能器和信号处理器电路组成，如图 8-31 所示。

声场型超声波探测器接收机和发射机分开放置，产生一定的声场，当有人走动破坏稳定状态报警。监控空间范围可达几百立方米。超声波探测器的布局方式如图 8-32 所示。

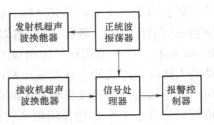

图 8-31　超声波探测器结构图

285

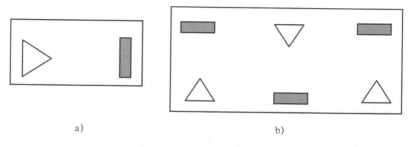

图 8-32　超声波探测器的布局方式
a）单个声扬型超声波探测器接收机和发射机布局方式
b）多个声场型超声波探测器接收机和发射机布局方式

　　超声波探测器的主要特点及使用要点：属于空间控制型探测器，警戒区无死角，成本低；要求室内密封好，不应有大的空气流动；要避开通风设备安装；房间的隔音性能要好，避免误报；注意发射角对准位置；注意使用环境。

　　2）次声波探测器：次声波探测器一般由频率低于 20Hz 的声波产生振动，由气压差产生报警。其原理图如图 8-33 所示，次声波探测器的布局方式如图 8-34 所示。

图 8-33　次声波探测器原理图

　　次声波探测器安装使用要点：防范场地要密封；安装在门、窗直接通往户外的地方；注意建筑物的声学环境。

　　3）声控探测器：声控探测器由声控头和监听器组成，由探测声强报警。声控探测器工作原理图如图 8-35 所示。

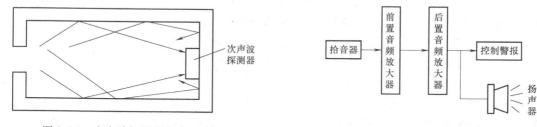

图 8-34　次声波探测器的布局方式　　　　图 8-35　声控探测器工作原理图

　　声控探测器的主要特点及安装使用要点：属于空间型探测器；适宜噪声小的仓库、博物馆、银行库、机要室等；尽量靠近目标，注意声学环境；可做成特定频率的探测器。

　　（6）振动探测器　振动探测器是能够探测并响应由于目标走动，敲打墙壁、门、窗、保险柜等引起的振动，并进入报警状态的装置，称为振动探测器。主要用于点控、面控和线控（周界）。振动探测器主要有电动式振动探测器、压电式振动探测器两种，其工作原理分别如图 8-36、图 8-37 所示。

　　振动探测器的特点和安装使用要点：属于面控型可用室内、室外、周界报警；远离振动源；引出线尽量用屏蔽线，若用普通线，要远离电源线、电话线 2m 左右，以防干扰。

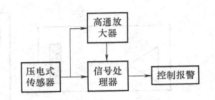

图 8-36　电动式振动探测器工作原理图　　　　　图 8-37　压电式振动探测器工作原理图

（7）双鉴技术探测器、三鉴器　双鉴技术探测器是将双鉴器、复合式探测器两种技术结合一起，以相互关系触发报警。双鉴技术探测器主要有超声波—微波探测器、微波—被动红外探测器、超声波—被动红外探测器、玻璃破碎—振动探测器 4 种。三鉴器是在双鉴技术基础上加微处理器信号分析技术，实现人工智能化。

双鉴技术探测器、三鉴器的特点和安装使用要点：适用于保护门、窗、墙、屋顶等；对于屋外的风雨或过路汽车等干扰不会产生误动，而对敲击、振荡却有极高的灵敏度；振荡感应器的安装距离因玻璃的坚固程度而有所不同，应以现场测试为准。

（8）视频探测器　视频探测器，又称为景像探测器，多采用电荷耦合器件（CCD）作为遥测传感器，是通过检测被检测区域的图像变化来报警的一种装置。视频探测器主要由闭路电视加报警器构成。由于是通过检测因移动目标闯入摄像机的监视视野而引起的电视图像的变化，所以又称视频运动探测器或移动目标探测报警器。视频报警器利用数字对类比转换器，把图像的像素转换成数字信号存在存储器中，然后与以后每一幅图像相比较，如果有很大的差异，说明有物体的移动。视频探测器的主要特点及使用要点：直观实时；有火灾报警监视功能；对快变化光线敏感；摄像机顺光架设，高度在屋角附近。

（9）其他周界防御探测器　周界防御探测器是在防范区外围（栅栏、围墙、铁网、地面等处）使用的探测器。主要有振动电缆探测器、电场式探测器、泄漏电缆探测器、光纤探测器、机电式探测器、压电式探测器、振动式探测器等几种。

1）泄漏电缆探测器：泄漏电缆探测器由平行埋在地下的泄露电缆、发射机、接收机组成。在同轴电缆外导体上规律性的开槽后的电缆就是泄漏电缆。

泄漏电缆探测器工作原理：两根泄露电缆分别与发射机、接收机相连，发射机发射的高频电磁能在 VHF、UHF 频段经发射电缆向外泄漏电能，一部分能量耦合到接收机使收发机间形成一个椭圆形的稳定电磁场探测区，人进入后破坏了稳定状态，接收信号发生变化触发报警。

泄漏电缆探测器安装及使用要点：埋于周界地下或墙内；探测灵敏度均匀，不受环境影响；不要放在堆有金属物的地下。

泄漏电缆安装及使用要点：埋于周界地下或墙内；探测灵敏度均匀；不受环境影响；可将几对串接构成较长警戒线；不要放在堆有金属物的地下。泄漏电缆周界报警系统原理图如图 8-38 所示。

2）光纤探测器：光纤是一根玻璃纤维（如发丝），由芯和包层组成，通过光的折射传光。光纤探测器主要由光发射器、光接收器、光纤网、报警控制器组成。

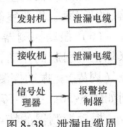

图 8-38　泄漏电缆周界报警系统原理图

① 工作原理：发光二极管发射红外光沿着光纤传播，到达接收机，再到达控制器。通常有三种方式实现探测：利用光纤断裂使光路中断探测、利用光纤中光传输模式发生变化探测、利用光纤中光路发生变化探测。

② 光纤探测器的优点是：具有很强的抗电磁干扰和射频干扰的能力；体积小、重量轻、柔软易安装、对地形、地物的适应能力强；探测灵敏度高、高速、低串光；适应性强，可全天候地安全工作。

3）振动电缆探测器：振动电缆探测器主要有两种类型：驻极体振动电缆探测器和电磁感应式振动电缆探测器。振动电缆探测器安装简便，可安装在原有的防护栅、网或墙上，适宜地形复杂的周界布防，为无源被动的长线分布式探测器，适合易燃易爆品仓库、油库、弹药库等不宜接入电源的场所安装，对气候、气温环境的适应性强，可全天候工作。

4）电场感应式探测器：电场感应式探测器主要由高强度的两根或多根（8~10根）导线、低频信号发生器、控制器组成。

① 工作原理：将导线平行架设在支柱上，一条（单数）接低频信号发生器为场线，一条（双数）接控制器为感应线。设防时信号电压送到各场线中，感应线产生感应电动势，当有人入侵时感应电压发生变化报警。

② 电场感应式探测器主要特点及安装使用要点：装在原有钢丝网的中部或顶部、围墙的顶部及侧面等；场线和感应线一对一，或一对二；电压低，不会触电；一般保护范围为300~500m；探测灵敏度高，不误报；环境适应性强、价廉。

3. 入侵探测报警控制器　报警控制器一般设置在值班中心，它是系统的主控部分，负责向探测器提供电源，接收探测信号，起动报警装置。报警控制器可分为大、中、小型、单功能、多功能等几大类，它一般有5种工作状态：布防、撤防、旁路、24小时监控、系统自检测试。

（1）报警控制器的防区布防类型

1）按防区报警是否设有延时来分：①瞬时防区，触发立即报警；②延时防区，探测器被触发，超过设定时间再报警。

2）按探测器安装位置不同和防范功能不同来分：①出入防区，大门、出入口；②周边防区，窗、阳台、围墙、围栏等；③内部防区，跟随报警；延时报警；④日夜防区，24小时警戒日夜两种工作状态；⑤24小时报警防区，24小时警戒即时报警；⑥火灾防区，属于24小时报警防区。接有感烟火灾探测器、感温火灾探测器及火灾手动报警按钮等。

3）按用户主人是否外出布防来分：①外出布防；②留守布防；③快速布防；④全防布防。

（2）报警控制器的防区布防类型应用举例　以家庭的布防为例加以说明，如图8-39所示，控制器在书房。1—门为出入防区；

图8-39　某家庭布防示意图

2—窗、阳台为周边防区；3—厅是内部防区；4—卧室有 24h 有声报警；5—保险柜和储藏室为 24h 有声报警；6—厨房实现 24 小时火警防区。

二、出入口控制系统

出入口控制系统是对人或车辆进出的门进行控制的智能化系统，也被称为门禁管制系统或门禁控制系统。其主要功能是对门的开启与关闭和人、车辆的出入实行有效的管理，以确保被授权人、车辆的出入自由，对非授权人、车辆的限制，对未经许可非法出入门的行为予以报警。出入口控制系统（Access Control System）属公共安全管理系统范畴。在建筑物内的主要管理区、出入口、电梯厅、主要设备控制中心机房、贵重物品的库房等重要部位的通道口，安装门磁开关、电控门锁或读卡机等控制装置，由中心控制室监控。

1. 出入口控制系统的组成及原理

（1）出入口控制系统的基本概念　出入口控制系统是新型现代化安全管理系统，它集微机自动识别技术和现代安全管理措施为一体，涉及电子、机械、光学、计算机技术、通信技术、生物技术等诸多新技术。

在数字技术网络技术飞速发展的今天，门禁技术得到了迅猛的发展。出入口控制系统早已超越了单纯的门道及钥匙管理，它已经逐渐发展成为一套完整的出入管理系统。它在工作环境安全、人事考勤管理等行政管理工作中发挥着巨大的作用。在该系统的基础上增加相应的辅助设备可以进行电梯控制、车辆进出控制、物业消防监控、保安巡检管理等，真正实现区域内一卡智能管理。

（2）出入口控制系统功能　成熟的出入口控制系统实现的基本功能有

1）对通道进出权限的管理。

2）进出通道的权限：对每个通道设置哪些人可以进出，哪些人不能进出。

3）进出通道的方式：对可以进出该通道的人进行进出方式的授权，进出方式通常有密码、读卡（生物识别）、读卡（生物识别）+密码三种方式。

4）进出通道的时段：设置可以进出该通道的人在什么时间范围内可以进出。

5）实时监控功能：系统管理人员可以通过微机实时查看每个门区人员的进出情况（同时有照片显示）、每个门区的状态（包括门的开关，各种非正常状态报警等）；也可以在紧急状态打开或关闭所有的门区。

6）出入记录查询功能：系统可储存所有的进出记录、状态记录，可按不同的查询条件查询，配备相应考勤软件可实现考勤、门禁一卡通。

7）异常报警功能：在异常情况下可以实现微机报警或报警器报警，如非法侵入、门超时未关等。

（3）根据系统的不同出入口控制系统还可以实现以下一些特殊功能

1）反潜回功能：持卡人必须依照预先设定好的路线进出，否则下一通道刷卡无效。本功能是防止持卡人尾随别人进入。

2）防尾随功能：持卡人必须关上刚进入的门才能打开下一个门。本功能与反潜回实现的功能一样，只是方式不同。

3）消防报警监控联动功能：在出现火警时出，入口控制系统可以自动打开所有电子锁让里面的人随时逃生。与监控联动通常是指监控系统自动将当有人刷卡时的（有效/无效）

情况下，同时也将出入口控制系统出现警报时的情况录下来。

4）网络设置管理监控功能：大多数出入口控制系统只用一台微机管理，而技术先进的系统则在网络上任何一个授权的位置对整个系统进行设置监控查询管理，也可以通过 Internet 网进行异地设置管理监控查询。

5）逻辑开门功能：同一个门需要几个人同时刷卡（或其他方式）才能打开电控门锁。

（4）出入口控制系统分类　出入口控制系统按进出识别方式可分为以下三大类：

1）密码识别：通过检验输入密码是否正确来识别进出权限。这类产品又分两类：一类是普通型；一类是乱序键盘型（键盘上的数字不固定，不定期自动变化）。

① 普通型的优点是操作方便，无须携带卡片，成本低；缺点是同时只能容纳三组密码，容易泄露，安全性很差，无进出记录，只能单向控制。

② 乱序键盘型（键盘上的数字不固定，不定期自动变化）的优点是操作方便，无须携带卡片，安全系数稍高；缺点是密码容易泄露，安全性还是不高，无进出记录，只能单向控制，成本高。

2）卡片识别：通过读卡或读卡加密码方式来识别进出权限，按卡片种类又分为：

① 磁卡。优点是成本较低，一人一卡（＋密码），安全一般，可联微机，有开门记录；缺点是卡片、设备有磨损，寿命较短，卡片容易复制，不易双向控制，卡片信息容易因外界磁场丢失，使卡片无效。

② 射频卡的优点是卡片、设备无接触，开门方便安全，寿命长，理论数据至少十年，安全性高，可联微机，有开门记录，可以实现双向控制，卡片很难被复制；缺点是成本较高。

3）人像识别：通过检验人员生物特征等方式来识别进出。有指纹形、虹膜形、面部识别型。

优点：从识别角度来说安全性极好；无须携带卡片。

缺点：成本很高，识别率不高，对环境要求高，对使用者要求高（比如指纹不能划伤，眼不能红肿出血，脸上不能有伤以及胡子的多少等），使用不方便（比如虹膜形的和面部识别型的，安装高度位置一定了，但使用者的身高却各不相同）。

出入口控制系统的安全不仅仅是识别方式的安全性，还包括控制系统部分的安全，软件系统的安全，通信系统的安全，电源系统的安全。出入口控制系统哪方面不过关，整个系统都不安全。例如，有的指纹出入口控制系统，它的控制器和指纹识别仪是一体的，安装时要装在室外，这样一来控制锁开关的线就露在室外，很容易被人打开。

出入口控制系统按设计原理可分为以下两类：

1）控制器自带读卡器（识别仪）：这种设计的缺陷是控制器需安装在门外，因此部分控制线必须露在门外，内行人无须卡片或密码可以轻松开门。

2）控制器与读卡器（分体）：这类系统控制器安装在室内，只有读卡器输入线露在室外，其他所有控制线均在室内，而读卡器传递的是数字信号。因此，无有效卡片或密码任何人都无法进门。这类系统应是用户的首选。

出入口控制系统按与微机通信方式可分为以下两类：

1）单机控制型：单机控制型出入口控制系统适用于小系统或安装位置集中的单位。通常采用 RS485 通信方式。它的优点是投资小，通信线路专用。缺点是一旦安装好就不能方便地更换管理中心的位置，不易实现网络控制和异地控制，如图 8-40 所示。

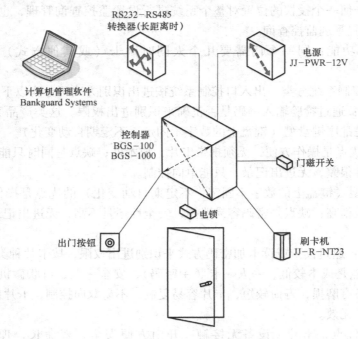

图 8-40　单机控制型出入口控制系统

2）网络型：其通信方式采用的是网络常用的 TCP/IP。优点是控制器与管理中心是通过局域网传递数据的，管理中心位置可以随时变更，不需重新布线，很容易实现网络控制或异地控制。适用于大系统或安装位置分散的单位使用。这类系统的缺点是系统的通信部分的稳定需要依赖于局域网的稳定，如图 8-41 所示。

（5）出入口控制系统的组成

1）门禁控制器：它是出入口控制系统的核心部分，相当于计算机的 CPU，负责整个系统输入、输出信息的处理和储存，控制等。

2）读卡器（识别仪）：它是读取卡片中数据（生物特征信息）的设备。

3）电控锁：出入口控制系统中锁门的执行部件。用户应根据门的材料、出门要求等需求选取不同的锁具。主要有以下几种类型：

① 电磁锁：门禁系统要符合消防要求，当断电后可手动开门。这种锁具适于单向的木门、玻璃门、防火门、对开的电动门。

② 阳极锁：阳极锁是断电开门型，符合消防要求，它安装在门框的上部，与电磁锁不同的是阳极锁适用于双向的木门、玻璃门、防火门，而且它本身带有门磁检测器，可随时检测门的安全状态。

③ 阴极锁：一般的阴极锁为通电开门型，适用单向木门，安装阴极锁一定要配备 UPS，因为停电时阴锁是锁门的。

4）卡片：开门的钥匙，可以在卡片上打印持卡人的个人照片，开门卡、胸卡合二为一。

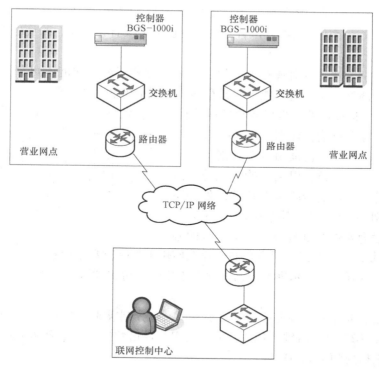

图 8-41　网络型出入口控制系统

5）其他设备

① 出门按钮：按一下打开门的设备，适用于对出门无限制的情况。

② 门磁：用于检测门的安全与开关状态等。

③ 电源：整个系统的供电设备，分为普通和后备式（带蓄电池的）两种。

出入口控制系统组成原理图如图 8-42 所示。

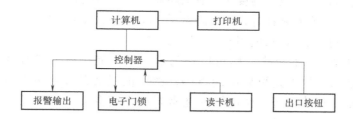

图 8-42　出入口控制系统组成原理图

2. 出入口控制系统的识别技术　　出入口控制系统一般分为卡片出入控制系统、人体自动识别技术出入控制以及密码识别控制系统三大类。

卡片出入控制系统主要由读卡机、打印机、中央控制器、卡片和附加的报警监控系统组成。卡片的种类有：①磁卡；②条码卡；③射频识别（RFID）卡；④威根卡（Weicon Card）；⑤智能卡（又称 IC 卡）；⑥光卡、OCR 光符识别卡等。

密码识别控制系统是指定密码进行识别，如用数字密码锁开门等。常用到固定式键盘、乱序键盘等设备。

人体自动识别技术是利用人体生理特征的非同性、不变性和不可复制性进行身份识别的技术，如人的眼纹、字迹、指纹、声音等生理特征几乎没有相同者，而且也无法复制他人的这一特征。

（1）身份识别卡片　按对智能卡上信息读写的方式不同，智能卡可分为接触型和非接触型（感应型）两种。接触型智能卡包括存储卡、智能卡和超级智能卡。

存储卡即卡内集成电路为电可擦写的可编程只读存储器（EEPROM），没有 CPU，由写入设备先将信息写入只读存储器，然后持有人即可持卡插入读卡机，读卡机读出卡上数据与中心的原始数据进行比较分析，以判定持卡人是否为已授权可以通过者。智能卡除含有存储器外，还包括 CPU（微处理器）等。其结构图如图 8-43所示。CPU 一般为 8 位微处理器，是整个卡的心脏部件。RAM 为随机存储器，用来存储卡片在使用中的临时数据信息。

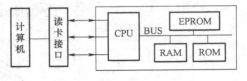

图 8-43　存储卡结构图

超级智能卡带有液晶显示屏及键盘，通常不用作身份识别卡。实际上作为身份识别卡使用存储卡即可。

接触型智能卡卡片上带有金色的金属小方块，被分割成 8 个部分，实际上是 8 个接触端子，分别是电源（2 个）、时钟、地线、复位及串行通信数据线，还有两个触点为备用触点。接触型智能卡包括射频卡和 ID 卡等。

射频卡本身是一个无源体，由内置的接收发射天线和存储器控制芯片组成，读卡时，读卡器天线发出的信号由两部分叠加而成：一部分是电源信号，由卡接收后与本身的 LC 振荡电路产生谐振，产生一个瞬时能量，供给芯片工作；另一部分是数据信号，指挥卡中芯片完成数据读取和发送。射频卡分高频卡和低频卡，目前应用最多的载波频率是 125kHz，工作距离 2.2～15cm。

ID 卡，生产厂家在卡中刻入一定位数不可更改的全球唯一的编码（ID 号），因不用在读卡时进行加密解密，所以读卡速度快、有效距离大、成本低。

非接触智能卡电路不暴露在外，因而降低了电路损坏的机会，也可避免误触而增加了证卡的可靠性。无接触损伤可延长使用寿命，降低成本。

（2）密码识别系统　智能卡虽然可以作为通行证，但一般谁持有都可通行，一旦丢失则会带来安全隐患。这时则可以配用密码，密码被记忆在大脑中不会随卡丢失，只有证、码全相符时才可确认放行。密码输入通常采用小键盘。出入口控制系统采用的是电子密码锁。

（3）人体特征识别技术及识别系统　人体特征识别技术又称生物识别技术是利用人体生物特征进行身份认证的一种技术。可以测量或可自动识别和验证的生理特性或行为，一般分为生理特征和行为特征。用于生物识别的生物特征有手形、指纹、脸形、虹膜、视网膜、脉搏、耳廓等，行为特征有签字、声音、按键力度等。基于这些特征，人们已经发展了手形识别、指纹识别、面部识别、发音识别、眼纹识别、签名识别等多种生物识别技术。目前，应用最多的是指纹机和手形机。

3. 出入口控制系统管理系统的功能　出入口管理子系统是出入口控制系统的管理与控制中心。其具体功能如下：

1）有人机显示界面。

2）接收从识别装置发来的目标信息。

3）指挥、驱动执行机构动作。

4）出入目标的授权管理。

5）出入目标的出入行为鉴别及核准。

6）When、Who、Where、What 等的记录、存储及报表的生成。

7）系统操作员的授权管理。

8）出入口控制方式设定。

9）非法侵入、系统故障的报警处理。

10）扩展的管理功能及与其他控制及管理系统的连接，如考勤、巡查等功能，与防盗报警、视频监控、消防等系统的连动。

4. 出入口控制执行机构　执行从出入口管理子系统发来的控制命令，在出入口作出相应的动作，实现出入口控制系统的拒绝与放行操作。常见的如电控锁、挡车器、报警指示装置等被控设备以及电动门等控制对象。

（1）关于受控区、防护面的问题

1）出入口所限制出入的对应区域，就是它（它们）的受控区。

2）具有相同出入限制的多个防护区，互为同级别受控区。

3）具有比某受控区的出入限制更为严格的其他受控区，是相对于该防护区的高级别受控区。

（2）多门门禁控制器安装位置　如果管理与控制设备是采用电位和/或电脉冲信号控制和/或驱动执行部分的，则某出入口的与信号相关的接线与连接装置应置于该出入口的对应受控区、同级别受控区或高级别受控区内。执行部分的输入电缆在该出入口的对应受控区、同级别受控区或高级别受控区外的部分，应具有相应的抗拉伸、抗弯折性能，须使用镀锌钢管加以保护，如图 8-44、图 8-45 所示。

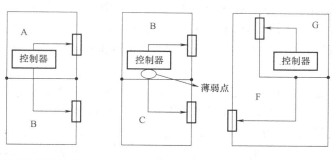

A、B为同级别受控区　　B、C为非同级别受控区　　G为高级别受控区

图 8-44　多门门禁控制器安装示意图一

（3）防护面　设备完成安装后，在识读现场可能受到人为破坏或被实施技术开启，因而需加防破坏、防技术开启等功能，如图 8-46 所示。

（4）其他功能

1）计时、校时、计时精度：系统与事件记录、显示及识别信息都需要核对时间，因此

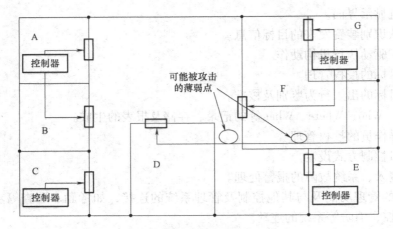

图 8-45　多门门禁控制器安装示意图二

要考虑与计时相关的部件应有校时功能；在网络型系统中，运行于中央管理主机的系统管理软件，每天宜设置向其他的与事件记录、显示及识别信息有关的各计时部件校时功能。非网络型系统的计时精度不低于 5s/d；网络型系统的中央管理主机的计时精度不低于 5s/d，其他的与事件记录、显示及识别信息有关的各计时部件的计时精度不低于 10s/d。

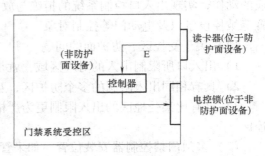

图 8-46　防护面示意图

2）防破坏能力：在系统完成安装后，具有防护面的设备（装置）抵御专业技术人员使用规定工具实施破坏性攻击，即出入口不被开启的能力（以抵御出入口被开启所需要的净工作时间表示）。

3）防技术开启能力：在系统完成安装后，具有防护面的设备（装置）抵御专业技术人员使用规定工具实施技术开启（如各种试探、扫描、模仿、干扰等方法使系统误识或误动作而开启），即出入口不被开启的能力（以抵御出入口被开启所需要的净工作时间表示）。

4）应急开启：系统应具有应急开启的方法，可以使用特制工具采取特别方法局部破坏系统部件后，使出入口应急开启，且可迅即修复或更换被破坏部分。

可以采取冗余设计，增加开启出入口通路（但不得降低系统的各项技术要求）以实现应急开启：一个受控区有多个出入口，采用两套以上的独立控制单元分别控制。在双开门设计中，一扇用电控锁，另一扇用机械锁，如图 8-47 所示。

5）紧急险情下的安全性：如果系统应用于人员出入控制，并且通向出口或安全通道方向为防护面，则系统需与消防监控系统连接，在发出火警时，人员不使用钥匙也应能迅速安全通过。

6）通过目标的安全性：系统的任何部分、任何动作以及对系统的任何操作都不应对出入目标及现场管理、操作人员的安全造成危害。

5. 出入口控制系统控制与管理工程实例　在智能楼宇中，重要部位与主要通道口一般

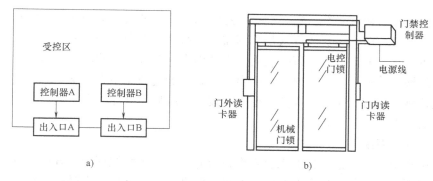

图 8-47　应急开启出入口设计示意图
a）双出入口通道设计　b）双开门设计

均安装门磁开关、电子门锁与读卡器等装置，并由安保控制室对上述区域的出入对象与通行时间进行统一的实时监控。图 8-48 所示的典型系统由中央管理机、出入控制器、读卡器、执行机构 4 大部分组成，系统的性能取决于微机的硬件及软件。

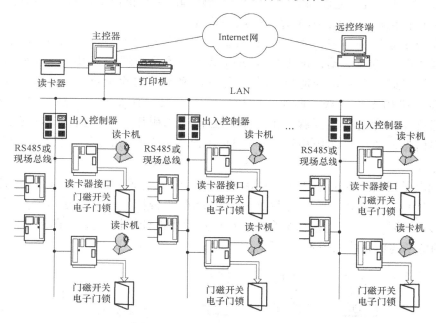

图 8-48　典型门禁控制系统方案

该出入口控制系统有如下功能：

1）可以准确地记录，可知谁，在何时，到何地，而机械锁是不可能的。

2）如果有遗失，机械锁就要配钥匙，而电子锁系统主人可以清除遗失的密码片子。任何使用已被消除的密码卡、鉴、钥匙的人都会被拒绝出入。

3）电子通道控制系统可方便地按门到门方式编程，这比机械锁方便。可用于大厦、住宅小区的门禁出入管理，专用贵重物品管理，考勤记录管理，库房出入管理等。

4）电子出入控制系统也可用来监视其他设备，并可和保安、消防系统联动。

现代电子技术的发展使通道控制系统功能增强，使用更为方便。从系统构成可见，通道控制系统是一个微机控制系统，它允许在一定时间内让人进入指定的地方，而不许非授权人员进入。也就是说，所有人员的进入都受到监控。系统首先识别人员的身份然后根据系统所存储的数据决定是否允许进入。每一次出入都被作为一个事件存储起来，这些数据可以根据需要有选择的输出。如果需要更改人员的出入授权，通过键盘和显示器可以很容易地实现。编程操作在几秒内就可以完成，当智能单元在授权更改后，立即收到所需的数据，使得新的授权立即生效，以确保安全。

三、电子巡更系统

电子巡更系统是专门监视保安人员是否按时间、按规定路线巡逻，并能自动记录每一个巡逻小组的白天、晚上的准确巡逻时间和路线，管理人员可从微机上随时查询。电子巡更系统采用碰触式存储技术、自动控制技术、计算机通信技术，结合巡检工作的实际情况，最新推出的数码巡检管理系统。它是将特制的地址巡检器安装于指定的巡检路线上，工作人员巡检时，只需用手持的数码巡更棒依次碰触巡检器，巡检时间、地点等数据便存储到数码巡更棒中。管理人员通过计算机解读数码巡更棒中的信息，即可全面掌握巡检情况。电子巡更系统可以准确、客观地展示巡检的结果和问题，为管理决策提供依据；同时消除各种隐患，最大限度地减少了事故的发生，有着显著的经济效益。

1. **电子巡更系统的组成** 电子巡更系统是利用先进的碰触卡技术开发的管理系统，可有效管理巡更员巡视活动，加强保安防范措施。系统由巡检钮扣、手持式巡更棒、巡更管理软件等组成。在确定的巡更线路设定一合理数量的检测点，并安装巡检钮扣，不锈钢封装巡检钮扣无须连线，防水、防磁、防震，数据存储安全，适合各种环境安装；以手持式巡更棒作为巡更签到牌，不锈钢巡更棒坚固耐用，抗冲击，同时巡更棒中可存储巡更签到信息，便于打印历史记录；软件用于设定巡更的时间、次数要求以及线路走向等。

2. **实现电子巡更的方法** 巡更员手持不锈钢"警棒"，巡检时只需轻轻一碰钉在墙上的巡检钮扣，即把巡检时间、地点等数据自动记录在"警棒"上。巡逻人员完成巡检，将"警棒"插入传输器，所有巡逻情况自动下载至打印机或计算机，按照不同要求生成巡检报告。典型的电子巡更系统如图8-49所示。

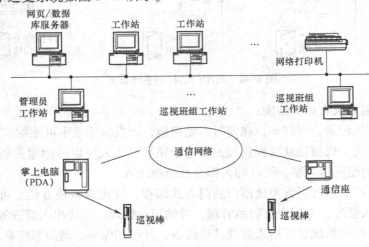

图8-49 典型的电子巡更系统

3. 巡更系统的结构

（1）在线巡更　包括动态实时监控整个巡逻过程；详细记录各种事件；严格监督巡逻人员的工作；保护巡逻人员的人身安全；管理严谨，操作简单；功能强大，报表数据详尽；支持多区域，多线路，多班次，如图8-50所示。

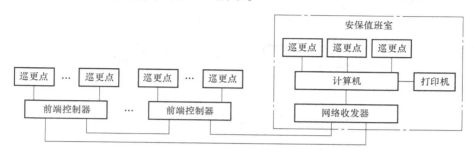

图8-50　在线巡更系统

（2）离线巡更　离线巡更的优势是不需走线，较容易实现，但反映不及时，巡更的情况要等巡更后把信息导入计算机中才能查询和统计到；而在线巡更，监控中心能实时掌握巡更人员的情况，某个点超过设定的时间没有人巡查，系统会报警告诉管理人员，是巡更领域的高端方案，也是许多军事等重要地方所必需的。主要由信息钮、巡更棒、通信座、系统管理软件4部分组成。巡更系统结构框图如图8-51所示。

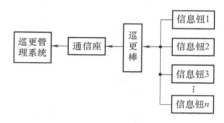

图8-51　离线巡更系统结构框图

1）巡更系统设备

① 识读器：它是读取信息钮内的数据，并记录下来的设备。可读取巡更棒记录、信息钮资料并进行与巡更棒双向通信。可读取巡更棒记录、清零巡更棒记录、对巡更棒校时和设置等。标准RS232口或USB口与计算机连接。

② 信息钮：存储位置或身份信息。不锈钢封装和不锈钢固定座，防水、防磁、防振、耐高温和低温性能好，可进行任何质量测试和检验，无须电源，安装方便。

③ 通信器：它是将识读器内记录的信息上传至计算机的设备。

④ 巡更软件：设置巡更线路信息，巡更人员信息，查询打印巡更记录。

2）巡更过程

① 巡逻人员持巡更棒至每一巡点，用巡更棒前端与信息钮接触，巡更棒的蜂鸣器和指示灯会发出蜂鸣声及闪烁一次，从而确认巡更棒已存入巡更信息。

② 巡逻人员巡检完毕，至工作室，将巡更棒尾端插入计算机传输器，传输器将数据传送至计算机，即可从计算机中查看巡更报告，查询方式可依巡更棒编号、巡逻人员姓名、日期及时间等单一条件进行查询及打印。

四、停车场管理系统

停车场管理系统一般采用保密性强、无法复制的非接触式感应智能卡作为身份识别，实现快捷的入场过程的自动控制。能够充分有效地管理出入停车场的各类车辆。停车场管理系统是为既有内部车辆又有临时收费车辆的综合停车场而设计，综合考虑系统功能的增减，灵活方便，高效合理，真正实现停车场内车流的畅通无阻，是停车场管理系统的一贯追求。将计算机与各个停车场设备连成网络，使所有车辆的进出场流程实现全自动化控制。人力资源的消耗达到最低限度，停车场的利用率却大大提高。由于采用集中式管理的方法，各种统计报表一目了然，其结构图如图8-52所示。

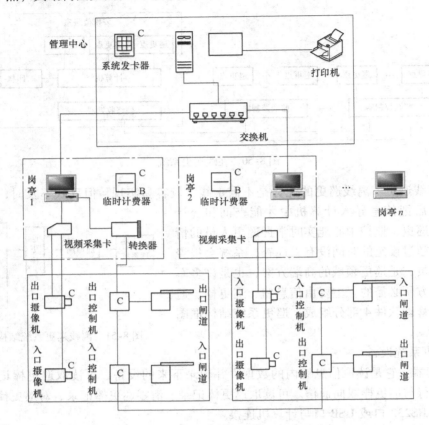

图 8-52　停车场管理系统结构图

1. 停车场管理系统特点

1）系统软件采用网络版模块化设计。

2）系统控制器型号全。

3）系统功能全，操作简便。

4）运行稳定、可靠。

5）适合多种用户需求。

6）稳定可靠的硬件设备。

7）灵活的系统配置。

8）完善的数据安全、容错处理措施。

9）先进的软件架构。

10）监控功能。

11）一卡多用，采用非接触式 CPU 卡兼容 MIFARE 卡，卡片可配合大厦出入口控制、考勤管理、巡更系统、消费系统使用，实现从办公室门锁、通道、电梯一卡通用，完全免除钥匙。

2. 停车场管理系统主要功能　可选用远距离和近距离两种形式，选远距离时，采用车载有源卡最远可达到 2.5m。可以根据用户实际需要进行选择。系统将用户分为两种：一种为固定用户，一种为临时用户。固定用户采取提前缴费方式（一个月、三个月、六个月或一年），每次出场时不再收费。临时用户出场时根据本次停车时间及当前费率缴费一次。

（1）图像对比功能　车辆进出停车场时，MP4NET 数字录像机自动起动摄像功能，并将照片文件存储在计算机里。出场时，计算机自动将新照片和该车最后入场的照片进行对比，监控人员能实时监视车辆的安全情况。

（2）常用卡管理　固定车主使用常用卡，确定有效期限（可精确到分、秒），在确认的时限内可随意进出车场，否则不能进入车场，常用卡资料包括卡号、车号、有效时间等。常用卡实行按月交费，到期后软件和中文电子显示屏上将提示该卡已到期，请办理续期和交款手续。所有车辆凭卡进入，读卡时间、地点及车辆等各项资料均自动在计算机上显示并记录。所有车辆刷卡后经收费员收费（临时用户）或确认（固定用户）后出场。

（3）临时泊车收费功能。

（4）自动切换视频，进出场无冲突　所有摄入的车辆照片文件存在计算机的硬盘中，可备以后查证。每一幅图片都有时间记录，查验方便。可任意设置通行时间及报警时间，如遇特殊情况还可定时设定编程。

（5）实时监视功能　无车进入时，可在监控计算机上实时监视进出口的车辆及一切事物的活动情况。

（6）卡片管理功能详尽　支持永久卡和临时卡的工作方式，自动识别，记录存储。上述功能计算机均自动记录，出入报告、卡片报告、报警报告均可打印。

（7）防砸车功能　当车辆处于道闸的正下方时，地感线圈检测到车辆存在，道闸将不会落下，直至车辆全部驶离其正下方。

（8）满位检测功能　在管理计算机中设置好该停车场的车位，如进入该停车场的车辆到达车位数时，计算机提醒管理员，并在电子显示屏上显示车位已满。

（9）支持脱机运行　网络中断或 PC 故障时，停车场系统仍正常工作。手动控制功能，停电时道闸能正常使用。系统自动维护，数据自动更新，自动检测复位。停车场控制器支持局域网网络通信功能，可实现多个出入口的联网。出入口联网时，必须安装局域网网络服务器和通信服务器。支持 Wiegand26、Wiegand27、Wiegand32 读感器格式，自动检测输入。支持 5000 个用户，可编辑用户详细信息。各种事件查询功能，提供摄像的图片时间查询。强大的报表功能，能生成各类报表，并提供多功能数据检索。具有延时、过电压、欠电压自动保护，如图 8-53 所示。系统采用最先进的地感线圈技术控制挡车臂的落下。在电动挡车臂处安装地感线圈，当车辆进入读卡范围时由驾驶员读卡，系统自行判定其是否无效，有效时电动挡车臂抬起，车辆进入地感线圈感应范围时，由地感线圈自行判定车辆是否行驶过去（有效范围内），若车辆未通过，则电动挡车臂不落下，车辆通过后（有效范围内）电动挡车臂落下，完成本次任务。

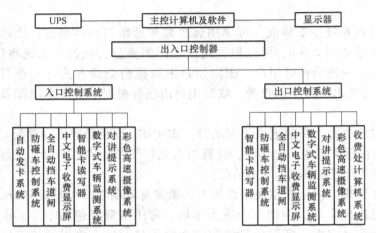

图 8-53　停车场管理系统主要功能原理图

3. 进出车辆管理

（1）入场时　月卡持有者、储值卡持有者将车驶至入口票箱前；取出 IC 卡在读写器感应区域晃动；值班室计算机自动核对、记录，并显示车牌；感应过程完毕，发出"嘀"的一声，过程结束；道闸自动升起，驾驶员开车入场；进场后道闸自动关闭。

（2）出场时　月卡、储值卡持有驾驶员将车驶至车场出口票箱旁；取出 IC 卡在读写器感应区晃动；读写器接受信息，计算机自动记录、扣费，并在显示屏显示车牌，供值班人员与实车牌对照，以确保"一卡一车"制及车辆安全；道闸自动升起，驾驶员开车离场；出场后道闸自动关闭。

临时泊车者（驾驶员）将车驶至入口票箱前，按动位于读写器盘面的出卡按钮取卡（自动完成读卡）；感应过程完毕，道闸开启，驾驶员开车入场；进场后道闸自动关闭。停车场管理系统运行过程示意图如图 8-54 所示。

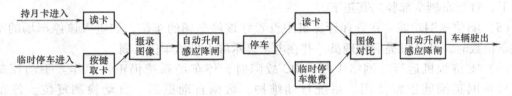

图 8-54　停车场管理系统运行过程示意图

4. 停车场管理系统设备配置

（1）读感器　读感器不断发出信号，接收从非接触式智能卡上返回的识别编码信号，然后将编码信息转换成数字信号，通过电缆线传递到系统控制器，它对持卡驾驶员提供遥测接近控制，其发出的超低功率满足 FCC 的要求，可方便地安装于门岗上方等位置，能广泛应用于各种不同的停车场的不同气候与环境。

（2）非接触式智能卡　采用非接触式 CPU 卡兼容 MIFARE 卡。

（3）管理终端　安装收费管理软件，管理用户（卡）、收费人员等基本信息，实现收费、打印报表、车辆信息查询、数据统计等功能。

用户管理：对所有用户姓名、车号等信息进行管理。

收费人员管理：收费人员信息的增加、删除、修改、统计。

收费信息管理：各用户类别的费率、计费单位等。

停车信息查询：各停车卡持卡人姓名、起用时间等信息查询。

（4）保安监控　在停车场的主要位置（如入口、出口、车位附近等）安装摄像机，通过设置在管理中心内的显示屏监控整个停车场的情况。

（5）控制器　控制器含有信号处理单元、可控制管理读感器，它接收来自读感器所读到的卡内信息，利用内部数据库对其进行判断处理，产生所需的控制信号，并将结果信息传递给后台计算机作进一步处理。与读感器用屏蔽五类双绞线连接，可相距150m远。

5. 车位管理系统　遥控车位锁是一种集遥控、防盗、检测多功能的地面车位自动化车位管理系统。其具有易安装、易维护、耐用等特点。遥控车位锁是一种可以完全独立的简便停车系统及车位管理系统，免除了安装各种电动栏杆机、读卡器、刷卡器以及计算机管理系统，并能实行无人值守。可适用于各种大中小宾馆、商场、写字楼、小区或露天停车场的车位管理。

（1）遥控　通过遥控装置，可以使车主不用下车就能起动车位锁的开关，尤其是在露天停车场，并且在各种恶劣天气时更能体现其优越性，形成有效的车位管理系统。

（2）防盗　车主泊车上码、取车遥控解码。当防盗锁没有通过车主的遥控器进行解码打开时，将产生报警；当防盗锁被撞击或拆卸时，也将产生报警；这就大大地增强汽车的安全性，形成有效的车位管理系统。

（3）检测　当车位为固定或私人停车位时，通过车位锁上的检测单元可以检测其车位上停泊的汽车是否为被允许在其车位停车的汽车，如果检测到为非法停车的汽车时产生报警，形成有效的车位管理系统。

第三节　安全防范系统的联动和集成

一、安全防范系统的联动

联动即联锁动作。实施各系统之间的联动，必须通过某种传输媒介、网络平台形成联动。安全防范系统总体应规划为一由多个子系统经联动组合而集成的一套具有多重立体防护框架的结构化安全保障体系。而集成的方法一般是通过网络来实现的。

联动控制的类型包括：

（1）组合式联动　各子系统的单独设置，与管理中心（值班室）联网。具有向外报警功能，但往往通过电话等其他独立的通信方式来完成。入侵报警系统和视频监控系统之间可以实现联动，但往往使用传统的自动控制手段，如利用继电器、电子开关、矩阵切换控制主机等作为联动控制器件。适用于小规模、防范级别较低的安全防范系统，如图8-55所示。

（2）综合式联动　多数主要子系统、中央监控室之间实现联网以实施实时联动；与同

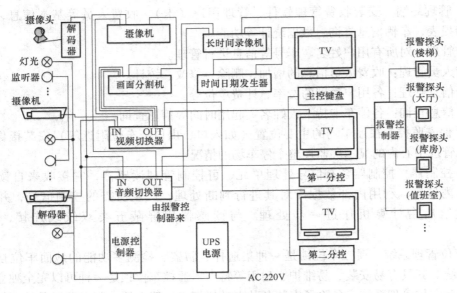

图 8-55 组合式联动控制示意图

级系统（例如消防报警系统）形成以某种网络平台为通信工具的联网实现实时联动，如图 8-56 所示。

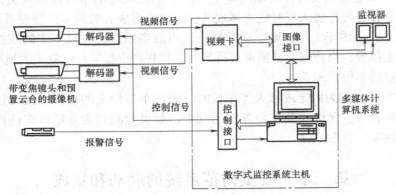

图 8-56 综合式联动控制示意图

（3）集成式联动 除具有综合联动的特点外，最大的特点是通过某种网络平台及软件连接上位管理计算机或外部安全防范报警中心的计算机，可实现实时的联动管理控制。例如，开放的分布式安全防范系统和最近发展的网络集成系统。现场总线是实现开放分布式联动控制系统对现场层开放的网络基础，也是这种系统比 DCS 在现场设备互换性方面具有重大改进的关键技术。

现场总线对安全防范系统带来几方面重大改进：

1）用一对通信线连接多台数字仪表（设备）。

2）用多变量、双向、数字通信方式代替了单变量、单向、模拟传输方式。

3）用多功能现场数字仪表（设备）代替了单功能模拟仪表（设备）。

4）用分散式虚拟控制站代替了集中式控制站。

5）用现场控制系统（Open DCS）代替了分布式控制 DCS 等。

安全防范系统集成式联动控制示意图如图 8-57 所示。

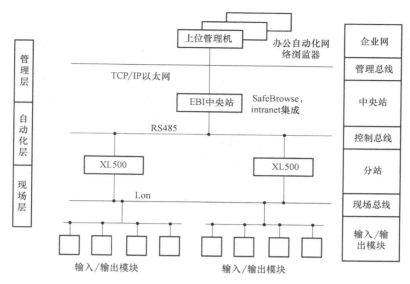

图 8-57　安全防范系统集成式联动控制示意图

二、系统集成

要实现安全防范系统的联动就必须将安全防范系统的各个子系统集成起来。系统的概念是一个含义十分宽泛而又具有相对性的概念。一个系统可以是一个独立的系统，也可以是从属于另一个系统的子系统。系统集成的概念有各种不同的含义。将各种设备、计算机硬件、软件、操作平台等组成为一个系统的全过程，可以称为系统集成；将若干个子系统构成大系统也称为系统集成。

安全防范系统的集成技术一般是指防区内各子系统的集成。系统集成的核心：通过将各个分散、独立的系统集成到一个统一的软硬件平台上，实现各系统之间联动、互动和资源共享。一座大楼、楼群或者小区各个安全防范系统实现系统集成后，除了可以在统一的网络平台上实现统一的监测与控制外，每个安全防范系统的终端都能调用各系统的信息，实现资源共享，如图 8-58 所示。

1. 安全防范子系统集成

（1）数字视频监控系统集成　数字视频集成系统由基于 TCP/IP 网络通信的数字视频子系统组成，可容易实现星形、环形、链形、树形、混合型等各种拓扑结构联网，如图 8-59、图 8-60 所示。

1）网络拓扑结构设计：视频监控系统为覆盖整个被监控区的集成式、多功能、综合性网络系统。从视频系统构成的主体类型上可分成监控资源、传输网络、监控中心和用户终端 4 个部分。监控资源是系统监控信息的来源，传输网络是连接监控资源、监控中心和用户终端的媒介，监控中心是系统的信息管理和共享平台，用户终端是系统的信息服务对象。从传统的区域视频监控概念上系统可以分成前端、传输/变换、控制/管理、处理/显示 4 个部分。

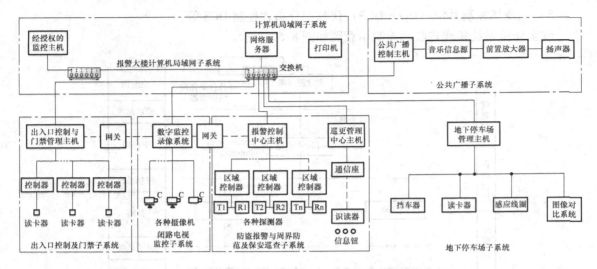

图 8-58　构架于计算机网络系统平台之上的安全防范集成系统

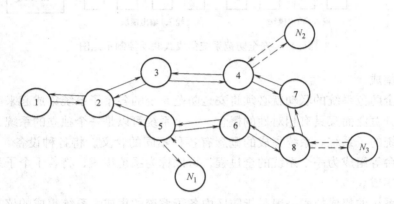

图 8-59　数字视频集成系统拓扑结构

网络结构的设计指导思想：尽可能多地利用目前已经架设好的电信网络资源。目前，第一期需要安装的前端网络监控点基本都被电信的网络覆盖，有些是 ADSL 线路，有些是电信光纤宽带接入，这些监控点基本上都可以直接接入系统，因此，可以大大节省项目的施工成本和时间。基于这个指导思想，形成了整个系统的基本网络拓扑结构，如图 8-61 所示。

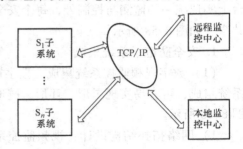

图 8-60　数字视频集成系统拓扑结构

由图 8-61 可以看出，前端所有视频监控点的图像都通过公众网上传到电信中心进行存储和管理，公安用户和其他用户直接通过现有的公网环境根据自己不同的权限获取相应的视频资源。这种网络结构的优点在于网络结构简单，成本投入较低，施工方便，项目安装时间短。但对电信中心的负载压力比较重，上千路视频图像都汇聚到电信中心，所以，对电信机房的建设要求比较高。

2）系统总体结构

① 监控点接入。根据现有的网络资源及前端监控资源的差异性，可以分为两种接入方式：电信 ADSL 接入方式和电信光纤宽带直接接入。

ADSL 接入方式：目前许多街道办事处、道路监控点及电信营业厅等分散的地方都采用 ADSL 接入方式。ADSL 理论带宽上行可有 600Kbit/s 左右，实际上行带宽只有 400Kbit/s 左右，并且网络波动比较大。因此，具有 H.264 视频编码压缩算法的 DVS 在这种低带宽下具有无可比拟的优势。可以实时 25 帧的

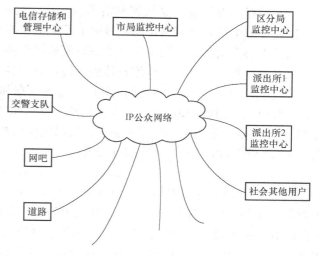

图 8-61　联网系统总体架构

在 384Kbit/s 的编码码流下传输高质量的 CIF 图像，也可以用 4 路 DVS 在该码流下对 4 路合 1 路的图像实时传输。

电信宽带直接接入：网吧、酒吧及交警支队等地方有电信直接布的光纤接入，相对于 ADSL 线路带宽可以有一定保证。因此，直接将 DVS 挂入各网点内的局域网或直接给 DVS 分配一个固定 IP 接入即可。

对已有的模拟 CCTV 系统和 DVR 系统的接入方式，目前有许多地方已经安装了传统的模拟 CCTV 系统及 DVR 系统，由于各 DVR 系统及模拟 CCTV 系统都没有一个统一的标准，各个厂家生产的设备互不兼容，因此无法统一到系统中。为了能将现在的这些地点的图像都能集成到系统中，便于集中存储和管理，可以在各点根据具体情况通过 DVS 集成到系统中，由于 DVS 带有透明串口，中心可以很方便地远程控制前端设备。

② 网络传输。传输网络可以分 4 部分：监控点接入部分、网络传输部分、电信中心会聚部分及公安监控中心接入部分。

监控点接入部分：对传输网络带宽的要求决定于监控点上传的图像通道数与上传的图像质量要求。

单路 CIF 格式图像连续实时 25 帧上传需要最低带宽 384Kbit/s。

4 路图像合为一路 CIF 格式图像实时 25 帧上传需要最低带宽 384Kbit/s。

4 路 CIF 图像分开分别上传实时 25 帧所需最低带宽为 384Kbit/s 乘 4 路。

单路 D1 图像上传实时 25 帧最低所需带宽 712Kbit/s。

以上带宽为保证相应图像格式实时 25 帧上传所需的最低带宽。如果网络带宽大于所需的最小带宽，可以对前端编码器进行设置，将编码码流提高，在较高的编码码流下能获得更好的图像质量。对一些关键的监控点，为了保证获得清晰的图像质量，可以采用 D1 分辨率的图像格式，但所需的带宽会相应增大。因此，具体的网络带宽需求要根据实际应用中的实际情况具体分配。

网络传输部分：由于前端接入大部分使用 IP 公众网，所以在监控点很多的情况下，对电信传输网络要求会增加。要合理的分配视频传输的路由，不能将一个片区的所有视频都集

中到个别的路由去传输，要做到网络负载均衡，这样才能满足视频流可靠、稳定的连续传输。同时要求电信骨干网满足同时传输上万路图像的带宽需求。

电信中心会聚部分：网络所有的视频流最终全部汇聚到电信存储中心，因此，要求电信中心机房的网络拓扑结构要合理，传到各转发服务器的视频通道数尽可能均衡。

公安监控中心接入部分：监控中心所需的带宽和监控中心同时所要监控图像通道数有关，所要监控的图像越多，中心所需的带宽越高。以目前某分局试点监控中心为例，电视墙有 12 个监视器，采用 4 分割方式显示，可以同时监视 48 路 CIF 格式图像。以每路 CIF 格式视频图像 512Kbit/s 计算，所需最小带宽为

$$512\text{Kbit/s} \times 48 = 24\text{Mbit/s}$$

③ 电信存储和管理中心。中国电信"平安长沙"监控平台，即中心服务平台，提供集中管理、计费、存储等功能，由电信投资并运营。电信中心机房主要职责是存储前端视频监控点所有视频图像。前端所有监控点的图像都只传到电信中心的转发服务器，对于图像的使用由中心管理决定。目前，电信中心只设立了 4 台服务器，分别为存储服务器（外挂磁盘阵列）、流媒体转发服务器、管理服务器以及用于 IE 浏览的 Web 转发服务器。存储服务器和转发服务器只能完成对前端大约 150 路左右的图像进行管理。要实现对更多路图像的管理需要扩充相应的服务器，扩充的服务器个数与要管理的图像路数有关。电信存储和管理中心的基本结构如图 8-62 所示。

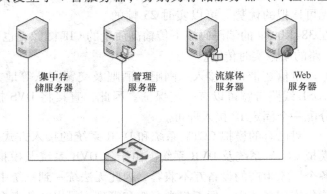

图 8-62　电信存储和管理中心的基本结构

集中存储服务器：完成监控点视频图像的存储任务。存储容量的大小决定前端 DVS 设置的码流大小和所要存储的天数，假如前端单路编码码流为 CIF 格式，512Kbit/s，存储 25 天图像，那么所需的磁盘空间为

$$512\text{Kbit/s} \times 8 \times 3600\text{s} \times 4\text{h} \times 25/1024/1024 = 132\text{GByte}$$

如果是 100 路，那么所需的磁盘阵列至少为

$$132\text{GByte} \times 100 = 13200 \text{ GB}/1024 = 13\text{TB}$$

目前，单台存储服务器能够处理 150 多路的视频存储。根据需要可以配置多台集中存储服务器。在录像分包时，每一个录像文件结束和一个新的录像文件开始，系统都被冗余一部分数据，以保证没有任何图像帧丢失。当系统发现存储的容量超过系统规定的最高警戒线，将开始启动清盘任务，这个工作是由挂接的管理服务器完成的，管理服务器将定时检查磁盘的情况，进行磁盘的清理、自动导出等。

对每个通道的数据可以定义保留优先级，通道的优先保留权越高，则它的数据将被越后删除，且系统可以定义保留的时间长度。

配置：高端服务器，双网卡冗余；Windows 2000 以上操作系统，专用抗病毒系统；SQL数据库或小型的内嵌数据库。

流媒体转发服务器：流媒体其实是一种多媒体文件，其在网络上传输的过程中应用了流

技术。所谓流技术，就是把完整的影像和声音数据经过压缩处理后保存在网站服务器上，用户可以边下载边获取信息，从而无须将整个压缩文件下载之后再观看的网络传输技术。与单纯的下载方式相比，这种多媒体文件边下载边播放的流式传输方法不仅使启动延时大幅度的缩短，而且对系统缓存容量的需求也大大降低。

流媒体转发服务器完成监控点视频图像的视频转发功能，首先，它将视频数据分发给存储服务器完成存储；其次，由于前端监控点的网络带宽一般都比较窄，无法同时传输多路图像给多个用户，所以，为了满足多用户同时访问某个监控点的要求，专门设置了一台流媒体转发服务器用于多用户的访问。

流媒体转发服务器的转发功能受到管理服务器的管理，只有通过管理服务器认证的用户才能获得流媒体转发的图像数据。

目前，一台流媒体转发服务器大约能转150路视频图像，要转更多路数的图像可以扩充相应服务器的台数。流媒体服务器转发示意图如图8-63所示。

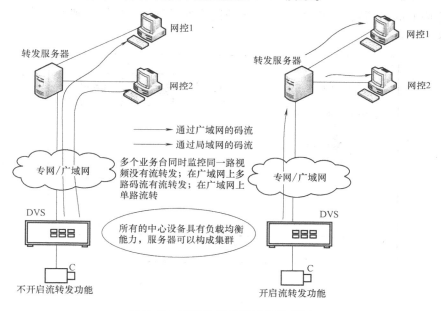

图8-63　流媒体服务器转发示意图

转发服务器配置：P4服务器，双网卡冗余；Windows 2000以上操作系统，SQL数据库或小型的内嵌数据库。

管理服务器：主要完成三个功能：客户权限管理，全局的设备配置管理，全局设备运行状态管理。首先要将已安装的监控点根据区域进行配置，然后根据各个机构的访问权限不同，进行相应的权限管理。电信的管理服务器主要针对社会普通用户的权限进行管理。

Web服务器：实现用户通过IE浏览器方式访问所需的视频监控点的需求，主要完成网页浏览及分发IE控件功能，为查看少量图像通道的用户服务。用户只需要登录到网站，输入用户名和密码，就可以根据其预先的授权，用IE浏览设备的实时视频。

④ 公安监控中心。公安局作为用户使用上传到电信的各个视频监控点的视频图像，可

以在市局、区分局以及派出所设置监控中心；各级监控中心根据权限的不同，也可以分别从电信存储和管理中心取得属于自己权限的视频图像。市局具有最高权限，具有访问所有各个区的图像的权利，分局只能访问自己所辖区域内的图像，派出所只能访问自己所管片区的视频图像，权限管理都是分级管理的。

由于把视频的存储、转发及管理都放在了电信，所以，这种模式下公安监控中心的建设比较简单，主要由电视墙显示及视频客户端软件两部分组成。

电视墙显示：目前，在某分局有 12 台监视器组成电视墙，采用 4 分割的方式可以同时浏览 48 路图像。电视墙的每台监视器都配有一个视频 H.264 的硬件解码器，每台硬件解码器完成 4 路 CIF 格式的图像解码，以 4 分割的方式显示在监视器上。也可以完成单路 D1 图像的硬件解码。硬件解码器将转发的视频 H.264 视频码流解码后输出到相应的监视器。

视频客户端软件：主要完成将视频图像从电信中心获取后实时浏览和电视墙的视频并进行转发。它内嵌的虚拟数字矩阵可以实现多路图像的任意组合后转发到电视墙上。公安监控中心如图 8-64 所示。

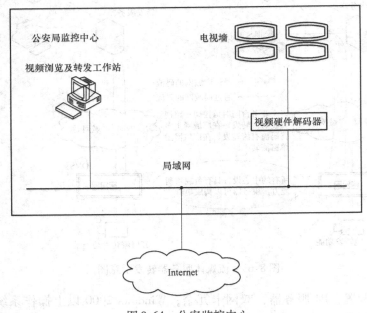

图 8-64　公安监控中心

由于 H.264 视频编解码压缩算法需要的 CPU 资源比其他压缩算法要高，所以，对带转发的计算机要求相对较高。各级监控中心的原理和安装都是相同的，可以任意安装到市局、区分局和派出所。但所需的网络带宽和所要浏览的路数有关。根据目前每路 512Kbit/s 的码流计算，连多少路就用 512Kbit/s 乘以相应的路数，比如要能看到 100 路，那么所需的带宽至少为 50Mbit/s，某数字视频集成系统集成示意图如图 8-65 所示。

（2）入侵报警系统集成　入侵报警系统集成（本地联网）如图 8-66 所示。

入侵报警系统集成设计（远程联网）如图 8-67 所示。

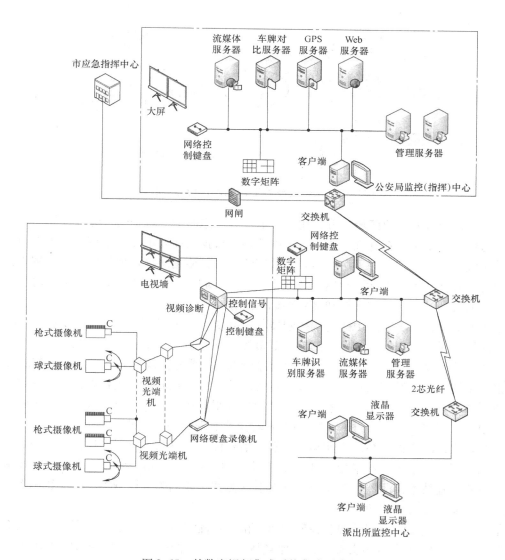

图 8-65　某数字视频集成系统集成示意图

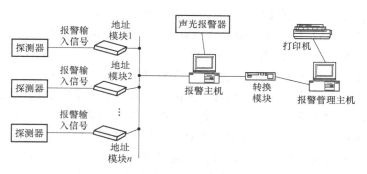

图 8-66　入侵报警系统集成设计（本地联网）

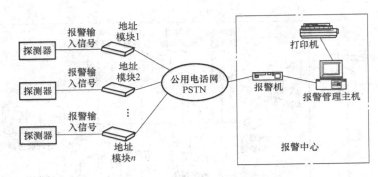

图 8-67　入侵报警系统集成设计（远程联网）

　　某被防范地区有 5 块区域，分布比较分散，各区之间的局域网通过光纤连接。每个区域安装了防盗报警系统，在管理中心进行集中管理。根据具体要求和实际情况，入侵报警系统必须采用大型报警系统，并采用一切有效的探测手段，使用总线扩展的方式来达到入侵报警系统的可扩展性和易操作性，利用局域网将主机连接起来，使用多媒体 PC 对入侵报警系统进行有效的管理，并实现与视频和 BA 系统的联动。

　　系统方案设计：①系统中的前端探测器共分 6 类，三鉴技术探测器、玻璃破碎探测器、振动探测器、对射探测器、烟感探测器、幕帘探测器和防抢按钮；②防盗报警系统与电视监控系统实现报警联动控制功能；③防盗报警系统与 BA 系统实现灯光联动控制功能；④每个区的报警系统可独立操作互不影响；⑤通过管理软件可直观显示系统状态，一有报警立刻有电子地图和声音提示；⑥系统大容量，并采用总线制方式，操作简便，可扩展性较强；⑦每个区域用一个报警主机，通过 RS232/TCPIP 转换器实现与局域网的连接。

　　系统组成：防盗报警系统由前端探测器、信号传输、控制以及联网通信部分组成。

　　前端探测器：系统一共采用了 8 种探测器，即幕帘式被动红外探测器、三鉴技术探测器、吸顶式三鉴技术探测器、四光束红外对射探测器、玻璃破碎探测器、振动探测器、光电式烟感探测器以及防抢按钮。

　　信号传输：该系统采用总线制报警主机，由于探测器分布较为复杂，所以，主机和总线扩展模块之间的信号传输要求较高，有距离限制，在本系统中可以采用 RVV4X1.5 信号线作为总线。

　　前端探测器与总线扩展模块之间的信号传输方式采用有线形式，可采用 RVV4X1.0 的信号线连接。探测器的电源由每个区域集中供应，可采用 RVV4X1.5 的线路。

　　控制主机使用 RS232 方式传送信号至管理中心，由于区域之间已经有局域网，因此，可考虑采用 RS232 转 TCP/IP 的方式进行连接。

　　控制部分：由于该系统需要防护区域多，探测种类也有多种，对系统的管理要求高，不是一般小型的防盗报警系统，因此，综合各种因素，采用了大型防盗报警系统。

　　该系统使用防盗主机进行控制，每个防盗主机可以使用总线扩展的方式，最多控制 248个防区，而防盗主机同时提供 RS232 接口和计算机联网通信，可以有效的对本系统进行集成管理，同时，该主机还可以提供电话接口，并提供目前世界上联网报警系统大多数常用通信协议，为与 110 系统联网提供可能。该报警系统可提供系统集成接口。具体接口方式有两种：一种是提供软件通信协议；另一种是提供报警输出信号，直接驱动相关设备。如可联系视频切换，联动电子地图，打开某一照明设备等。

如图 8-68 所示，共采用 5 台主机，最多可支持 1240 个防区，每个防区可以布置三鉴技术红外探测器、幕帘式探测器、红外对射传感器、振动传感器、玻璃破碎探测器、烟感探测器和紧急按钮等。该系统采用总线制的方式，布线简单，安装方便。中心由计算机统一管理，实时监控防区的状态。中心部分由报警相关软件支持，可显示用户报告的所有详细资料以及具体方位图，并提供二次开发的软件和硬件接口，以便做系统集成使用。

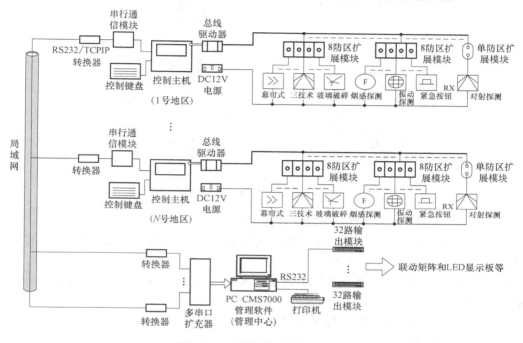

图 8-68　入侵报警系统集成框图

（3）出入口控制系统集成　出入口控制系统集成（本地联网）示意图如图 8-69 所示。

出入口控制系统集成（远程联网）示意图如图 8-70 所示。

2. 集成化的安全防范系统结构

（1）安全防范系统系统集成的特点　形成一个有机统一的整体，最大限度地发挥系统整体功能，实现资源共享，提供方便、友善、便于操作的人机环境，提供"可重组的"模块化结构。

1）一体化：通过将各个独立的系统集成到一个统一的计算机平台上，包括硬件集成、功能集成、网络集成、软件界面集成、技术与管理集成，实现各系统之间的资源共享和信息互通。

2）功能联动：实现各子系统之间

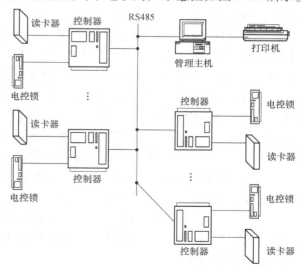

图 8-69　出入口控制系统集成（本地联网）示意图

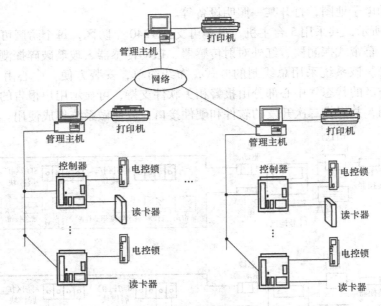

图 8-70 出入口控制系统集成（远程联网）示意图

的功能联动，如报警后与相关视频图像的自动切换。

3）资源共享：除了可以在统一的平台上实现统一的监测与控制外，每个系统的终端都能调到各系统的信息，实现资源共享。

4）协议统一：各个系统采用开放的通信协议或统一的通信协议，还要求各个系统的资源库的格式统一，以便实现相互通信。

5）集中管理：采用统一的管理平台和软件对各系统集中管理和控制。

（2）系统集成的功能

1）防盗报警与声控系统：四状态实时报警；报警与声控跟踪；在线监视；报警等级设定；多路报警；自动定时/实时布防与撤防；报警自动弹出；报警联动；报警信息自动记录与打印；报警信息确认与复核。

2）出入口监控系统：通行门的状态显示；非法入侵的报警；电控锁的定时/实时控制；读卡机的状态显示；读卡机控制方式的更改；读卡机的定时/实时控制；时间组别设定；进入组别设定；员工考勤；黑名单设定；智能卡制作；读卡机有智能，能储存所有的出入信息，当中央监控设备非正常停电或出故障时，读卡机能独立控制出入及存储必要的信息。常规操作，任何用户插入合法的智能卡，能直接顺利出入，不用键入密码；不加锁操作，此方式为自由出入，无须读卡；密码操作，用户必须键入密码，才能通过，当密码输入连续三次出错时，向中央监控系统报警；双卡键入方式，在此方式下，必须通过两张卡和两组密码来开启门锁；识别控制方式，当用户插入智能卡时，中央监控室会收到读卡人的个人资料和影像，通过中央监控室保安人员批准才能进入。在这种方式下，中央监控室可以联动 CCTV 的摄像机监视现场，确认是否批准开启门锁；门的关闭时间可设定在 0～240s 之间，以方便用户在限定的时间内进出。当门的开启时间超过设定时间，读卡机能将超时信息传至中央监控系统，同时发出报警信号。

3）视频监控系统：顺序切换；定时切换；报警与图像跟踪；报警与图像联动显示；报

警与图像组联动显示；报警与录像机联动控制；图像的多媒体显示与传输。

4）电子巡查管理系统：巡查路线设定；巡查组别设定；巡查站设定；巡查到位显示；巡查到位超时报警；巡查站与图像的联动；巡查状态的实时记录。

5）周界防卫系统：周界入侵报警；周界报警与图像联动。

6）停车场管理系统：出口收费站功能；计时票功能；月票功能；入口处满车位显示；收费金额显示；收费班次统计报表；入/出口闸手动控制；月票和储值票的制作和发售；中央收费站功能；具有上述出口收费站的所有功能；多入/出口站的联网与监控管理；整体停车场收费的统计和管理；分层的车辆统计与满车位显示；设定出口站的宽容时间；与 BMS 系统联网。

3. 系统集成的目标　集成的目标要考虑的部分是系统目标；系统功能性能指标；系统运行环境；系统网络结构；系统布线结构；系统实施计划；系统的整体性（有机整体、纵深防范）。

集成化系统结构是以安保管理中心为核心，防盗报警系统、视频监控系统、通道控制系统为所辖子系统，并设有安全信息与图像存储与检索系统、电梯控制系统、火灾自动报警系统、停车库管理系统均为相关系统。

集成化安全防范系统的核心是一个图形系统工作站，基于计算机操作系统平台来实现对 CCTV 视频矩阵切换系统、通道控制系统、防盗报警系统、内部通信系统以及其他安保相关设备的控制与信息管理。

思考题与习题

1. 安防监控系统包括哪些主要内容？
2. 安防监控系统的结构分成哪几层？
3. 本地模拟视频监控由哪几部分组成？
4. 简述基于 Web 服务器的远程视频监控工作原理。
5. 分析视频监控系统的几种模式的优缺点。
6. 简述视频监控系统的设计原则和依据。
7. 简述入侵报警系统的工作原理。
8. 简述入侵报警系统使用的探测器的类型与特点。
9. 简述出入口控制系统的工作原理。
10. 简述电子巡更系统的工作原理。
11. 简述停车场管理系统的工作原理。

参 考 文 献

[1]　黎连业. 智能大厦智能小区基础教程 [M]. 北京：科学出版社，2000.

[2]　徐超汉，等. 智能大厦楼宇自动化系统设计方法 [M]. 上海：上海科学技术文献出版社，1998.

[3]　李颖. 浅谈智能建筑楼宇自动控制系统 [J]. 中国科技信息，2009 (4)：142-143，145.

[4]　吴永贵. DCS 系统组态浅识 [J]. 化工技术与开发，2010，39 (11)：43-45，54.

[5]　任世锦，付兴建，陈义俊，申东日. LON 现场总线在企业网中的应用及其发展 [J]. 抚顺石油学院学报，2001，21 (3)：74-77.

[6]　任贺英. 智能化配电系统中的多现场总线技术 [J]. 中国新技术新产品，2009 (3)：98.

[7]　魏志，蔡霞，邹跃平. FF 现场总线的安装与调试 [J]. 自动化仪表，2007，28 (7)：61-63，66.

[8]　任稳柱. 现场总线应用伴随智能化电器发展 [J]. 电器工业，2007 (2)：42-47.

[9]　张勇，侯立刚，肖炎良，周翔. 工控组态软件实时数据库系统的开发与设计 [J]. 自动化仪表，2011，32 (12)：28-31，35.

[10]　刘宝坤，等. 计算机过程控制系统 [M]. 北京：机械工业出版社，2001.

[11]　贾清水，等. 生产过程计算机控制 [M]. 北京：化学工业出版社，2001.

[12]　王慧，等. 计算机控制系统 [M]. 北京：化学工业出版社，2000.

[13]　王长力，等. 集散型控制系统选型与应用 [M]. 北京：清华大学出版社，1996.

[14]　龙资平，等. FF 现场总线概述 [J]. 自动化与仪表，1999，14 (4)：5-7.

[15]　冯冬芹，施一明，褚健. 基金会现场总线 (FF) 技术讲座 [J]. 自动化仪表，2001，22 (6)：52-54.

[16]　董雁适，金建祥. FF 现场总线互操作性原理 [J]. 冶金自动化，1999 (4)：41-43.

[17]　郭福田，姜军，刘贤梅，陈根土，等. 基于 HART 协议的通信技术 [J]. 大庆石油学院学报，2000，24 (1)：55-57.

[18]　周鸣，曲凌. Profibus 总线技术及其应用 [J]. 煤炭工程，2006 (4)：99-101.

[19]　徐争颖. CAN 总线及其网络系统的实现 [J]. 总线与网络，2005 (5)：39-41.

[20]　梁红，曾春年. CAN 总线系统设计 [J]. 计算机与信息技术，2007 (10)：32，34.

[21]　王俊生，张伟. "LonWorks 技术及其应用" 讲座 [J]. 自动化仪表，2000，21 (5)：50-53.

[22]　魏瑞轩，韩崇昭，张剑峰. 基于 CAN 总线构建大型复杂工业现场与实时测控网络 [J]. 工业仪表与自动化装置，2000 (6)：17-19，61.

[23]　郭晋，易继锴，陈双叶. 基于 CAN 现场总线的分布式楼宇控制系统 [J]. 仪器仪表学报，2001，22 (4)：257-258.

[24]　谢凌广. LonWorks 技术在楼宇自动化领域的应用 [J]. 微计算机信息，2001，17 (10)：30-32.

[25]　庄晓燕，周森鑫. 工业控制以太网协议实现研究 [J]. 计算机技术与发展，2009，12 (9)：243-247.

[26]　毕旭，李孝茹，傅志中. 工业以太网技术的发展现状及趋势 [J]. 自动化与仪器仪表，2005，119 (3)：1-2，6.

[27]　杜品圣. 工业以太网技术的介绍与比较 [J]. 仪器仪表标准化与计量，2005 (5)：6-9.

[28]　习博方，彦军. 工业以太网中网络通信技术的研究 [J]. 微计算机信息，2005，21 (2)：148-150.

[29]　周磊. 基于工业以太网的现场智能控制模块设计 [J]. 微计算机信息，2008，24 (6)：308-310.

[30]　陈凯. 工业以太网在工业自动化系统中的应用及研究 [J]. 中国西部科技，2008，07 (22)：19-21.

［31］ 徐海峰. 基于工业以太网的数据采集方案实现［J］. 微计算机信息，2008，24（04）：113-115.

［32］ 冯晓东，田爱民，赵学明. 基于工业以太网的模拟量数据采集模块涉及［J］. 自动化仪表，2005，26（2）：26-28.

［33］ 许洪华. 现场总线与工业以太网技术［M］. 北京：电子工业出版社，2007.

［34］ 王平. 工业以太网技术［M］. 北京：科学出版社，2007.

［35］ 李正军. 现场总线与工业以太网及其应用技术［M］. 北京：机械工业出版社，2011.

［36］ 门英君. 基于工控机的楼宇变电站综合自动化［J］. 电力系统及其自动化学报，2000，12（2）：32-36，48.

［37］ 朱大新. 数字化变电站综合自动化系统的发展［J］. 电工技术杂志，2001（4）：19-21.

［38］ 罗毅，等. 变电站多媒体自动化系统［J］. 电力系统自动化，2001，25（10）：35-38.

［39］ 宋玮，等. 变电站综合自动化中的智能控制方法［J］. 华北电力大学学报，1997（7）：39-43.

［40］ 陶晓农. 分散式变电站监控系统中的通信技术方案［J］. 电力系统自动化，1998，22（4）：51-54.

［41］ 杨卫东，司刚，米海林，刘海瑞. 数字化变电站中通用合并单元MU的设计与实现［J］. 电气技术，2010（4）：46-50.

［42］ 赵应兵，周水斌，马朝阳. 基于IEC61850-9-2的电子式互感器合并单元的研制［J］. 电力系统保护与控制，2010，38（6）：104-105，110.

［43］ 刘琨，周有庆，彭红海，吴桂清. 电子互感器合并单元（MU）的研究与设计［J］. 电力自动化设备，2006，26（4）：67-71.

［44］ 胡国，唐成虹，徐子安，张建华. 数字化变电站新型合并单元的研制［J］. 电力系统自动化，2010，34（24）：51-54.

［45］ 唐健，夏玉林. 数字化变电站中合并单元的研究现状［J］. 唐山学院学报，2010，23（6）：38-40，43.

［46］ 孙浩，传仙，刘飞. 配电网微机综合保护平台的研制［J］. 电工电气，2010（11）：56-59.

［47］ 王剑峰，范秀杰，王思谦. 微机变电所设备安全检修方法研究［J］. 科学技术与工程，2010，10（14）：3485-3489.

［48］ 魏臻珠，蒋建东. 配电线路微机保护软件系统设计［J］. 中国科技信息，2006（12）：152-153，160.

［49］ 顾瑞婷，陈虹，朱菲菲，朱健. 智能配电网通信技术几个问题的探讨［J］. 电力系统通讯，2011，32（229）：80-83.

［50］ 朱菲菲，陈虹，朱平. 智能化远传电能表的设计与应用［J］. 工业控制计算机，2011，24（4）：100-101.

［51］ 陈涛，等. 智能照明控制系统的工程应用［J］. 照明工程学报，2001，12（3）：49-54.

［52］ 肖辉. 电气照明技术［M］. 2版. 北京：机械工业出版社，2009.

［53］ 黄勇理，等. 智能建筑空调机组监控技术及其系统结构［J］. 测控技术，2001，20（6）：25-28.

［54］ 郭向阳. 定风量空调系统的监测与自动控制［J］. 制冷，2001，20（3）：80-82.

［55］ 王建明，等. 变风量空调系统的协调控制策略研究［J］. 南京建筑工程学院学报，2001，（2）：40-45.

［56］ 陈虹. 楼宇自动化技术与应用［M］. 北京：机械工业出版社，2003.

［57］ 周健隆，李宝材. 中央空调监测与控制系统设计方案［J］. 信息技术，2000（8）：38-40.

［58］ 常建平. SCADA系统在中央空调系统制冷机房的应用［J］. 科技向导，2010（26）：109-110.

［59］ 金文，郝莹，张惠群. 中央空调实验设备装置的计算机控制系统开发［J］. 实验技术与管理，2009，26（5）：102-104.

[60] 张建一，庄友明，李莉. 低温送风空调实验装置的设计与建设 [J]. 暖通空调，2005，35（12）：112-115.

[61] 施俊良. 室温自动调节原理和应用 [M]. 北京：中国建筑工业出版社，1993.

[62] 蔡敬琅. 变风量空调设计 [M]. 北京：中国建筑工业出版社，1997.

[63] 刘琳，董航飞. 基于 Webaccess 平台的楼宇实验设备监控设计 [J]. 电气电工，2011（1）：24-27.

[64] 陈虹，宋伟，顾瑞婷. 基于冰蓄冷中央空调的自动控制研究与设计 [J]. 工业控制计算机，2011，24（10）：17-18.

[65] 孙景芝，韩永学. 电气消防 [M]. 北京：中国建筑工业出版社，2000.

[66] 梁延东. 建筑消防系统 [M]. 北京：中国建筑工业出版社，1997.

[67] 盛建. 火灾自动报警消防系统 [M]. 天津：天津大学出版社，1999.

[68] 高丽华. 楼宇安全防范技术探讨 [J]. 中国勘察技术，2006（7）：43-45.

[69] 于进才. 智能楼宇中安全防范技术的现状及发展 [J]. 金卡工程。2005（9）：65-67.

[70] 程大章. 智能建筑设计与实施 [M]. 上海：同济大学出版社，2001.

[71] 龙维定，程大章. 智能大楼的建筑设备 [M]. 北京：中国建筑工业出版社，1997.

[72] 陈龙. 智能小区及智能大楼的系统设计 [M]. 北京：中国建筑工业出版社，2001.

[73] 殷德军，秦兆海. 安全防范技术与电视监控系统 [M]. 北京：电子工业出版社，1998.

[74] 王清瑞. 电视监控和防盗报警系统 [M]. 北京：警官教育出版社，1994.